水处理构筑物构造

黄天寅 袁 煦 编著

中国建筑工业出版社

图书在版编目（CIP）数据

水处理构筑物构造/黄天寅，袁煦编著．—北京：中国建筑工业出版社，2014.1（2024.8 重印）

ISBN 978-7-112-16207-9

Ⅰ．①水… Ⅱ．①黄…②袁… Ⅲ．①水处理设施-构造Ⅳ．①TU991.2

中国版本图书馆 CIP 数据核字（2013）第 304964 号

本书详细介绍了目前各类水处理工艺中常用的构筑物构造，基本涵盖了城市给水处理厂和城市污水处理厂内的各类处理构筑物，提供了大量的设计实图来说明其构造。

本书的特点是从构筑物设计的基础出发，综合性、实践性强，图量大，能直接应用于实际工程的施工图设计，本书可作为给排水科学与工程及环境工程专业的设计人员的工具书，也可作为给排水科学与专业和环境工程专业水污染控制方向学生课程设计和毕业设计的参考书。

* * *

责任编辑：王美玲
责任设计：陈 旭
责任校对：姜小莲 刘梦然

水处理构筑物构造

黄天寅 袁 煦 编著

*

中国建筑工业出版社出版、发行（北京西郊百万庄）
各地新华书店、建筑书店经销
霸州市顺浩图文科技发展有限公司制版
廊坊市海涛印刷有限公司印刷

*

开本：787×1092 毫米 1/16 印张：14½ 字数：362 千字
2013 年 12 月第一版 2024 年 8 月第四次印刷
定价：**48.00** 元
ISBN 978-7-112-16207-9
（43219）

前　言

水是生命之源，是生产生活之要，也是一种特殊商品，采集、生产、加工商品水的水工业在水资源缺乏的背景下正飞速发展，对从事此专业的工程师提出了更高要求。

由于水环境污染以及水资源短缺，传统的给水处理技术与排水处理技术正越来越趋于相互融合。原先用于排水处理的生物方法正被应用于属于给水范畴的水源预处理，而原先用于给水处理的物理化学方法也被用于排水范畴的污水回用处理。水处理构筑物构造作为水处理工程的建造技术，自始至终贯穿于水处理工艺设计全过程的每个步骤，水处理构筑物是城市给水排水工程的主体设施，随着水处理理论与技术的不断发展而不断完善。水处理构筑物构造为水处理工艺的实施提供可靠的技术保证。现代化的净水厂或者污水处理厂的设计建造如果没有构造的技术依据，所作的设计只能是纸上的方案，没有实用价值。

本书主要介绍了目前常用的水处理构筑物的基本构造，并提供了大量的设计实图，最重要的特点是综合性强，实践性强，图量大。

本书由苏州科技学院黄天寅和袁煦编著，中国给水排水杂志主编丁堂堂教授主审。各章编写人的具体分工是：第一章黄天寅；第二章黄天寅、梁柱；第三章黄天寅、偶锦文；第四章袁煦、乔鹏；第五章黄天寅、葛俊；第六章黄天寅、徐安安；第七章袁煦、偶锦文；第八章黄天寅、彭杰；第九章袁煦、梁柱；第十章黄天寅、彭杰；第十一章袁煦、葛俊；第十二章黄天寅、徐安安；第十三章袁煦、乔鹏。

限于编写者水平有限，书中错误和不当之处在所难免，欢迎广大同行不吝赐教与批评指正。

目　录

第1章 绪　　论

1.1 水处理构筑物构造的作用

水处理构筑物构造是一门专门研究水处理构筑物各组成部分的构造原理和构造方法的学科，属于建筑构造的一个分支，主要任务是根据水处理构筑物的使用功能，考虑经济合理的构造方案作为水处理工艺设计中综合解决技术问题及进行施工图设计的依据。

在进行水处理构筑物设计时，不但要解决构筑物内部空间的划分和组合等问题，而且必须考虑在其构造上的可行性。为此，就要研究能否满足水处理构筑物各组成部分的使用功能，在构造设计中综合考虑结构选型、材料的选用、施工的方法、构配件的制造工艺，以及技术经济等问题。

水处理构筑物构造是为水处理工艺的实施提供可靠的技术保证。现代化的净水厂或者污水处理厂的设计建造如果没有构造的技术依据，所做的设计只能是纸上的方案，没有实用价值可言。水处理构筑物构造作为水处理工程的建造技术，自始至终贯穿于水处理工艺设计全过程的每个步骤。在方案设计和初步设计阶段，首先应根据该工程的技术条件及水处理目标等来选择适宜的工艺构造体系，使所设计的水处理工程具有可行性和现实性；在技术设计阶段还要进一步落实设计方案的具体技术问题，并对结构和管道及相关设备安装进行统一规划，协调各部分之间的交叉关系。施工图设计阶段是技术设计的深化，处理局部与整体之间的关系，并为水处理工程的实施提供制作和安装的具体技术条件。

水处理构筑物构造学习的难点是综合性强，实践性强，识图、绘图量大。

1.2 水处理构筑物原理

1.2.1 单元操作与单元过程

化学工程中的单元操作及单元过程的概念引入了水处理工艺，大大提高了水处理行业的理论水平，各类水处理方法之间也有了理论联系，以帮助人们更好地理解与思考各类水处理构筑物的运行原理。在水处理构筑物中不产生化学反应时，称为单元操作，当这种行动产生了化学反应时，则称为单元过程。单元操作往往带有物理变化，但也有不产生物理变化的单元操作。

水处理构筑物的分类可以按照不同的单元操作和单元过程来分，如混合、沉淀、气浮、浓缩、过滤等是一些单元操作，而生物降解、化学沉淀、离子交换、消毒、消化则都是一些单元过程。

1.2.2 反应器原理

有些水处理过程与化工过程类似，大部分水处理构筑物发源于化工反应器，当然也有一些则是独立发展而来。将化工过程反应器的概念应加以拓展，可以将水处理中进行过程处理的所有构筑物均称为反应器，这不仅包括发生化学反应和生物化学反应的构筑物，也包括发生物理过程的构筑物，如沉淀池、过滤池和污泥浓缩池等。

按反应器内物料的形态可将其分为均相反应器与多相反应器。均相反应器的特点是只在一个相内进行，通常在一种气体或液体内进行。当反应器内必须有两相以上才能进行反应时，则称为多相反应器。曝气池是二相反应器，而升流式厌氧污泥床 UASB 则是三相反应器。

按反应器的操作情况可以分为间歇式反应器和连续式反应器两大类。间歇式反应器是按反应物“一罐一罐地”进行反应的，其特点是进行反应所需的原料一次装入反应器，然后在其中进行反应，经一定的时间后，达到所要求的反应程度便卸除全部反应物料，其中主要是反应产物以及少量未被转化的原料。反应完成卸料后，再进行下一批生产，这是一种完全混合式的反应器。当进料与出料都是连续不断地进行时，这类反应器则称为连续反应器，这是一种稳定流的反应器，它较间歇式反应器具有更高的设备利用率，在容积相同的情况下处理能力更强。连续式反应器又可分为活塞流反应器和恒流搅拌反应器两种截然不同的类型，后者属于完全混合式的反应器。

间歇式反应器是在非稳定的条件下操作，所有物料一次加进去，反应结束以后物料同时放出来，所有物料反应的时间是相同的；反应物浓度随时间而变化，因此化学反应速度也随时间而变化；但是反应器内的成分却永远是均匀的。其典型是目前广泛使用的 SBR 反应器，它的运行方式按进水、曝气、沉淀滗水、排泥、待机多工序在一池完成，省却二沉池和污泥循环，具有投资省、抗负荷冲击强的特点。

活塞流反应器通常用管段构成，因此也称管式反应器，其特征是流体是以列队形式通过反应器，液体元素在流动的方向绝无混合现象。在反应器内，流体以平推流方式流动，是连续流动反应器。在稳态下，反应器内的状态只随轴向位置而变，不随时间而变，时间是管长的函数，反应物的浓度、反应速率沿管长而变化。由于管内或沟内水流在层流状态时较接近于这种理想状态，所以常用管子或者长渠构成这种反应器，平流式沉淀池可以看成是活塞流反应器。

恒流搅拌反应器物料不断进出且连续流动，反应物受到了极好地搅拌，因此反应器内各点的浓度完全均匀，而且不随时间而变化，因此整个反应器内各点的反应速度也完全相同，这是该种反应器的最大优点。利用这样的特点，在工业废水的处理中选择此类反应器，进水会被反应器内的原有纯水迅速均化，有利于提高抗冲击负荷的能力。这种反应器必然要设置搅拌器，当反应物进入后，立即被均匀分散到整个反应器容积内，从反应器连续流出的产物流，其成分必然与反应器内的成分一样。故设计此类反应器很重要一点就是要选择合适功率的搅拌机，并保证反应器构造没有死角。

恒流搅拌反应器串联是将若干个恒流搅拌反应器串联起来，或者在一个塔式或管式的反应器内分若干个级，在级内是充分混合的，级间是不混合的。其优点是既可以使反应过程有一个确定不变的反应速度，又可以分段控制反应，还可以使物料在反应器内的停留时间相对地比较集中。因此，这种反应器综合了活塞流反应器和恒流搅拌反应器二者的优点。

水处理构筑物实质上就是一个反应器，通过反应器理论的指导，有助于确定水处理构筑物的最佳构造形式，确定合理的操作条件。因此，在水处理构筑物的设计中要结合反应器的特点灵活应用。

1.3 水处理工艺的选择

1.3.1 水处理工艺分类

水处理的过程就是根据原水所含有的杂质，通过技术方法改变其组成，以达到目标水质要求的过程。水处理过程可由一个或数个水处理工艺环节组成，按水处理技术原理可将其分为物理法、化学法、物理化学法和生物法。其中水处理物理法可分为调节、离心分离、沉淀等；水处理化学法可分为中和、化学沉淀、氧化与还原等；水处理物理化学法可分为混凝、气浮、吸附、离子交换、膜分离等；水处理生物法可分为好氧生物处理法、厌氧生物处理法等。

在选择处理工艺流程时，除考虑原水和目标水质外，还需重点考虑各处理单元构筑物的形式，两者互为影响和制约。

1.3.2 给水处理工艺选择

给水处理是按照生活饮用或工业使用所要求的水质标准，根据国家的建设方针、水源水质、处理规模和用户对水质的要求，通过调查、分析、比较和试验优选，最终确定的给水处理工艺，此工艺必须在技术上可行、经济上合理、运行上安全可靠和便于操作。目前在给水处理工艺中主要采用的单元工艺有：混凝、沉淀、过滤、离子交换、化学氧化、吸附、曝气及生物氧化等，而有时针对原水中不符合目标水质的项目，需要选择多种单元处理工艺进行有机组合，形成一个水处理工艺系统以达到用水水质要求。给水处理的基本方法大致分以下几个方面。

(1) 常规处理工艺

常规处理工艺（生活饮用水的常规处理工艺）以去除水中悬浮物和杀灭致病菌为目的，主要由混凝、沉淀、过滤、消毒四个处理单元组成，我国以地表水为水源的水厂主要采用这种工艺流程，如图 1-1 所示。

原水经投加混凝剂后，使水中悬浮物和胶体脱稳后在絮凝池内形成大颗粒絮凝体，然后经沉淀池进行重力分离，去除大部分的悬浮物、胶体和细菌；剩余难沉淀的颗粒絮体和部分细菌则通过过滤予以进一步降低。依据原水水质和用户对水质要求的差异，上述处理工艺中的构筑物可适当增加或减少。

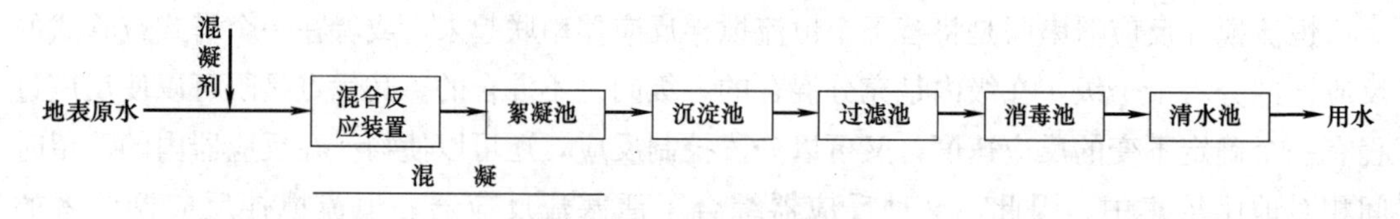

图 1-1 常规给水处理工艺

例如，处理高浊度原水时，常需在混合反应池前设置沉砂池等预处理工艺，如图 1-2 所示；原水浊度很低时，可省去沉淀池而直接进行微絮凝接触过滤；而生活饮用水处理中过滤池是必不可少的。如果工业用水对水质要求不高，则可省去过滤而仅需混凝、沉淀。

高浊度原水 → 预处理工艺系统 → 常规处理工艺系统 → 出水

图 1-2 高浊度原水处理工艺

水中剩余的病菌微生物通过投加消毒剂进行消毒，以达到饮用水卫生标准的要求。主要的消毒剂有：氯、漂白粉、二氧化氯及次氯酸等，最常用的是氯消毒法。

（2）除臭和味

通过常规工艺无法去除原水中的臭和味时，可根据臭和味的来源采取具有针对性的除臭和味的方法。例如由藻类大量繁殖引起的臭和味，或因水污染引起长时间持续性臭味可采用活性炭吸附；对于有机物所带来的味可采用氧化法；对于因硫化氢引起的臭和味可采用曝气法；此外，臭氧、高锰酸钾、二氧化氯等也可以去除水中的臭和味；对于臭和味比较浓时，可采用臭氧与活性炭、高锰酸钾与活性炭联用的方法。除臭除味工艺可参照图 1-3。

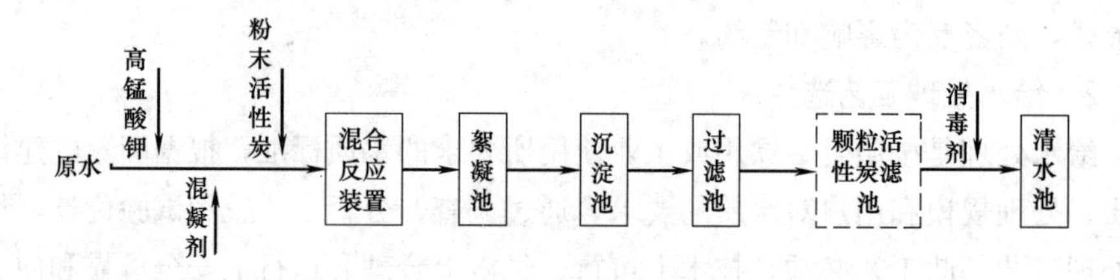

图 1-3 常规工艺＋除臭除味工艺

（3）水中溶解性物质的处理

水中溶解性物质主要包括真溶液状态的离子和分子，如钙、镁离子，锰、铁等，当其含量超过用水水质要求时，需采取处理措施。

遇到原水中铁、锰含量超标时，可在常规工艺前增加自然氧化和接触氧化工艺系统；当水中氟含量超过 1.0mg/L 时，必须采用投入硫酸铝、氯化铝或碱式氯化铝进行沉淀去除，或者利用活性氧化铝等进行吸附交换；当水（尤其地下水）的硬度（钙、镁离子含量）较高时，需要进行软化处理，软化处理的方法主要有离子交换法和药剂软化法。

在实际应用中必须经过试验分析，根据原水水质选择一种或几种处理方法进行组合处理，如图 1-4 所示。

（4）预处理和深度处理

常规给水处理工艺对于一般不受污染的天然地表水源而言是十分有效的，而对于某些污染水体，尤其当水中含有溶解性的有毒有害物质时，常规给水处理工艺就难以去除。于是便在常规给水处理的基础上增加了预处理或深度处理。前者设在常规处理之前，后者置于常规处理之后。

预处理的主要方法有：粉末活性炭吸附法（图1-5）、臭氧（图1-6）和高锰酸钾氧化法等；常用的构筑物有生物滤池、生物接触氧化池及生物转盘等。这些方法有其各自的优、缺点，除对有机物去除外还兼有去除臭、味和色的作用。

深度处理的主要方法有：颗粒活性炭吸附法、臭氧-颗粒活性炭联用法、生物活性炭法、合成树脂吸附法、光化学氧化法及超声波-紫外线联用法等。

污染水源的饮用水预处理和深度处理目前正处于发展成熟阶段。不同方法的组合应用往往会取得协同作用效果，故近年来水处理技术人员针对不同原水水质和水质处理要求，往往会采用两种以上方法组合应用。

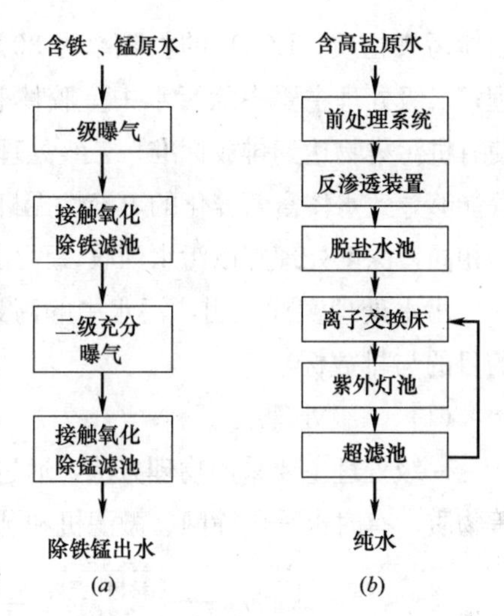

图1-4 除水中铁、锰和除盐典型处理工艺
(a) 两级曝气两级过滤除铁锰工艺；
(b) 组合除盐工艺

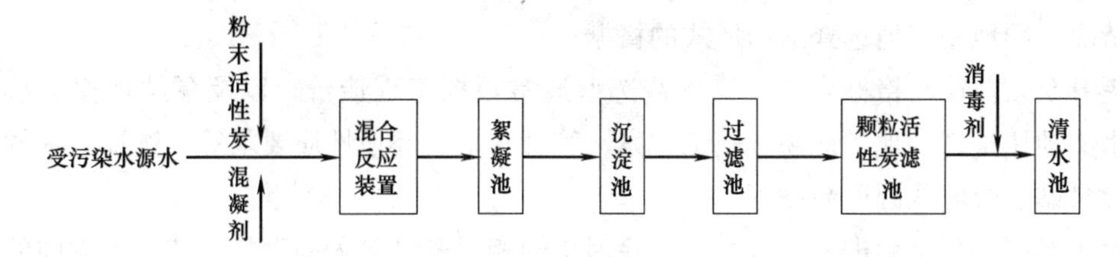

图1-5 采用活性炭吸附污染水源水处理工艺

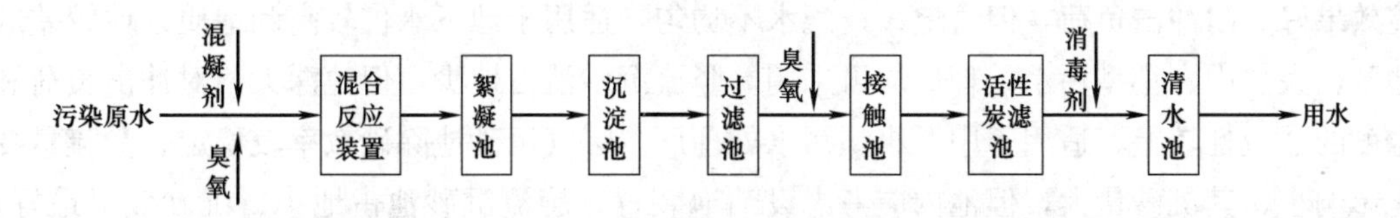

图1-6 臭氧除污工艺系统图

1.3.3 污水处理工艺选择

污水处理就是采用各种处理单元，将污水中所含的污染物质分离去除、回收利用或将其转化为无害物质，使污水得到净化。污水处理工艺通常根据污水的水质和水量、排放标准及其他社会、经济条件，经过分析和比较来确定，必要时还需进行试验研究。

现代污水处理技术的核心工艺是生化处理，主要利用微生物的代谢作用，使污水中呈溶解、胶体状态的有机污染物转化为稳定的无害物质。按照其中优势菌种对氧气的需求分为好氧氧化法和厌氧还原法。前者广泛用于处理城市污水及有机性生产污水，其中有活性污泥法和生物膜法两种；后者多用于处理高浓度有机污水与污水处理过程中产生的污泥。

按处理程度可划分为一级、二级和三级处理。一级处理主要去除污水中呈悬浮状态的固体污染物质，BOD_5 的去除率为30%左右，达不到排放标准，一般作为二级处理的预处理；二级处理主要去除污水中呈胶体和溶解状态的有机污染物质，去除率可达90%以上，使有机污染物达到排放标准；三级处理是二级处理后，进一步去除难降解的有机物、磷和氮等能够导致水体富营养化的可溶性无机物等，三级处理是深度处理的同义词，但两者又不完全相同，深度处理则以污水回收、再用为目的，在一级或二级处理后增加的处理工艺。

污水处理实践证明，污水中的污染物往往需要采用几种方法组合处理，才能达到净化的目的与排放标准。

(1) 一级处理

一级处理主要采用物理方法，通过格栅拦截、沉淀等手段去除废水中大块悬浮物和砂粒等物质，有时也采用筛网、微滤机和预曝气池，典型的污水一级处理工艺流程见图1-7。

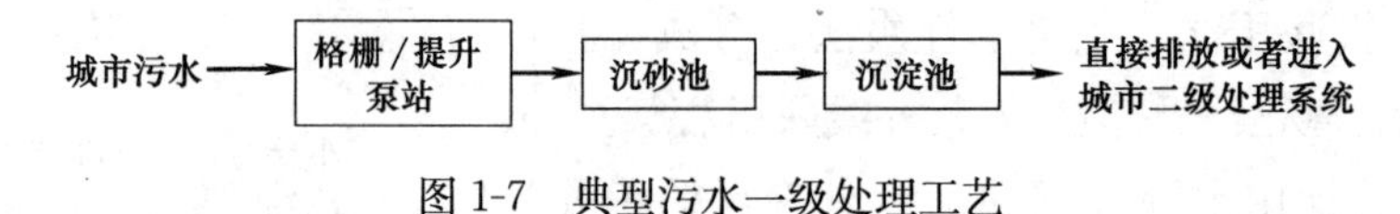

图1-7 典型污水一级处理工艺

机械格栅是污水处理厂中污水处理的第一道工序，对后续工序有着举足轻重的作用，其主要用途是拦截、清除水中粗大的漂浮物，保护水泵叶轮，减轻后续工序的处理负荷。实践证明，格栅选择的是否合适，直接影响整个水处理设施的运行，其选用原则是要根据实际情况，因地制宜地选择适当形式的格栅。

提升泵站往往与格栅合建，其构造选型通常根据工程造价，以及泵站规模大小、性质、水文地质条件、地形地貌、施工方案、管理水平、环境性质要求等，选择适宜的合建式矩形泵站、合建式圆形泵站等。

污水经提升泵站后进入沉砂池，去除污水中相对密度较大的颗粒。按水流方向的不同可分为平流式沉砂池、竖流式沉砂池、曝气沉砂池和旋流沉砂池四类。其中平流沉砂池沉淀效果好、耐冲击负荷，但占地大、配水不均匀，适用于地下水位较高和地质条件较差的地区，大、中、小型污水处理厂均可采用。竖流沉砂池占地少，但池深大、对冲击负荷和温度的适应性较差，适用于中、小型污水处理厂。曝气沉砂池除砂效率较稳定、受流量变化影响小、其沉砂量大，但池内应考虑设消泡装置。旋流沉砂池占地小、沉砂效果最好，但气提或泵提排砂，维护较复杂。

(2) 二级处理

二级处理则主要是生化处理污水法，通过微生物的作用去除污水中的悬浮物、溶解性有机物以及氮、磷等营养物质，其流程见图1-8。在设计城市污水处理方案时，既要考虑有效去除 BOD_5，又要考虑适当去除N、P，相对来说处理效果好而且技术成熟的工艺有：传统活性污泥法、AB法、SBR、氧化沟和接触氧化法，此外，传统厌氧、水解酸化及UASB工艺应用也较为广泛。

传统活性污泥法一直是城市污水处理的主要工艺之一，其处理效果好，电耗省，负荷高，污泥量虽较大，但对于大规模污水处理厂，集中建污泥消化池，所产生的沼气可作为能源回收利用，至今仍有强大的生命力。

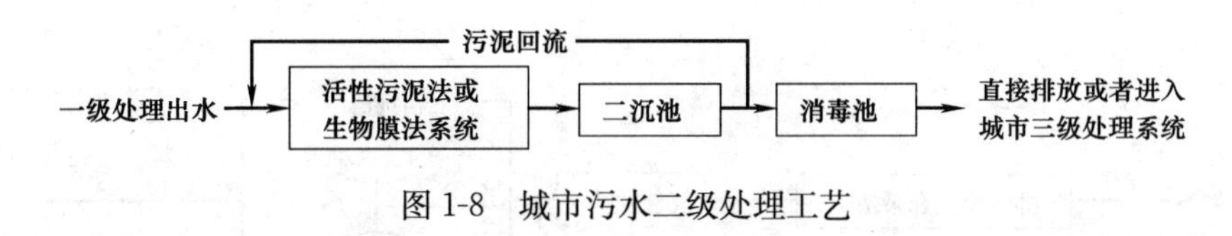

图 1-8 城市污水二级处理工艺

AB 法污水处理工艺一般要求污水水质 BOD_5 在 250～300mg/L 以上，且能耗较高，因此，对污染物浓度较低的污水处理一般不适用，同时因其产泥量过高的问题目前已经很少采用。

SBR 污水处理技术的核心是 SBR 反应池，其集均化、初沉、生物降解、二沉等功能于一池，无污泥回流系统，适用于间歇排放和流量变化较大的场合，占地面积较小，耐冲击负荷，处理有毒或高浓度有机污水的能力强。

氧化沟一般呈环形沟渠式，介于完全混合与推流之间，有利于活性污泥的适宜生物凝聚作用，并且自动化程度较高，便于管理。适合于大、中型污水处理工程，尤其适宜处理有机物为主的生活、工业污水。

接触氧化法介于生物滤池法和活性污泥法之间，兼有活性污泥法和生物滤池的特点，但无污泥膨胀，适用于中、小型污水处理厂。

而厌氧 UASB 反应系统由于其污泥负荷高、有机物去除率高、污泥产率低以及能耗和运行费用低，一直以来在处理高浓度有机污水，尤其的生化性差的废水中得到青睐，其可以提高废水的可生化性。

二沉池设在生物处理构筑物后面，用于沉淀去除活性污泥或腐殖污泥（指生物膜法脱落的生物膜）。平流沉淀池由于其沉淀效果好、耐冲击负荷和对温度的变化适应性强，多适用于大、中、小型污水处理厂和地下水位较高和地质条件较差的地区；辐流式沉淀池因其运行效果较好、管理简单，多用于大、中型污水处理厂和地下水位较高的地区；而竖流式沉淀池因其池子深度大、对冲击负荷和温度变化的适应性能力较差一般用于处理水量不大的小型污水处理厂。对于斜板（管）沉淀池，由于其沉淀效率高、停留时间短、占地面积小，但耐冲击负荷的能力较差、运行管理成本高等一直没得到广泛应用。

城市污水经二级处理后，水质已经改善，细菌含量也大幅度减少，但细菌的绝对值仍很可观，并存在有病原体的可能，因此在排放水体前，应进行消毒处理。目前用于污水消毒的消毒剂有液氯、臭氧、次氯酸钠、紫外线等。其中臭氧消毒常适用于出水水质较好，排入水体卫生条件要求高的污水处理厂；液氯消毒适用于大、中型污水处理厂，但当其中工业废水过多时，因其会产生致癌物质，不可使用液氯消毒；紫外线消毒仅适用于小型污水处理厂；而次氯酸钠因需要次氯酸钠发生器与投配设备，一般用于中、小型污水处理厂。

典型城市一、二级污水处理工艺流程见图 1-9。对于某种污水究竟采用哪几种处理方法组成工艺系统，要根据污水的水质、水量、回收其中有用物质的可能性、经济性、受纳水体的具体条件，并结合调查研究与经济技术比较后决定，必要时还需进行试验。在流程选择时应注重整体最优，而不只是追求某一环节的最优。

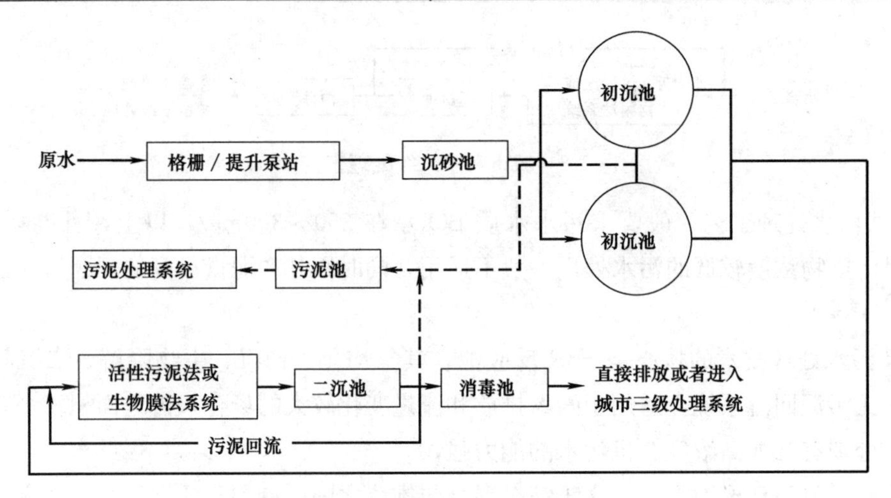

图1-9　典型城市一、二级污水处理工艺

(3) 深度处理

由于《城镇污水处理厂污染物排放标准》GB 18918—2002一级A排放标准中严格控制了出水中SS、COD_{cr}、BOD_5及TP、氨氮等指标，一般污水处理厂为满足一级A排放标准，二级生化处理后的出水考虑增加深度处理工艺。

目前污水处理厂一级A达标处理工艺中，常用深度处理工艺主要为混凝（化学除磷）、沉淀（澄清、气浮）、过滤、消毒工艺，其中过滤主要包括V形滤池、高效纤维滤池、连续流砂滤池、纤维过滤转盘等工艺。污水深度处理工艺与给水处理工艺有很多通用的地方，但也有其特殊之处，如斜板沉淀池这种沉淀池型的应用在实践中就被证明不适用于污水深度处理工艺。

综上所述，在选择城市污水处理工艺及其处理单元时应着重考虑投资省、运行成本低、占地少、脱氮除磷效果好、现代先进技术与环保工程的有机结合等五个方面，据其选择一种好的城市污水处理工艺，无论是对国民经济的发展还是对环境保护、资源再利用都有着不同寻常的意义。

第2章　格栅与沉砂池

2.1　格栅概述

格栅是用来去除可能堵塞水泵机组及管道阀门的较粗大悬浮物，并保证后续处理设施能正常运行，由一组（或多组）相平行的金属栅条和框架组成，倾斜安装在进水的渠道里，或进水泵站集水井的进口处，以拦截水中粗大的悬浮物及杂质。格栅是城市污水处理、自来水厂、电厂进水口以及纺织、食品加工、造纸、皮革等行业生产工艺中不可缺少的专用设备，也是目前国内普遍采用的固液筛分设备。

2.1.1　格栅的分类

格栅可分为前清渣式格栅和后清渣式格栅两种，前清渣式格栅是顺水流清渣，后清渣式格栅为逆水流清渣。按形状不同，格栅可分为平面格栅和曲面格栅；按栅条的净间隙，格栅可分为粗格栅（50～100mm）、中格栅（10～40mm）和细格栅（3～10mm）3种；按构造特点不同，格栅又可分为齿耙式格栅、循环式格栅、弧形格栅、回转式格栅、转鼓式格栅和阶梯式格栅。

污水处理厂一般设置两道格栅，提升泵站前设置粗格栅或中格栅，沉砂池前设置中格栅或细格栅。人工清渣格栅适用于小型污水处理厂，当格栅清渣量大于0.2m^3/d时，一般采用机械清渣格栅。

2.1.2　格栅的主要设备

格栅除污机是机械格栅的主要工艺设备，常见的格栅除污机有回转式格栅除污机、转鼓式格栅除污机、高链式格栅除污机和钢丝绳牵引式格栅除污机等。

(1) 回转式格栅除污机

回转式格栅除污机是一种可以连续自动拦截并清除流体中各种形状杂物的水处理专用设备，是目前我国最先进的固液筛分设备之一。

回转式格栅主要由驱动装置、耙齿机构、清刷机构等组成，由一种独特的耙齿装配成一组回转格栅链。在电机减速器的驱动下，耙齿链进行与水流流向相反的回转运动，耙齿链运转到设备的上部时，由于槽轮和弯轨的导向，使每组耙齿之间产生相对自清运动，绝大部分固体物质靠重力落下，另一部分则依靠清扫器的反向运动把粘在耙齿上的杂物清扫干净。当耙齿把流体中的固态悬浮物分离后，可以保证水流畅通流过格栅。整个工作过程既可以是连续的，也可以是间歇的。

回转式格栅除污机是大、中型给排水工程设施中原水进口处预处理的理想设备，广泛应用于自来水厂、城镇污水处理厂以及城镇规划小区雨、污水的预处理，清除电厂和钢厂进水中的杂物，以达到减轻后续工序处理负荷的目的。栅隙10～150mm，多采用粗格栅形式。回转式格栅除污机如图2-1所示。

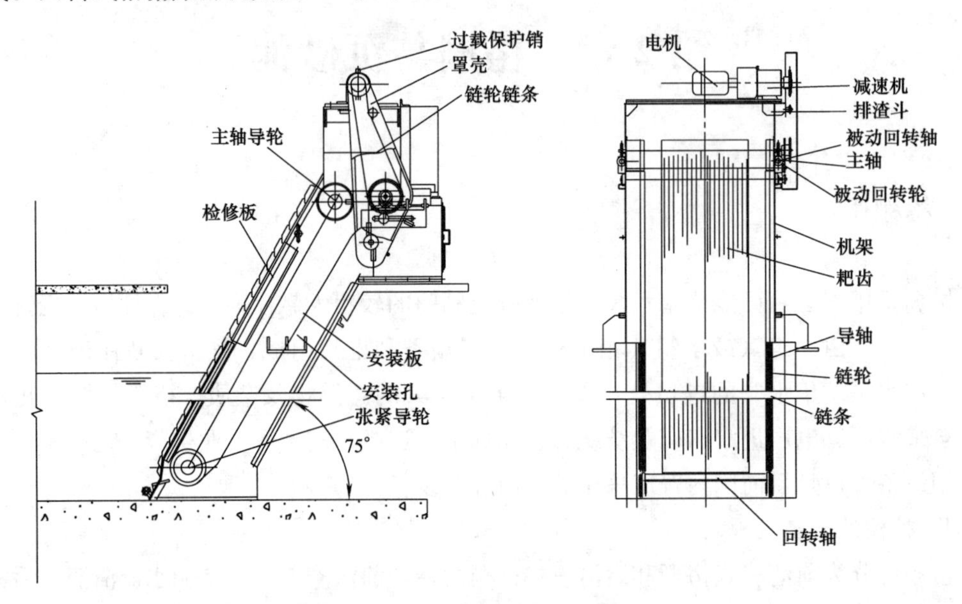

图2-1　回转式格栅除污机结构图

(2) 转鼓式格栅除污机

转鼓式格栅除污机，又称螺旋式压榨格栅或螺旋细格栅，是污水处理中的预处理设备。转鼓式格栅除污机用于拦截水中悬浮物，集拦污、螺旋提升和压榨栅渣为一体，是目前工艺较为先进的细格栅除污机。整套转鼓式格栅由旋转网筒、挡渣板、输送压榨机、支架、驱动装置以及冲洗装置等组成。

旋转清污网筒在水中以35°倾角作5～8r/min的圆周运动，网筒的1/3浸没于水中。污水及漂浮物从网筒下口进入网筒内部，漂浮物附着于网筒内壁从水中带出，当网筒转到最高点，杂质由于重力作用掉入垃圾输送系统，经输送压榨至出料口。被过滤的污水通过网筒间隙流走。

转鼓式格栅除污机广泛适用于城市污水、工业、食品加工业、造纸业等废水处理工程。该设备栅隙0.5～12mm，多采用细格栅形式。转鼓式格栅除污机的设备外形如图2-2所示。

(3) 高链式格栅除污机

高链式格栅除污机主要由驱动装置、机架、导轨、齿耙和卸污装置等组成。三角形齿耙架的滚轮设置在导轨内，另一主滚轮与环形链铰接。由驱动机构传动分置于两侧的环形链牵引三角形齿耙架沿导轨升降。

下行时，三角形齿耙架的主滚轮位于环形链条的外侧，齿耙张开下行。至下行终端，主滚轮回转到链轮内侧，三角形齿耙插入格栅栅隙内。上行时，齿耙把截留于格栅上的栅渣扒至卸污料口，由卸污装置将污物推入滑板，排至集污槽内，此时三角形齿耙架的主滚

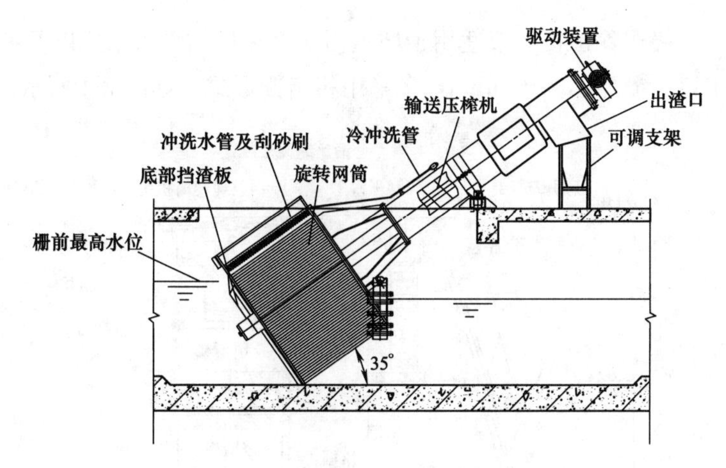

图 2-2 转鼓式格栅除污机构造图

轮已上行至环链的上端，回转至环链的外侧，齿耙张开，完成一个工作循环。

高链式格栅除污机一般适用于泵站进水渠，拦截水中的漂浮物，保证水泵正常运行。栅隙 20～60mm，多采用粗格栅形式，安装角度为 75°。高链式格栅除污机如图 2-3 所示。

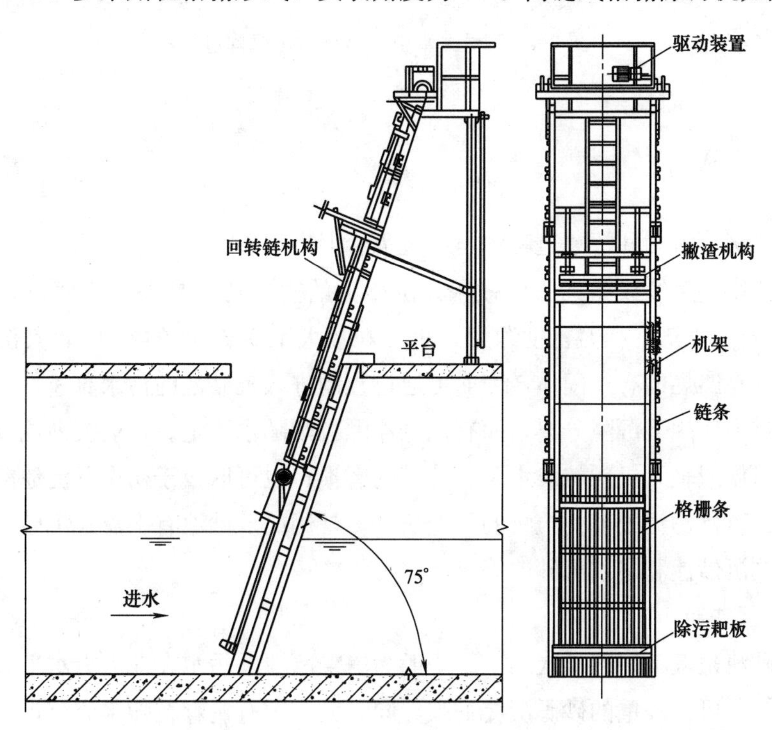

图 2-3 高链式格栅除污机构造图

(4) 钢丝绳牵引式格栅除污机

钢丝绳牵引式格栅除污机由机架、清污机构、导向轮、松绳开关、耙斗、格栅、挡渣板以及电控设备等构成。

工作时，传动装置带动钢丝绳控制耙斗的提升和开闭，通过耙斗的下行、闭合、上行和卸渣开耙的连续动作，将格栅拦截的栅渣清除。

钢丝绳牵引式格栅除污机一般适用于城镇污水处理厂、自来水厂以及各类泵站、城市防洪等设施进水口。栅隙15～100mm，多采用粗格栅形式，如图2-4所示。

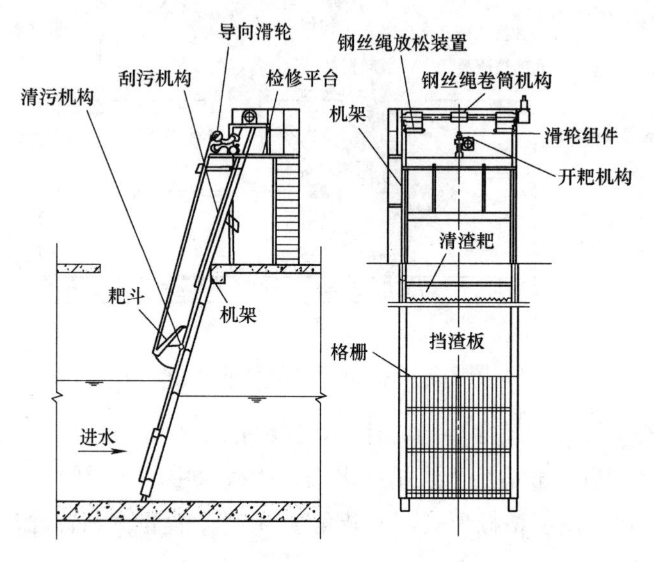

图2-4　钢丝绳牵引式格栅除污机构造图

2.2　沉砂池概述

污水在迁移、流动和汇集过程中不可避免会混入泥砂，污水中的泥砂若不预先沉降分离去除，则会影响后续设备的去除效果。沉砂池的主要功能是去除密度较大的无机颗粒（如砂粒、砾石、煤渣等相对密度约为2.65，粒径大于0.2mm的颗粒），其沉降速度显著地大于污水中易腐烂的有机固体，因而可通过控制进入沉砂池的污水流速，使密度较大的无机颗粒在重力作用下沉降分离，而有机悬浮颗粒则随水流走。一般沉砂池设于泵站、倒虹吸管前，以便减轻无机颗粒对水泵、管道的磨损；也可以设于初次沉淀池前，以减轻沉淀池负荷，并改善污泥处理构筑物的处理条件。常用的沉砂池有平流式沉砂池、曝气式沉砂池、旋流式沉砂池和多尔沉砂池等。

2.2.1　平流沉砂池

平流沉砂池是最常用的形式之一。一般为一渠两池，污水在池内沿水平方向流动，其水平流速较大，可使较重的砂砾沉淀下来，同时大多数有机颗粒随水流流走。平流沉砂池具有构造简单、除砂效果好、不需要特殊设备和投资少的优点而得以广泛应用，但其也有机械化程度低、清砂困难、工人劳动强度大和劳动条件差的缺点。目前被机械化程度高、运营管理方便和占地面积小的旋流沉砂池以及功能更具优势的曝气沉砂池逐渐取代。

由于平流沉砂池采用分散性颗粒的沉淀理论设计，只有当污水在沉砂池中的停留时间等于或大于设计的砂粒沉降时间，才能够实现砂粒的截留。因此，沉砂池的池长按照污水的水平流速和停留时间来确定。由于实际运行中进水的水量及含砂量是不断变化的，其变化幅度甚至相当大。因此，当进水负荷波动较大时，平流式沉砂池的去除效果不佳。

(1) 池体结构

平流沉砂池是沉砂池最常用的形式，属矩形、平流、速度控制型。由进水渠、出水渠、闸板、沉砂斗以及排泥管组成。池体的上部是一个加宽的明渠，渠的两端设有闸板以控制流态，池的长宽比一般不小于4，有效水深一般不超过1.2m，池底设置1～2个贮砂斗，斗底有带闸阀的排砂管。排砂管可采用重力排砂或空气提升排砂等。具体布置如图2-5所示。

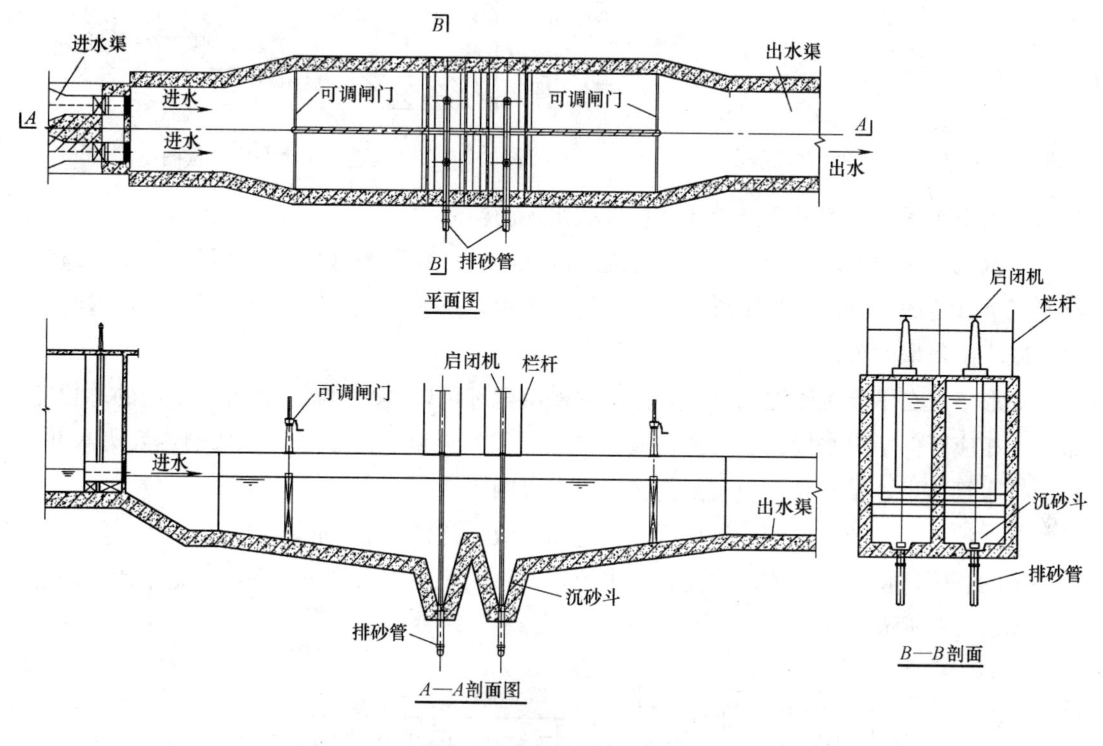

图2-5 平流沉砂池三视图

(2) 进水方式

沉砂池的进水装置要求水流均匀地分布在整个池子的横断面上，以免形成短流，减少紊流对沉砂池产生的不利影响，减少死水区，以及提高沉砂池的容积利用系数。

沉砂池的进水装置一般采用在沉砂池进口处设一穿孔墙，靠增大阻力的方法使进水均匀。穿孔墙上开方形或圆形的孔口，开孔的总面积同孔口流速有关，孔口总面积不应过大，否则孔口流速较低，导致穿孔墙不能起到均匀布水的作用，穿孔最好做成顺水流方向扩大的喇叭形。

在沉砂池进水口前一般还设置一块电动闸板，可以通过闸板控制水量的大小，如图2-6和图2-7所示。

(3) 出水方式

沉砂池的出口设在池长的另一端，多采用溢流堰，以保证沉砂后的水可沿池宽方向均

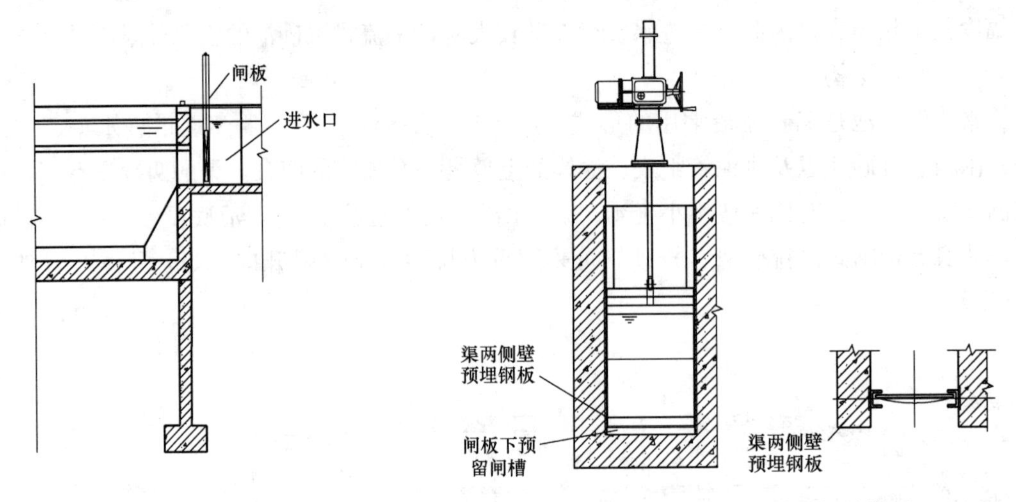

图 2-6 平流沉砂池进水方式示意图

图 2-7 沉砂池进水渠道闸门结构图

匀地流入出水渠。堰前设浮渣槽和挡板以截留水面浮渣。

平流沉砂池的出水一般通过出水堰溢入出水渠，出水渠的总长度应尽量长一些。通常在平流沉砂池的出口处设置矩形堰槽，即均匀布置几条平行于水流的出水槽，增加堰的长度，减小出水堰的负荷。

矩形槽设在平流沉砂池出水区，由于水槽两侧都可以溢流出水，因此集水堰的总长度很长，相应降低了出水堰的负荷率，减少单位堰长的流量。污水经过矩形槽流入集水井，再由排水管排出，排水管前设有闸门，可以通过闸门控制出水量。

沉砂池中全部的矩形槽的堰口都要求标高一致，这样才能保证均匀集水。矩形槽应该有一定的深度，使进入水槽的水能自由出流，不致因槽中的水位过高而影响整个槽长的进水，如图 2-8 所示。

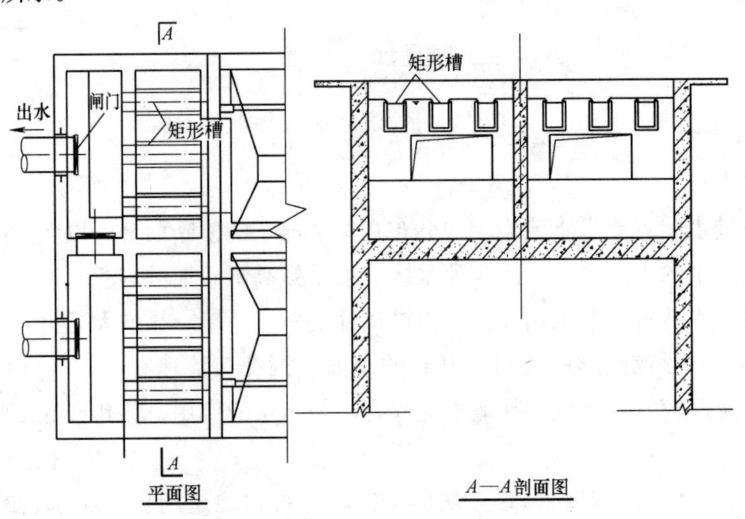

图 2-8 平流沉砂池出水方式示意图

管道穿墙时，为防止管道受荷载被压坏，需要在管道外部设置保护性的防水套管。防水套管分为柔性防水套管和刚性防水套管。两者使用的场合不同，柔性防水套管主要用在人防墙、水池等要求很高的地方。刚性防水套管一般用在地下室等管道需穿墙的位置。

刚性防水套管是钢管外加翼环（钢板做的环），装于墙内（多为混凝土墙），用于一般管道穿墙，利于墙体的防水，如图 2-9 所示。而柔性防水套管除了外部翼环，内部还有挡圈之类的法兰内丝，主要用于需要减振的管路，例如与水泵连接的管道穿墙时。

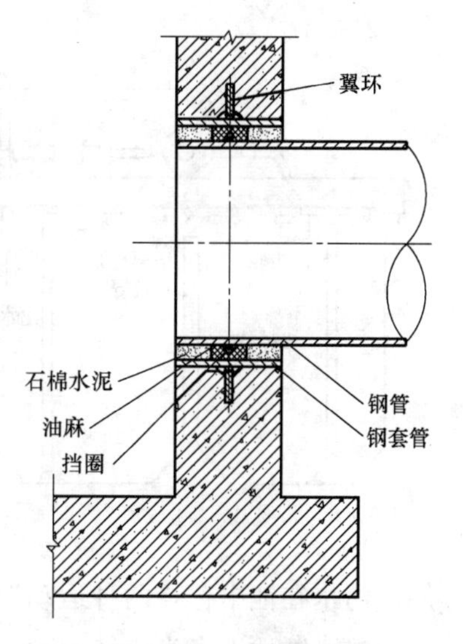

图 2-9 刚性防水套管大样图

（4）排砂设备

平流沉砂池常用的排砂方法有重力排砂与机械排砂两类。

重力排砂的示意如图 2-10 所示，其优点是排砂的含水率低，排砂量易于计算，缺点是沉砂池需要高架或挖小车通道。

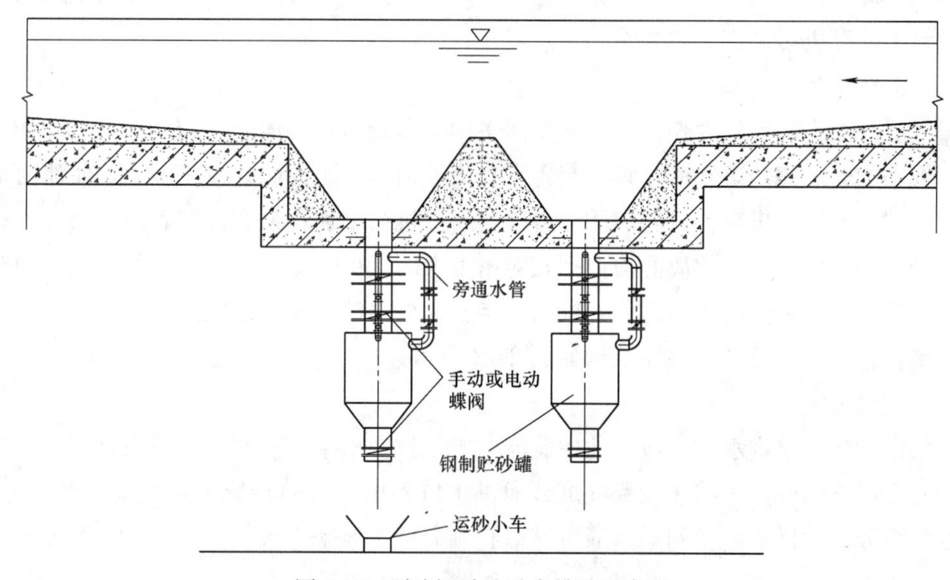

图 2-10 平流沉砂池重力排砂示意图

机械排砂法的一种单口泵吸式排砂机如图 2-11 所示。沉砂池为平底，桁架沿池长方向往返行走排砂。经旋流分离器分离的水回流至沉砂池，沉砂可用小车、皮带输送器等运至晒砂场或贮砂池。机械排砂的自动化程度高，排砂含水率低，工作条件好。机械排砂法还包括链板刮砂法、抓斗排砂法等。大、中型污水处理厂多采用机械排砂法。

2.2.2 曝气沉砂池

平流沉砂池因池内水流分布不均，致使对无机颗粒的选择性截留效率不高，沉砂中夹杂约 15%的有机物，沉砂易厌氧降解腐败发臭，故常需配洗砂机。曝气沉砂池集曝气和沉砂于一体，不仅可使沉砂中的有机物量降至 5%以下，而且具有预曝气、脱臭，防止污水厌氧降解等作用，为后续的沉淀、曝气和污泥消化的正常运行提供有利条件。由于曝气

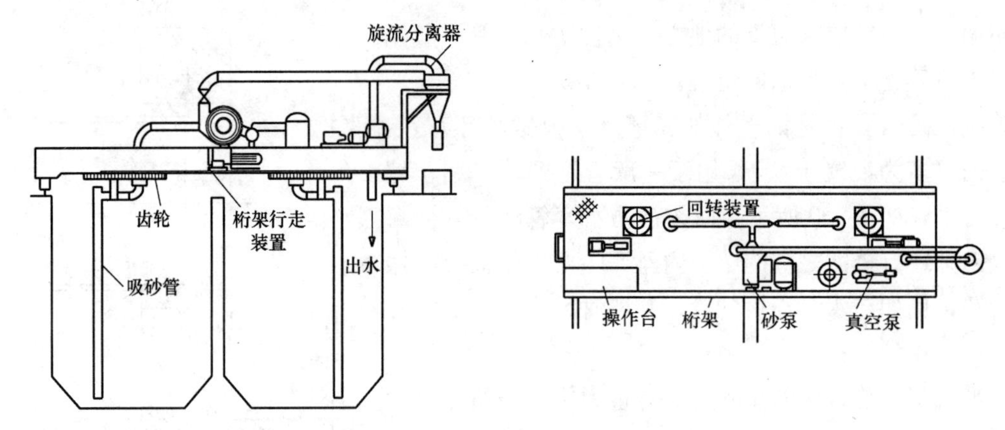

图 2-11 泵吸式排砂机示意图

作用，污水在池中存在两种运动形式，一是水平流动，二是由于池子的曝气作用，使水流在池子的横断面上产生旋转运动。在水平和回旋的双重作用下，整个池内水流沿螺旋轨迹向前流动。此外，污水中悬浮颗粒相互碰撞、摩擦，并受到气泡上升时的冲刷作用，使黏附在砂粒上的有机污染物得以去除。

（1）池体结构

曝气沉砂池平面形状为长方形，横断面多为梯形或矩形，池底一侧有 $i=0.1\sim0.5$ 的坡度，坡向的另一侧是集砂槽。曝气装置设在集砂槽内，距池底 0.6～0.9m，使池内水流作旋流运动，并使无机颗粒之间的相互碰撞与摩擦机会增加，易剥离沉砂表面附着的有机物。此外，由于旋流产生的离心力，把相对密度大的无机物颗粒甩向外层并下沉，相对密度轻的有机物旋至水流的中心部位并被水带走。为增强池内水流作旋流运动，可在曝气装置的外侧设置导流挡板，其整体结构如图 2-12 所示。

（2）进水方式

曝气沉砂池要求进水方向应与池中旋流方向一致，出水方向与进水方向垂直，且旋流速度为 0.25～0.30m/s。需注意曝气沉砂池进水口和出水口的布置，防止水流发生短路。一般曝气沉砂池的进水由中间渠道通过穿墙孔洞向两边池子进水，如图 2-13 所示。

（3）出水方式

曝气沉砂池出水经出水堰板流入集水井，然后由出水管排出。出水堰一般由堰板制成，可通过手动或者电动调节堰板的高度，从而控制出水量大小的作用，在堰板后设置集水坑，可起到调节后续构筑物进水量大小的作用，如图 2-14 和图 2-15 所示。

（4）曝气设备

曝气沉砂池是通过曝气形成水的旋流产生洗砂作用，以提高沉砂效率以及有机物分离效率。一般供气量越大则砂粒冲洗越干净，但是会降低细小砂粒的去除率。曝气装置可采用压缩空气竖管连接穿孔管（穿孔管管径为 2.5～6.0mm）或压缩空气竖管连接空气扩散板，单位污水（m^3）所需空气量为 0.1～0.2m^3 或单位池表面积（m^2）为 3～5m^3。曝气沉砂池一般采用鼓风曝气，如图 2-16 和图 2-17 所示。

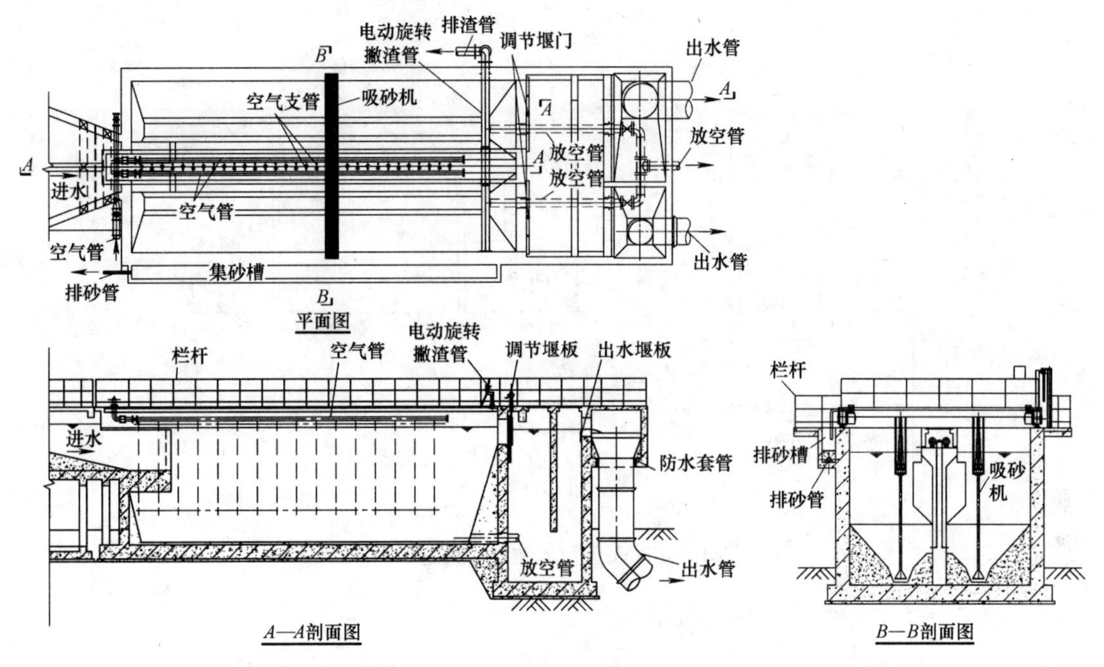

图 2-12 曝气沉砂池三视图

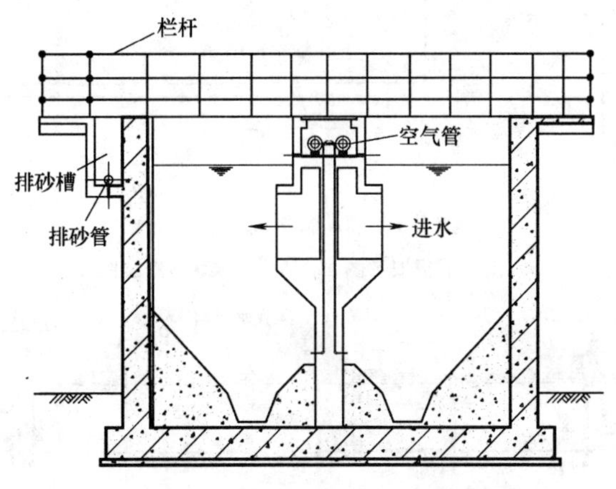

图 2-13 曝气沉砂池进水剖面图

(5) 排砂设备

曝气沉砂池池底一侧设有 i=0.1～0.5 的坡度，坡向另一侧为集砂槽。集砂槽中的砂可采用机械刮砂、空气提升器和泵吸式排砂机排除。机械刮砂一般采用链条式刮砂机和桁车式刮砂机。

链条式刮砂机是一种带刮板的双链输送机，安装在曝气沉砂池的砂沟中，两根主链上每隔一段装一只刮砂板，链条运转时刮砂板将砂存到池子的一端，再沿斜面将砂刮出水面，直至池外的输送机上。

桁车式刮砂机的特点是桁车在曝气沉砂池上往复行走，可升降的刮板将砂刮到池子一端的砂斗中，然后通过空气提升器经砂提升管和排砂管清洗后排除，如图 2-18 所示。

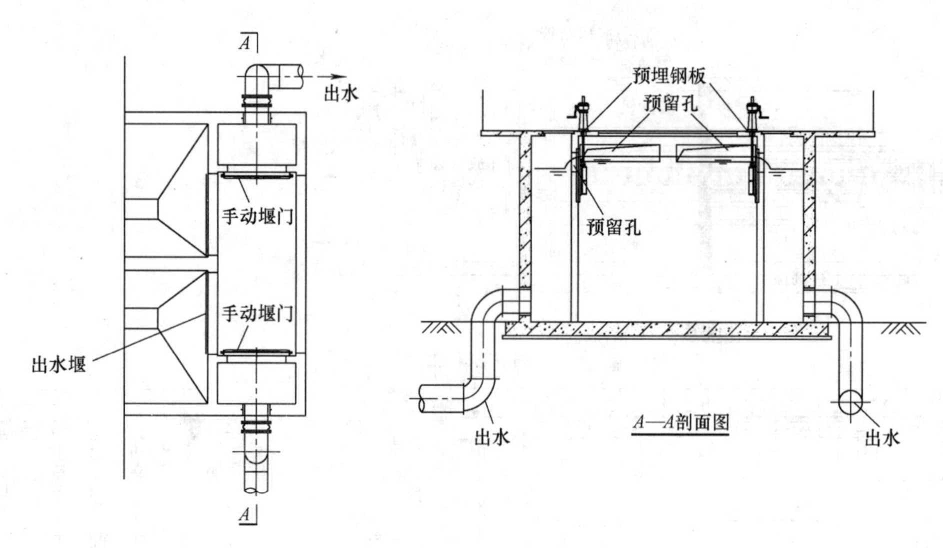

图 2-14　曝气沉砂池出水构造图

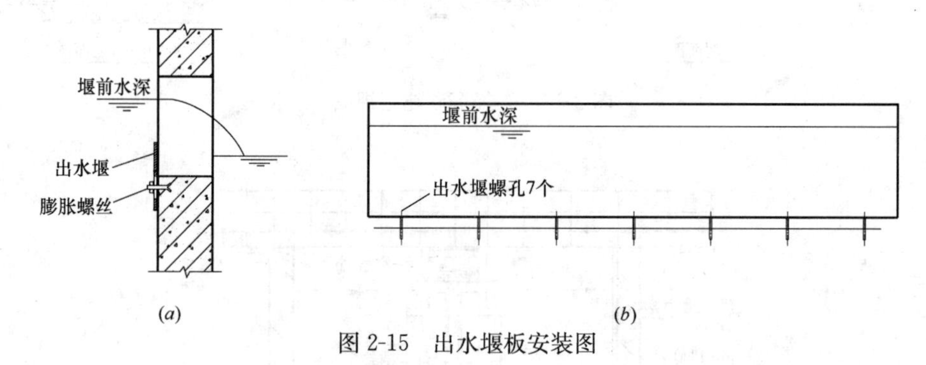

图 2-15　出水堰板安装图

(*a*) 出水堰板安装图 1；(*b*) 出水堰板安装图 2

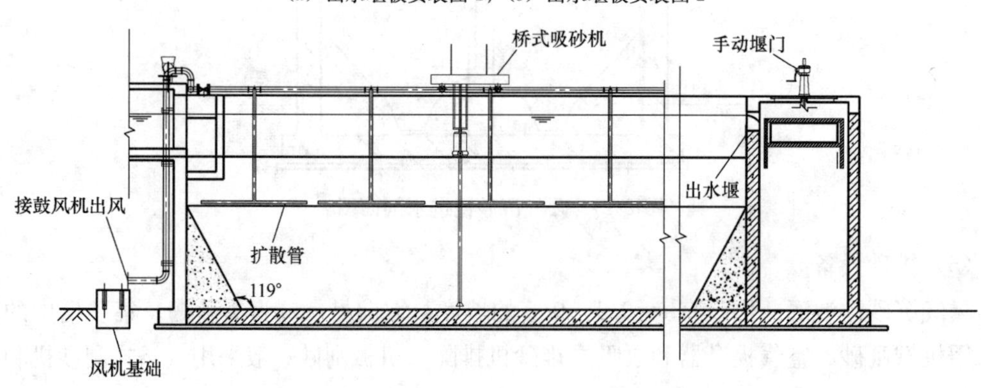

图 2-16　曝气沉砂池纵断面曝气布置图

2.2.3　旋流沉砂池

旋流沉砂池是利用机械力控制水流流态和流速，加速砂粒的沉淀并使有机物被水流带走的沉砂装置。污水由流入口切线方向进入沉砂区，利用电动机及传动装置带动转盘和斜坡式叶片，由于所受离心力的不同，把砂粒甩向池壁，掉入砂斗，有机物则保留在污水中。通过调整转速可达到最佳沉砂效果。沉砂用压缩空气经砂提升管和排砂管清洗后排

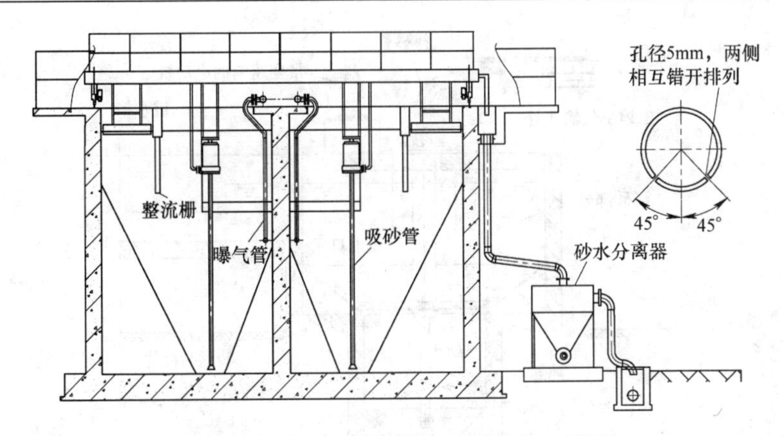

图 2-17 曝气沉砂池横断面曝气管布置图

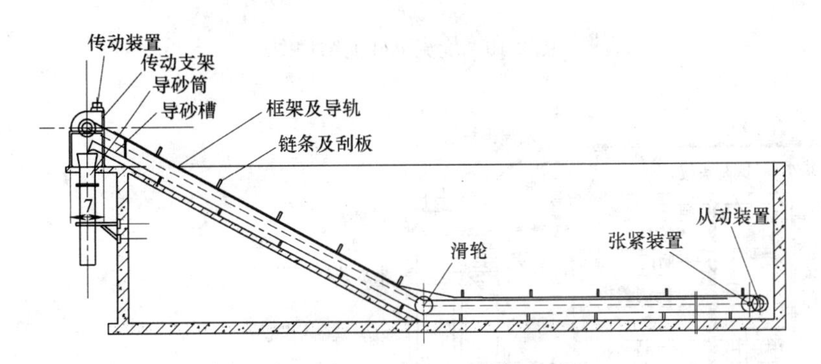

图 2-18 链条式刮砂机安装图

出，清洗水回流至沉砂区。由于旋流沉砂池既能实现砂水分离，又能剥离砂粒上附着的有机物，达到清洁砂砾的目的，因而得到越来越多的应用。

(1) 池体结构

旋流沉砂池由入口、出口、沉砂区、砂斗以及带变速箱的电动机、传动齿轮、压缩空气输送管、砂提升管和排砂管组成，主要用于污水处理厂中的预处理。设置于初沉池之前，细格栅之后，可去除污水中较大的无机颗粒以减轻初沉池的负荷及改善污泥处理构筑物的条件。旋流沉砂池的构造如图 2-19 所示，其整体布局如图 2-20 所示。

(2) 进水方式

旋流沉砂池采用进水渠道或进水管进水，污水由流入口切线方向流入沉砂区。进水渠道设一跌水堰，使可能沉积在渠道底部的砂粒向下滑入沉砂池；还设有一挡板，使水流及砂粒进入沉砂池时向池底流行，并加强附壁效应。为了保证进水平稳，一般进水渠道直段长度应为渠宽的 7 倍，且不能小于 4.5m，如图 2-21 所示。

(3) 出水方式

旋流沉砂池采用渠道出水，沉砂池的出水渠道与进水渠道的夹角应该大于 270°，以最大限度地延长水流在沉砂池中的停留时间。采用溢流出水，在出水渠的渠道上需设置闸门，通过闸门控制出水流量。出水再经出水堰板流入集水井 1，集水井 1 的水通过地下管道流入集水井 3，最后流入生物反应池，如图 2-22 和图 2-23 所示。

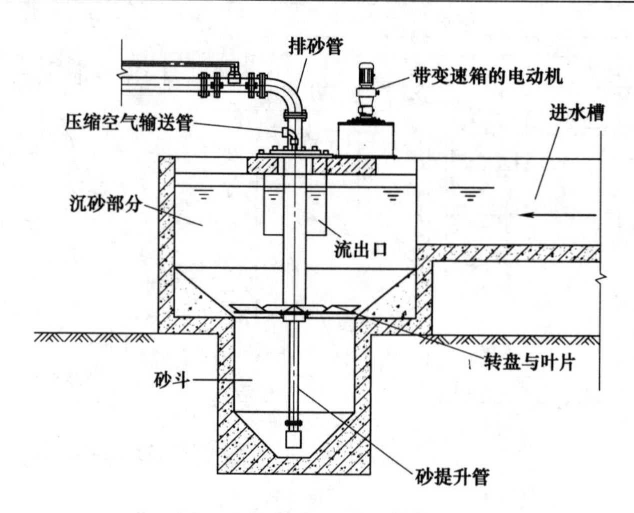

图 2-19　旋流沉砂池结构图

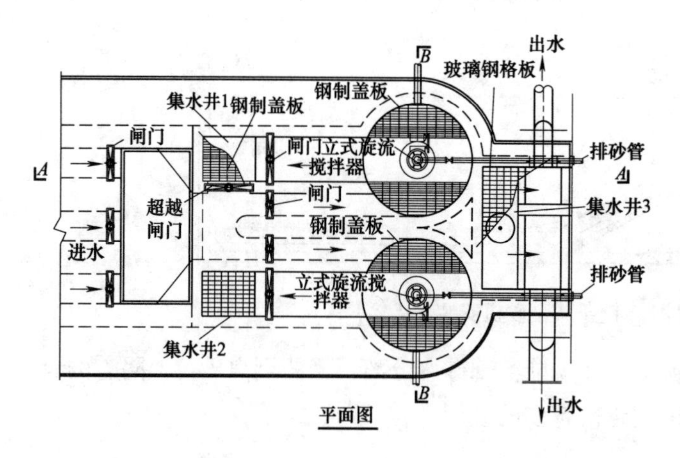

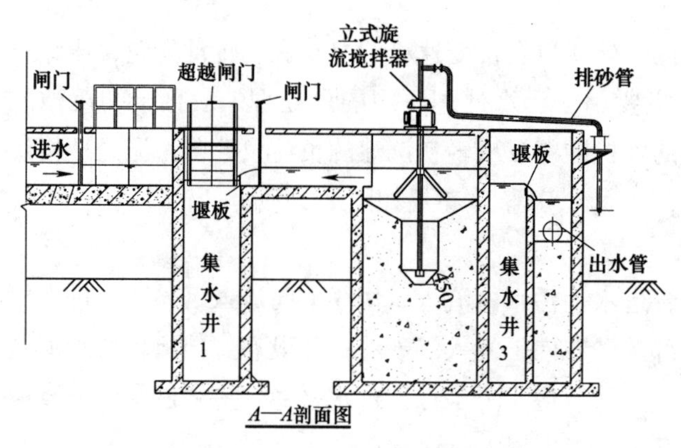

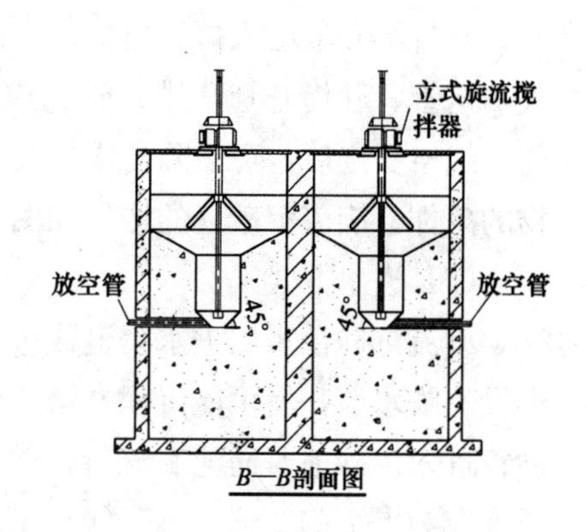

图 2-20　旋流沉砂池三视图

（4）排砂装置

典型旋流沉砂池通常采用气提的排砂方式，其优点在于气提之前可先进行气洗，将砂粒上的有机物分离。气提式除砂装置由搅拌器、提砂器和砂水分离器组成，这三个部分均固定在圆形沉砂池上，相互位置固定不变，通过管道将三个部分连成一个整体，各自发挥功能，共同完成除砂工作。

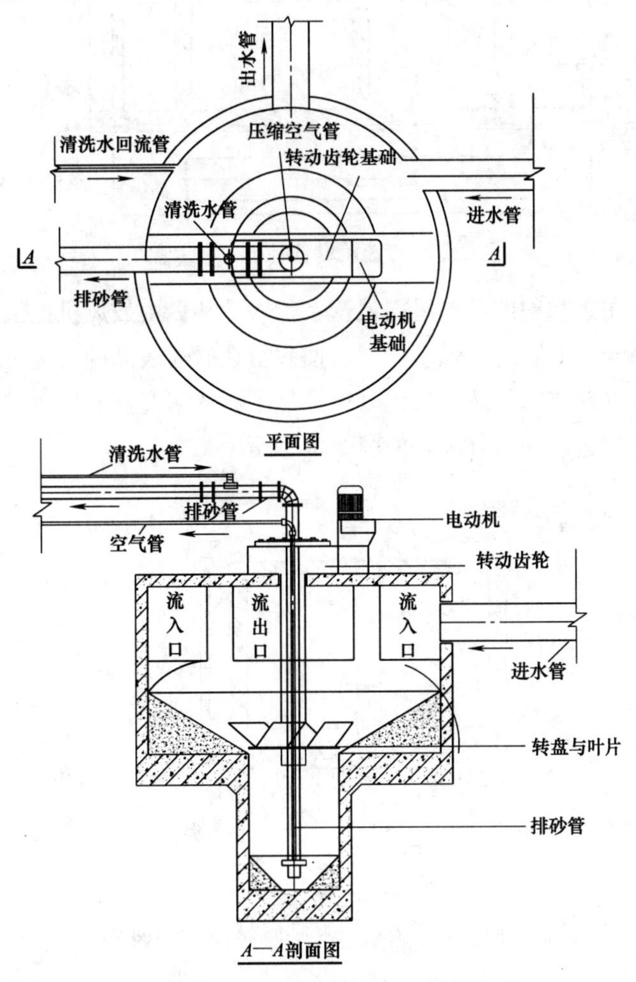

图 2-21 旋流沉砂池进水布置图

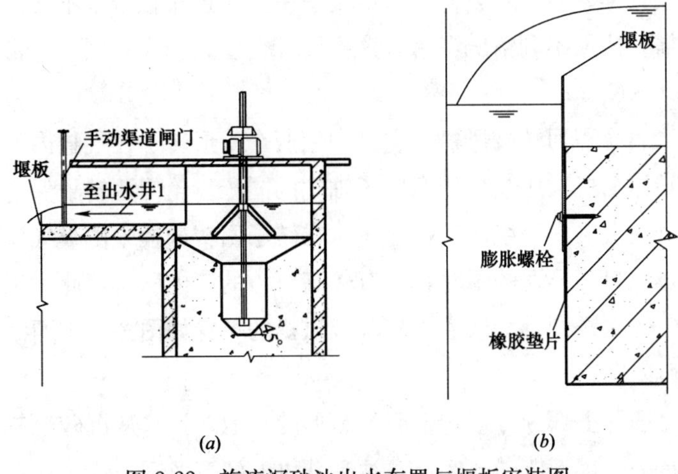

图 2-22 旋流沉砂池出水布置与堰板安装图

(a) 旋流沉砂池出水图；(b) 堰板安装图

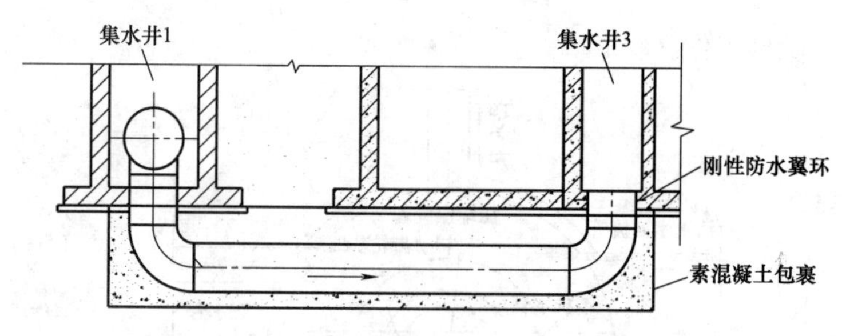

图 2-23 旋流沉砂池地下出水示意图

由于搅拌器作用，水中的砂粒甩向池壁，掉入砂斗。由鼓风机提供具有一定压力的空气，通过洗砂管路送至池底进行强制冲洗，使残留在砂粒表面的有机物得以较为彻底的清除，污水、砂和空气形成气、液、固混合体降低了砂的密度，然后通过提砂装置将砂粒输送到水力旋流浓缩器进行砂水分离，如图 2-24 所示。

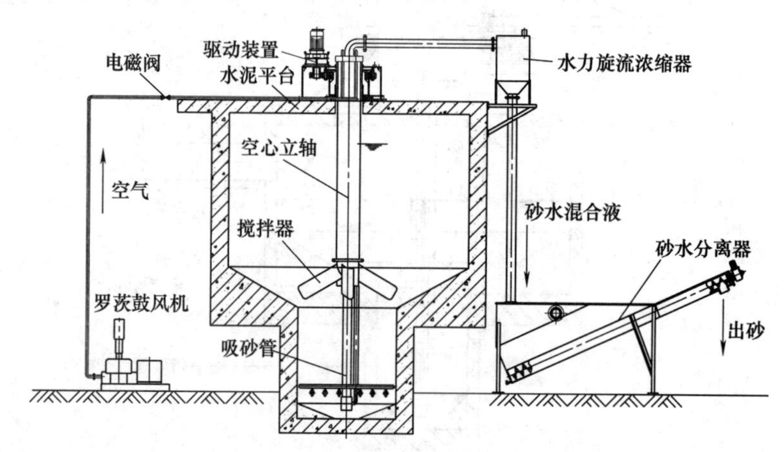

图 2-24 旋流沉砂池排砂装置布置图

气提不可避免存在的问题是提砂的高度。由于气提依靠的是气、水、固混合液与水之间的密度差，因此其提砂高度若较低，将给工程中的管道布置带来不便。考虑到实际运行中的水位波动，需要按最不利情况考虑，这样设计会受到较大限制。通常推荐的提砂高度为：淹没水深≤40～60cm。

罗茨鼓风机系属容积回转鼓风机，它是利用两个叶形转子在气缸内作相对运动来压缩和输送气体的回转压缩机，压缩机依靠转子轴端的同步齿轮使两转子保持啮合。转子上每一凹入的曲面部分与气缸内壁组成工作容积，在转子回转过程中由吸气口带走气体，当移到排气口附近与排气口相连通的瞬时，因有较高压力的气体回流，此时工作容积中的压力突然升高，而将气体输送到排气通道。罗茨鼓风机的布置如图 2-25 所示。

2.2.4 多尔沉砂池

多尔沉砂池是一种上部为方形，下部为圆形的水池。污水从沉砂池一侧以平流方式进入池内，砂砾在重力作用下沉于池底，并被刮砂机上的弧形刮板依次推移至池边的贮砂斗中，而后落入集砂槽内，再经耙式步进输砂机逐渐刮至池外，刮出的砂无需再进行砂水分

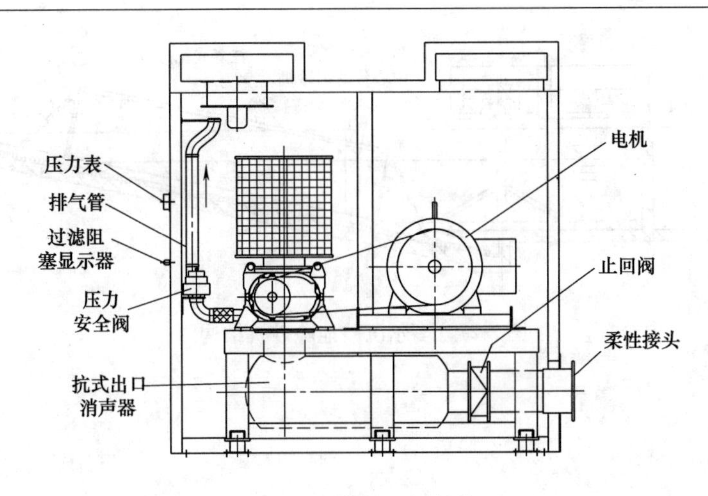

图 2-25 罗茨鼓风机结构图

离就可运走。通常以表面水力负荷为设计参数，采用的池深较浅，通常池深<0.9m。

(1) 池体结构

多尔沉砂池由污水入口、整流器、沉砂池、出水堰、刮砂机、有机物回流机、回流管以及排砂机组成，其工艺构造如图 2-26 所示。

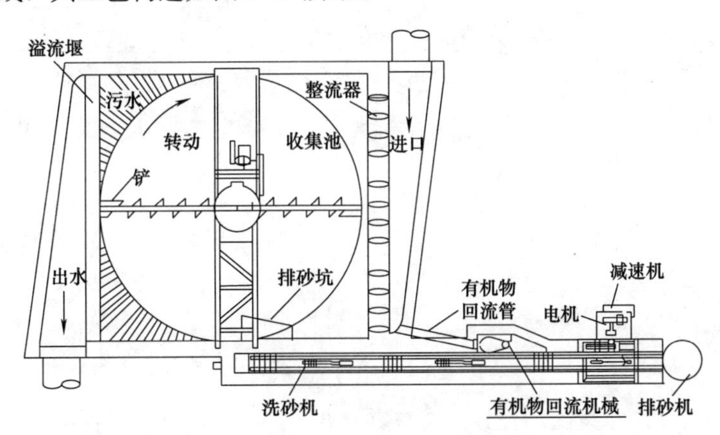

图 2-26 多尔沉砂池工艺构造图

(2) 进出水方式

在池的一侧设有与池壁平行的进水槽，为确保进水均匀一般采用穿孔墙进水，并在整个池壁上设有整流器，调整和保持水流的均匀分布。污水经沉砂池使砂粒沉淀，经另一侧的溢流堰排出。

(3) 排砂设备

多尔沉砂池除砂机功能相当于旋流沉砂器和砂水分离器组合结构。污水由沉砂池一侧以水平流方式进入池内，砂粒在重力作用下沉于池底，再被刮砂机上的弧形刮板依此推移至池边的贮砂斗中，落入集砂槽内，再经往复式耙砂机逐渐刮至池外。其特点可概括为：① 结构简单，安装方便；② 传动件大部分在水上，使用寿命长；③ 操作简单，便于维护；④ 流态好，除砂效率高，如图 2-27 所示。

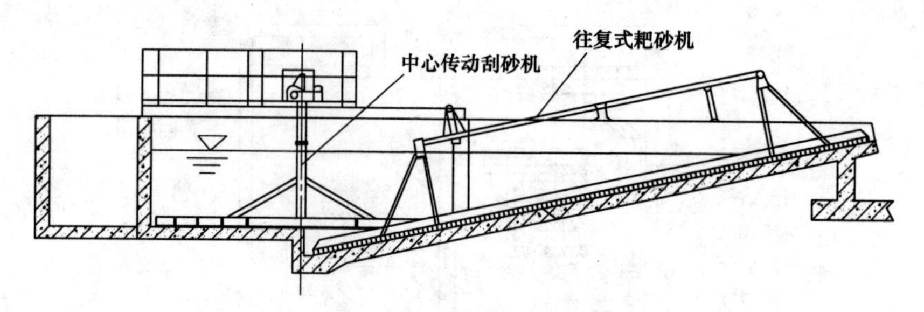

图2-27　多尔沉砂池除砂机结构图

第3章 混 凝 池

3.1 概述

水体中的杂质都是以水作为分散介质分散在水中，形成分散相。根据杂质分散相粒度的大小，可分为三种存在形式，即真溶液（粒度在 $10^{-3}\mu m$ 以下）、胶体溶液（粒度为 $10^{-3}\sim1\mu m$）及悬浮液（粒度大于 $1\mu m$）。粒度大于 $100\mu m$ 的悬浮颗粒可以用沉淀或过滤方法处理，粒度不足 $100\mu m$ 的胶体溶液及悬浮液可用混凝的方法处理。

混凝就是在水中预先投加混凝剂，在混凝剂溶解和水解产物的作用下，使水中的胶体污染物和细微悬浮物脱稳并聚集成絮凝体的过程，其中包括凝聚和絮凝两个过程。

目前，混凝法已是给水和污水处理中应用非常广泛的方法。混凝既可以降低原水的浊度、色度等感观指标，去除多种高分子有机物，某些重金属和放射性物质，又可以自成独立的处理系统，还可以与其他处理单元进行组合，作为预处理、中间处理和最终处理工艺。此外，混凝法还经常用于污泥脱水前的浓缩过程，以改善污泥的脱水性能。混凝法的优点在于设备简单，维护操作易于掌握，处理效果好，间歇或连续运行均可；缺点是需不断向水中投药，经常性运行费用较高，沉渣量较大且脱水困难。

混合是指药剂充分、均匀地扩散于水体的工艺过程，对于取得良好的混凝效果具有重要作用。混合方式归纳起来有水泵混合、管式静态混合、扩散混合以及机械混合等。投加混凝剂并经充分混合后的原水，在水流作用下使微絮粒相互碰撞接触，以形成更大絮粒的过程称作絮凝。完成絮凝过程的构筑物也称作反应池。絮凝池按池型形式可分为隔板絮凝池、折板絮凝池、机械絮凝池、穿孔絮凝池以及网格（栅条）絮凝池等。

3.2 混合

3.2.1 水泵混合

水泵混合是我国常用的混合方式。药剂投加在取水泵吸水管或吸水喇叭口处，利用水泵叶轮高速旋转以达到快速混合的目的，如图 3-1～图 3-3 所示。

水泵混合效果好，不需另建混合设施，节省动力，大、中、小型水厂均可采用。当取水泵房距水厂处理构筑物较远时，不宜采用水泵混合。由于经水泵混合后的原水在长距离管道输送过程中，可能过早地在管中形成絮凝体；已形成的絮凝体在管道中一经破碎，往往难于重新聚集，不利于后续絮凝，且当管中流速低时，絮凝体还可能沉积在管中。因

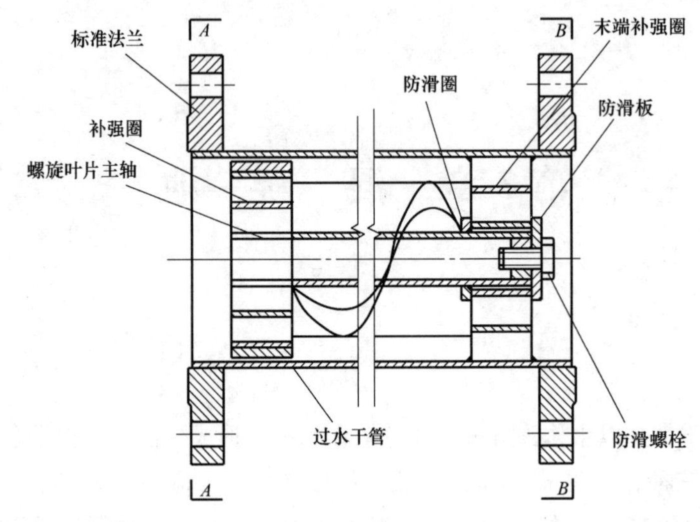

图 3-1　水泵混合构造示意图

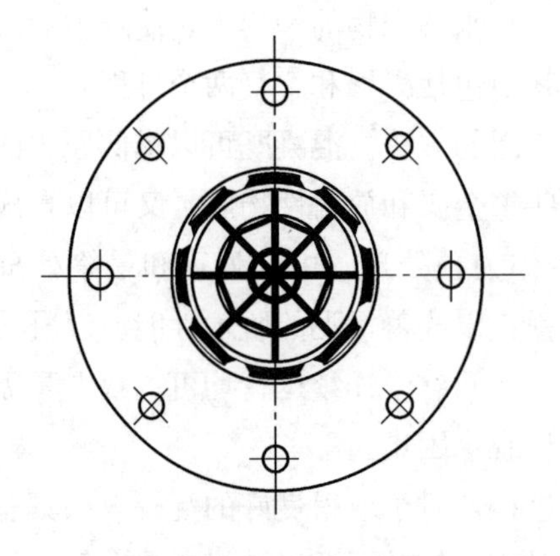

图 3-2　水泵混合 *A*—*A* 剖面图

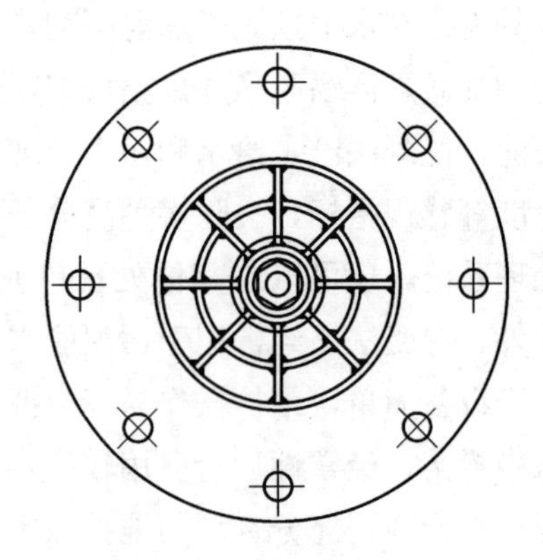

图 3-3　水泵混合 *B*—*B* 剖面图

此，水泵混合通常用于取水泵房靠近水厂处理构筑物的场合，两者间距不宜大于 150m。

3.2.2　管式静态混合器

管式静态混合器内，按要求常安装若干固定混合单元，每一混合单元由若干固定叶片按一定角度交叉组成。水流和药剂通过混合器时，将被单元体多次分割、改向并形成涡旋，达到混合目的。这种混合器构造简单，无活动部件，安装方便，混合快速而均匀。如图 3-4～图 3-6 所示。

3.2.3　扩散混合器

扩散混合器则是在管式孔板混合器前加装一个锥形帽，其构造如图 3-7 所示。水流和药剂冲撞锥形帽后扩散形成剧烈紊流，使药剂和水达到快速混合。锥形帽夹角 90°。锥形帽顺水流方向的投影面积为进水管总截面积的 1/4，孔板的开孔面积为进水管截面积的3/4。孔板流速一般采用 1.0～1.5m/s，混合时间约 2～3s，混合器节管长度不小于 500mm，水流通过混合器的水头损失约 0.3～0.4m，混合器直径在 *DN*200～*DN*1200 范围内。

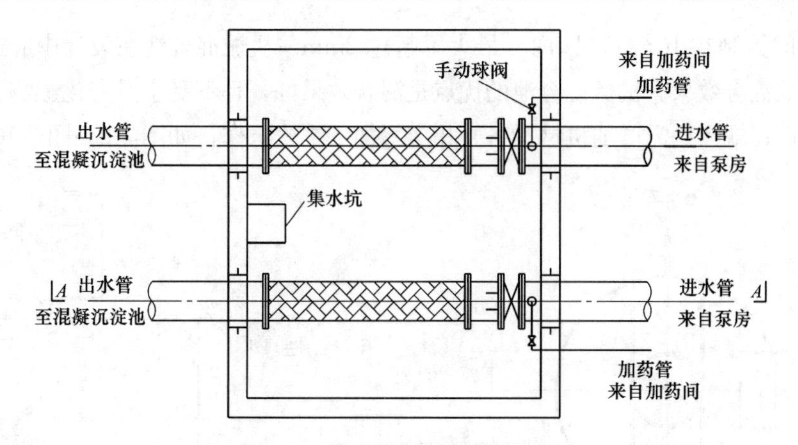

图 3-4 管式静态混合器平面图

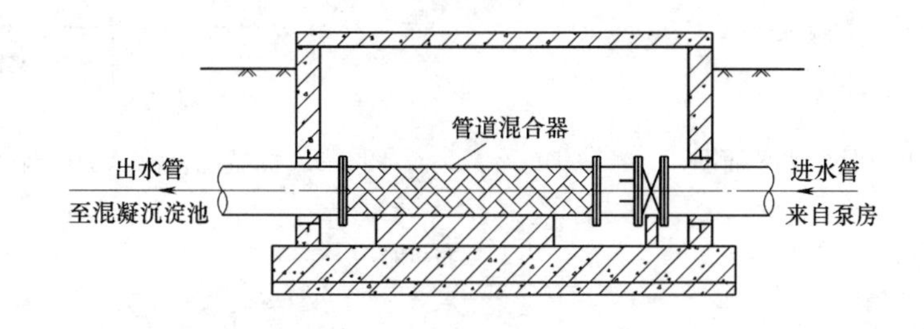

图 3-5 管式静态混合器 A—A 剖面图

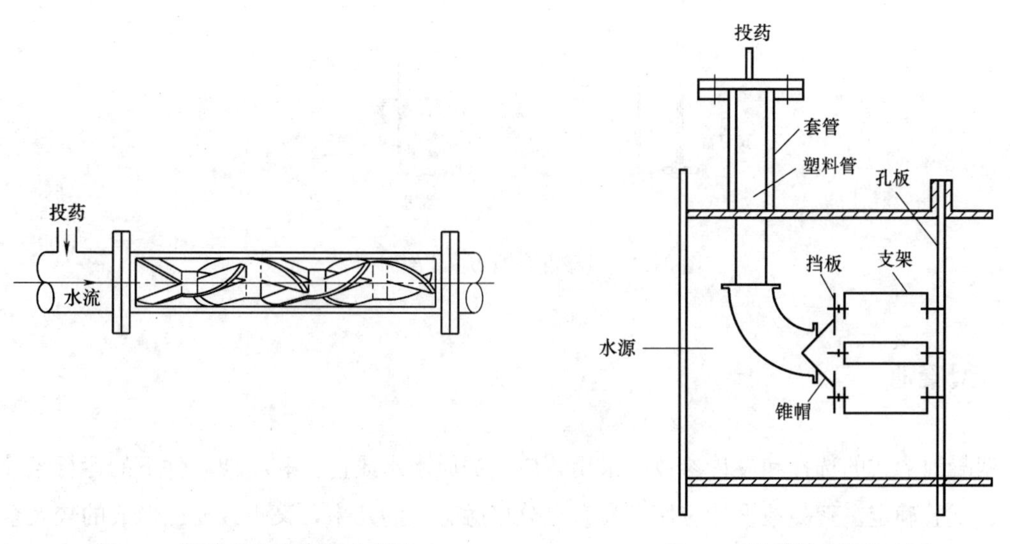

图 3-6 管道静态混合器示意图

图 3-7 扩散混合器构造图

3.2.4 机械混合池

机械混合池是在池内安装搅拌装置，以电动机驱动搅拌器促使水和药剂混合。搅拌器可以是桨板式、螺旋桨式或透平式。桨板式适用于容积较小的混合池（一般在 $2m^3$ 以下），其余可用于容积较大混合池。搅拌功率按产生的速度梯度为 $700\sim1000s^{-1}$ 计算确定。混合时间控制在10～30s以内，最大不超过2min。机械混合池在设计中应避免水流同步旋转而降低混合效果。机械混合池的优点是混合效果好，且不受水量变化影响，适用于各种规模的水厂；缺点是需增加机械设备并相应增加了维修工作，如图3-8～图3-10所示。

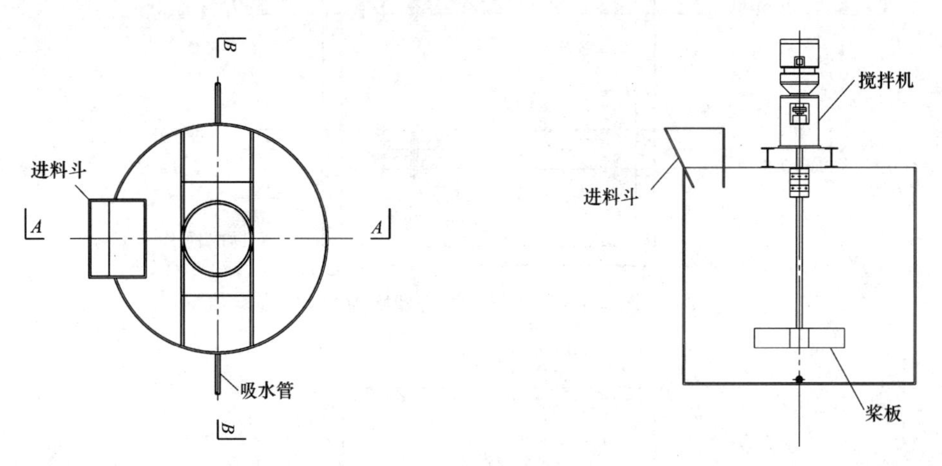

图3-8　机械混合池平面图　　图3-9　机械混合池 A—A 剖面图

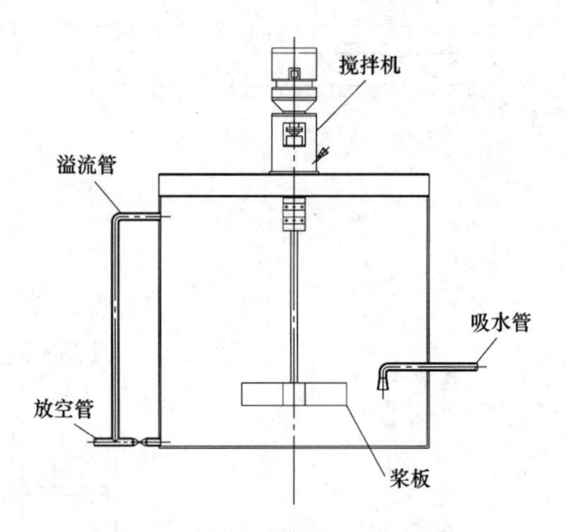

图3-10　机械混合池 B—B 剖面图

3.3　絮凝池

絮凝池形式的选择和设计参数的采用，应根据原水水质情况和相似条件下的运行经验或通过试验确定。絮凝池设计应使颗粒有充分接触碰撞的几率，又不致使已形成的较大絮粒破碎，因而在絮凝过程中速度梯度（G）或絮凝流速应逐渐由大到小。根据絮凝形式的不同，絮凝时间也有所区别，一般宜在10～30min之间，低浊、低温水宜采用较大值。絮凝池应尽量与沉淀池合建，避免用管渠连接。如确定需用管渠连接时，管渠中的流速应小于0.15m/s，并避免流速突然升高或水头跌落。为避免已形成絮粒的破碎，絮凝池出水穿孔墙的过孔流速宜小于0.10m/s；同时也应该避免絮粒在絮凝池中沉淀，如果实在难以避免，应采取相应的排泥措施。

3.3.1 隔板絮凝池

隔板絮凝池是指水流以一定流速在隔板之间通过而完成絮凝过程的构筑物，其应用历史久远，是目前仍常应用的一种水力搅拌絮凝池。隔板絮凝池通常用于大、中型水厂，若水量过小，则隔板间距过于狭窄，不便施工和维修。隔板絮凝池的优点在于构造简单，管理方便；缺点是流量变化大时，絮凝效果不稳定。与折板及网式絮凝池相比，因其水力条件不甚理想，水头损失中的无效部分比例较大，故需较长絮凝时间，导致池子容积较大。

(1) 池体构造

隔板絮凝池的形式分为往复式和回转式，最常见的形式为往复式，如图 3-11 和图 3-12 所示。

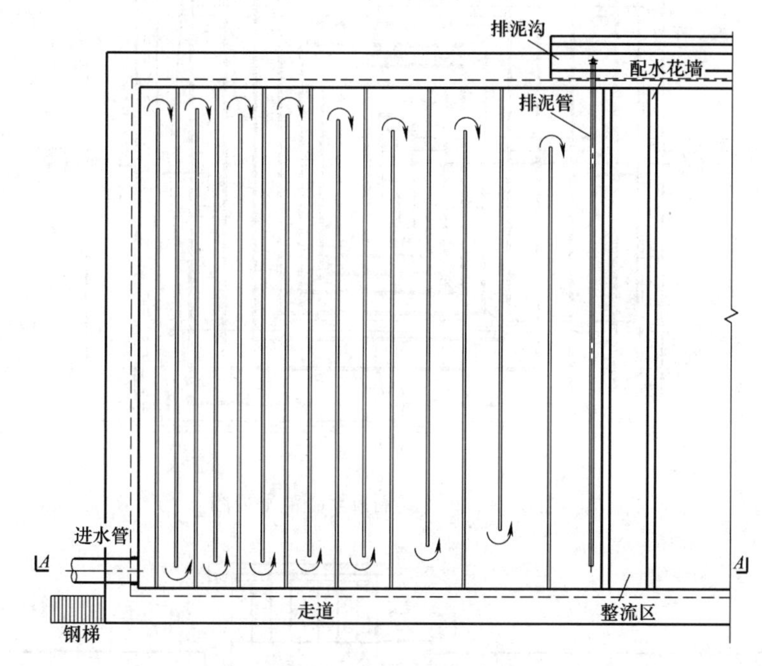

图 3-11 往复式隔板絮凝池平面图

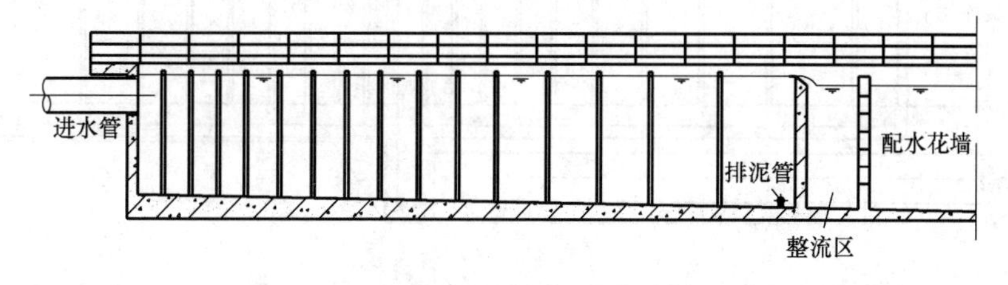

图 3-12 往复式隔板絮凝池 A—A 剖面图

往复式隔板絮凝池由进水管、池身、隔板、排泥管、出水孔等部分组成。隔板一般有两种形式，一种是隔板间距从起端至末端逐渐放宽，池底平，这种形式施工方便；另一种是隔板间距相等，从起端至末端池底逐渐降低，这种形式适用于合适的地形。为减小水流转弯处水头损失，转弯处过水断面积应为廊道过水断面积的 1.2～1.5 倍。同时，水流转弯处尽量做成圆弧形。絮凝时间一般采用20～30min。隔板间净距一般宜大于0.5m，以便于施工和检修。为便于排泥，池底应有0.02～0.03的坡度并设有直径不小于150mm的排泥管。

另一种形式是回转式隔板絮凝池，相比往复式絮凝池内水流作180°转弯，回转式隔板絮凝池则是作90°转弯，局部水头损失大为减小，絮凝效果也有所提高，如图3-13～图3-15所示。

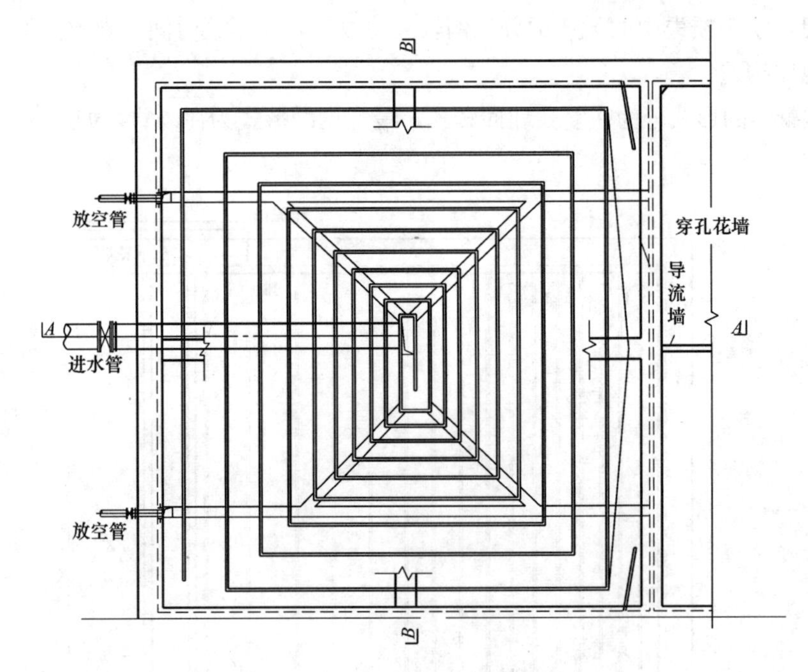

图3-13　回转式隔板絮凝池平面图

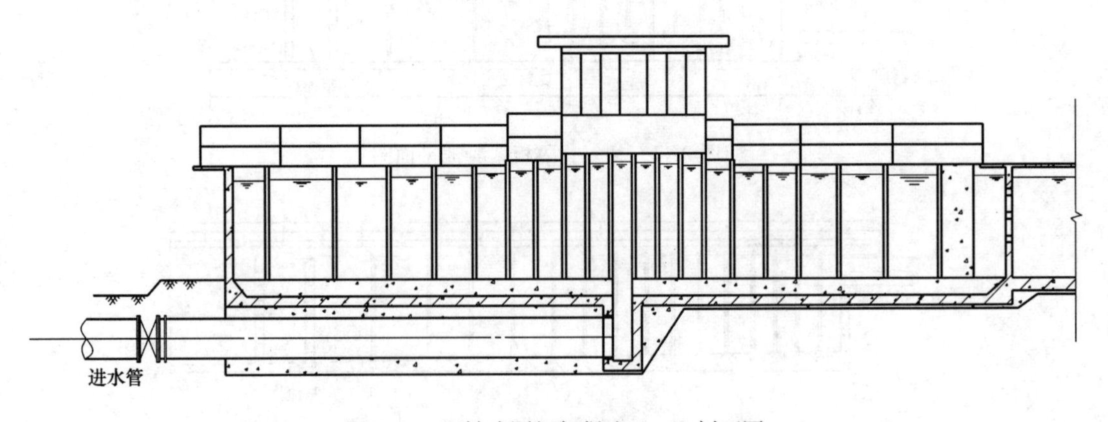

图3-14　回转式隔板絮凝池 $A—A$ 剖面图

(2) 进、出水方式

在絮凝池池壁入口处设有进水管，进水管外包裹着穿墙套管，起端流速一般为0.5～0.6m/s，絮凝池出水与沉淀池连接一般采用穿孔花墙配水，末端流速一般为0.2～0.3m/s。在起、末端流速已选定的条件下，根据具体情况分成若干段确定各段流速。分段越多，效

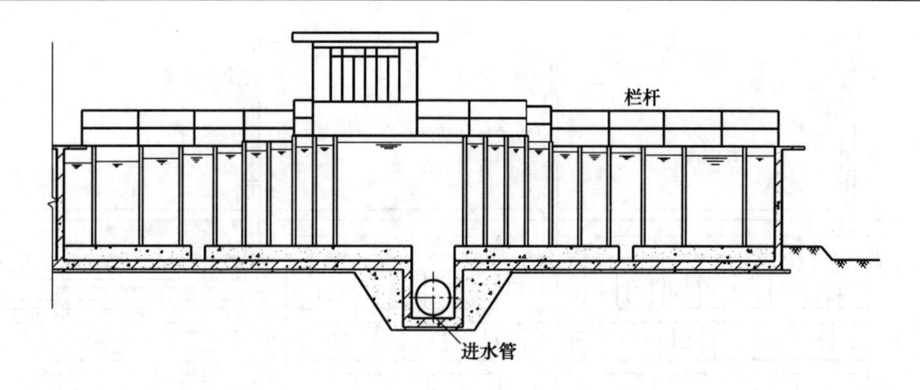

图 3-15 回转式隔板絮凝池 *B—B* 剖面图

果越好；但分段过多，施工和维修较复杂，一般宜分成4～6段。穿孔花墙有砖砌花墙和混凝土花墙。进水管局部布置如图 3-16 所示。

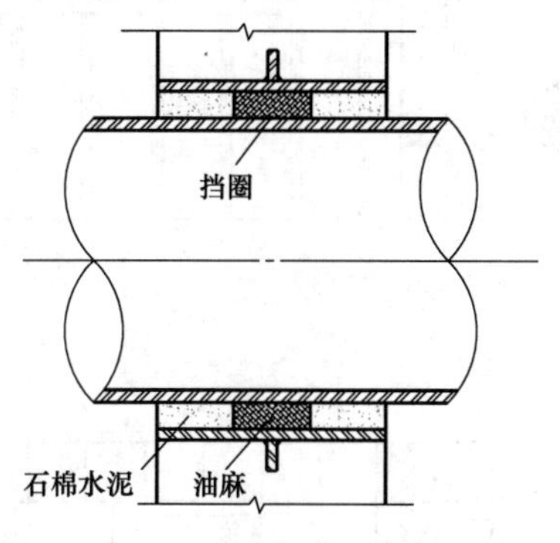

图 3-16 进水套管大样图

3.3.2 折板絮凝池

折板絮凝池是在隔板絮凝池的基础上发展起来的，是将隔板絮凝池（竖流式）的平板隔板改成具有一定角度的折板，目前已得到广泛应用。折板絮凝池的优点是水流在折板之间曲折流动或缩放流动且连续不断，以至于形成众多的小漩涡，提高了颗粒碰撞絮凝效果。在折板的每一个转角处，两折板之间的空间可以视为全混流（CSTR）单元反应器，众多的CSTR单元反应器串联起来，就接近推流（PF）反应器。

因此，从总体上看，折板絮凝池接近于推流反应器。与隔板絮凝池相比，水流条件大大改善，亦即在总的水流能量消耗中，有效能量消耗比例提高，故所需絮凝时间可以缩短，池子体积减小。从实际生产经验得知，絮凝时间在 10～15min 为宜。折板絮凝池因板距小，安装维修较困难，折板费用也较高。

(1) 池体构造

折板絮凝池最常见的形式为矩形。折板絮凝池通常采用竖流式，折板可以波峰对波谷平行安装，称为同波折板；也可以波峰相对安装，称为异波折板。按水流通过折板间隙数，又可分为单通道和多通道。单通道是指折板间只形成一个通道使水流通过；多通道则将絮凝池分成若干格子，每一格内安装若干折板，水流平行通过若干个由折板组成的并联通道。无论在单通道或多通道内，同波和异波折板两者均可组合应用。

有时，絮凝池末端还可采用平板。例如，池子前部可采用异波、中部采用同波、后部则采用平板。这样组合有利于絮凝体逐步成长而不易破碎，因为平板对水流扰动较小。是否需要采用不同形式折板组合，应根据设计条件和要求决定。异波和同波折板絮凝效果差别不大，但平板效果较差，故只能放置在絮凝池末端起补充作用，如图 3-17～图 3-20 所示。

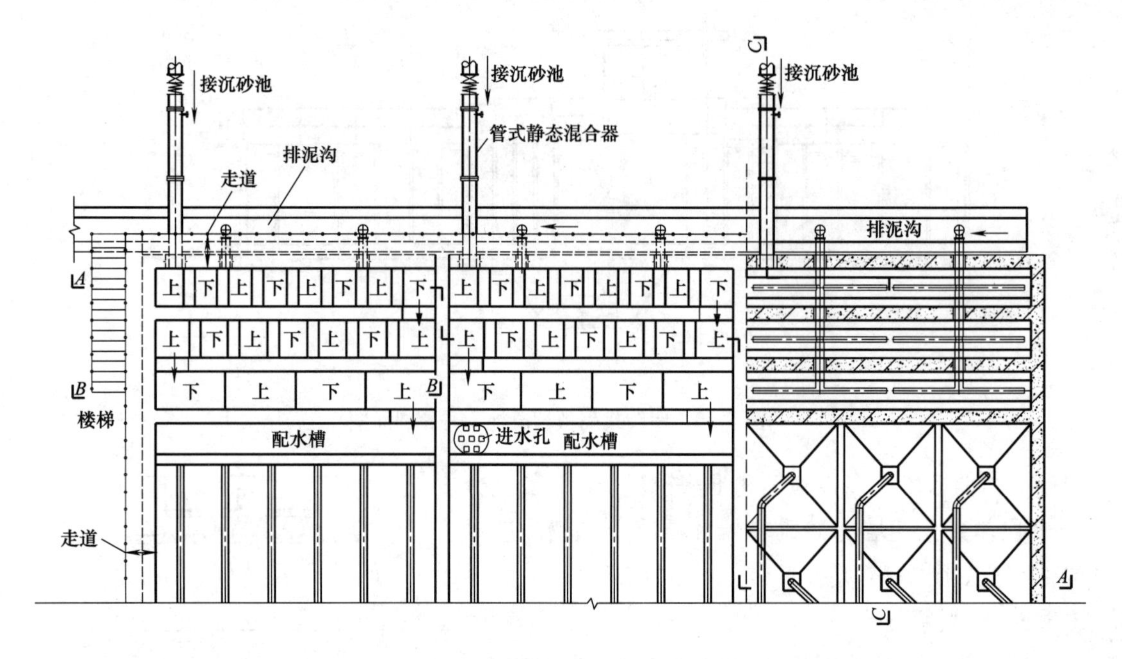

图 3-17　折板絮凝池平面图

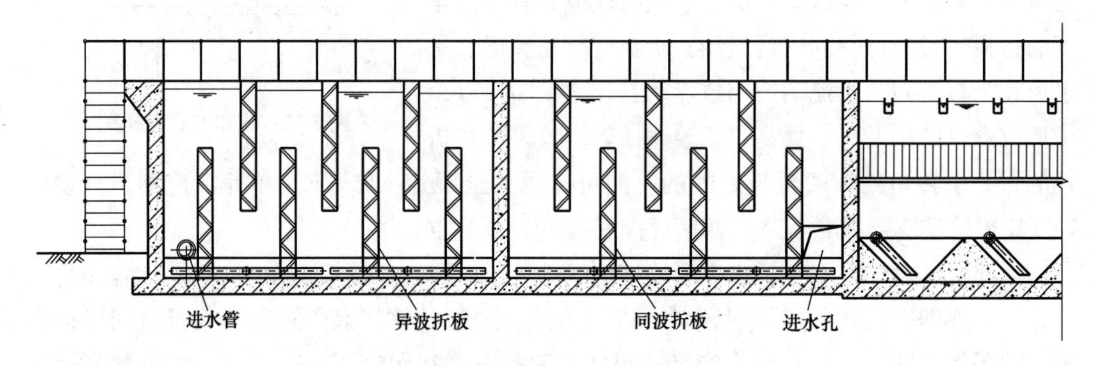

图 3-18　折板絮凝池 $A—A$ 剖面图

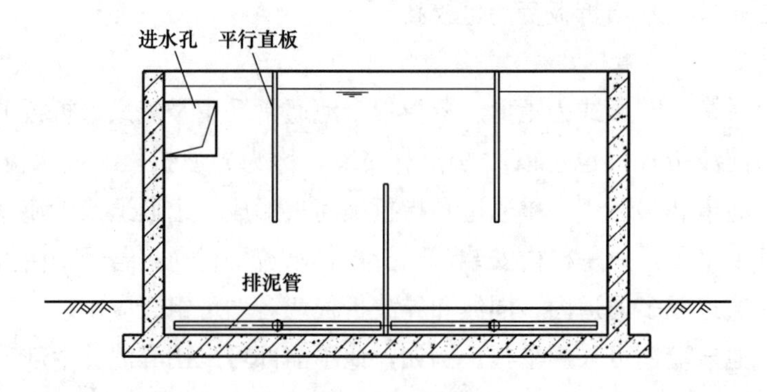

图 3-19　折板絮凝池 $B—B$ 剖面图

(2) 局部构造

1) 穿孔排泥管构造

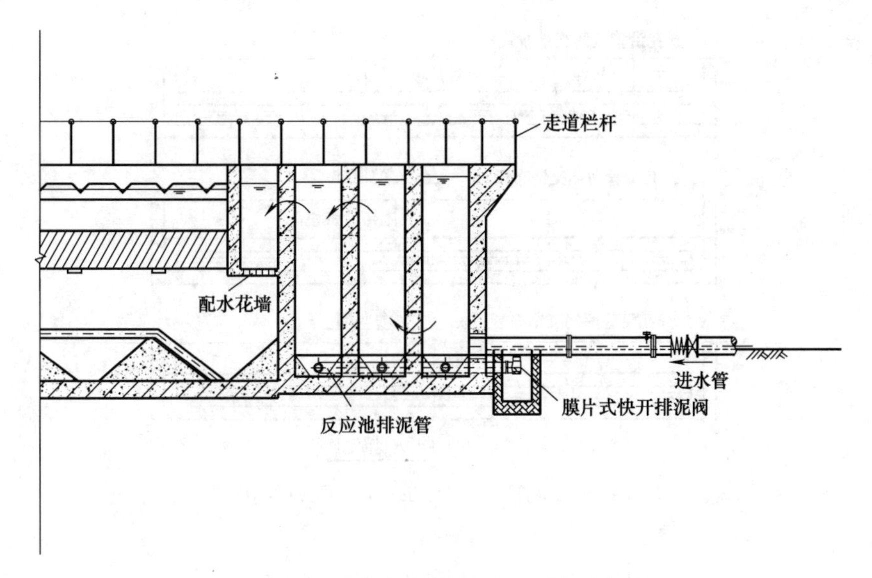

图 3-20 折板絮凝池 C—C 剖面图

穿孔排泥管全长均为同一管径，一般采用直径 150～300mm。为防止穿孔管淤塞，穿孔管管径不得小于 150mm，穿孔管的末端流速一般为 1.8～2.5m/s。穿孔管眼直径可采用 20～35mm。孔眼间距与沉泥含水率及孔眼流速有关，一般采用 0.2～0.8m。孔眼多在穿孔管垂线下侧成两行交错排列，两行孔眼可采用 45°或 60°夹角，全管孔眼按同一孔径开孔。孔眼流速一般为 2.5～4.0m/s。穿孔排泥管构造如图 3-21～图 3-23 所示。

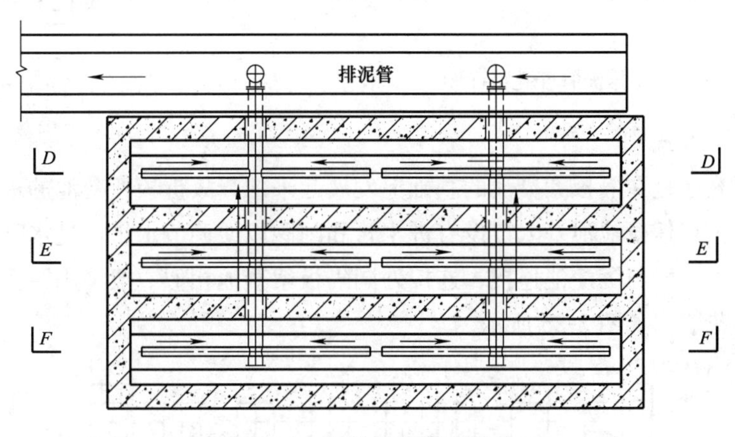

图 3-21 穿孔排泥管布置图

2）折板构造

和隔板絮凝池一样，折板间距应根据水流速度由大到小而改变。折板之间的流速通常也分段，分段数不宜少于 3 段。各段流速可分别为：第一段 0.25～0.35m/s；第二段 0.15～0.25m/s；第三段 0.10～0.15m/s。折板夹角采用 90°～120°。折板可用钢丝网水泥板或塑料板等拼装而成。波高一般采用 0.25～0.40m。折板安装及构造见图 3-24。在折板絮凝池普及的过程中，逐渐形成使用一体式折板，安装较为方便，絮凝效果也更好。

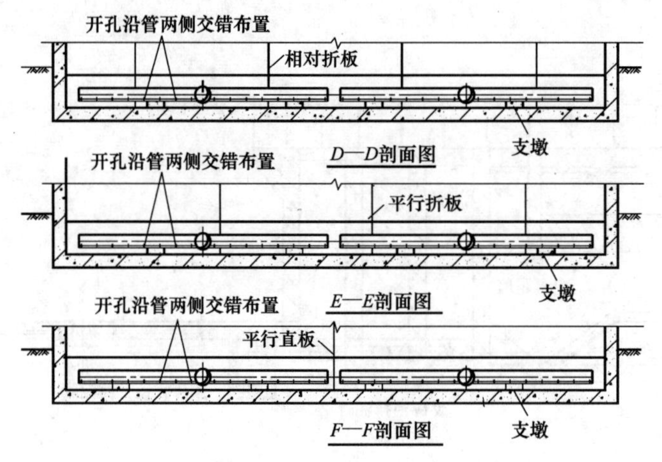

图 3-22　排泥管 D—D、E—E、F—F 剖面图

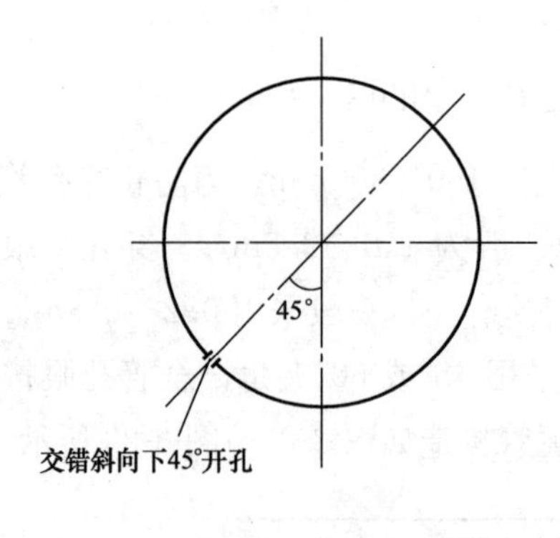

图 3-23　排泥管开孔截面图

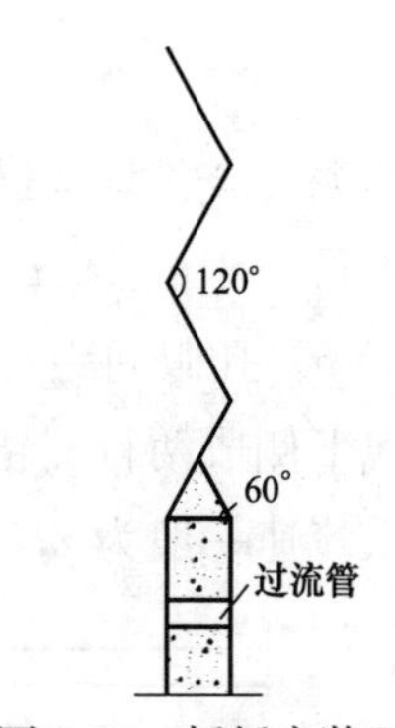

图 3-24　折板安装示意图

(3) 进出水方式

因折板絮凝池是在隔板絮凝池的基础上发展起来的，故折板絮凝池的进出水方式和隔板絮凝池相似。在絮凝池池壁入口设有进水管和闸阀以便调节水量，进水管外包裹穿墙套管。絮凝池出水一般与沉淀池连接，连接处同隔板絮凝池相似一般采用穿孔花墙配水，若为混凝土穿孔花墙，如图 3-25 所示。

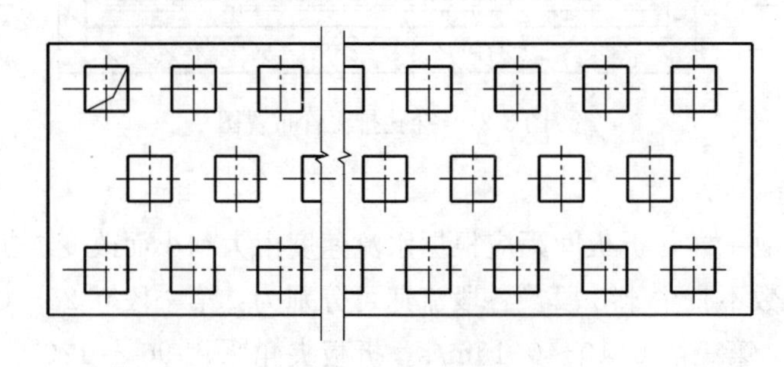

图 3-25　折板絮凝池穿孔花墙配水布置图

3.3.3　机械絮凝池

机械絮凝池的主要优点是可以适应水量变化以及水头损失小，如配上无级变速传动装

置，则更易使絮凝达到最佳状态，国外应用较为普遍。但由于机械絮凝池需要加装机械装置，加工较为困难，维修量也较大，故目前国内较少采用。

(1) 池体构造

机械絮凝池是利用电动机经减速装置驱动搅拌器对水进行搅拌，故水流的能量消耗来源于搅拌机的功率输入。搅拌器有桨板式和叶轮式等，目前我国常用前者。根据搅拌轴的安装位置，又分水平轴和垂直轴两种形式。水平轴式常用于大型水厂。垂直轴式一般用于中、小型水厂。单个机械絮凝池接近于 CSTR 反应器，故宜分格串联。分格越多，越接近 PF 反应器，絮凝效果也越好；但分格过多，每格均安装一台搅拌机，造价增高且增加维修工作量。为适应絮凝体形成规律，第一格内搅拌强度最大，而后逐格减小，从而速度梯度 G 值也相应由大到小。机械絮凝池平面和剖面如图 3-26～图 3-29 所示。

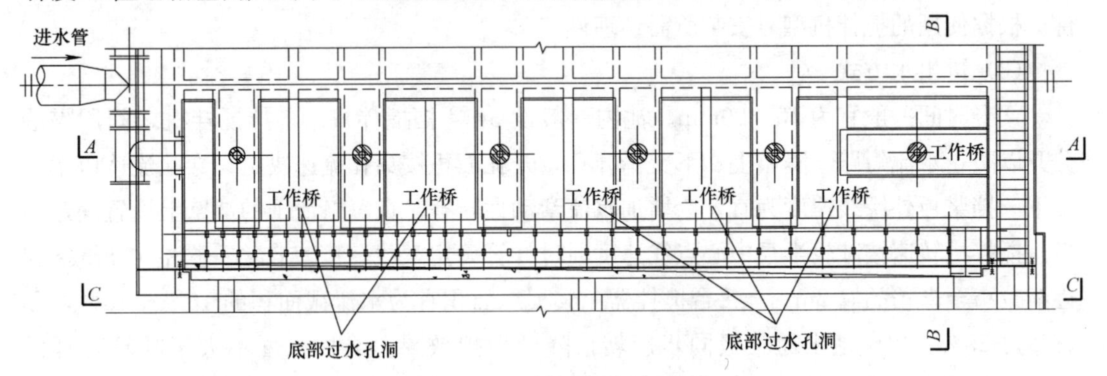

图 3-26 机械絮凝池平面图

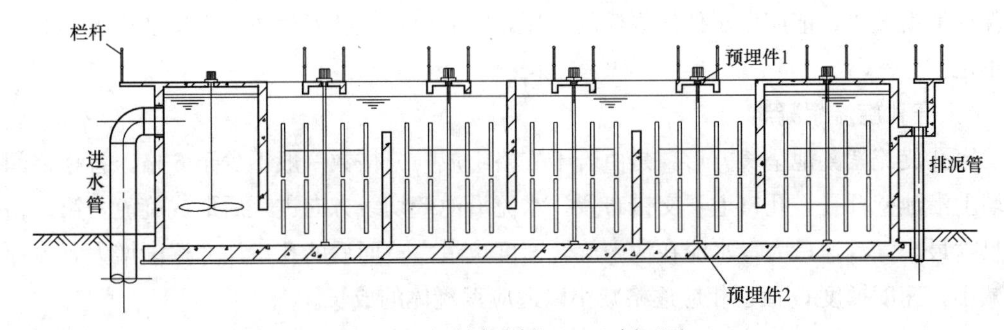

图 3-27 机械絮凝池 A—A 剖面图

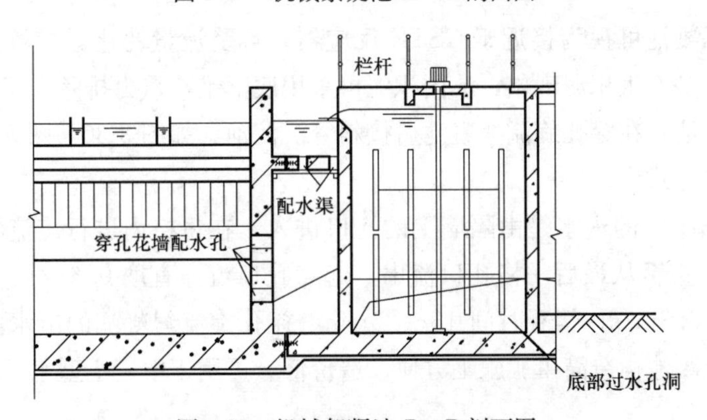

图 3-28 机械絮凝池 B—B 剖面图

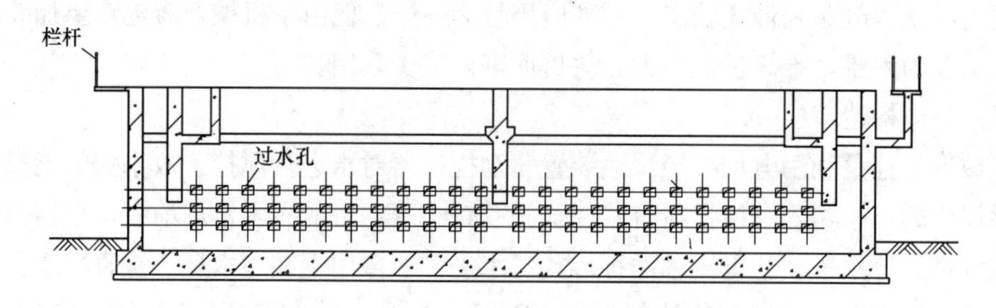

图 3-29 机械絮凝池 C—C 剖面图

(2) 局部构造

由于机械絮凝池需加装絮凝搅拌器和混合搅拌器，需要在池体的确切位置安装预埋件。根据使用的搅拌机型号安装所需预埋件。

(3) 进出水方式

絮凝时间一般宜为 15～20min。池内一般设 3～4 挡搅拌机。各挡搅拌机之间用隔墙分开以防止水流短路。隔墙上、下交错开孔，开孔面积按穿孔流速决定，穿孔流速以不大于下一挡桨板外缘线速度为宜。为增加水流紊动性，有时在每格池子的池壁上设置固定挡板。搅拌机转速按叶轮半径中心点线速度通过计算确定，线速度宜自第一挡的 0.5m/s 起逐渐减小至末挡的 0.2m/s。每台搅拌器上桨板总面积宜为水流截面积的 10%～20%，不宜超过 25%，以免池水随桨板同步旋转，降低搅拌效果。桨板长度不大于叶轮直径的 75%，宽度宜取 10～30cm。机械絮凝池的优点在于可随水质、水量变化而随时改变转速以保证絮凝效果，能应用于任何规模的水厂，唯有机械设备发生故障而增加机械维修工作的不足。

3.3.4 穿孔旋流絮凝池

穿孔旋流絮凝池呈长方形，是由若干方格组成，分格数一般不少于 6 格。各格之间的隔墙上沿池壁开孔，孔口上下交错布置。水流沿池壁切线方向进入后形成旋流，第一格孔口尺寸最小，流速最大，水流在池内旋转速度也最大；而后的孔口尺寸逐渐增大，流速逐格减小，速度梯度 G 值也相应逐格减小以适应絮凝体的成长。

(1) 池体构造

穿孔旋流絮凝池可视为接近于 CSTR 反应器，且受流量变化影响较大，故絮凝效果欠佳，池底也容易产生积泥现象，池内积泥可采用底部锥斗重力排除。一般絮凝池后接的处理工序为沉淀池，在穿孔旋流絮凝池后接斜管沉淀池，如图 3-30～图 3-33所示。

(2) 进出水方式

穿孔旋流絮凝池的进水是由隔墙上的孔口进入，在每格内进行旋流再从下一格的孔口流入再旋流，直至从最后一格孔口流出。起点孔口流速宜取 0.6～1.0m/s，末端孔口流速宜为 0.2～0.3m/s，絮凝时间 15～25min。穿孔旋流絮凝池的出水由末端孔口处流出。穿孔旋流絮凝池构造简单、施工方便、造价低，可用于中、小型水厂或其他形式的絮凝池。

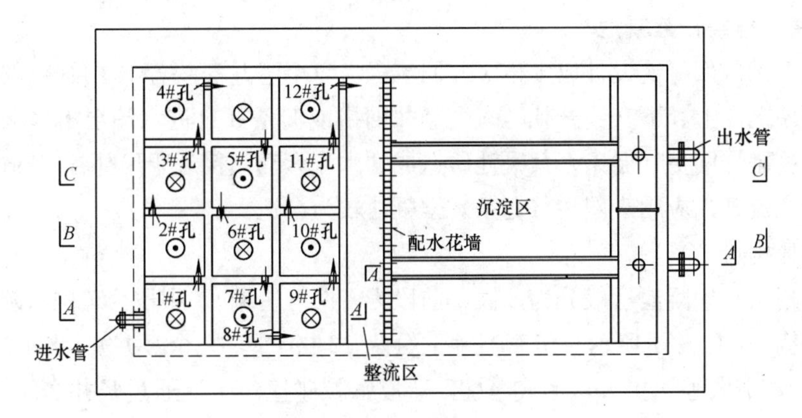

图 3-30 穿孔旋流絮凝池平面图

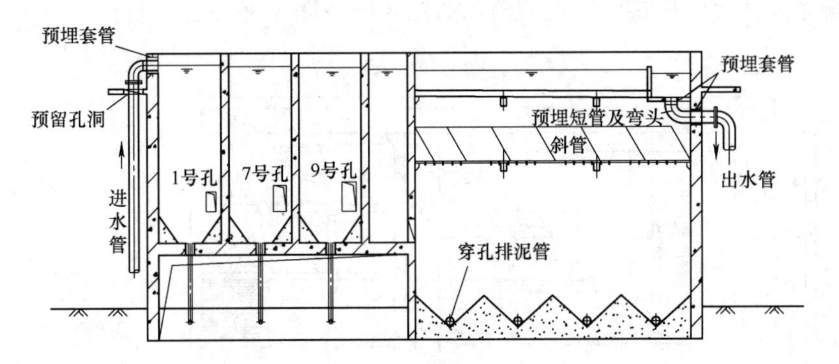

图 3-31 穿孔旋流絮凝池 A—A 剖面图

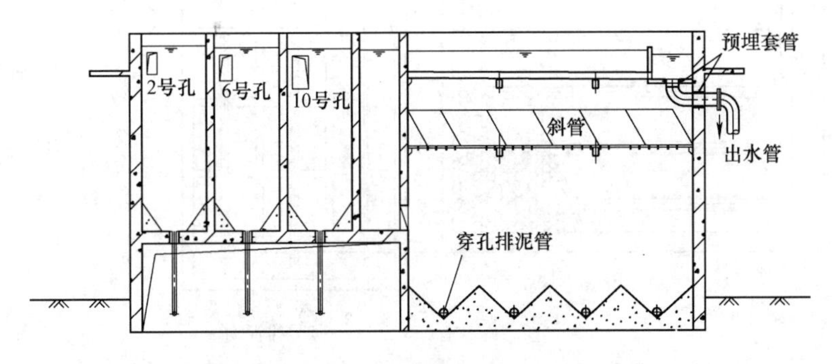

图 3-32 穿孔旋流絮凝池 B—B 剖面图

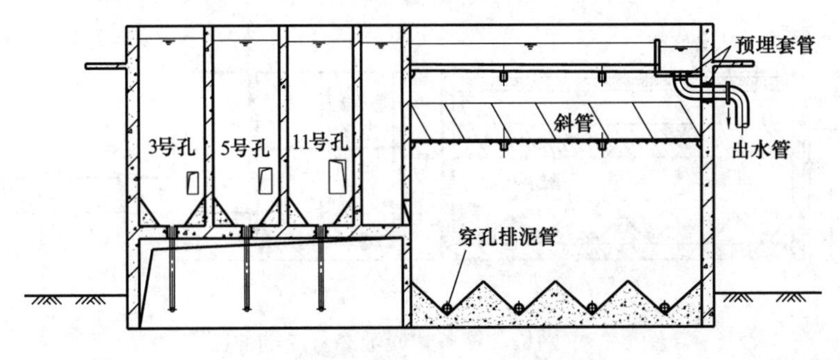

图 3-33 穿孔旋流絮凝池 C—C 剖面图

3.3.5　网格（栅条）絮凝池

网格（栅条）絮凝池设计成多格竖井回流式。每个竖井安装若干层网格或栅条。各竖井之间的隔墙上，上、下交错开孔。每个竖井网格或栅条数自进水端至出水端逐渐减少，一般分 3 段控制。网格（栅条）絮凝池所造成的水流紊动颇接近于局部各向同性紊流，故将各向同性紊流理论应用于网格（栅条）絮凝池较为合适。

(1) 池体构造

网格（栅条）絮凝池一般分为 3 段，前段为密网（密栅），中段为疏网（疏栅），末端不安装网（栅）。图 3-31 所示一组絮凝池共分为 12 格（即 12 个竖井）。当水流通过网格（栅条）时，相继收缩、扩大，形成涡旋，造成颗粒碰撞。水流通过竖井之间，孔洞流速与过网流速按絮凝规律逐渐减小。由于池高相当，故可与平流沉淀池或斜管沉淀池合建，在网格（栅条）絮凝池后接斜管沉淀池，如图 3-34～图 3-36 所示。

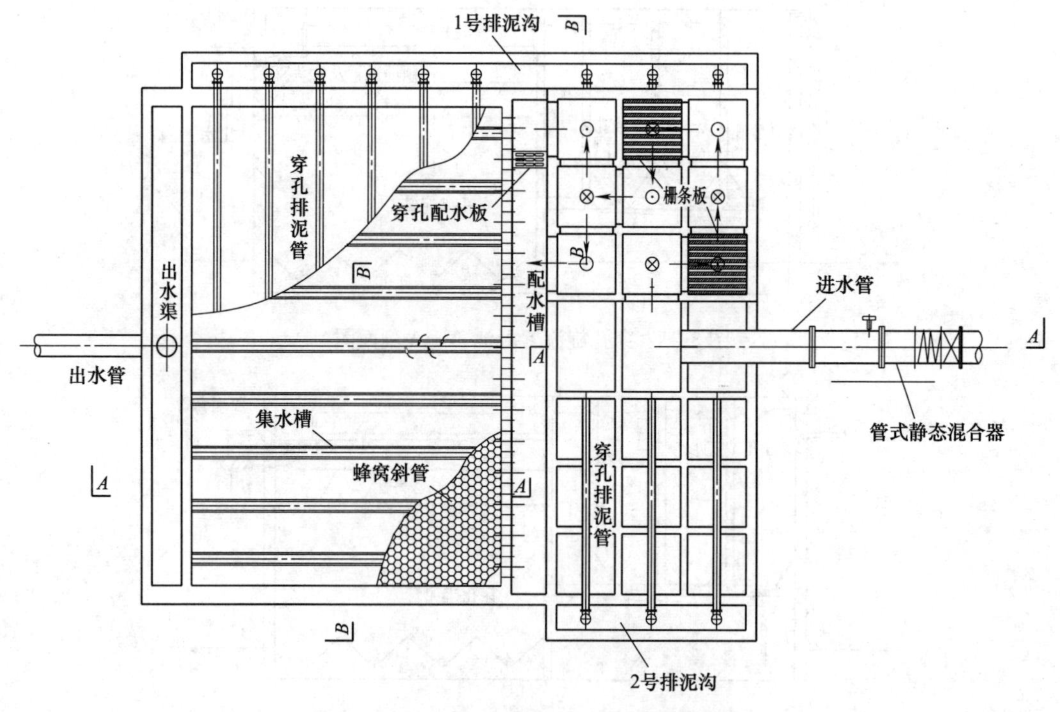

图 3-34　网格（栅条）絮凝池平面图

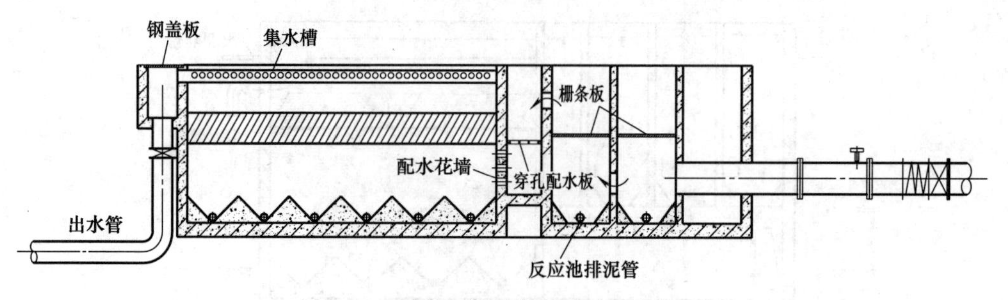

图 3-35　网格、栅条絮凝池 A—A 剖面图

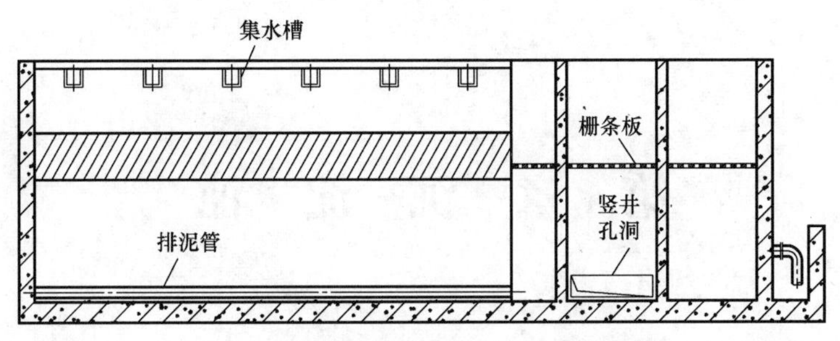

图 3-36 网格、栅条絮凝池 *B*—*B* 剖面图

(2) 进出水方式

网格（栅条）絮凝池分成许多面积相等的方格，进水水流顺序从一格流向下一格，上下交错流动，直至出口。在全池 2/3 的分格内，水平放置网格（栅条）。通过网格（栅条）的孔隙时，水流收缩，过网孔后水流扩大，形成良好的絮凝条件。单池处理的水量以 1～2.5 万 m^3/d 较合适，以免因单格面积过大而影响效果。水厂产水量大时，可采用 2 组或多组池并联运行。采用网格或栅条的絮凝池效果相接近，但栅条加工比较方便，用料也较省。每格的竖向流速，前段和中段为 0.12～0.14m/s，末端为 0.1～0.14m/s。各格之间的过水孔洞应上下交错布置，孔洞计算流速为前段 0.3～0.2m/s，中段 0.2～0.15m/s，末端 0.14～0.1m/s，各过水面积从前段向末端逐步增大。网孔或栅孔流速，前段为 0.25～0.30m/s，中段为 0.22～0.25m/s。

网格絮凝池效果好，水头损失小，絮凝时间较短。但根据已建的网格（栅条）絮凝池运行经验，还存在末端池底积泥现象，甚至少数水厂出现网格上滋生藻类、堵塞网眼等现象。网格（栅条）材料可用木料、扁钢、塑料、钢丝网水泥或钢筋混凝土预制件等。木板厚度 20～25mm，钢筋混凝土预制件厚度 30～70mm。网格（栅条）絮凝池目前尚在不断发展和完善之中，絮凝池宜与沉淀池合建，一般布置成两组并联形式。

第4章 沉 淀 池

4.1 概述

沉淀池是应用重力沉降作用去除水中悬浮固体的一种构筑物，在水处理过程中利用重力作用进行固、液态分离，是沉淀水中固体颗粒的场所。

沉淀池在水处理中使用广泛，具有多种形式。按池内的水流方向，可以将沉淀池分为平流沉淀池、竖流沉淀池、辐流沉淀池以及斜板（管）沉淀池。

在给水处理中，若原水需投药、混合与絮凝处理，处理后水中悬浮颗粒形成絮凝体，需在沉淀池中被分离出来，以降低水的浊度。当原水的浊度较低、未受污染且水质变化不大时，可不设沉淀池；当原水浊度高、含沙量大时，为保证好的处理效果和经济性，一般需设沉淀池。应用中常选用平流沉淀池和斜板（管）沉淀池。

在污水处理中，根据沉淀池在处理工艺中的位置可分为初次沉淀池（初沉池）和二次沉淀池（二沉池）两种。设置在生物处理构筑物前的为初次沉淀池，多为分离颗粒较细的污泥，沉淀的无机污泥较多，污泥含水率比二次沉淀池污泥含水率低；对于一般的城市污水，可以去除约30％的BOD_5和55％的悬浮物。设置在生物处理构筑物后的为二次沉淀池，是生物处理工艺中的一个重要组成部分，沉淀物为有机污泥，污泥含水率较高。

初沉池主要去除污水中的有机悬浮物SS和部分非溶解性的BOD_5；二沉池在活性污泥法处理中分离活性污泥并提供污泥回流，在生物膜法中去除腐殖污泥（脱落的生物膜）。平流沉淀池、竖流沉淀池、辐流沉淀池和斜板（管）沉淀池均在污水处理中有广泛的应用。

4.2 沉淀池类型与结构

4.2.1 平流沉淀池

水从平流沉淀池的一端进入，另一端流出，水流在池内做水平运动。沉淀池平面呈长方形，可以是单格或多格串联，在池的进口端底部，或沿池长的方向，设一个或多个贮泥斗，贮存沉积下来的污泥。平流沉淀池性能稳定、去除率高，是我国自来水厂应用较早、使用最广的泥水分离设备。

平流沉淀池按功能可以分为四个区，即进水区、沉淀区、出水区和积泥区。一般沉淀区位于上部，污泥区位于下部，进水区位于池前部，出水区位于池后部。水进入池内，沿进水区整个截面均匀分配，进入沉淀区，随后缓慢进入出水区。合理的进出口布置能减少池内的短流，减小进水区和出水区所占体积，从而增大沉淀池的有效沉淀容积，如图4-1～图4-3所示。

污水处理中，平流沉淀池主要作为初沉池，装有吸泥机时也可作为二沉池，且在大、中、小型污水处理厂均可使用。在给水处理和污水处理中，平流沉淀池的构造和设计计算基本相同，仅部分参数和局部结构略有区别。

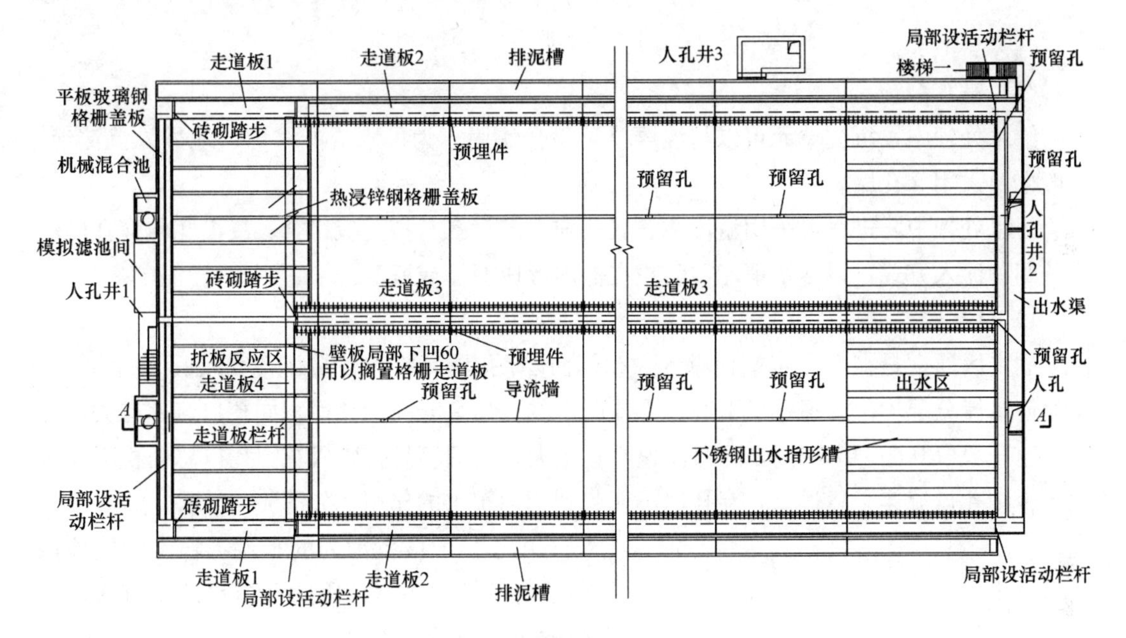

图4-1 平流沉淀池平面图

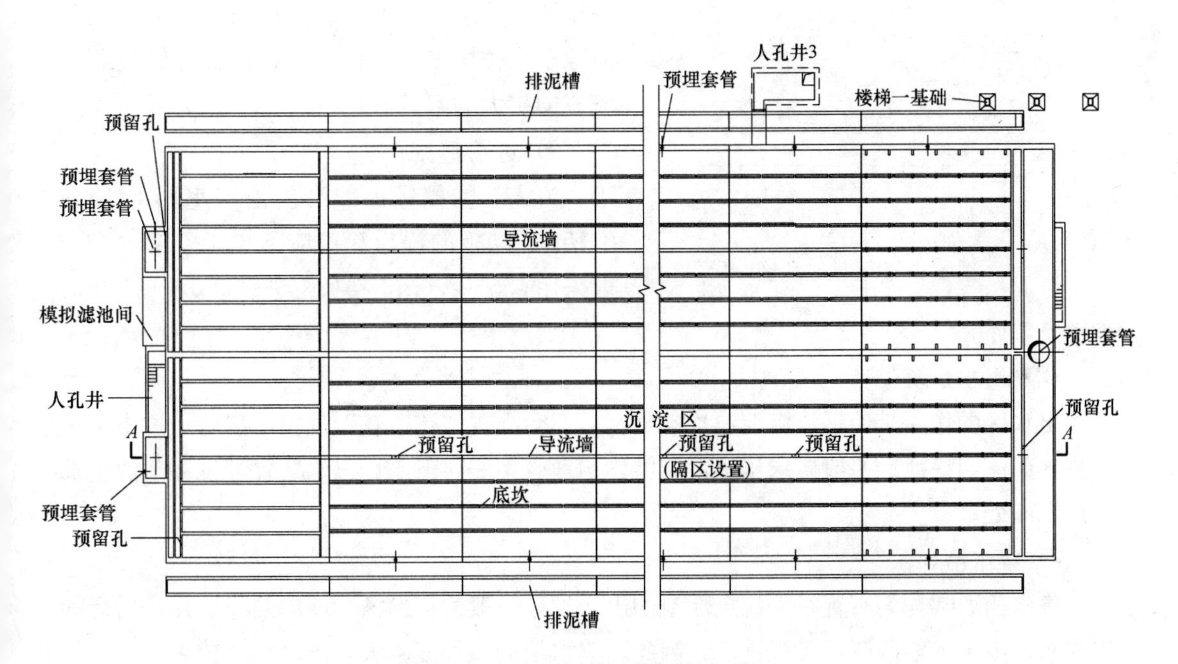

图4-2 平流沉淀池底部平面图

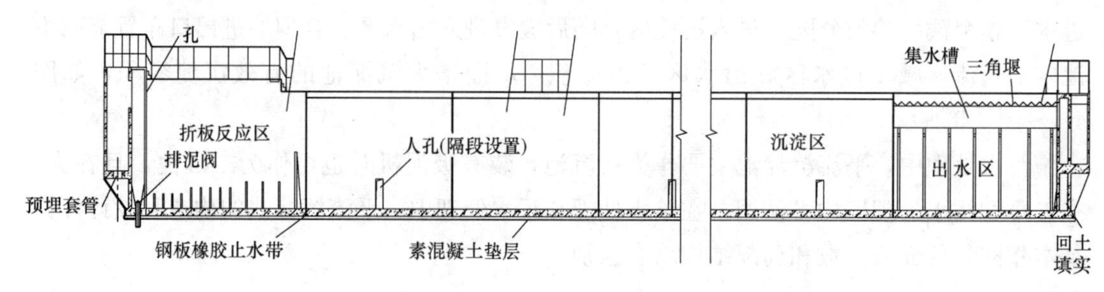

图 4-3 平流沉淀池 A—A 剖面图

(1) 进水系统

给水处理中，沉淀单元可以与混凝单元联合使用。为了水流能够均匀地进入沉淀池，一般也要采用穿孔墙。

污水处理中，进水可采用溢流式、底孔式、浸没孔与挡流板组合、浸没孔与穿孔墙组合共四种流入方式，以尽快消能，防止在池内形成短流或股流。

1) 穿孔墙

进水区通常是在离进水端池壁 1～2m 处设穿孔墙，将水流分配于沉淀区整个断面，从而使水流分配均匀。穿孔墙上开方形或圆形的孔口，开孔的总面积同孔口流速有关，孔口流速一般取 0.2～0.3m/s，孔口流速不宜太大，否则容易打碎矾花。孔口总面积不应过大，否则孔口流速必然过低，穿孔墙不能起到均匀布水的作用，如图 4-4 所示。

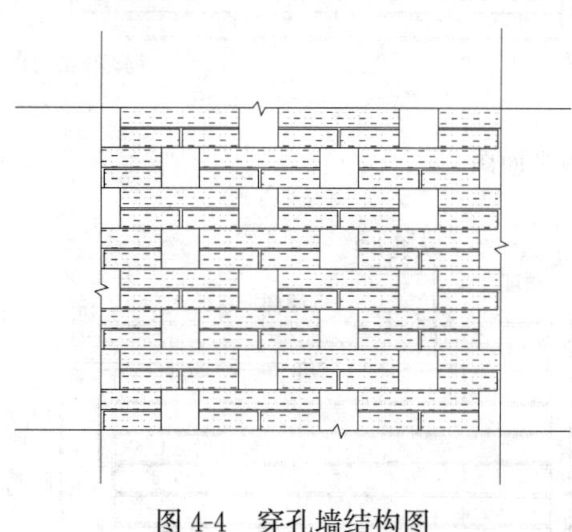

图 4-4 穿孔墙结构图

由于扩散段范围内的水流不稳定，使该段内的沉淀效果不好，因此孔口尺寸不宜大，一般做成边长为 50～150mm 的方型孔口，最上一排孔口需经常淹没在水面下 12～15cm，以适应池子水位的变动。同时，孔口最好做成顺水流方向扩大的喇叭形。

2) 进水整流

流入处的挡板一般高出池水水面 0.10～0.15m，挡板的浸没深度应不少于 0.25m，一般采用0.5～1.0m，挡板距进水口 0.5～1.0m，如图 4-5 所示。

(2) 出水系统

出水区的作用是使平流沉淀池均匀出水，不会出现“跑矾花”现象，然后经过出水区的集水渠流到滤池。一般要求集水渠能够均匀地收集表层清水，出水装置都设在池的上部靠近水面处。

1) 集水槽

集水槽通常均匀布置在平流沉淀池的出水端，一般为指形槽，即均匀布置几条平行的出水槽。由于水槽两侧都可以进水，因此，集水堰的总长度越大，出水负荷越小，如条件

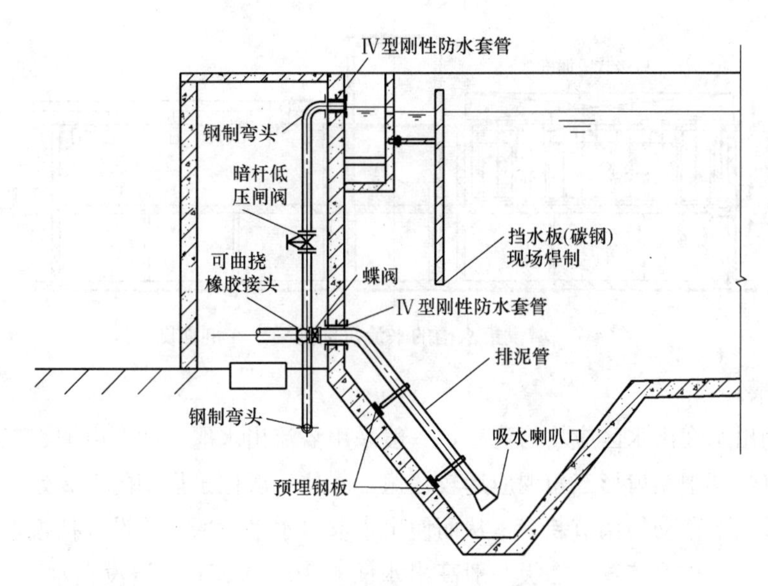

图 4-5 平流式沉淀池进水区布置图

允许应尽量增大集水堰的长度，如图 4-6 和图 4-7 所示。

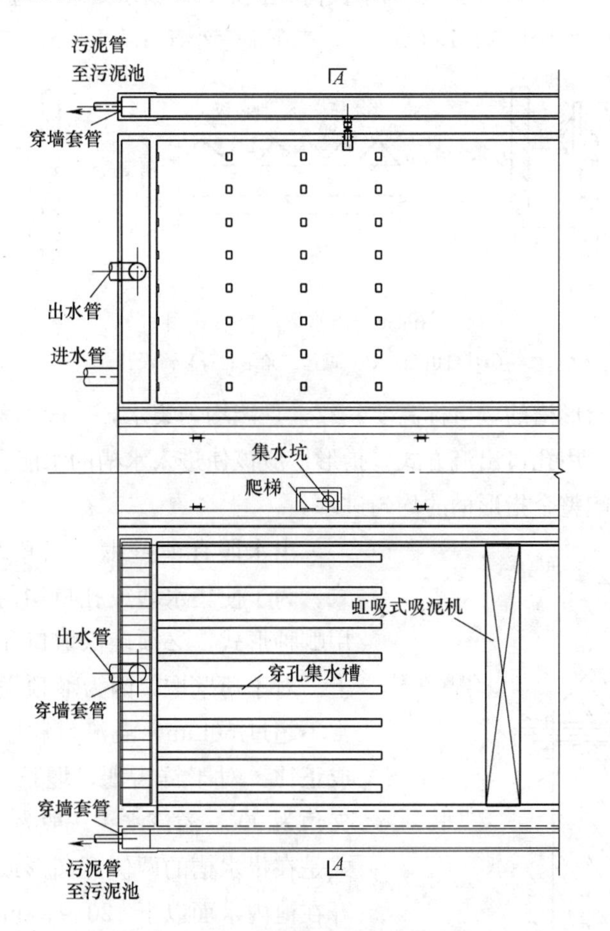

图 4-6 增设集水槽的平流沉淀池平面图

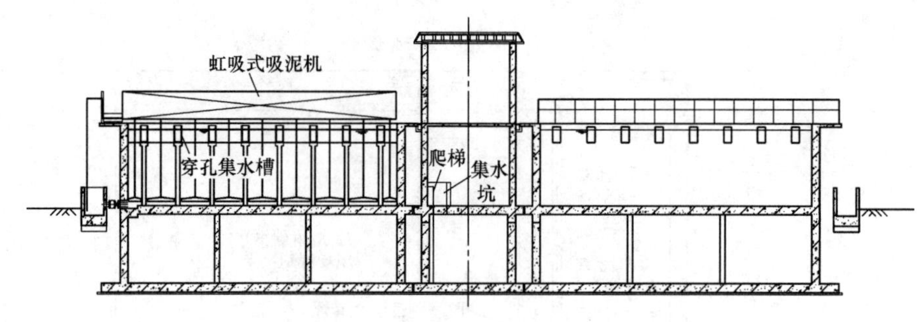

图 4-7 增设集水槽的平流沉淀池 A—A 剖面图

2）出水堰

沉淀池的出水在出水区应均匀流出，一般采用溢流出水堰（如自由堰、三角堰）或淹没式出水孔口。其中锯齿形三角堰应用较普遍，水位一般位于齿高的 1/2 处，在堰口处需设置能使堰板上下移动的调节装置，从而使出水堰口水平。堰前需设置挡板阻挡浮渣，也可设置浮渣收集和排除装置。挡板一般高出水面 0.10～0.15m，浸没在水下 0.3～0.4m，距出水口 0.25～0.50m，如图 4-8 所示。

为保证出水水质，溢流堰的单位出水负荷不宜太大。给水处理中应小于 5.8 L/(m·s)，污水处理中，初沉池宜小于 2.9 L/(m·s)，二沉池宜小于 1.7 L/(m·s)。

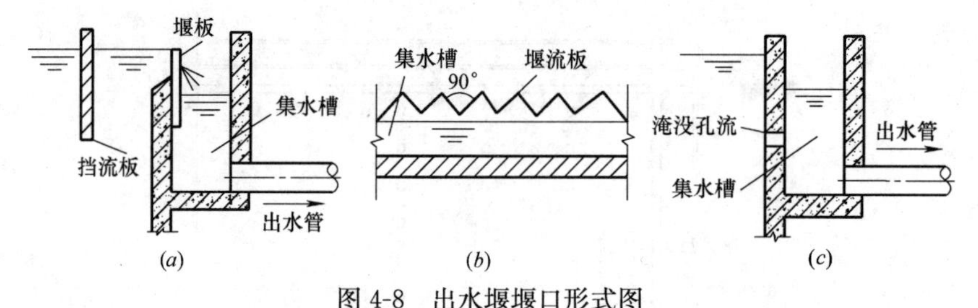

图 4-8 出水堰堰口形式图

(a) 自由堰；(b) 锯齿三角堰；(c) 淹没孔口

沉淀池中所有指形槽的堰口标高要一致，且能均匀集水，一般不采用水平堰口而采用锯齿形堰口，也可采用孔口出流方式。指形槽应该使进入水槽的水能自由出流，不致因槽中的水位过高而影响整个指形槽的均匀进水。

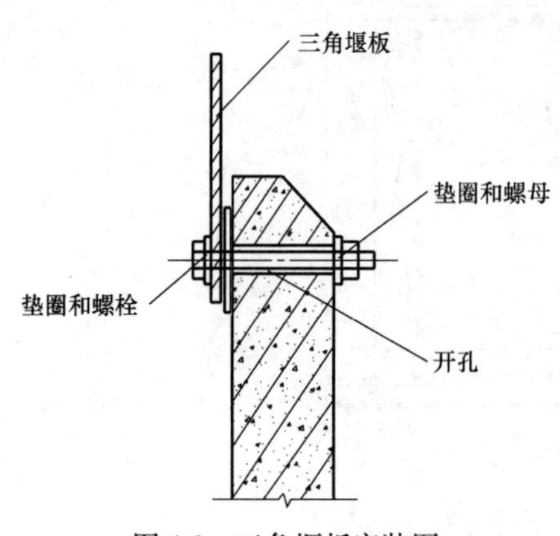

图 4-9 三角堰板安装图

出水堰有薄壁堰、三角堰和孔口出流等形式。为了使集水堰或孔口均匀收集清水，不管采用哪种形式，必须确保堰口和孔口在同一水平线上。对于薄壁堰，因为堰顶溢流时，堰顶的水头常不超过 50mm，溢流量和堰上水头的 1.5 次方成正比。对于锯齿堰，堰顶做成三角形锯齿状，夹角为 90°，溢流水头一般为 50～70mm。孔口形式是在集水槽的两侧开圆形或方形的孔口，孔口开在池内水面以下 120～150mm 处，但比槽内的水位高出 50～70mm，以保证每一孔口自由出流。

三角堰板如图 4-9 所示。

目前圆形淹没孔口不锈钢集水槽应用较多，孔口流速一般为 0.4～0.6m/s。混凝土集水池施工时可预埋塑料管，孔径采用 25mm，按孔口流速计算塑料管数，数量宜稍多，使集水易于均匀。

(3) 排泥系统

沉淀池中的污泥需要定期排除，如果不及时排泥，污泥越积越多，会减小沉淀区的容积，改变池内的水流状态，有时甚至会因污泥腐化而产生气味，影响净水效果，平流沉淀池的排泥方法有重力排泥和机械排泥两种。

给水厂的平流沉淀池目前大多数采用机械吸泥，不设排泥斗，池底采用水平形式。污水处理厂相应有机械吸泥和机械刮泥两种排泥方式。初沉池常用机械刮泥，且池底一端设泥斗；二沉池因较难用刮泥机刮泥而一般采用机械吸泥。

1) 重力排泥

重力排泥不适用于大型沉淀池，一般在沉淀池前部设置贮泥斗，沉淀池底部坡度为 0.01～0.02，贮泥斗中污泥在 1.5～2.0kPa 的静水压力下通过排泥管排出池外，如图4-10 所示。

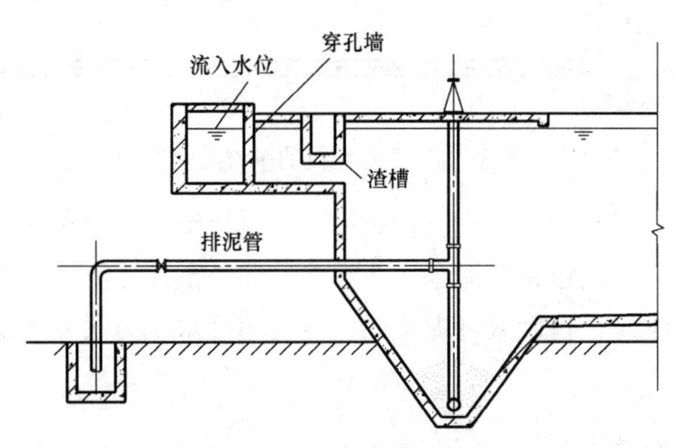

图 4-10 重力排泥示意图

当原水泥沙含量较高时，应采用多斗排泥，以缩小排泥范围并可增加斗的深度，每个排泥斗或多个排泥斗合用一根排泥管，并用快开阀门排泥，如图 4-11 所示。

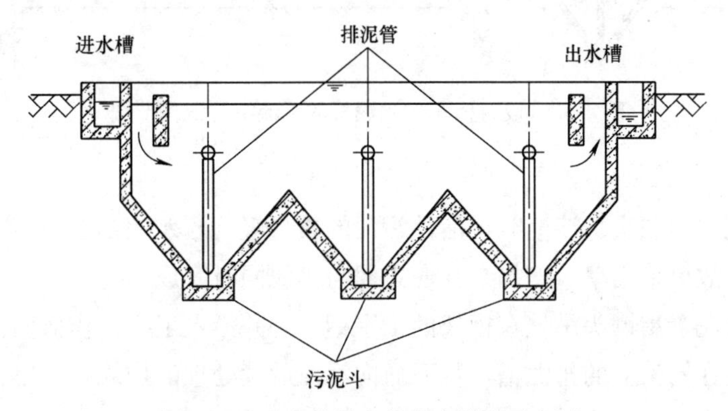

图 4-11 重力排泥中的多斗排泥示意图

当浑浊度不高、积泥不多、沉淀池面积不大时，可采用单斗排泥，即池底横方向都做上坡度，形成一个大排泥斗，斗的底部有排泥管，管上设快开阀门以控制排泥，并定期放空池子，由人工冲洗积泥。

2）机械排泥

① 初沉池

沉淀池作为初沉池时，常用的排泥机械有链条刮板式刮泥机与桁车式刮泥机。

链条刮板式刮泥机的主动轴通常是一根横贯全池水面以上的长轴，两端的轴承座固定在池壁之上，导向链轮固定在沉淀池的池壁上。刮板沿着池底缓慢移动，速度约为1m/min，把沉泥缓缓推入污泥斗，当链带刮板转到水面时，又可将浮渣推向出水挡板处的浮渣槽。

刮板导轨多用PVC板固定于池底，上部导轨用PVC板固定于钢制支架上。浮渣撇除装置安装在出水堰前面，阻止浮渣随水进入出水管，如图4-12所示。

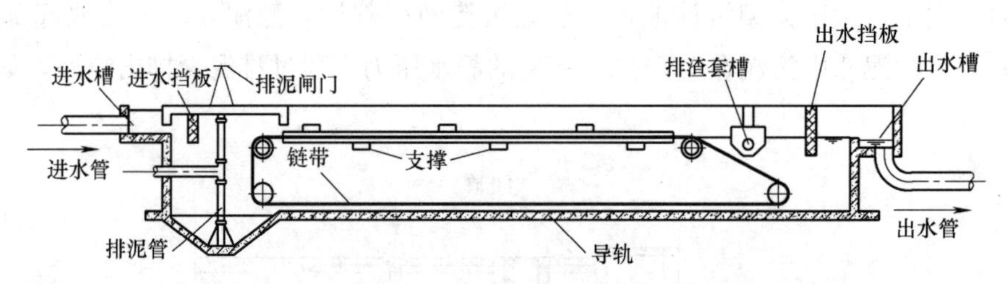

图4-12 设有链带式刮泥机的平流沉淀池构造图

桁车式刮泥机由桥架和使桥架往复行走的驱动系统组成。桁车式刮泥机的小车沿着池壁顶的导轨往复行走，使刮板将沉泥刮入污泥斗，浮渣刮入浮渣槽，整套刮泥机都在水面上，不易腐蚀，易于维修，被刮入污泥斗的沉泥可用静水压力法或螺旋泵排出池外，如图4-13所示。

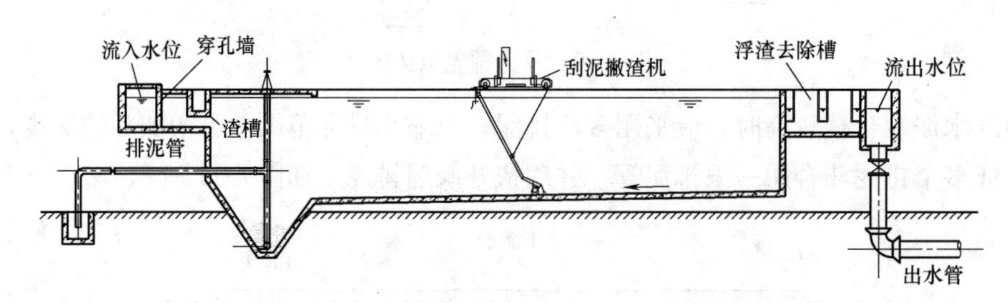

图4-13 设有桁车式刮泥机的平流沉淀池构造图

② 二沉池

平流沉淀池作为二次沉淀池时，活性污泥的质量轻，含水率高达99%以上，呈絮状，不可能被刮除，故可采用单口扫描泵，使集泥与排泥同时完成。

吸泥泵与吸泥管用铆头吊挂在桁架的工字钢上，并沿着工字钢作横向往返移动，吸出的污泥排入安装在桁架上的排泥槽，从而通向污泥后续处理的构筑物。单口扫描泵向流入区移动时吸、排沉泥，向流出区移动时不吸泥，如图4-14所示。

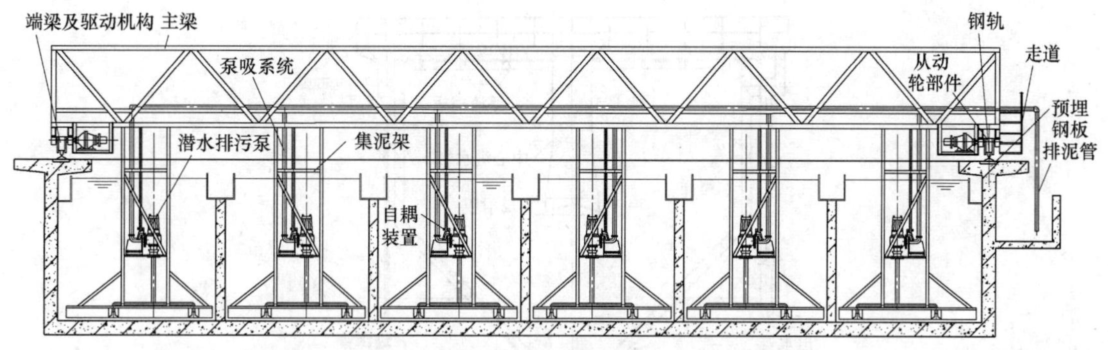

图 4-14 设有桁车的泵吸式排泥机的平流沉淀池构造图

4.2.2 竖流沉淀池

竖流沉淀池池体多为圆形或方形，水由设在池中心的进水管自上而下进入池内，管下设伞形挡板使污水在池中均匀分布后沿整个过水断面缓慢上升，悬浮物沉降进入池底锥形污泥斗中，澄清水从池四周边溢流堰流出。堰前设挡板及浮渣槽以截流浮渣并保证出水水质。竖流沉淀池一般靠池壁设排泥管，由静水压力将泥定期排出，如图 4-15～图 4-17 所示。

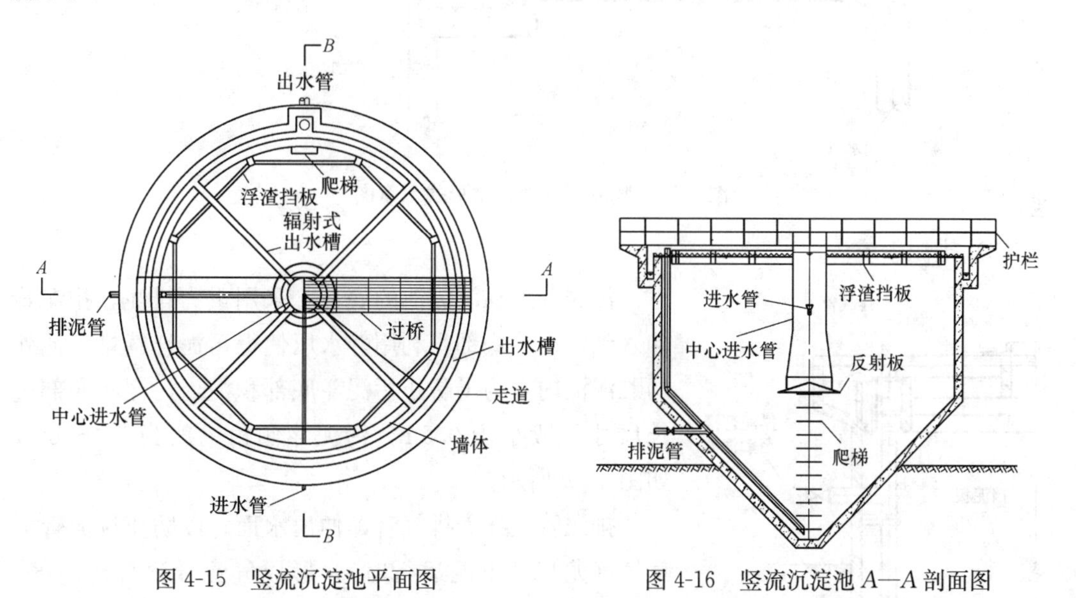

图 4-15 竖流沉淀池平面图　　图 4-16 竖流沉淀池 A—A 剖面图

竖流沉淀池由进水装置、中心管、出水装置、沉淀区、污泥斗和排泥装置组成。竖流沉淀池仅适用于小型污水处理厂和工业废水处理站，可作为初沉池或二沉池。

(1) 进水系统

竖流沉淀池是利用污水从沉淀池中心管流入，沿着中心管向下流动，经中心管下部的反射板折向上方流动，上升至沉淀池顶部的污水经设在沉淀池四周的锯齿形三角堰溢流入集水槽，如图 4-17 所示。

(2) 出水系统

竖流沉淀池的出流区设于池周，出水经溢流堰流入辐射状排列的集水槽，再经环形槽

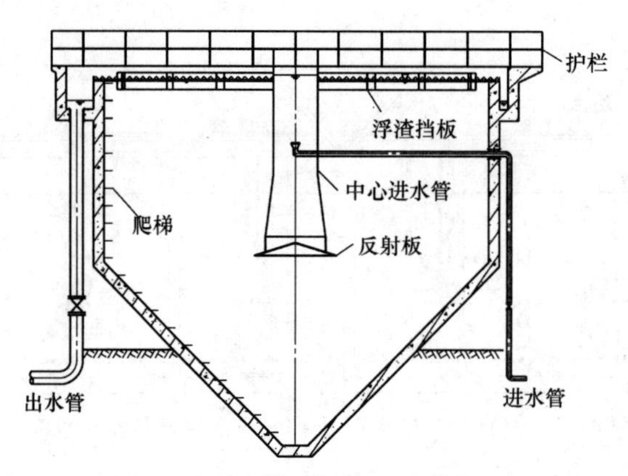

图 4-17　竖流沉淀池 B—B 剖面图

流出池外，小型池可只设环形集水槽，如图 4-18 所示。

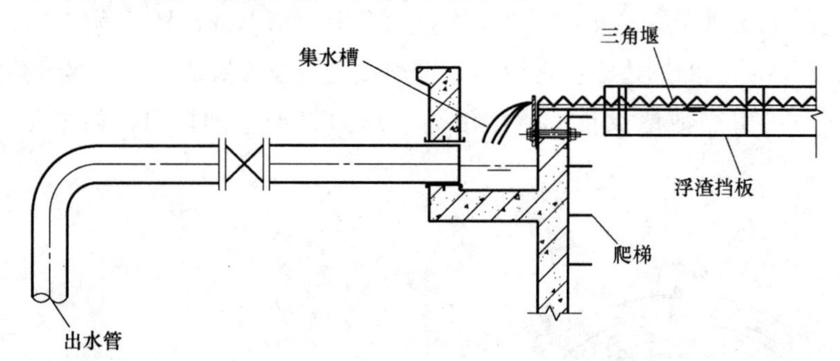

图 4-18　竖流沉淀池出水形式示意图

(3) 排泥系统

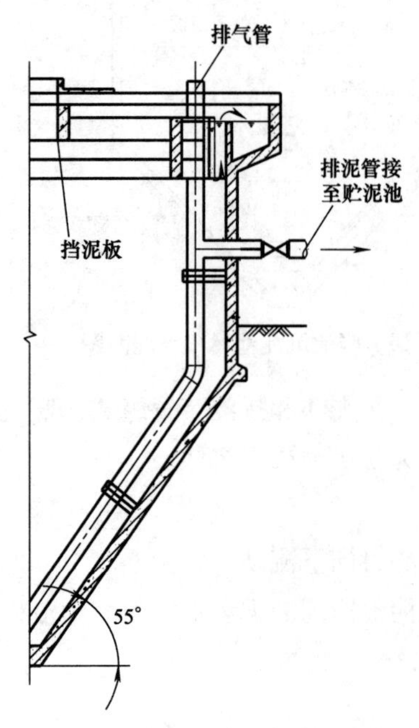

图 4-19　竖流沉淀池排泥示意图

污泥斗设在沉淀池的底部，采用重力排泥，排泥管伸入到污泥斗底部，利用静水压使得污泥连续排入池外的贮泥池内，为了防止污泥斗底部积泥，污泥斗底部边长尺寸一般小于 0.5m，污泥斗倾角一般为 55°～60°，如图 4-19 所示。

排泥管上连着排气管，伸出水面，以防止排泥管中集气（尤其是出泥运行时），形成气囊导致排泥不畅，并且保证竖管与横向出泥的静水压头达到最大。若遇排泥管堵塞时，可以由此管口进水或气冲洗。

4.2.3　辐流沉淀池

辐流沉淀池是一种大型的沉淀池，在给水处理中用于处理高浊度水；在污水处理中用作初沉池或二沉池，适用于大、中型污水处理厂。给水处理和污水处理中辐流沉淀池的原理、构造和设计计算相同，仅在设计时参数有所不同，如图 4-20～图 4-22 所示。

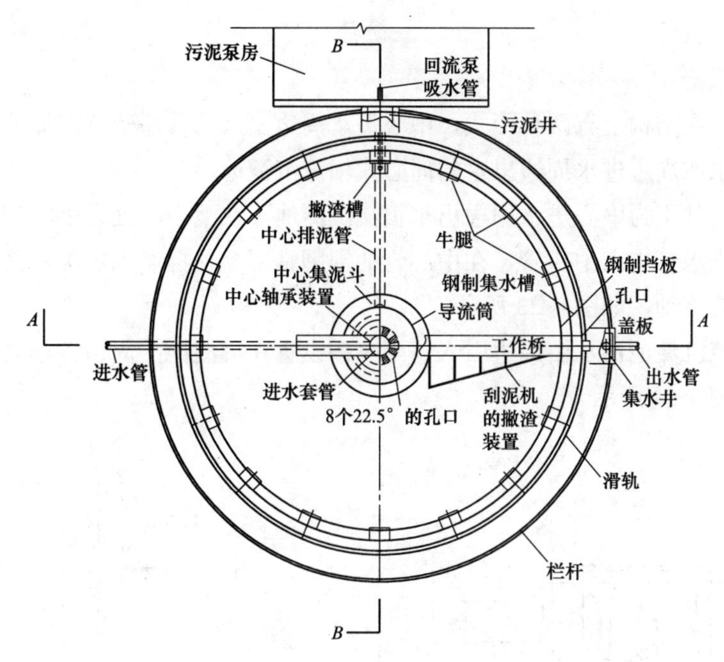

图 4-20 辐流沉淀池平面图

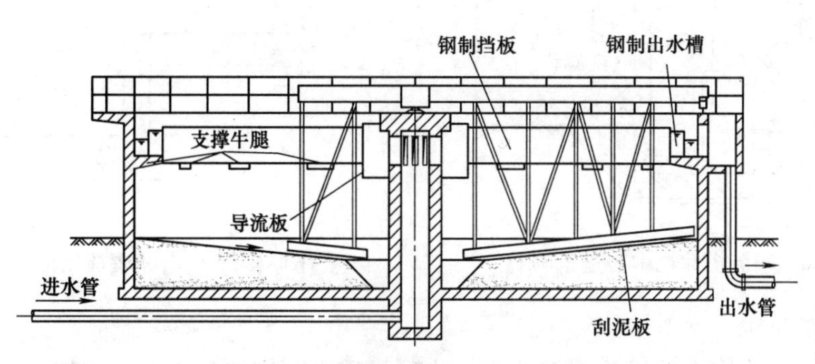

图 4-21 辐流沉淀池 A—A 剖面图

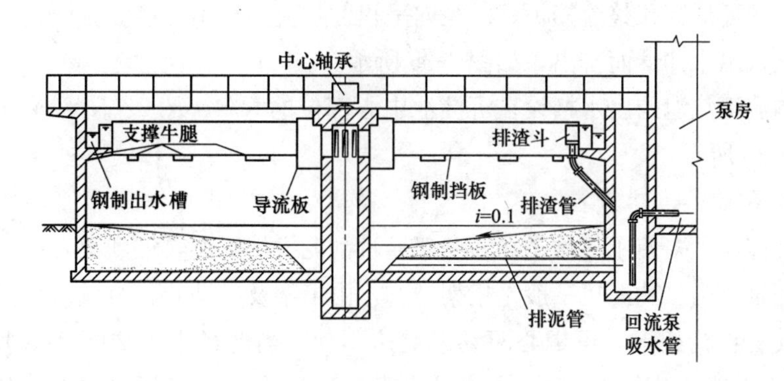

图 4-22 辐流沉淀池 B—B 剖面图

辐流沉淀池一般呈圆形，水池直径（或正方形边长）与有效水深之比以 6～12 为宜，有效水深为 2～4m，水池直径不宜大于 50m。对于城市污水处理厂，沉淀池个数应不少于 2。作为初沉池时，辐流沉淀池出水堰负荷应不大于 2.9L/(s·m)，作为二沉池时，为

1.5～2.9L/(s·m)。

(1) 进水系统

辐流沉淀池在结构上有两种形式，中心进水周边出水的普通辐流沉淀池，以及包括周边进水中心出水或周边进水周边出水的向心式辐流沉淀池。

实际工程中常用为中心进水周边出水辐流沉淀池，在池中心处设中心管，污水经过配水井从池底的进水管进入中心管，在中心管的周围常用穿孔挡墙围成配水区，使污水在沉淀池内得以均匀流动，如图4-23所示。

向心式辐流沉淀池污水由周边引入，配水槽设置在沉淀池的周边，槽底均匀开设布水孔及短管，如图4-24所示。

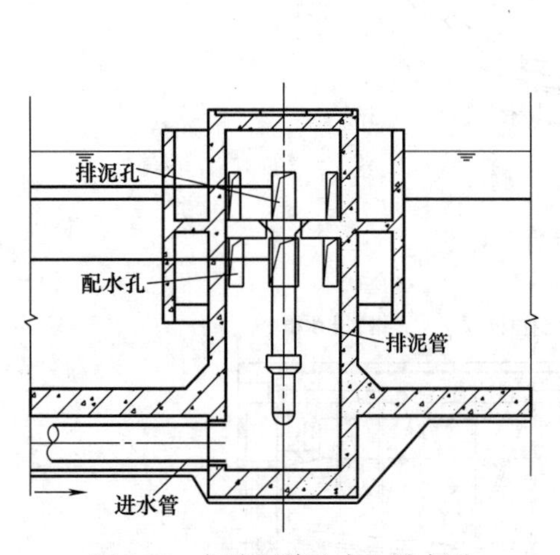

图4-23 辐流沉淀池中心进水图

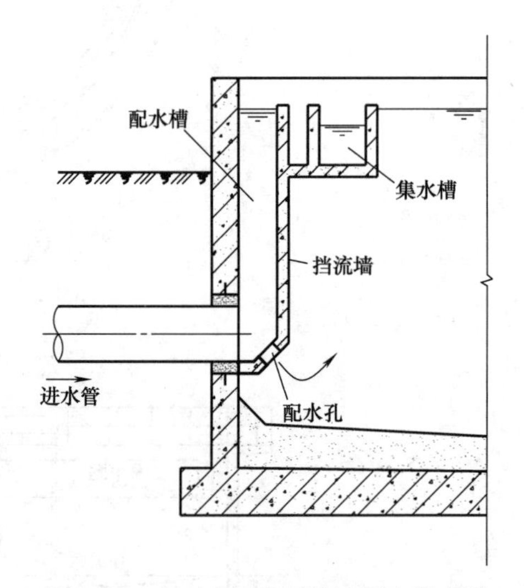

图4-24 向心式辐流沉淀池周边进水图

(2) 出水系统

中心进水周边出水的辐流沉淀池中污水经过进水管进入到中心布水筒后，通过筒壁上的孔口和外围的环形穿孔整流挡板，沿径向呈辐射状流向池周，经溢流堰或淹没孔口汇入集水槽，再流入出水井继而排出，如图4-25所示。

向心式辐流沉淀池的出水槽设在沉淀池中心部位的$R/4$、$R/3$、$R/2$或设在沉淀池的周边，如图4-26所示。

(3) 排泥系统

辐流式沉淀池大多使用机械排泥，一般通过刮泥机将沉泥收集到中心泥斗，再利用静水压力或污泥泵排出。刮泥机一般是桁架结构，由桁架及传动装置组成。刮泥机绕中心转动，刮泥刀安装在桁架上，可中心驱动或周边驱动。当池径小于20m时，用中心传动；当池径大于20m时，用周边传动，周边线速度小于3m/min，将污泥推入污泥斗，用静水压力或污泥泵排除，如图4-27和图4-28所示。

当沉淀的活性污泥含水率高达99%以上而不能被刮板刮除时，可采用静水压力法排泥，如图4-29所示。

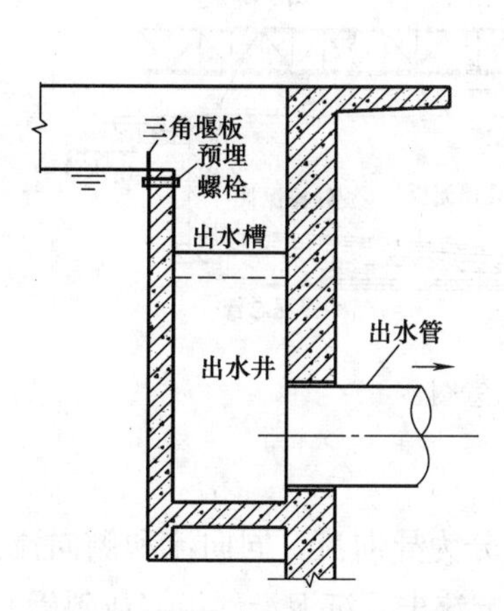

图 4-25 辐流沉淀池周边出水图

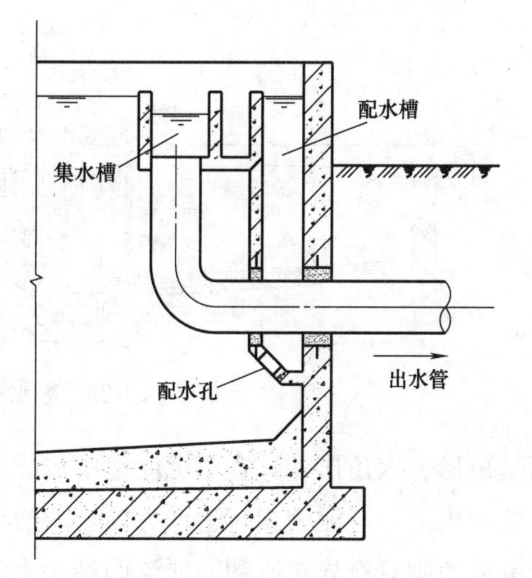

图 4-26 向心式辐流沉淀池周边出水图

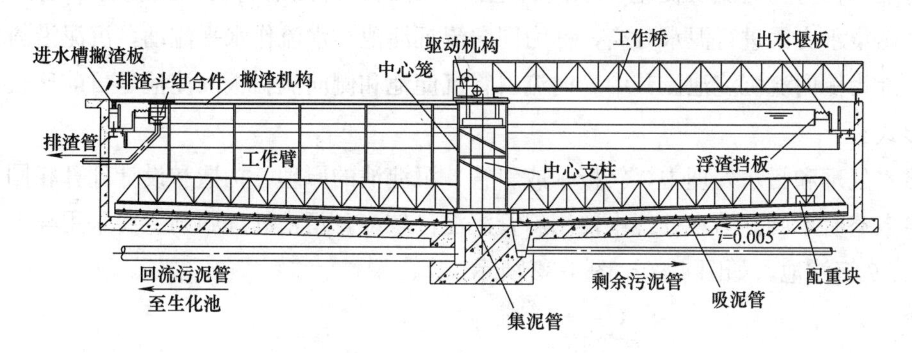

图 4-27 GXN 型中心传动刮泥机构造图

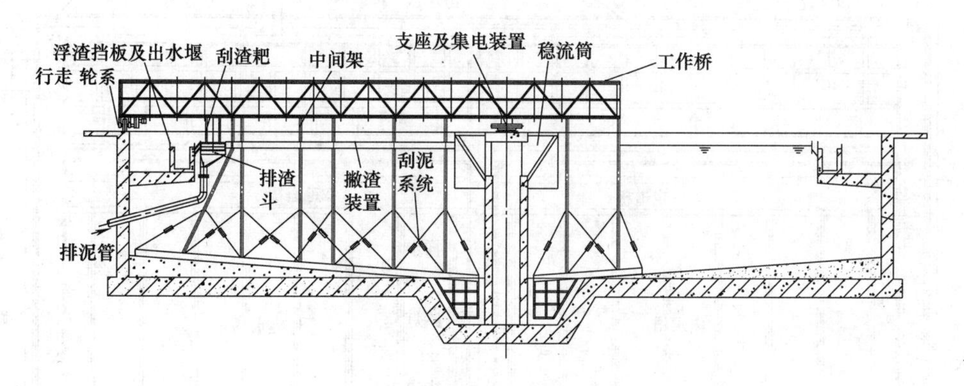

图 4-28 周边传动刮泥机构造图

排泥槽内泥面与沉淀池水面有 30cm 的高度落差，对称的两排泥槽之间的连接通过密封装置将泥从排泥总管排出；沿底部缓慢转动的排泥管对称两边各 4 条，每条负担底部一个环区的排泥，依靠水面落差的静水压力将底泥排入排泥槽。

4.2.4 斜板（管）沉淀池

斜板（管）沉淀池是把与水平成一定角度（一般为 60°）的众多斜板（或管状组件，

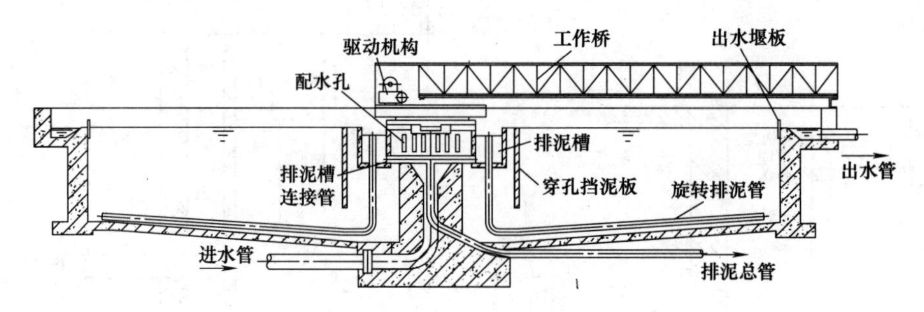

图 4-29　静水压力排泥示意图

断面是矩形、六角形等）置于沉淀池中构成。

按照水流与沉泥的相对运动方向，斜板沉淀池可分为异向流、同向流和侧向流三种，斜管沉淀池则只有异向流和同向流两种。水流自下而上流出，沉泥沿斜板（或斜管）壁面自动滑下，称为异向流沉淀池。水流自上而下流出，污泥沿斜板（或斜管）壁面自动滑下，利用集水支渠进行泥水分离，称为同向流沉淀池。水流作水平流动，沉泥沿斜板壁面滑下，称为侧向流沉淀池。其中异向流斜管沉淀池和侧向流斜板沉淀池是目前比较常用的两种形式。

给水处理和污水处理中，斜板（或斜管）沉淀池的原理、构造和设计计算相同，仅设计时参数略有不同。给水处理中使用斜管沉淀池较多，污水处理中则主要采用异向流斜板（或斜管）沉淀池，如图 4-30～图 4-32 所示。

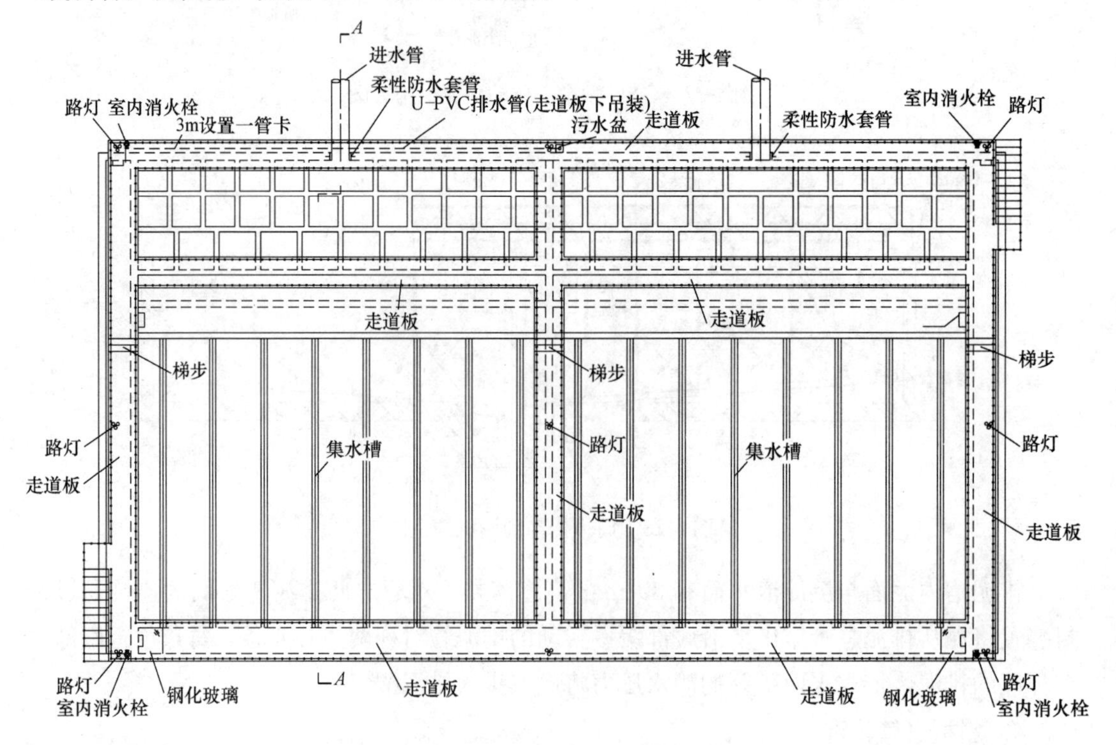

图 4-30　斜管沉淀池上层平面图

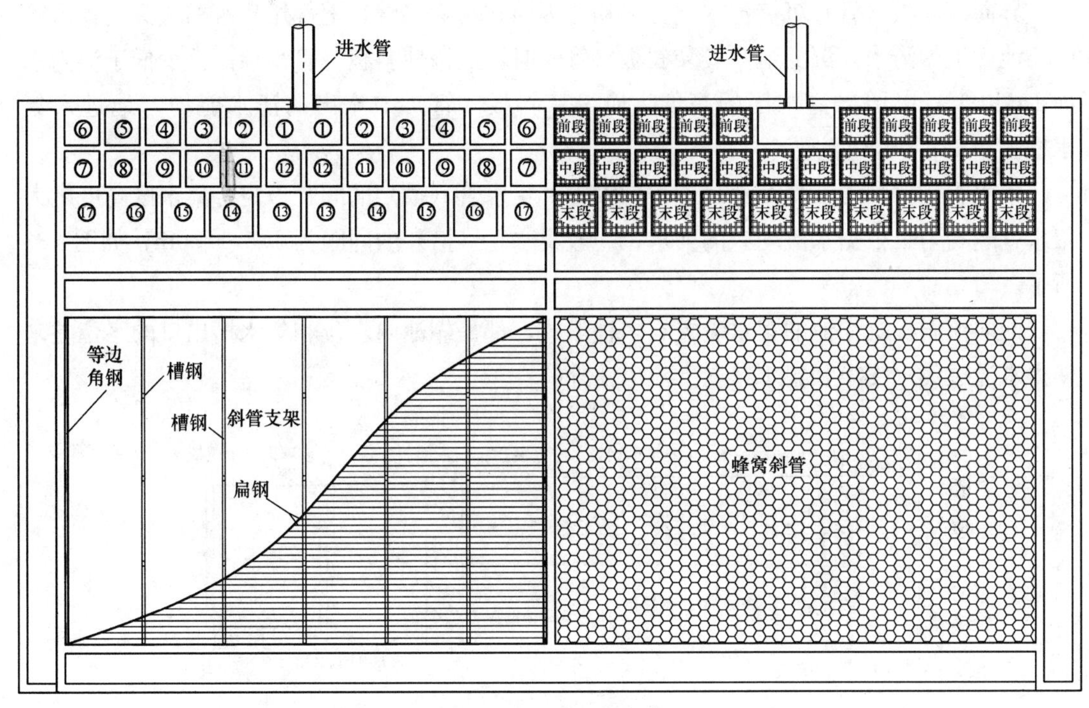

图 4-31 斜管沉淀池平剖图

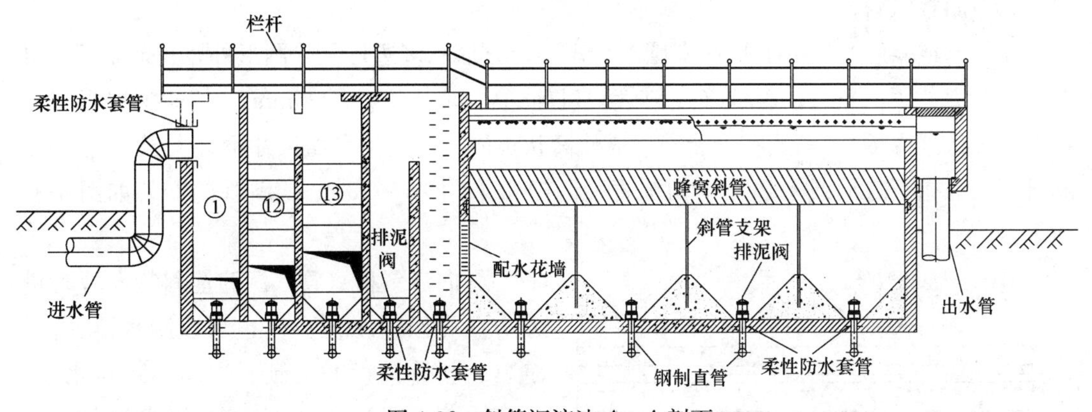

图 4-32 斜管沉淀池 A—A 剖面

(1) 进水系统

斜板（管）沉淀池的配水区花墙开洞部位只在斜管底部以下、积泥区以上部分。斜板（管）下面的配水区高度不小于 1.5m，以减小配水区内流速且配水均匀。进水口采用穿孔墙、缝隙栅或下向流斜管布水。过水断面的流速不宜大于 0.02～0.05m/s。配水区高度还要考虑检修需要，斜管底面高出池底积泥面高度应有 1.5～1.7m。应用刮泥机时，配水区需要 1.5～1.6m 的高度。

侧向流斜板沉淀池内有多层斜板平行放置，水流在斜板侧向流过，水中矾花颗粒下沉在斜板上，再沿斜板下滑到池底，侧向流斜板沉淀池的进水区有较大的整流段。

(2) 出水系统

异向流斜板（管）沉淀池水向上流动，因而在斜板（管）上部用集水槽或穿孔集水管收集池面上的清水，沉淀池中安装斜板（管）时，应该使斜板（管）顶面至少低于池内水面1m以上，以留出清水区的高度，使得从斜板（管）中流出的清水能均匀地进入集水槽。

集水管（槽）常在整个池面上均匀设置，集水管（槽）的间距一定，集水区高度越大集水就越均匀。根据水流均布的要求，一般集水管（槽）的间距为1.5～2.0m，如图4-33所示。

同向流斜板沉淀池的集水装置有多种形式，都是靠池内水位和集水槽出口的水位差来使得水通过集水支渠和集水渠向上流出池外。

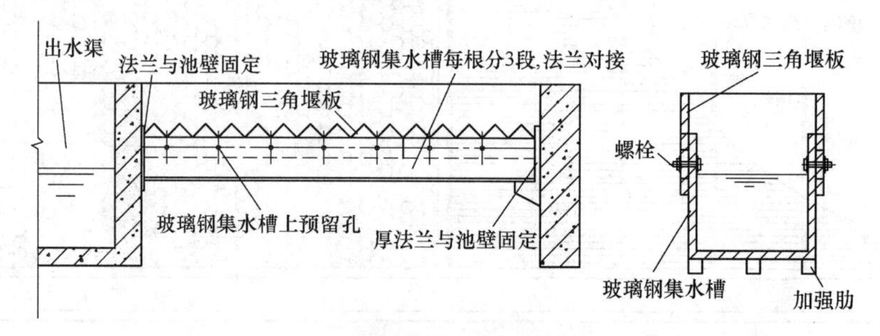

图4-33　斜管沉淀池集水槽构造图

(3) 斜板（管）

斜板（或斜管）的断面形状有圆形、矩形、方形和多边形。除圆形外，其余断面均可同相邻断面共用一条边。斜板（或斜管）目前通常使用0.4～0.5mm厚的薄塑料板（无毒聚乙烯或聚丙烯）。一般在安装前制成蜂窝状块体，且块体平面尺寸不宜大于1m×1m。斜管管径（指正方形或多边形内切圆直径）通常采用25～35mm。斜管的安装如图4-34所示。

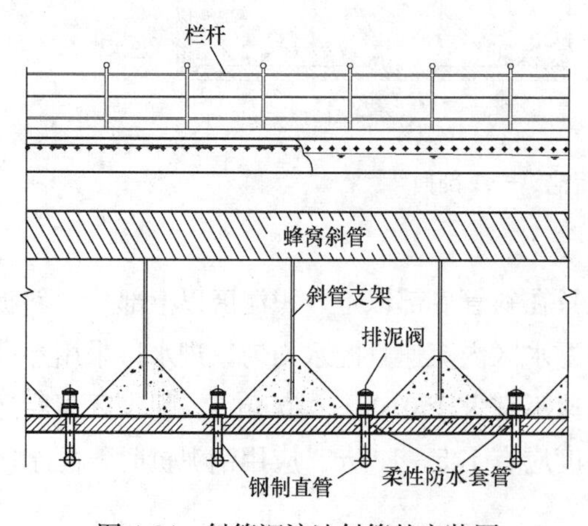

图4-34　斜管沉淀池斜管的安装图

异向流斜板（管）沉淀池斜管布置时进水方向可以逆水流方向也可以顺水流方向。通常，斜管铺设时，倾斜方向不正对水流，以免水流直冲斜管，而以逆向进水为宜。

同向流沉淀池只用斜板而不用斜管，侧向流斜板沉淀池的斜板倾角为50°～60°，斜板间距离通常为50～150mm，常采用100mm，水力负荷为8～10m^3/(m^2·h)。为了防止水流不通过斜板而直接流出，斜板组件下面应该设置阻流板，上层斜板应露出水面。

侧向流斜板沉淀池内也可以放带翼斜板，长度为1～2m，在沉淀池垂直方向设置多块翼板，一部分水以层流状态流过，另一部分水以旋流状态在两翼板之间流过，从而提高矾花的分离效果。

(4) 排泥系统

斜板（管）沉淀池较小时，可用斗式及穿孔管排泥，这种方法设备简单，但不适用于大池排泥。大型斜板（管）沉淀池宜采用机械排泥，且多用桁架式虹吸机械排泥。斜管沉淀池排泥阀安装如图4-35所示。

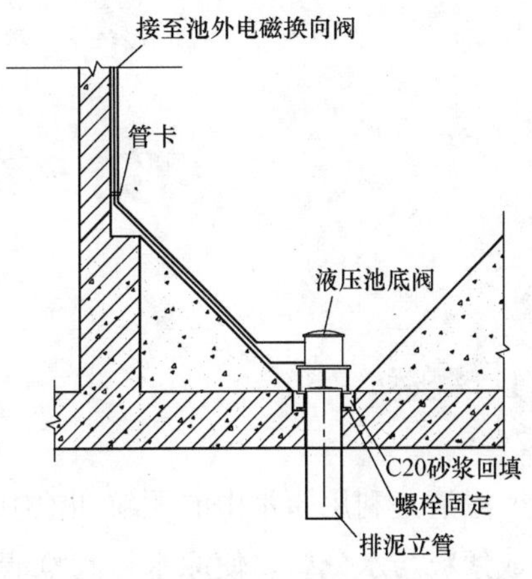

图 4-35 斜管沉淀池排泥阀的安装图

大型斜板（管）沉淀池往往采用钢丝绳牵引的刮泥机，刮泥机是将可升降的刮泥板装在桁车上，刮泥板随桁车移动时，将沉泥刮向池子一端或两端集泥槽内，再用穿孔管或者排泥阀门将污泥排出，如图 4-36 所示。

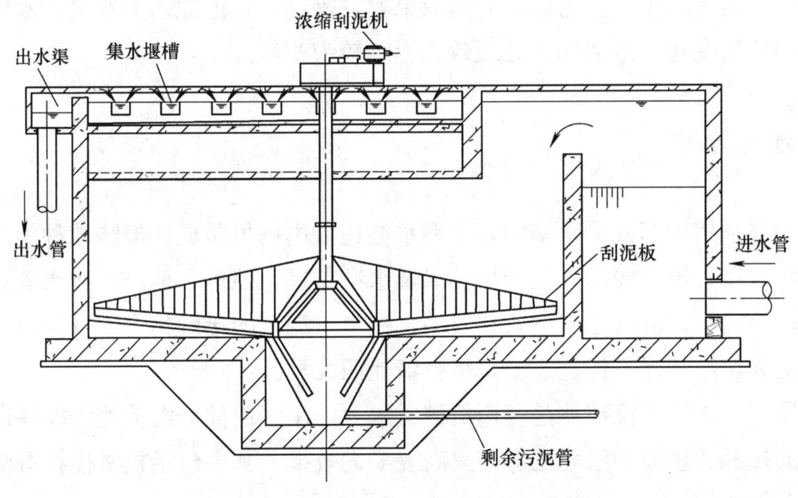

图 4-36 斜管沉淀池机械排泥示意图

第5章 澄 清 池

5.1 概述

澄清是利用原水中的颗粒和池中积聚的沉淀泥渣相互碰撞、接触、吸附、聚合，然后形成絮粒与水分离，使原水得到澄清的过程。澄清池综合了絮凝和固液分离作用，在一个池内完成混合、絮凝、悬浮物分离等过程的净水构筑物，主要用于去除原水中的悬浮物和胶体颗粒。澄清池具有生产能力高、处理效果较好等优点；但原水的水量、水质、水温以及混凝剂等因素的变化对澄清池的处理效果影响较为明显。

5.2 澄清池的分类

澄清池一般采用钢筋混凝土结构，小型水池还可用钢板制成。澄清池种类的选择，主要应根据原水水质、出水要求、生产规模以及水厂布置、地形、地质、排水等条件，进行技术经济比较后确定。澄清池的形式有很多，按水与泥渣的接触情况，分为泥渣循环（回流）型澄清池和泥渣悬浮（泥渣过滤）型澄清池两大类。

循环（回流）泥渣型澄清池是利用机械或水力作用，使部分沉淀泥渣循环回流以增加与水中杂质的接触、碰撞和吸附机会，提高混凝的效果，其中包括机械搅拌澄清池和水力循环澄清池两种类型。

悬浮泥渣（泥渣过滤）型澄清池是使上升水流的流速等于絮粒在静水中靠重力沉降的速度，从而处于悬浮状态，当絮粒集结到一定厚度时，就构成了泥渣悬浮层。当原水通过时，其中的杂质便被悬浮泥渣层的絮粒吸附、过滤而截留下来。脉冲澄清池和悬浮澄清池属于此种类型。

5.2.1 机械搅拌澄清池

机械搅拌澄清池是利用转动的叶轮使泥渣在池内循环流动，完成泥渣回流和接触反应。机械搅拌澄清池具有可以利用机械控制泥渣循环和搅拌的优点，因而能较好地适应水质和水量的变化，处理效果较稳定，一般进水浊度在5000mg/L以下，短时间内允许达到5000～10000mg/L。为了保持池内泥渣浓度稳定，需要排除多余的污泥，因此在池内设有1～3个泥渣浓缩斗。当池径较大或者进水含砂量较高时，需装备机械刮泥机。机械澄清池不仅适用于一般的澄清，也适用于石灰软化的澄清，其效率较高且比较稳定，对原水水质和处理水量的变化适应性较强，操作运行方便，其应用较为广泛。

(1) 池体构造

机械搅拌澄清池池体主要由第一反应室、第二反应室和分离室三个部分组成，并布置有进水系统、出水系统、排泥系统、搅拌及调流系统以及其他辅助设备，如加药管、透气管、取样管等。

加药混合后的原水进入到第一反应室，与数倍于原水的回流活性泥渣在叶片的搅动下，进行充分的混合和初步絮凝，然后经叶轮提升至第二反应室继续絮凝结成良好的矾花，再经导流室进入分离室，由于过水断面突然扩大，流速急剧降低，泥渣依靠重力下沉与清水分离，清水经集水槽引出。下沉泥渣大部分回流到第一反应室，循环流动形成回流泥渣，另一小部分泥渣进入泥渣浓缩室排出。

整个池体上部是圆筒形，下部是截头圆锥形，一般采用钢筋混凝土结构。机械搅拌澄清池平面和剖面如图 5-1～图 5-3 所示。

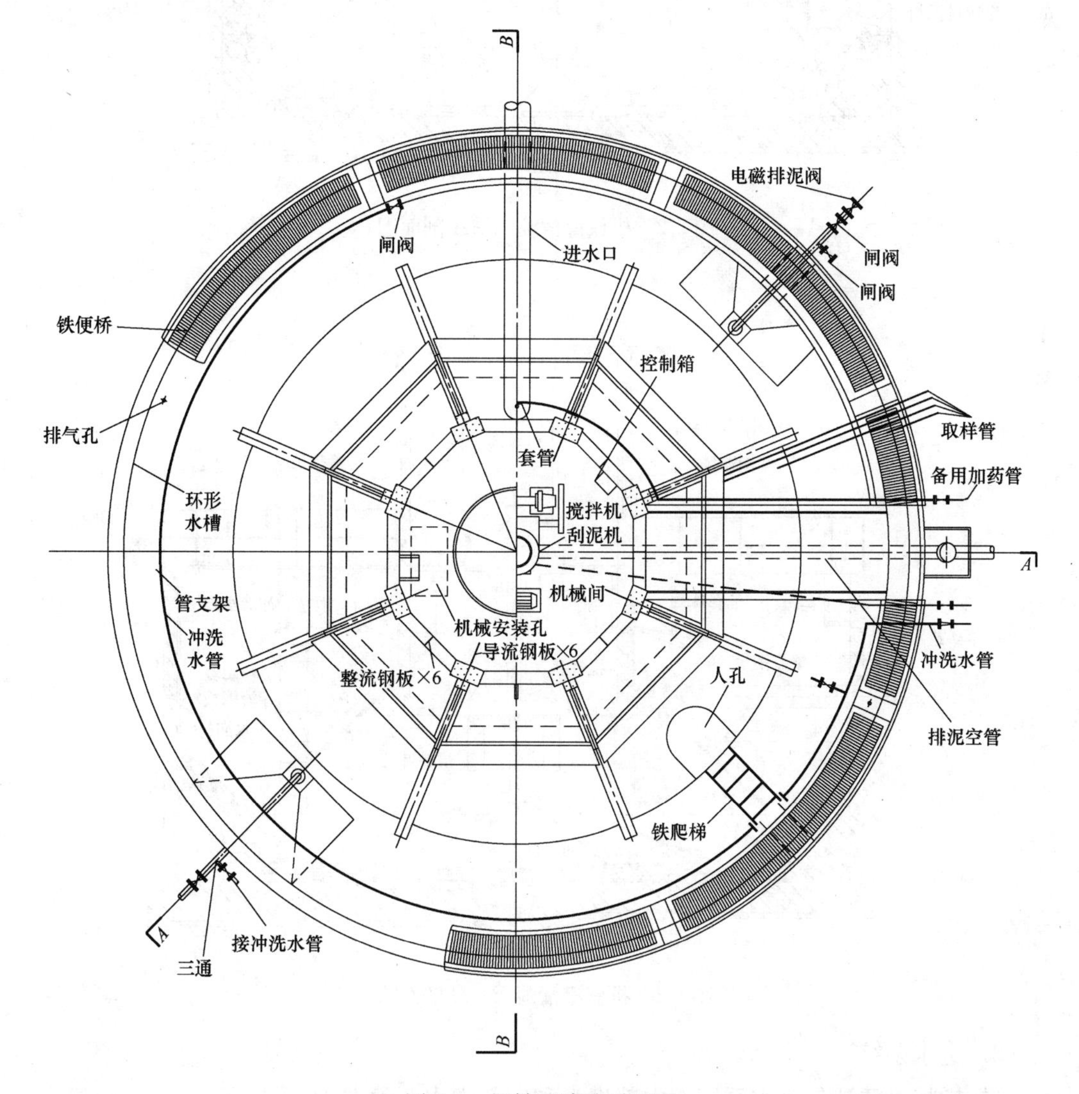

图 5-1 机械澄清池平面图

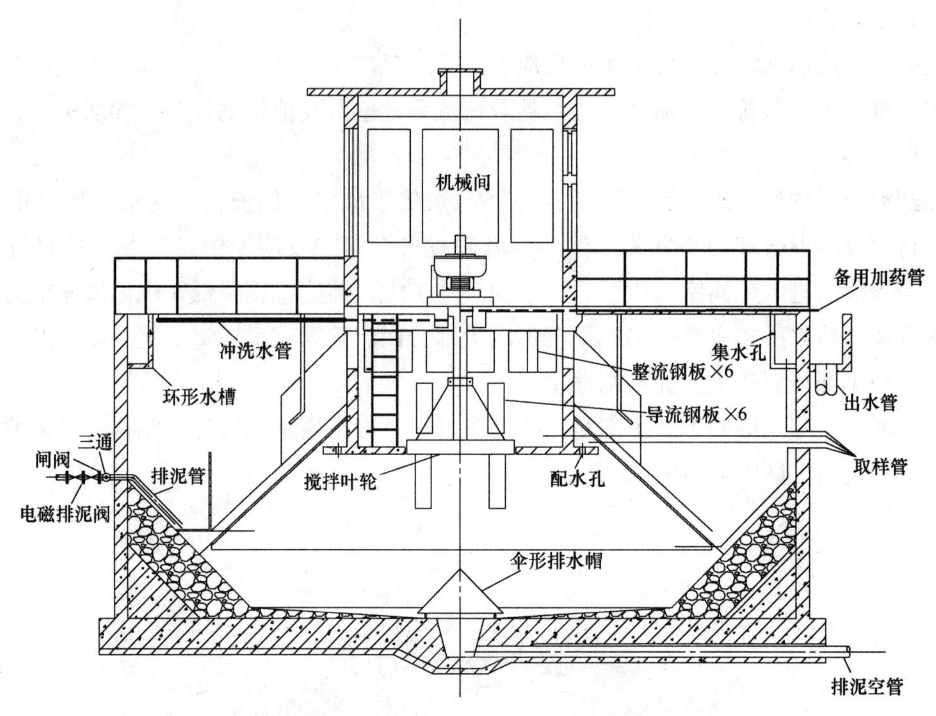

图 5-2 机械澄清池 $A—A$ 剖面图

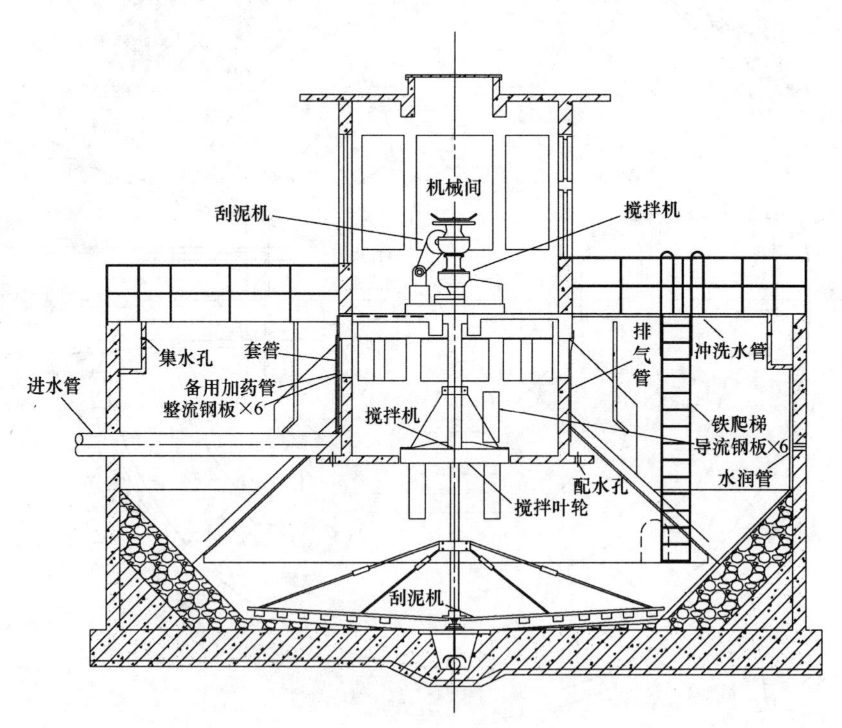

图 5-3 机械澄清池 $B—B$ 剖面图

（2）进水系统

机械搅拌澄清池的进水系统有中部进水和底部进水两种方式。

1）中部进水

中部进水是目前采用较多的一种进水方式，其布水方式可分为三角槽式和环形管式两种。目前，三角槽布水是在三角槽底板上均匀布置较大的、直径为100mm的圆孔。配水三角槽上应设排气管，用以排出槽中积气。这种方式具有布水均匀、避免堵塞的优点。但此种形式在池径较小时施工十分困难，一般只适宜于大型水池。大型池子为能进行槽内清淤，在第二反应室侧壁或伞形板上开设人孔，如图5-4所示。

小型水池一般采用环形管式配水，用一条环形管代替三角槽，在环形管上开孔布水。这种形式对大型池子不论是加工还是吊装都较困难，所以较少采用。

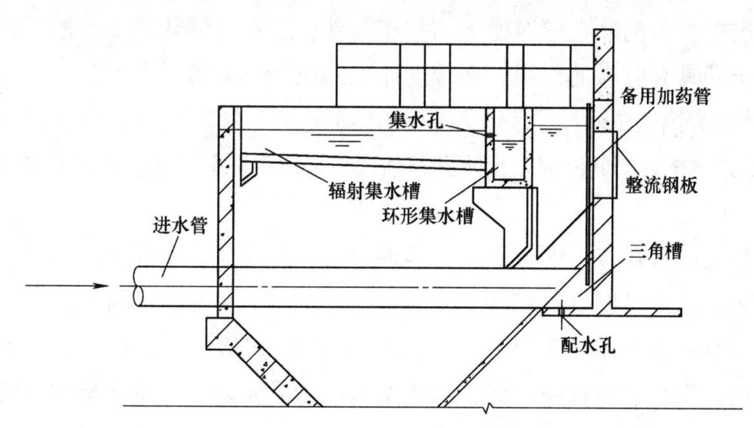

图5-4 采用中部进水方式澄清池示意图

2）底部进水

底部进水是指离池底一定距离的池底中央进水，底部进水又可分伞形帽和环形管布水两种方式。

伞形帽布水是在进水管上加装一个伞形帽以使布水均匀，并在伞形帽边缘加设一折檐，使水流先向下，然后再往上翻，这样能减少进水水流对池中泥渣层的冲击。环形管布水是在底部进水管上开一排均匀向心开孔的环形管。

一般底部进水与底部排泥有矛盾，使得排泥浓度降低，尤其对底部设刮泥机的水池影响更大；而且底部进水还存在尚有进水未来得及与第一反应室泥渣充分反应，就被搅拌机抽入第二反应室的缺点。所以，目前较少采用底部进水方式。

3）设计数据

进水管流速采用0.7～1.0m/s，在实际工程应用中，考虑到以后可能会增大处理能力，常采用低值。为了减轻重量，一般采用薄壁钢管。三角槽大小按构造配置，其高度约为进水管外径加0.2～0.3m。配水孔眼流速按0.4～0.5m/s设计。

(3) 出水系统

1）出水系统形式

出水系统主要有三种形式，一是池壁内（或外）侧砌成环形集水槽，常用于小型澄清池；二是在清水区中部设置环形集水槽，常用于中型澄清池；三是清水区内设置环形加辐射集水槽，常用于大型澄清池。

2）出水系统特点

机械搅拌澄清池的絮凝室布置在水池的中央，因而既存在水平又有垂直的水流运动。如果按一般出水系统的布置形式，即按池面面积平均设置出水孔口或三角堰口，由于泥渣的向外惯性流动，靠池壁部分的上升流速增加，而靠絮凝室部分的上升流速较小，造成出水不均匀，使得总体出水水质较差。为了改善这种状况，对于辐射槽加环形集水槽的出水系统，采用出水孔口在辐射槽上均匀布置，迫使一部分水流流向分离室内侧。

研究表明，当内侧上升流速达 2mm/s、外侧上升流速为 0.8mm/s 时，出水水质良好。有些机械搅拌澄清池除在辐射槽上均匀布孔外，还在内侧环形集水槽开孔出水。这种三面出水的池子还具有防冻的作用，在轻度冰冻的地区可以露天设置。

在中型池子的分离室中间设置环形集水槽的出水系统，一般常在径向几何长度中点，而不是面积中点设置集水槽。与此同时，出水孔口或三角堰口在环形集水槽内、外侧仍均匀布置。

3）出水方式

出水方式常用的有孔口、堰口以及三角堰口三种形式。为达到集水均匀的要求，在加工制作出水槽时，出水口应设置在同一直线上。安装时，在池子满水试验、沉降稳定后，根据池内的水位来调整出水槽的高程，最后达到出水口高程误差小于±2mm。目前采用可调整的圆形孔口出水较为普遍，为了消除集水槽水位波动对孔口流量的影响，槽内的孔口之下留有 0.05～0.07m 的跌落高度，即自由出水。

清水流入集水槽内的布置形式主要有平口堰、三角堰和孔口三种形式，堰口的标高因出水均匀性而定。目前采用可调整的圆形孔口出水较为普遍，为了消除集水槽水位波动对孔口流量的影响，槽内的孔口之下也留有 0.05～0.07m 的跌落高度，即自由出水。集水槽的安装固定形式如图 5-5 和图 5-6 所示。

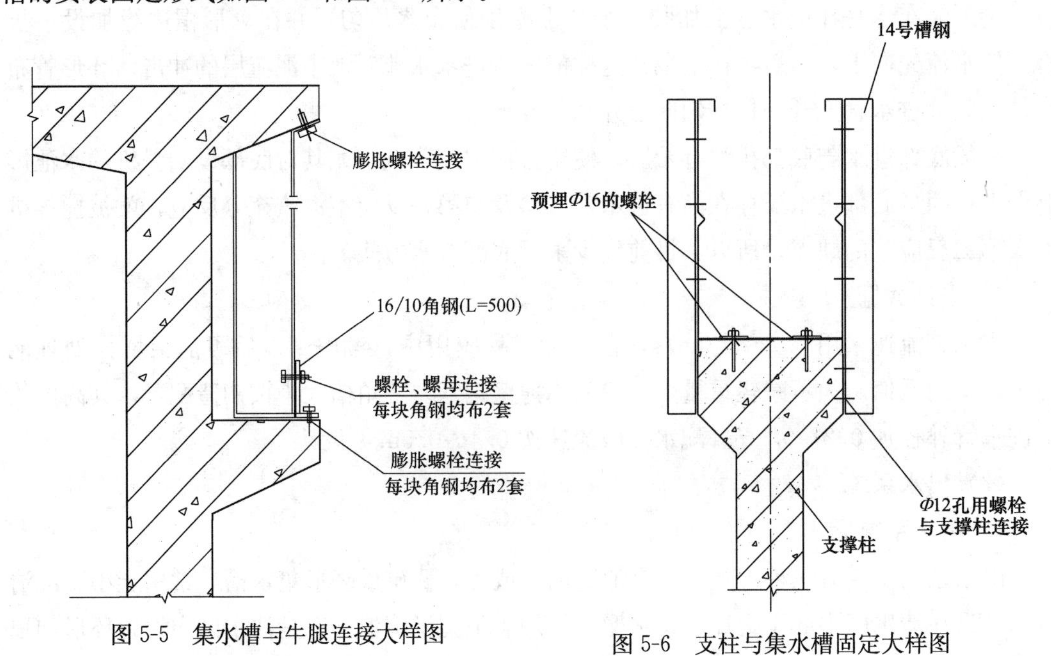

图 5-5　集水槽与牛腿连接大样图

图 5-6　支柱与集水槽固定大样图

（4）导流及整流板

第二反应室和导流室内设有导流板，用以消除因叶轮提升时所引起水流的旋转，使得水流平稳地经导流室流入分离室，提高容积利用系数和破坏水流的整体旋转。在第二反应室折流处和第二反应室外侧设置整流板，促使旋转水流变为径向水流进入到分离室。具体布置形式如图5-7所示。

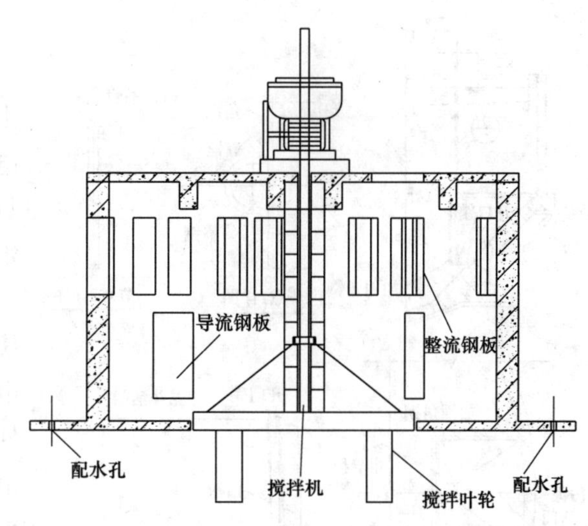

图5-7 整流钢板及导流钢板布置图

（5）搅拌及调流系统

搅拌设备装置在澄清池的中心，通过叶轮的转动将原水与加入的药剂同澄清区沉降下来的回流泥浆混合，促进较大絮体的形成。

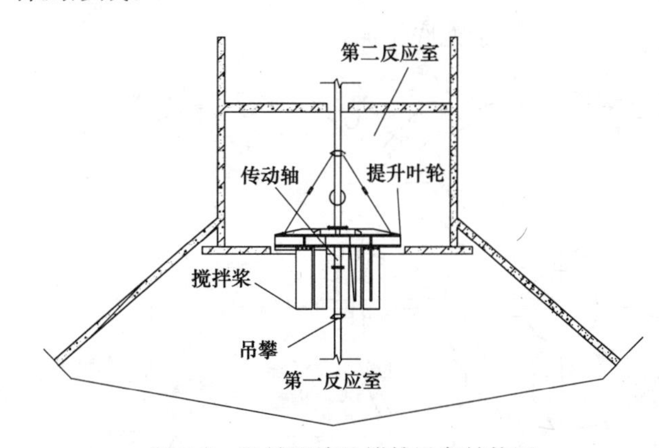

图5-8 机械澄清池搅拌设备结构图

搅拌设备主要由变速驱动装置、提升叶轮、桨叶以及调流装置等组成，提升叶轮装在第一和第二絮凝室的分隔处。搅拌设备构造如图5-8所示。

在搅拌作用下，第一絮凝室的水体与进水迅速混合，泥渣随着水流处于悬浮和环流状态；回流水从第一絮凝室提升至第二絮凝室，使得回流水中的泥渣不断地在池内循环。

搅拌设备宜采用无级变速电动机驱动，以便随进水水质和水量的变动而调整回流量和搅拌强度。

（6）排泥系统

及时和适量的排泥是保证澄清池正常运转的必要条件，特别是当处理较高浊度的原水时，合理排泥显得尤为重要，机械澄清池的排泥方式有浓缩室排泥和池底排泥。

1）污泥浓缩室排泥

为了节约排泥耗水量，泥渣必须以较高浓度排出，这是设置污泥浓缩室的主要目的。浓缩室内的泥渣有两种排出方式。一是由排泥管连续排出，由于浓缩的泥渣浓度较高（含固率可达2%～3%左右），连续排泥的缓慢流动易在管道和浓缩室内产生沉淀。二是通过快开阀门间歇排泥，这样由于泥渣的快速运动和阀门的突然启闭产生一定的冲击，管道内和浓缩室内的污泥不易堆积。污泥斗的安装如图5-9所示。

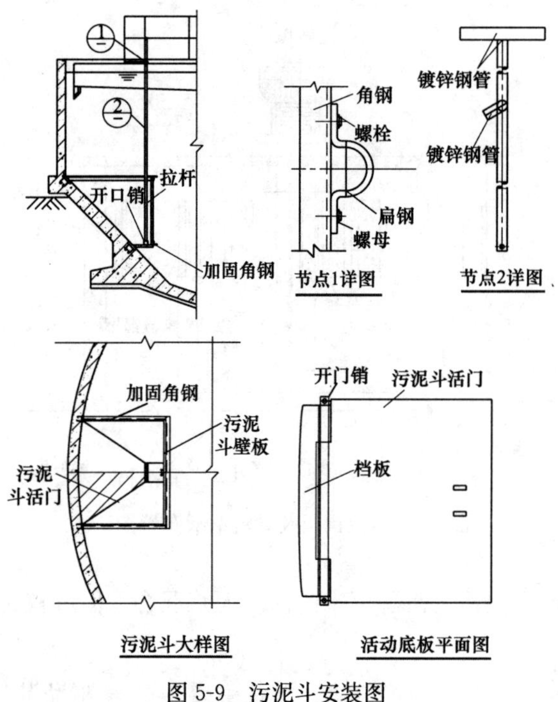

图 5-9 污泥斗安装图

目前尚无定型的自动快开阀产品，一般都是利用现有产品进行改装，但均由时间继电器进行周期自动控制。由于电气元件质量不稳定，常易发生故障，目前常采用手动按电钮的较多，一般规定周期内排泥 1～3min。

利用电磁铁牵引虹吸排泥的装置系统如图 5-10 所示。当需要排泥时启动电磁虹吸排泥阀，池内水体经阀体通过抽气三通、辅助虹吸管流入排水井内，由于抽气三通的作用抽出虹吸排泥管顶部的空气，抽尽空气后形成虹吸作用而进行排泥；经过一定的排泥历时后，关闭排泥阀，空气由辅助虹吸管倒流入虹吸管顶部则排泥中止。这种形式也可用于池底排泥。

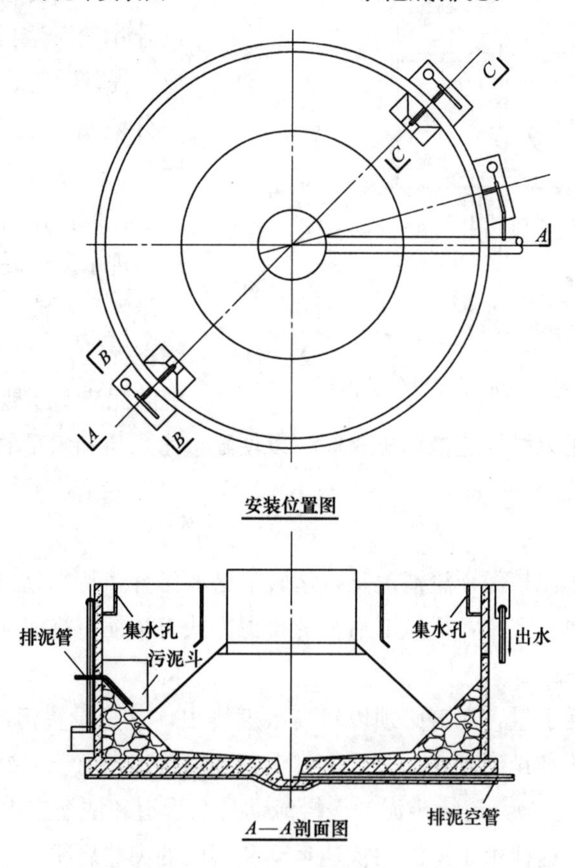

图 5-10 虹吸排泥安装图（一）

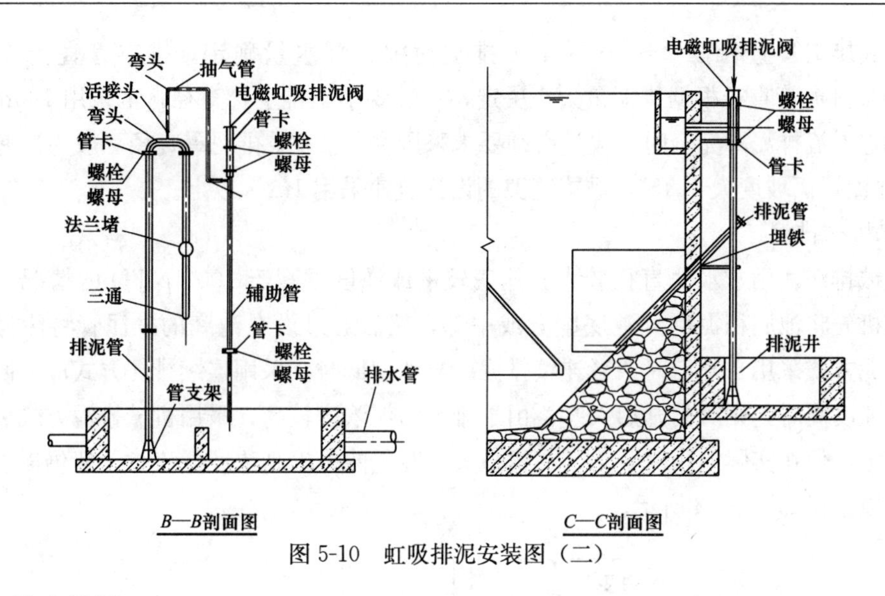

图 5-10　虹吸排泥安装图（二）

2）池底排泥

澄清池除了设置泥斗排泥设施外，还在池底中心设置辅助措施，作为调节排泥和放空排水之用。池底排泥通常有下列两种方式：

① 重力排泥

重力排泥是靠泥渣本身的重力通过设在池底中心部位的排泥管排泥。进泥口处一般设有排泥罩，当排泥阀门突然打开，排泥罩内即呈真空状态，排泥罩附近池底的泥渣高速进入罩内，同时冲刷了池底，使积存在池底的泥渣排出。图 5-11 为排空管阀井的构造图。

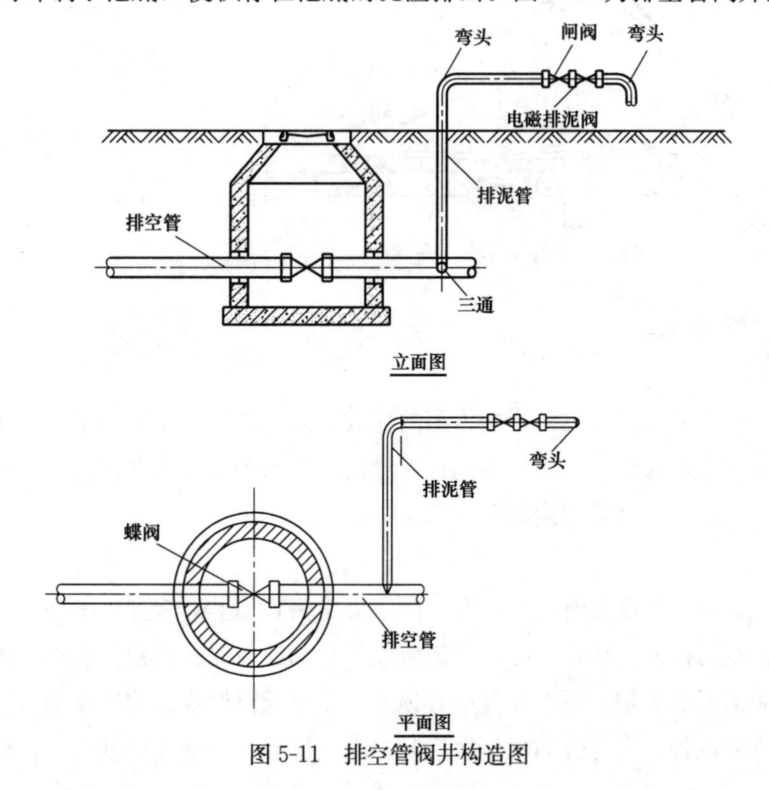

图 5-11　排空管阀井构造图

池底排空管直径按2～4h内重力排空池中全部水量确定。排空管直径不得小于200mm。排泥管直径根据排泥量大小决定，一般要小于排空管直径，常采用100mm的管道。当重力流排泥不完全时，设计必须要求采用水泵抽空。排泥罩直径一般为池底直径的1/5，排泥罩面坡度大于45°，进罩缝隙的设计流速采用1m/s以上。

② 机械排泥

机械排泥适用于水池直径较大、池底较平或浊度常高于1000 NTU的情况。采用机械刮泥机先将池底积泥刮到池底中心或中部，然后通过设在池底的排泥管将污泥排出池外。排泥方式采用自动定时或者连续排泥。当浊度低时，采用连续排泥方式应使阀门开启小些，浊度高时，则阀门开启大些。由于排出污泥浓度较高，采用机械排泥方式可不设污泥浓缩室，但在实际应用时，为了在机械失灵时仍能排出高浓度泥渣，一般仍需设置。刮泥机、搅拌机如图5-12所示。

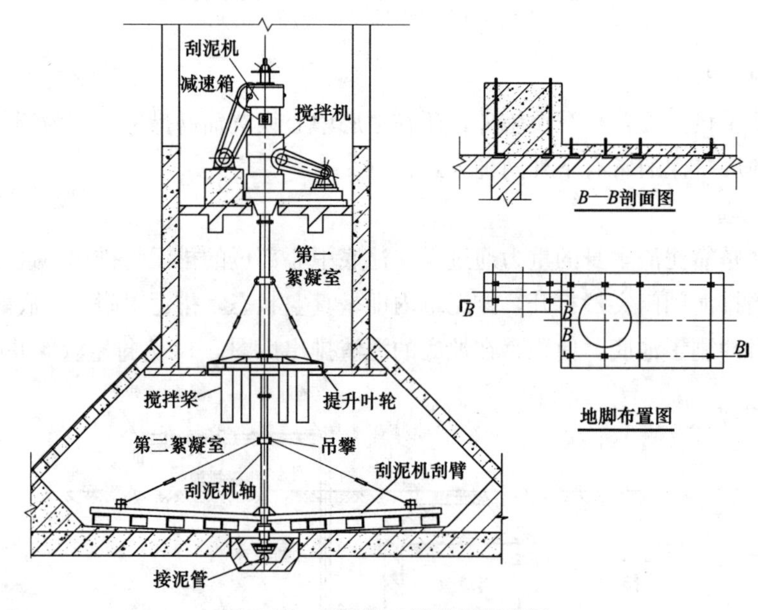

图5-12　刮泥机、搅拌机构造图

(7) 其他细部构造

1) 加药点

加药混合应在原水进入三角形配水槽前完成，混合装置需紧贴池子，若在池内设置加药点，则应靠近进水管的出口。助凝剂加入管道、配水槽或配水井内时，药液需在一定的压力下投加，以克服输水管道内的剩余水头。

2) 操作室

为了避免日照后温度上升过高，在我国南方常需设置操作室或顶棚来安置机电设备。在我国北方，则需设置操作室，必要时需将池子全部建在保温的建筑物内。操作室高度需考虑搅拌机和刮泥机拆装方便，在其中心顶上，需设天窗框或吊钩等设施，需要时设置手动葫芦起吊机械设备，当有分离式刮泥机时，尚应设有吊装刮泥机轴的天窗框。平台上应设有进出搅拌机分块的吊装孔，当采用交流整流子电机时还应设置电机防尘罩。

3）取样管

在进水管、第一反应室、第二反应室以及出水管等处设取样管，以此来检测澄清池的运行情况。第一、第二反应室内因泥渣浓度较大，在取样管内易沉积，因而池外需设置固定的反冲洗管。各取样龙头沿池壁集中设置并加以编号，具体安装布置形式如图 5-13 所示。

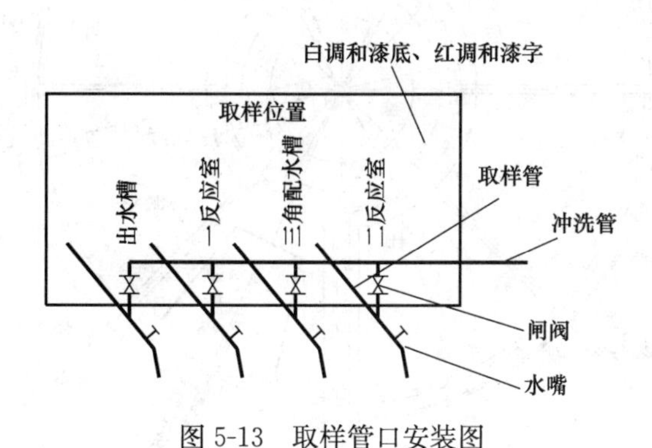

图 5-13 取样管口安装图

4）透气管

为使配水均匀及在三角配水槽内不积存空气，应在进水管方向对面的配水槽上端设置直径 50mm 的透气管。

5）人孔和铁爬梯

当回流缝隙较小时，在伞形板下需开设人孔，并有铁爬梯通往池顶。当底部设有刮泥机时，人孔大小需考虑能进刮泥机零件。在第二反应室有时也需要设置铁爬梯来通往操作平台。

5.2.2 水力循环澄清池

为了使泥渣在澄清池中循环，除了机械搅拌澄清池采用叶轮提升外，还可以利用水流的动能，通过水力来提升，这种利用水力实现泥渣循环的澄清池称为水力循环澄清池。

（1）池体结构

水力循环澄清池结构上主要包括水力提升器、第一反应室、第二反应室、分离室、进出水系统以及污泥浓缩斗等。在水力循环澄清池中，泥渣的循环不是依靠机械搅拌，而是利用水力喷射器的原理。利用进水管本身的动能，在水射器中由于高速射流形成的负压，将数倍于原水的沉淀泥渣吸入喉管，并在其中使之与原水以及加入原水中的药剂进行剧烈而均匀的瞬间混合，从而大大增大了悬浮颗粒的接触碰撞几率。由于回流泥渣中的絮凝体具有较大的吸附原水中悬浮颗粒的能力，因而在絮凝室中能迅速结成良好的絮凝体进入分离室。在分离室内，分离后的清水向上溢流出水，沉下的泥渣除部分由污泥浓缩室排出以保持泥渣平衡外，大部分泥渣被水射器再度吸入进行循环。水力循环澄清池多与无阀滤池配套使用，因其处理量一般较小，故常用于中、小型水厂。水力循环澄清池的平面和剖面如图 5-14～图 5-17 所示。

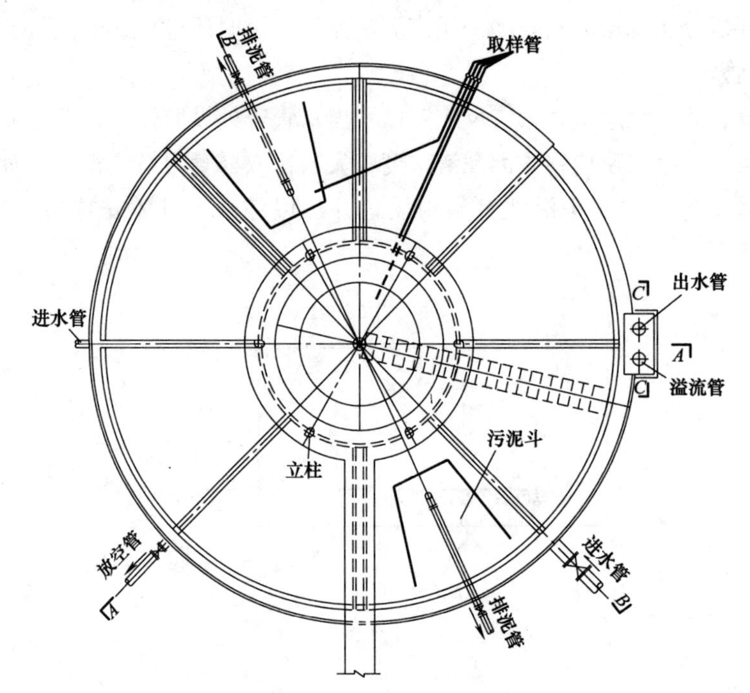

图 5-14 水力循环澄清池平面图

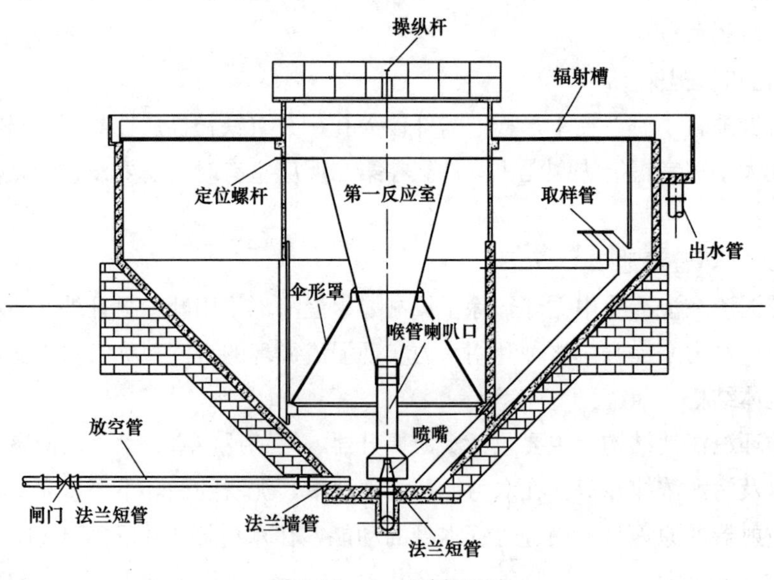

图 5-15 *A*—*A* 剖面图

(2) 进水系统

加入混凝剂的原水由进水管道进入喷嘴，以高速喷入喉管，在喉管的喇叭口周围形成真空吸入泥渣，经过泥渣与原水的迅速混合，通过渐扩管进入第一反应室，然后进入第二反应室中进行混凝处理。

进水管的布置有三种形式，一种由池底部进入（图 5-18）。这种形式可以降低喷口至池底的高度，因而可以降低池体的总高度，由于喷口距池底近，池底不易积泥，泥渣循环

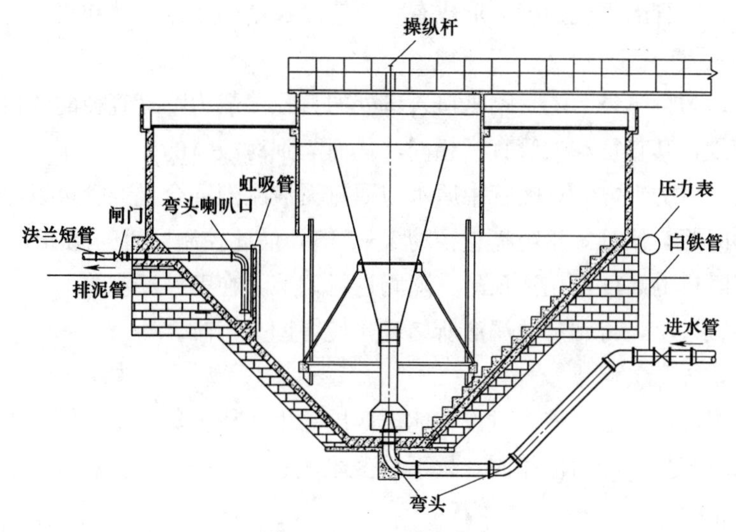

图 5-16 *B*—*B* 剖面图

条件好。施工时如果池体基础处理不好而池身有沉陷时，进水管容易折断，对检修造成不便。在目前设计中广泛采用这种形式。另一种是进水管沿锥底内壁而入，这样使喷嘴安装高度增加，从而增加池体高度。第三种则是，当池体锥体由块石或混凝土填筑时，进水管采用沿锥底外壁的进水方式。但这种布置方式会增加安装高度，且进水管检修不便，故较少采用。

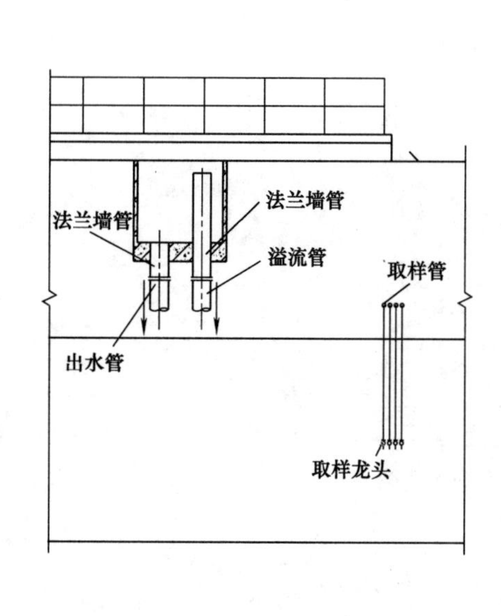

图 5-17 *C*—*C* 剖面图

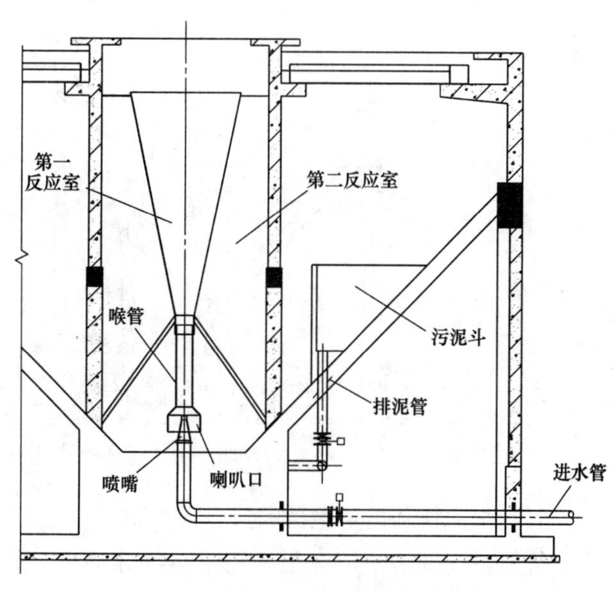

图 5-18 底部进水形式布置图

(3) 喷嘴、喉管及第一反应室

水力循环澄清池的凝聚反应是由喷嘴、喉管及反应室共同构成（图 5-19），共同担负着完成胶体颗粒间接触、碰撞、吸附以及凝聚等一系列复杂过程。喷嘴与喉管的主要作用是吸入大量的活性泥渣使之循环回流，从而增加泥渣的碰撞机会。第一反应室主要是逐步降低来自喷嘴和喉管的水流速度，形成有一定速度梯度的水流条件和接触时间，以利于絮粒的形成。

喉管的进口为喇叭口形式，喇叭口入口处的直径一般为喉管直径的2倍。喇叭口下端宜加设垂直管段，其直径和喉管直径相同，从而起到对液体的导流作用。

喉管在喇叭口的上方，在喉管中原水与回流泥渣剧烈混合。喉管可以上下移动以调节喷嘴和喉管的间距，使其等于喷嘴直径的1～2倍，借此控制回流的泥渣量。

喉管和喇叭口的高度可用池顶的升降阀进行调节，在第一反应筒下部与喉管重叠调节部分的间隙不宜过小，否则易被泥渣所堵塞，使得调节困难。

(4) 出水系统

水力循环澄清池的上清液通过设在池子四周的出水槽汇集到出水渠，由出水渠排出池外。基本上与机械搅拌澄清池相同，故不再赘述。

(5) 排泥系统

泥水混合液在分离室中分离之后，清水向上，一部分泥渣则是进入到泥渣浓缩室，通过排泥管排出池外。通常采用的泥渣浓缩措施有：在池底设置泥渣浓缩斗、采用池底夹层浓缩排泥和利用底部放空管排泥三种形式。目前多数采用污泥浓缩斗的形式，污泥斗的数目根据原水悬浮物的数量确定，一般设置1～4个，如图5-19所示。

排泥装置同机械搅拌澄清池，排泥量一般为5%左右，排泥量大的可考虑自动控制，池子底部设置排空管。

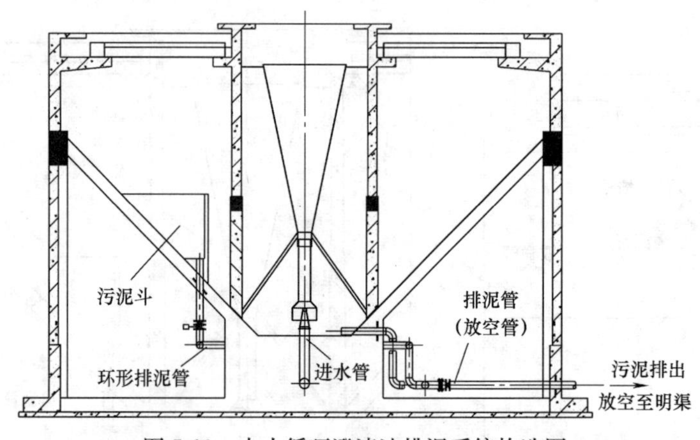

图5-19 水力循环澄清池排泥系统构造图

(6) 水力循环澄清池的改进

目前新设计的水厂较少采用水力循环澄清池，主要在于其存在池体较高、絮凝时间短、喷嘴出流流速大，水头损失大、单池生产能力低以及运行不够稳定等一系列问题。

国内水厂对于现有的池子进行改建，提高了运行效率。取消原来的喉管和喷嘴，而在絮凝筒内安装2个喷嘴，在高速射流的作用下使泥渣回流，喷嘴流速下降，相应的水头损失也降低，大大减少了能耗。从第二絮凝室出来的絮状体易被带进分离室，严重的时候会出现翻池现象，这也是水力循环澄清池的常见问题。说明接触絮凝区的工作稳定性不佳，改进措施为：在大型水力循环澄清池的第一絮凝室下部加装一个伞形罩；在第二絮凝室外壁下部设置向池子中心倾斜的裙板，倾角为 40°，以利于泥渣回流；在分离室的清水区设置斜板，提高澄清效果，增加出水量和减少药耗，如图 5-20 所示。

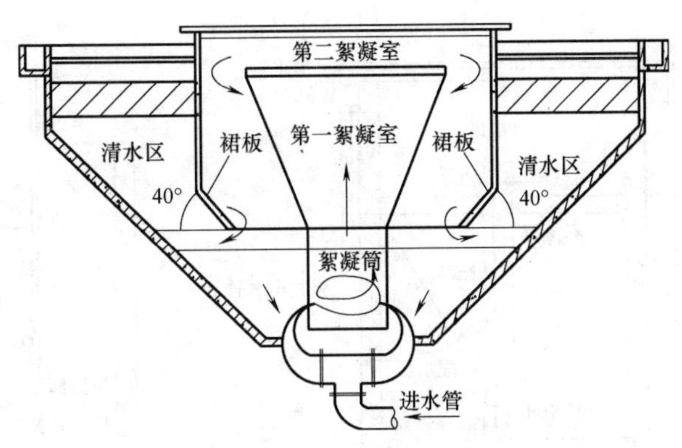

图 5-20 改良型的水力循环澄清池构造图

5.2.3 悬浮澄清池

悬浮澄清池是一种悬浮泥渣型澄清池，其应用较早，结构简单，造价较低，目前多在工矿企业与水质软化系统结合使用，而在城市自来水厂较少采用。

投加混凝剂的原水，先经过空气分离器，将其中的空气分离出去，以免空气进入池内，搅动悬浮层，破坏接触絮凝区的稳定。然后通过底部穿孔配水管，自下而上进入处于悬浮状态的泥渣层，即接触絮凝区。水中脱稳杂质和池内悬浮的活性泥渣颗粒进行接触絮凝，发生絮凝和吸附作用，而清水则继续透过悬浮泥渣层“过滤”出来，进入清水区，达到与泥渣分离的目的，使原水得到澄清。悬浮泥渣在吸附水中悬浮颗粒后将不断增加，多余的泥渣便自动地经排泥孔进入浓缩室，浓缩到一定浓度后，由底部穿孔管排走。泥渣浓缩室中设强制出水管，将浓缩室上清液汇入澄清池出水系统作为补充出水。

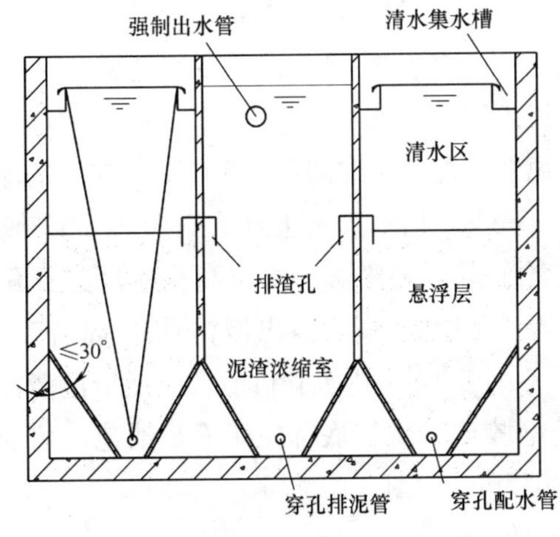

图 5-21 单层式悬浮澄清池构造图

（1）悬浮澄清池形式

悬浮澄清池可分为单层式、双层式和水力悬浮型澄清池，目前国内使用的多为无穿孔底板单层式。

单层式悬浮澄清池适用于原水悬浮物含量一般小于 3000mg/L 的情况。对于含砂量较大的原水，可在原水进水管上加装比进水管管径略小的排砂管，定期排砂及放空，并在池内另设放空管，如图 5-21 所示。

双层式悬浮澄清池是将泥渣浓缩室置于悬浮层下部，并在排渣筒下部设有底部排渣孔，以调节悬浮层的浓度和排除悬浮层下部的砂粒，孔口应有调节开启度的设备。孔口总面积为 50%排渣筒面积。一般适用于原水浊度较高且含有细砂的原水，含砂量在 3000～10000mg/L 左右，如图 5-22 所示。

水力悬浮型澄清池是一种综合性池型，适用于处理较高浊度的原水，原水中悬浮物含量可达 5000mg/L。采用喷嘴进水使泥渣回流，加强接触絮凝以降低药耗，如图 5-23 所示。

（2）进水系统

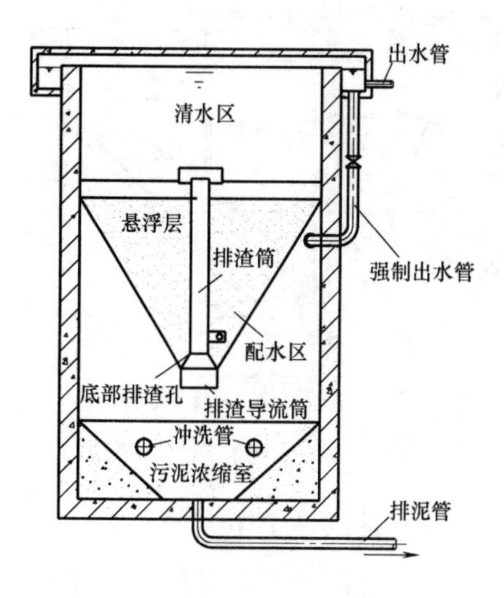

图 5-22 双层式悬浮澄清池构造图

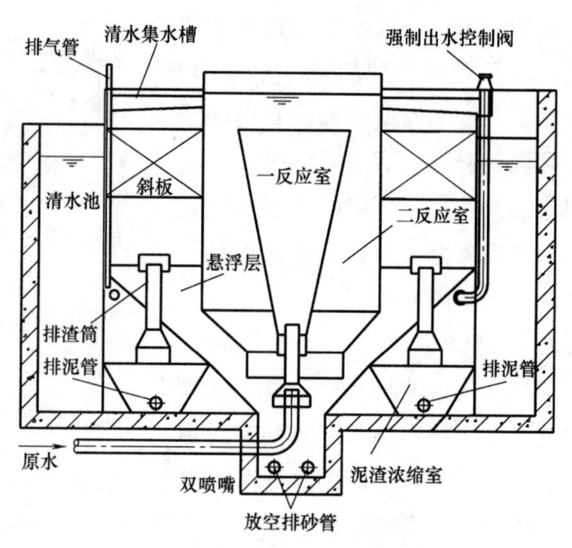

图 5-23 水力悬浮型澄清池构造图

进水时，流速不大于 0.75m/s，格网（栅）设在进水管出口下缘附近，格网（栅）孔尺寸的选择既要防止水中较大杂质进入配水孔或配水喷嘴，又不至于网（栅）孔眼太小而被截留杂质堵塞。

采用穿孔配水，孔口流速为 1.5～2.0m/s，孔眼直径为 20～25mm，孔距不大于 0.5m，孔向下与水平成 45°交错排列。

1）空气分离器

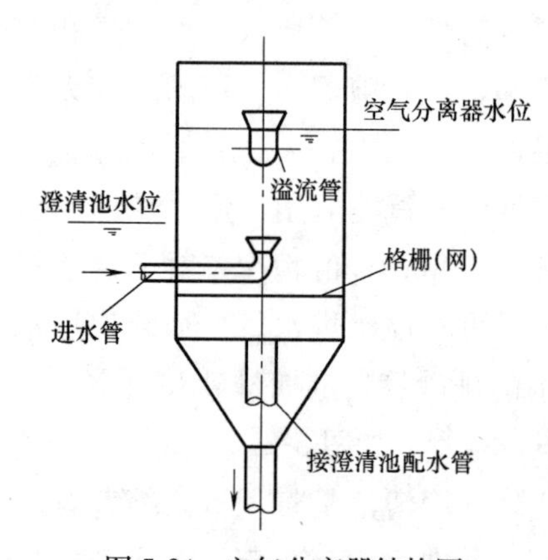

图 5-24 空气分离器结构图

每池设一个空气分离器，或者一组池共用一个分离器，将进入澄清池水中的空气或 CO_2 气体释放掉。水在分离器中的停留时间不小于 45s，向下的流速不大于 0.05m/s，出水管流速为 0.4～0.6m/s，底部为平底或者锥形。分离器中水位高度应以穿孔配水管的水头损失确定，一般高出澄清池水面 0.5～0.6m。水深不小于 1m，进水管口上缘应低于澄清池内水面 0.1m，空气分离器底部位于澄清池池内水面下，不少于 0.5m，如图 5-24 所示。

2）排砂管

在澄清池运转过程中，为了排除悬浮层下部的砂粒，一般在原水进水管上加设一排砂管，管径可较进水管小一号，同时可作为澄清池的放空管。

3）穿孔配水管

为使澄清池的进水分配均匀，一般采用穿孔配水管。当使用几条配水管时，各条配水管的中心应布置在同一高程上。孔口直径为 20～25mm，孔距不大于 0.5m，孔眼向下与水平成 45°交错排列，如图 5-25 所示。

(3) 导流筒（板）及排渣孔

排渣筒下部应设置导流筒或者采取其他措施，以提高容积利用率，布置在泥渣浓缩室侧壁的排渣孔应在离壁某一距离处加装导流板，以改变从澄清池引入的水流方向，有助于分离悬浮物。

导流筒（板）高度为0.5～0.8m。每个排渣筒（孔）的作用范围随着悬浮物的浓度和悬浮层高度的增加而增加，一般不宜超过3m。上部排渣孔口或者排渣筒口应增加导流板和进口罩，排渣孔口流速为20～40m/h，排渣筒进口以及内流速为200m/h，如图5-26所示。

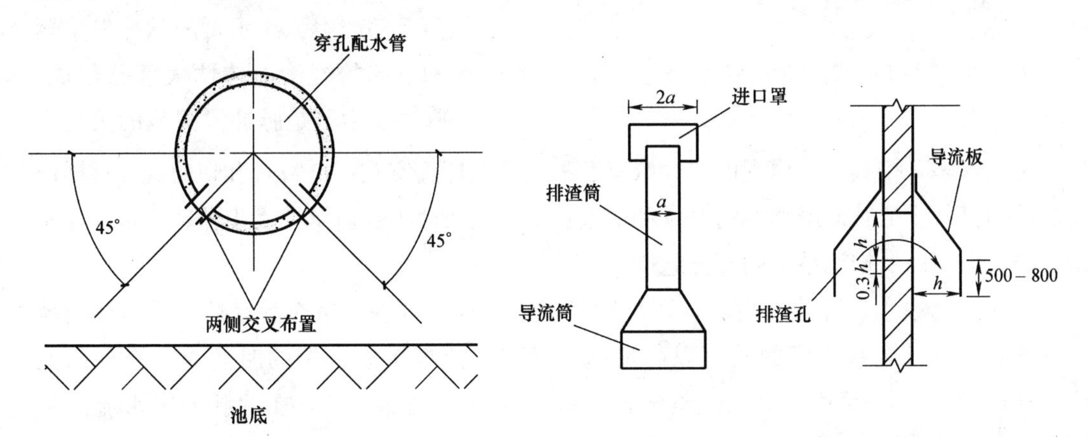

图5-25 穿孔配水管开孔布置形式图

图5-26 排渣孔导流板和排渣筒进口罩的设计图

(4) 出水系统

出水一般采用穿孔集水槽，为保证集水的均匀，集水方式一般采用淹没孔集水槽或三角堰集水槽，孔口流速为0.6～0.7m/s。矩形池的槽距不大于2m，圆形池当直径在4m以内用环形集水槽、大于4m时兼用辐射集水槽（当直径为6m时用4～6条辐射槽，直径为6～10m时用6～8条辐射槽）。槽内流速为0.4～0.6m/s，出水口流速在1.0m/s左右。

强制出水穿孔管孔径不小于20mm，孔眼一般朝上布置，双层式澄清池的强制出水穿孔管应设于泥渣室上部，单层式一般设在水面下0.3m左右即可（亦可根据最大强制出水量时的水头损失确定），离泥渣室设计泥面不小于1.5m。强制出水量，双层池占25%～45%，单层池占20%～30%，运转时可根据原水浊度与上升流速来调节。

(5) 排泥措施

排泥方式一般采用穿孔管（将穿孔管设于边坡角不小于45°的斗槽内），穿孔管排泥可与厂内给水管接通，穿孔管排泥不干净时，可用压力水冲洗，冲洗水压力为0.3～0.4MPa。冲洗管设有与垂直线成45°角向下交错排列的孔眼，一般冲洗一次约2min左右，可以获得较好的排泥效果。

5.2.4 脉冲澄清池

脉冲澄清池是一种悬浮泥渣型的澄清池。进水在脉冲发生器的作用下，有规律地间断

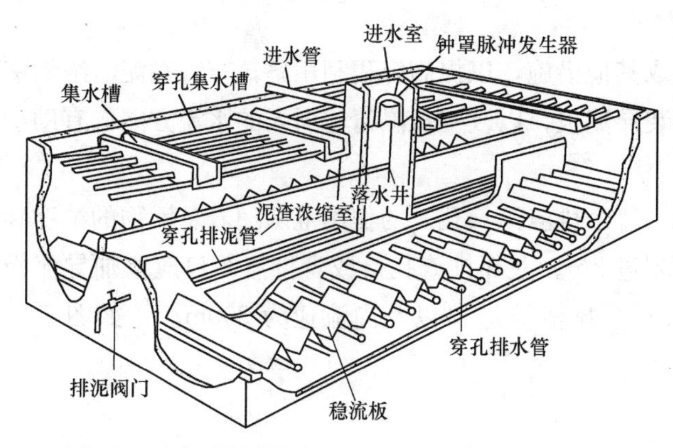

图 5-27　采用钟罩脉冲发生器的脉冲澄清池透视图

进入池底配水区，自动调节悬浮层泥渣浓缩的分布，使悬浮泥渣交替地膨胀和收缩。这样有利于矾花颗粒的接触、碰撞和凝聚，并使悬浮泥渣层的分布更趋均匀和稳定，从而提高澄清效果，如图 5-27 所示。

(1) 池体构造

脉冲澄清池是平底水池，主要由上部产生脉冲水量的脉冲发生器和下部的澄清池体两大部分组成。脉冲发生器是脉冲澄清池的关键部件，种类较多，按其工作原理国内大致有三种类型，即真空式、虹吸式和切门式。这样便构成了与其相应的脉冲澄清池的名称和池型。脉冲澄清池主要由脉冲发生器、配水稳流系统、澄清系统以及排泥系统四部分组成。

加药后的原水经脉冲发生器作用呈脉冲方式配水，当进入室充满水后，迅速地向池内放水，原水从配水支管的孔口以高速喷出，在稳流板下以极短的时间进行充分的混合和初步反应。然后通过稳流板整流，以缓慢的速度垂直上升，在“脉冲”水流的作用下，悬浮层有规律地上下运动，絮凝体颗粒凝聚，原水颗粒通过悬浮层的碰撞和吸附使杂质被截留下来，从而使原水得到澄清。澄清水由集水槽引出，过剩泥渣则流入浓缩室，经穿孔排泥管定时排出。钟罩虹吸式脉冲澄清池平面和剖面如图 5-28 和图 5-29 所示。

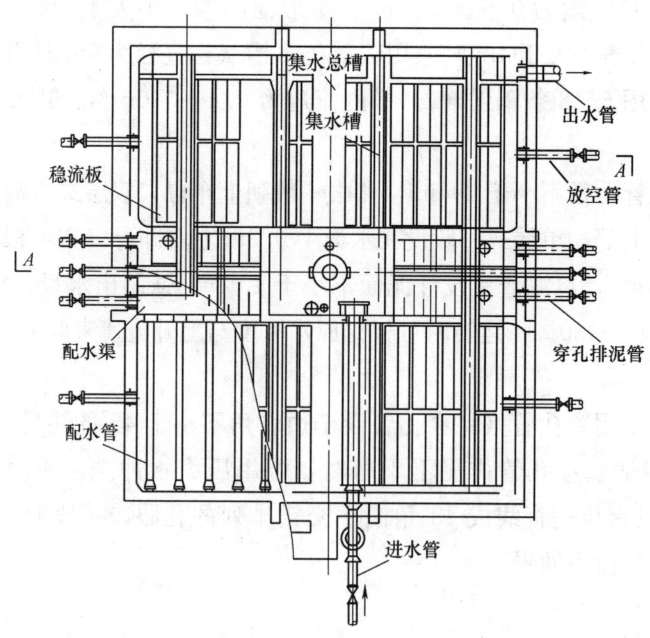

图 5-28　钟罩虹吸式脉冲澄清池平面图

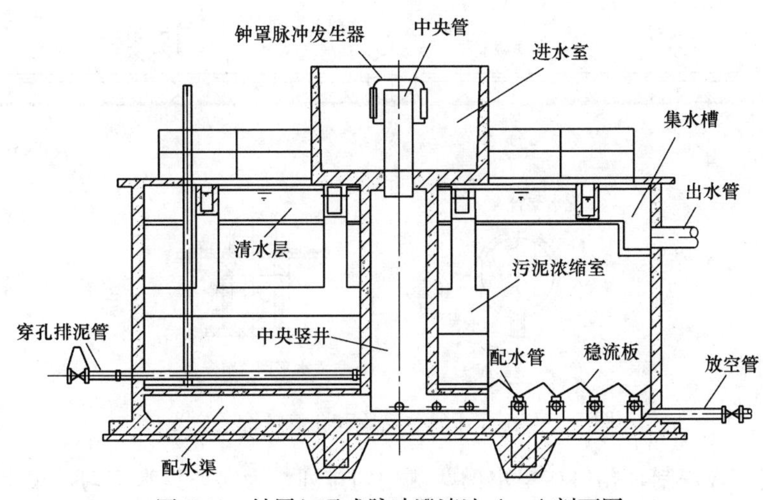

图 5-29 钟罩虹吸式脉冲澄清池 A—A 剖面图

(2) 配水系统

配水系统是脉冲澄清池的关键部分，主要将原水均匀分布于全池，使原水与混凝剂快速充分的混合与絮凝。

配水区由配水井、配水渠、穿孔配水管和稳流板组成，使得原水以一定流速均匀分布全池，并与混凝剂进行完善的混分与反应。国内大多采用穿孔管上设人字形稳流板的配水系统，如图 5-30 所示。

实际运行表明，这种系统的絮凝较好，形成絮粒大，出水水质好。一般穿孔配水管中心与底相距 0.2～0.5m ，穿孔管间距为 0.4～1.0m。穿孔管上孔口直径应大于 20mm，以防止堵塞。配水渠一般放在泥渣浓缩的下面，渠道断面面积按进口处流速 0.6～0.7m/s 确定，配水管孔口最大流速为 2.5～3.0m/s 。配水渠的末端处应设置阀门，以便于定期排泥。配水渠上还应设有排气管，以排除进水时带进的空气，以保证悬浮层正常工作。脉冲澄清池配水系统如图 5-31 所示。

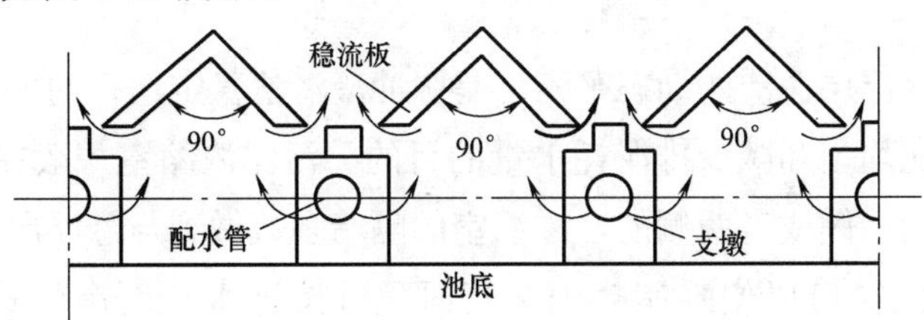

图 5-30 脉冲澄清池配水系统图

(3) 集水系统

集水系统的布置，主要考虑是否出水均匀。由于脉冲澄清池的水面经常波动，目前采用的多为大阻力淹没集水的方式，由于淹没出流水量受脉冲波峰的影响较小，可使出水较为均匀。

集水系统一般采用穿孔集水槽和穿孔集水管两种形式。穿孔集水槽一般为钢筋混凝土

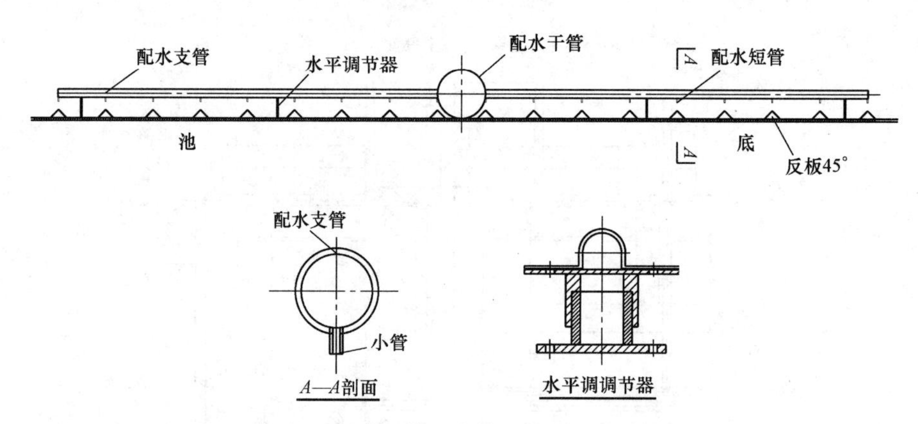

图 5-31 配水干管、支管和孔口短管系统图

结构，也可用钢板焊制，孔口在集水槽两侧均匀排列。为保证集水均匀，集水槽中心距不应过宽，一般为 2～3m。集水槽做成平底，断面大小不变，槽侧孔口直径采用 25mm，如图 5-32 所示。

穿孔集水管有两侧开孔和管顶开孔两种。孔口上部的淹没水深多取 0.07～0.10m，孔口直径也为 20～25mm。穿孔集水管施工时较穿孔集水槽更易于调整孔口在一个水平面上。

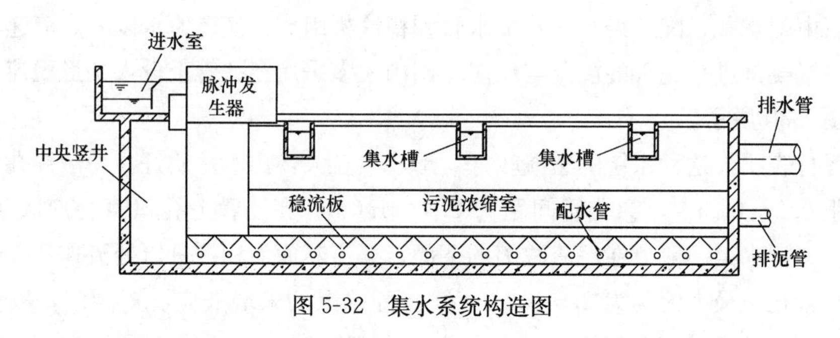

图 5-32 集水系统构造图

（4）排泥设施

排泥系统维持悬浮层泥渣的动态平衡，是脉冲澄清池稳定运行的关键。一般采用污泥浓缩室，以达到排泥均匀和减少排泥耗水量的目的。污泥浓缩室一般在配水渠上方，中、小池子也有放在池的一侧或者两侧的，浓缩室的隔墙多数做到与悬浮层顶相平。在靠近悬浮层顶面处，设排泥窗口以便强制排泥。其面积可按进水浊度高低选为澄清池面积的 10%～25%，在高浊度区，可达到 30%左右。

泥渣浓缩室的构造分槽型和斗型两种。前者采用穿孔管排泥，但排泥不够均匀。斗型泥渣浓缩室构造复杂，排泥较均匀，斗坡不大于 60°，以利于排泥，如图 5-33 和图 5-34 所示。

穿孔排泥管的口径选择要适当，过小则会使排泥不均匀，排泥时间长，易于积泥而造成污泥膨胀。排泥管的管径一般采用 150～200mm，孔口口径为 25～30mm，孔距 200mm

左右，孔口高出泥渣浓缩室底 100mm，孔口按 90°双排向下布置。

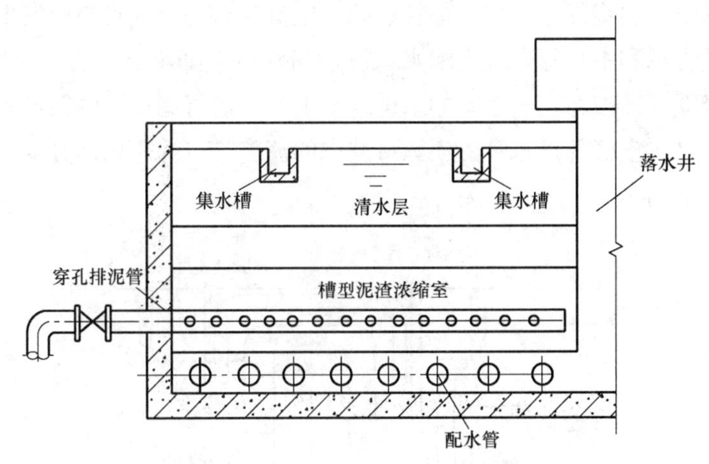

图 5-33 槽型泥渣浓缩室构造图

（5）脉冲发生器的形式及构造

脉冲发生器是脉冲澄清池的关键部分，其设计的好坏关系到整个水池的净水效果。目前，常用的脉冲发生器主要有真空式、钟罩虹吸式和浮筒切门式。

1）真空式

真空式是利用鼓风机或真空泵抽气，使得原水进入真空室后的水位不断上升，当达到高水位时，即由脉冲自动控制系统打开进气阀，真空被破坏，在大气压的作用下，真空室内水位迅速下降进入到配水系统；当降至低水位时，进气阀又自动关闭，使真空室再度造成真空，水位又逐渐上升，周而复始地循环脉冲进水。进气阀的启闭可利用时间控制、水位控制以及机械控制等方法，如图 5-35 所示。

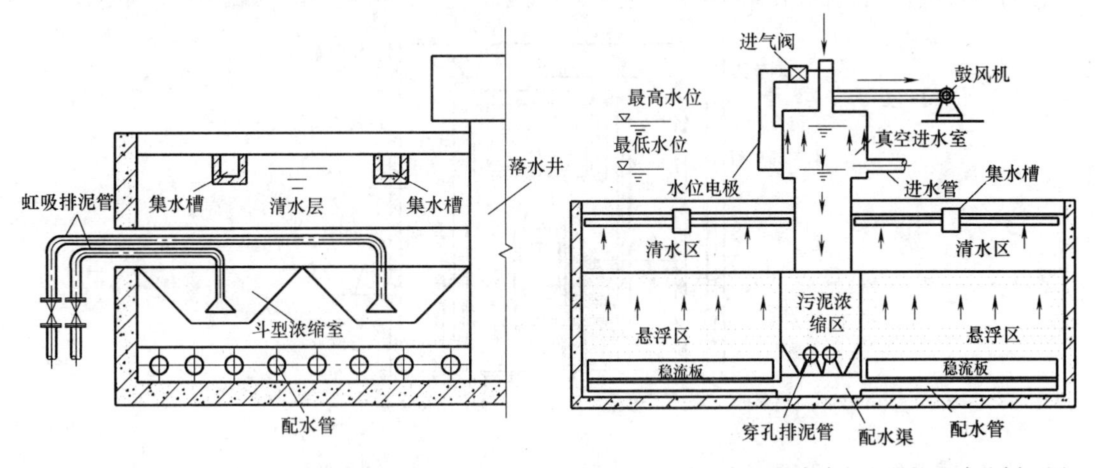

图 5-34 斗型泥渣浓缩室构造图

图 5-35 采用真空泵脉冲发生器的澄清池剖面图

2）钟罩虹吸式

钟罩式是虹吸式脉冲发生器的一种，其特点是构造简单且无活动部件，原水进入进水室后，室内水位逐渐上升，至虹吸破坏管口时，钟罩内的空气逐渐被压缩，经装有止回阀的排气孔逸出，当水位超过中央管顶时，有部分原水溢流入中央管，由于溢流作用，将压缩在钟罩顶部的空气逐步带走，当中央管达到一定流速后，形成真空而发生虹吸。进水室中的水迅速通过钟罩和中央管，进入配水系统，当水位下降至破坏管口（即低水位）时，空气进入，虹吸随即被破坏，进水室的水位重新上升，进行周期性的循环。发生器设有辅助抽气管，利用进水室底部进水管的喇叭口造成的流速带走钟罩内部分空气以加速虹吸的形成，如图 5-36 所示。

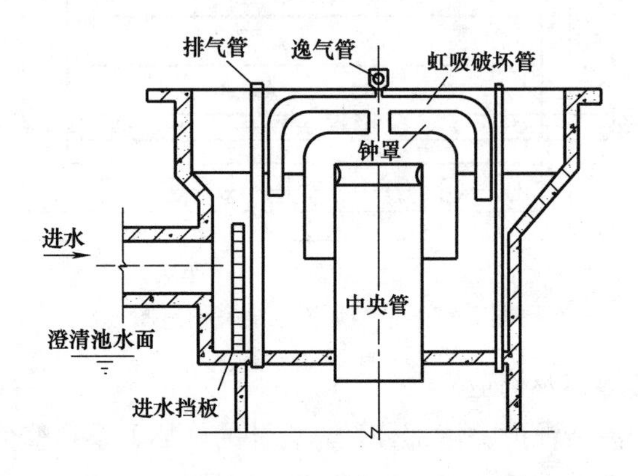

图 5-36　虹吸钟罩式脉冲发生器构造图

3）浮筒切门式

浮筒切门式脉冲发生器的特点是构造简单，但调节不够灵活。原水进入进水室，水位上升，小浮筒浮起，挡住浮筒水箱的出水孔；水位升高到浮筒水箱上口时，即流到浮筒水箱内，大浮筒随之上浮，通过联轴架提起切门，水进入中央管，开始放水，水位迅速下降；当小浮筒浮力小于浮筒水箱内的水压时，浮筒水箱的出水孔露出，将箱内的水排空，大浮筒在自重作用下将切门关闭，又重新进水。如此反复循环操作，如图 5-37 所示。

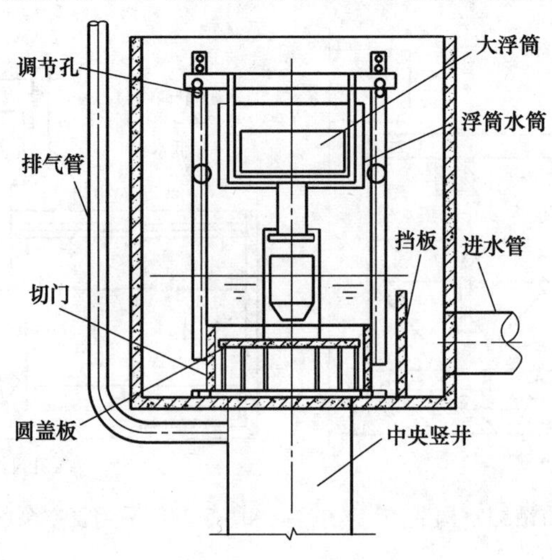

图 5-37　浮筒切门式脉冲发生器构造图

第6章 滤 池

6.1 概述

过滤一般用在混凝、沉淀或澄清等处理工艺之后，用于进一步去除水中的细小悬浮颗粒，降低浊度。在过滤时，水中有机物、细菌乃至病毒等更小的粒子由于吸附作用也将随着水的浊度降低而被部分去除。残存在过滤后水中的剩余细菌、病毒等，由于失去悬浮物的保护或依附而成为裸露状态，也容易被消毒剂杀死。后续采用超滤、纳滤等新技术，还可以进一步过滤细菌、病毒以及大分子有机物等。

在饮用水的净化工艺中，有时沉淀池或澄清池可省略，但过滤是必不可少的处理工艺。过滤是保证饮用水卫生安全的重要措施，也是工业用水软化（或除盐）处理前所必须的预处理工艺。目前，过滤在污（废）水的三级处理中也广泛得以应用。

6.2 滤池类型

滤池有多种分类方法。按滤料组成可分为单层滤料、双层滤料、多层滤料和混合滤料滤池。按水流方向分为下向流、上向流、双向流和辐向流滤池。按滤速大小分为慢滤池、快滤池和高速滤池。按反冲洗方式分为单水反冲洗和气水反冲洗滤池。按滤池的布置或构造分为普通快滤池、双阀滤池、无阀滤池、虹吸滤池、移动冲洗罩滤池和V型滤池。按过滤驱动力分为重力滤池和压力滤池。

6.2.1 普通快滤池

普通快滤池又称为四阀滤池，是历史悠久和应用广泛的一种滤池，滤料一般为单层细砂级配滤料或煤、砂双层滤料，冲洗采用单水冲洗，冲洗水由水塔（箱）或水泵供给。其构造包括池体、滤料层、承托层、配水系统和反冲洗排水系统，在每格滤池的进水、出水、反冲洗水和排水管上设置阀门用以控制过滤和反冲洗交替运行，普通快滤池构造如图6-1所示。

过滤时，进水支管与清水支管上阀门开启，冲洗水支管上阀门与排水阀关闭，浑水由进水管、进水支管、浑水渠经冲洗排水槽均匀地进入整个滤池，滤料层截留水中悬浮杂质后，清水穿过滤料层、承托层，经配水支管收集到配水干管，再通过清水支管汇入清水总管，最后流入清水池中。在滤料层中，杂质截留量逐渐增加，滤料层水头损失逐渐增大或者过滤滤速逐渐减小。当滤层过滤水头损失增加到一定值时，或者过滤滤速减小到一定值时，

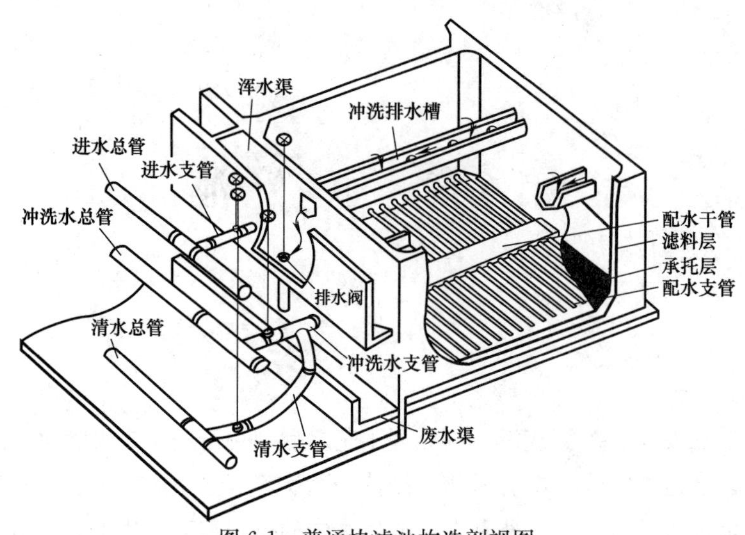

图 6-1 普通快滤池构造剖视图
(注：箭头表示冲洗水流方向)

亦或滤后出水浊度增加到一定值时，即认为该格滤池过滤周期截止，需停止过滤进行冲洗。

冲洗时，先行关闭进水支管上的进水阀门，待砂面上水位下降到高出砂面 0.3m 左右时，关闭清水支管上的阀门，开启排水阀，排出浑水渠和冲洗排水槽中的存水。然后开启冲洗水支管上的阀门，由高位水箱或冲洗水泵供给的反冲洗清水经冲洗水总管、支管，进入配水干管、配水支管，从配水支管上的孔眼喷出，由下而上穿过承托层，将滤料层冲起使之处于悬浮状态并相互摩擦。滤料层中截留的杂质随冲洗废水排入冲洗排水槽、浑水渠和废水渠最后流入排泥水收集池。经 5～8min 的反冲洗时间，滤料层基本冲洗干净，冲洗废水逐渐变清，反冲洗结束。

快滤池一般用钢筋混凝土建造，池内有排水槽、滤料层、承托层和配水系统；池外有集中管廊，配有进水管、出水管、冲洗水管、冲洗水排出管等管道及附件。

普通快滤池出水水质稳定，适用于不同规模的水厂。当设计水量较小时，一般设计成管道进水方式；当设计水量较大时，一般设计成管、渠结合的进出水方式。如果一组滤池设计成 4 格以上，可设计成双排，中间设管廊和操作间，上部设反冲洗水泵。普通快滤池平面和剖面如图 6-2 所示。

(1) 进水系统

滤池的进水采用渠道分配、阀门控制的方式，并从池边溢流入池，过滤水下向流穿越滤层。过滤时，进水阀门打开，排水管阀门关闭，原水由进水管进入集水渠中，通过溢流作用流入池体中，依次通过滤料层、承托层进行过滤，如图 6-3 所示。

(2) 配水系统

配水系统的作用是均匀收集滤后水，更重要的是均匀分配反冲洗水。配水系统的合理设计是滤池正常工作的重要保证。滤池的配水系统安装在滤池底部滤料层、承托层之下，当反冲洗进水流经配水系统时，将产生一定阻力，按照阻力的大小，将配水系统分为大阻力配水系统、中阻力配水系统和小阻力配水系统。

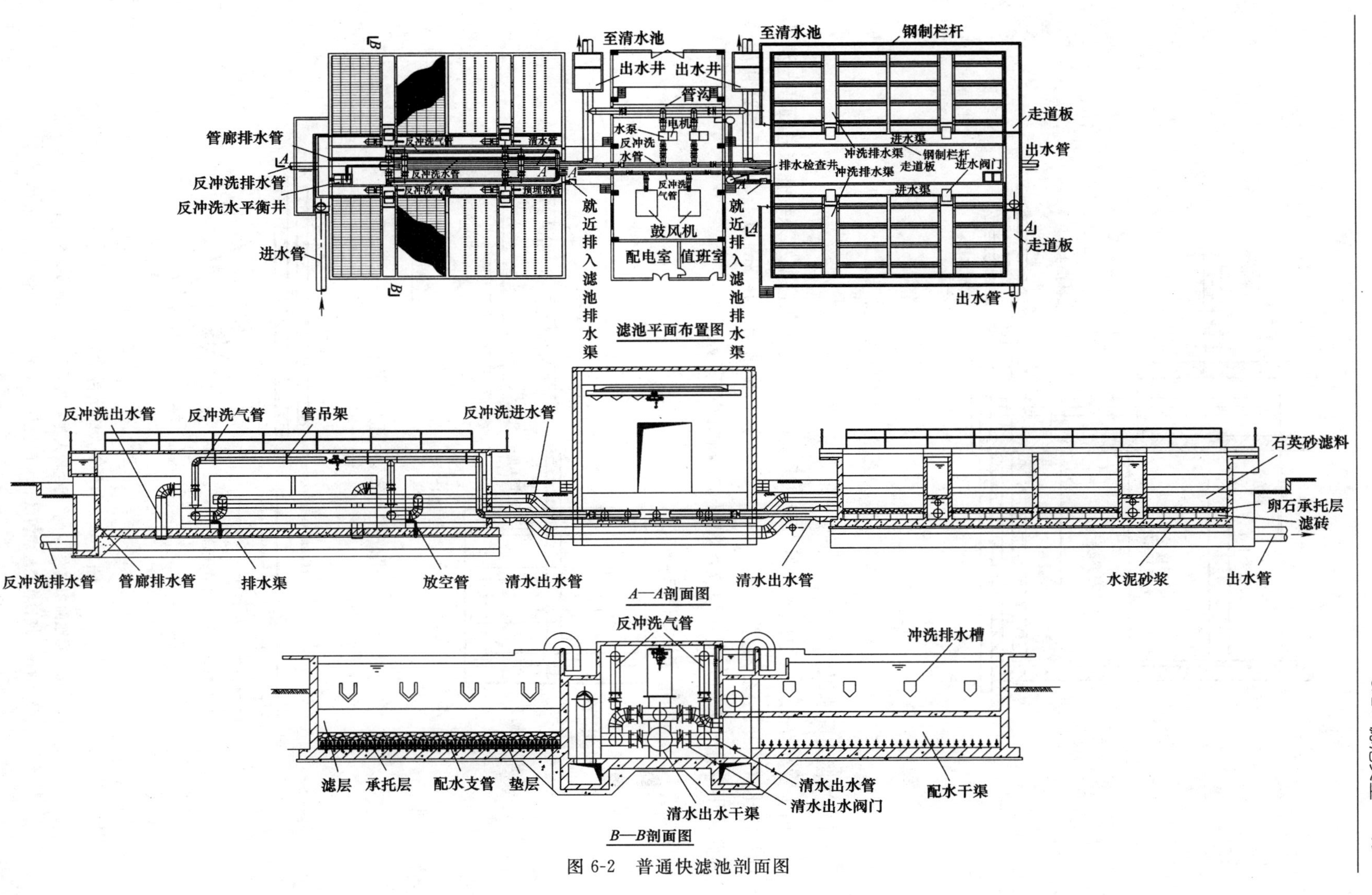

图 6-2 普通快滤池剖面图

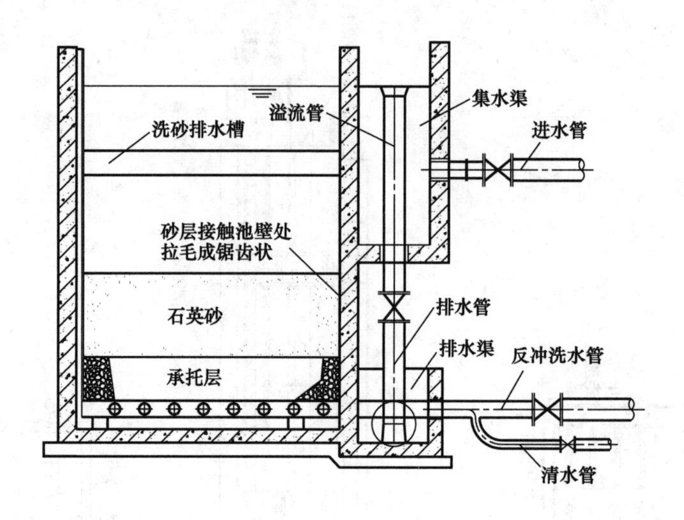

图 6-3 普通快滤池进水系统构造图

1）大阻力配水系统

由干管和穿孔支管组成的大阻力配水系统，大阻力穿孔管配水系统孔眼总面积与滤池面积之比（即开孔比）宜为 0.20%～0.28%；孔口出流阻力在 3m 以上，对于普通快滤池通常采用穿孔管大阻力配水系统，如图 6-4 和图 6-5 所示。

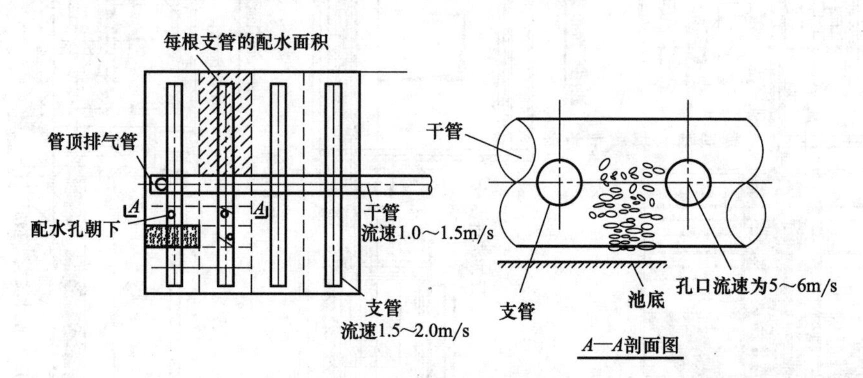

图 6-4 管式大阻力配水系统

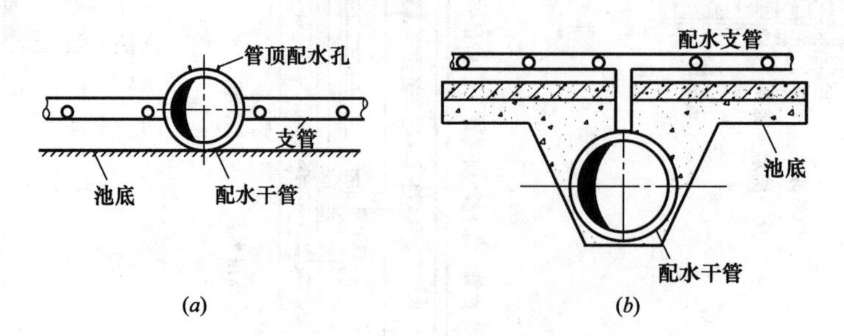

图 6-5 “丰”字大阻力配水系统

（a）滤池面积较大，干管直径较大时，在干管顶上开孔安装滤头；

（b）将干管埋设在滤池底板以下，干管顶连接短管，穿过底板与支管相连

2）滤球式、管板式以及二次配水滤砖式等中阻力系统，吸收了大、小阻力配水系统的优点，开孔比一般为0.60%～0.80%，如图6-6所示。

3）豆石滤板、格栅以及滤头等小阻力系统。其中1m³滤板配置36～50个滤头，滤头缝隙总面积宜为滤池面积的1.0%～1.5%，有条件时应取下限。单池面积在20～40m²，反冲洗水头1.5m左右，开孔比一般在1.25%～2.50%，小阻力配水系统一般应用于虹吸滤池、无阀滤池和移动罩滤池，如图6-7所示。

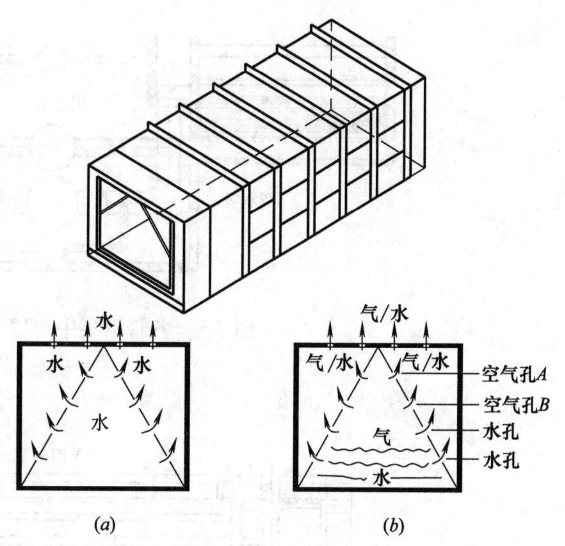

图6-6　三角形内孔二次配水滤砖示意图

（a）单独水冲洗；（b）气/水反冲洗

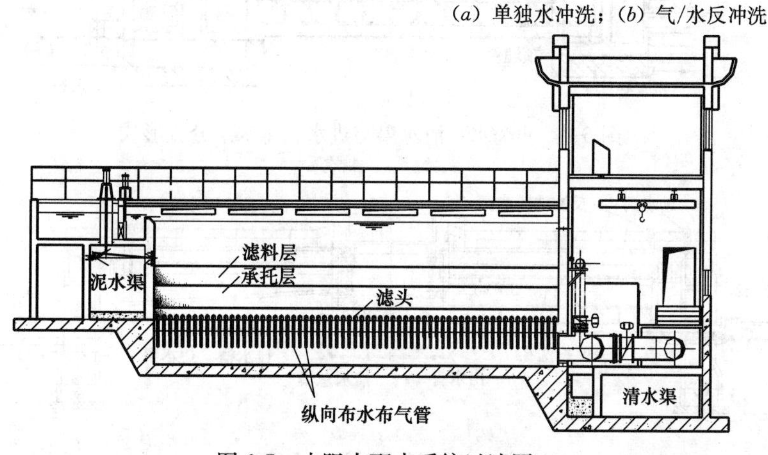

图6-7　小阻力配水系统过滤图

（3）管廊布置

集中布置滤池的管渠、配件及阀门的场所称为管廊。管廊布置应力求紧凑、简洁；要留有设备及管配件安装、维修的必要空间；要便于与滤池操作室联系。

滤池数少于5个者，宜采用单行排列，管廊位于滤池一侧。滤池数超过5个者，宜用双行排列，管廊位于两排滤池中间。后者布置紧凑，但管廊通风、采光不如前者，检修也不太方便。

管廊布置有多种形式，列举以下几种供参考：

1）进水、清水、冲洗水和排水渠，全部布置于管廊内，如图6-8所示。

2）冲洗水和清水渠布置于管廊内，进水和排水以渠道形式布置于滤池的另一侧，如图6-9所示。

3）进水和冲洗水在同一侧进水，出水管在管廊内，排水渠单独设置，如图6-10所示。

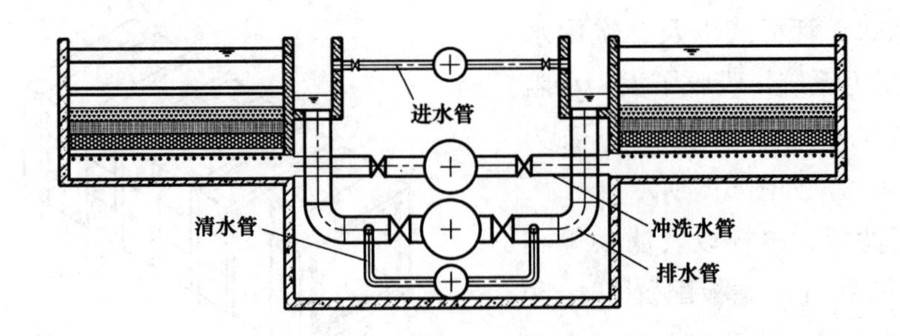

图 6-8　各管渠集中布置于管廊内的形式

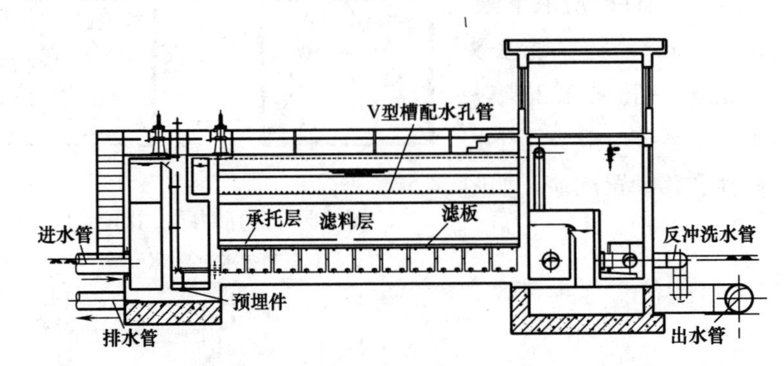

图 6-9　冲洗水、清水渠与进水、排水渠分置形式

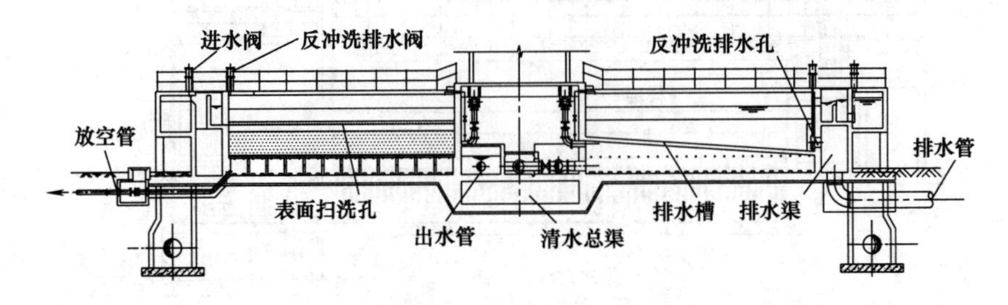

图 6-10　排水渠单独布置形式

4）对于较大型滤池，为节约阀门，可以用虹吸管代替排水和进水支管；冲洗水管和清水管仍用阀门；虹吸管通水或断水由真空系统控制，如图 6-11 所示。

（4）反冲洗系统

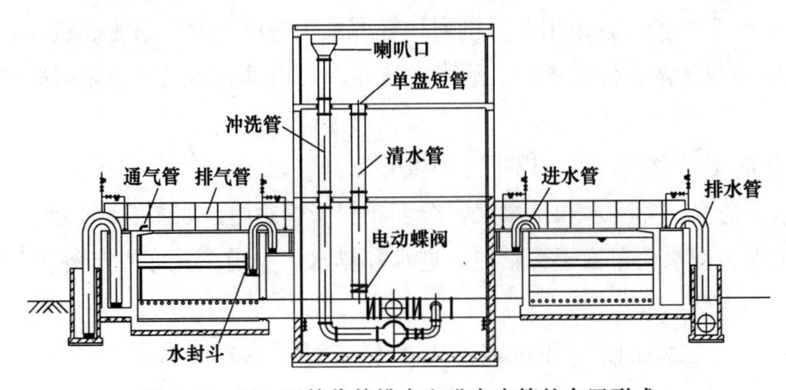

图 6-11　用虹吸管代替排水和进水支管的布置形式

随着过滤的进行，供给滤池反冲洗水的方式有两种：水塔冲洗和水泵冲洗。反冲洗水管的布置如图 6-12 所示。

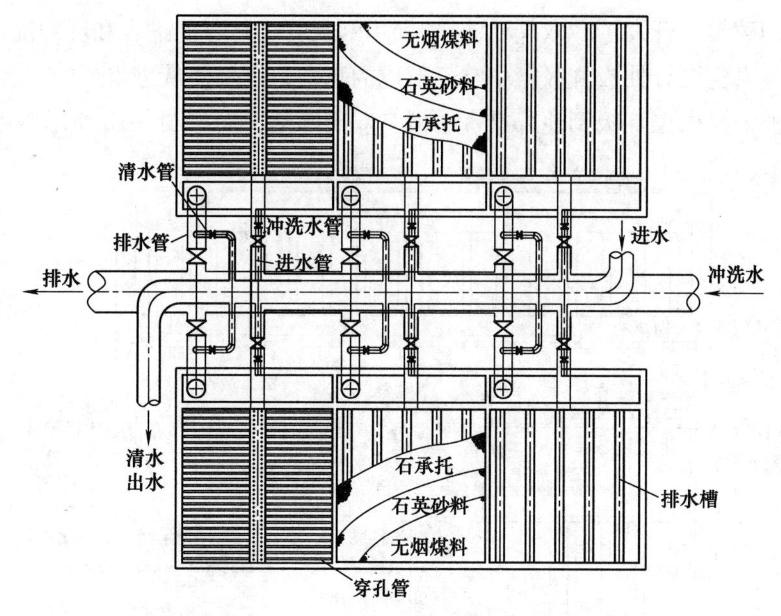

图 6-12 普通快滤池反冲洗管布置图

普通快滤池反冲洗时，出水管关闭，清水由冲洗水总管进入配水干管、配水支管，从配水支管上的孔眼喷出，从下到上依次穿过承托层、滤料层，滤料层中截留的杂质随冲洗水排出滤池，反冲洗过程结束。

（5）排水槽及集水渠

排水槽及集水渠用以收集和排放反冲洗水，也是过滤时均匀分布进水的设备。

1）排水槽。排水槽断面多为 U 形，槽长为 5～6m，其总面积不大于滤池总面积的 25%。两槽中心间距为 1.5～2m，槽内水面超高约为 7cm。冲洗水应自由跌入槽中，且每单位槽长溢流量必须相等，一般沿槽长方向的槽宽不变，而采用倾斜槽底。起端槽深为末端深度的一半，末端过水断面流速为 0.6m/s。排水槽面应高出滤层反洗时的最大膨胀系数时的水位，如图 6-13 所示。

2）集水渠。集水渠断面为矩形，其水面应低于排水槽槽底，以保证排水槽末端冲洗水自由跌入，确保水流通畅，如图 6-14 所示。

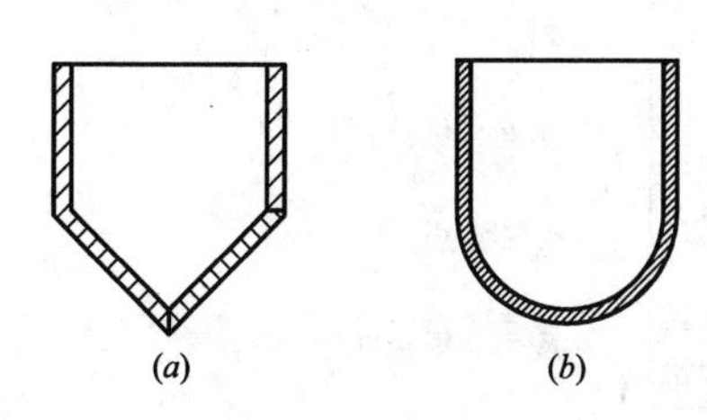

图 6-13 洗砂排水槽断面示意图

（a）三角形槽底断面；（b）半圆形槽底断面

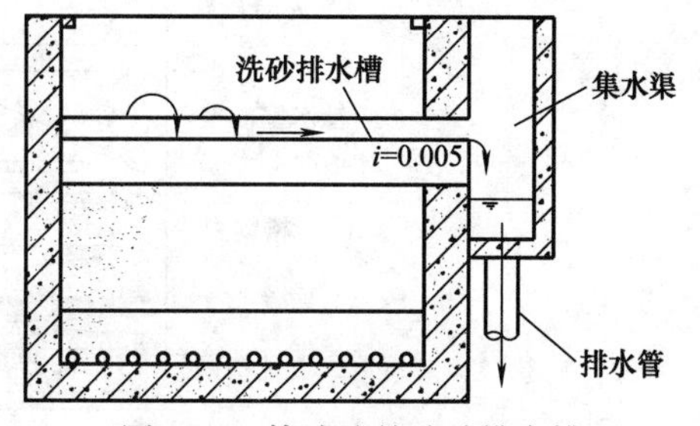

图 6-14 快滤池的洗砂排水槽和集水渠布置图

6.2.2　双阀滤池

普通快滤池的“浑、排、冲、清”四个阀门先后开启、关闭各一次，即为一个周期。为了减少阀门数量，开发了“双阀滤池”，即用虹吸管代替过滤进水和反冲洗排水的阀门。在管廊间安装真空泵，抽吸虹吸管中空气形成的真空，浑水便从进水渠中虹吸到滤池，反冲洗废水从滤池排水渠虹吸到池外排水总渠。双阀滤池平面如图 6-15 所示。

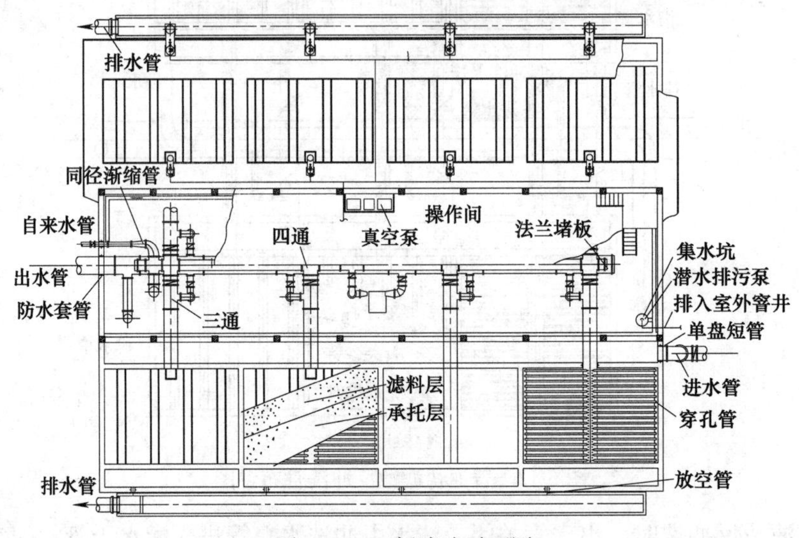

图 6-15　双阀滤池平面图

双阀滤池一般用钢筋混凝土建造，构造基本与普通快滤池（四阀滤池）一致，池内有排水槽、滤料层、承托层和配水系统；池外有集中管廊，配有进水管、出水管、冲洗水管以及冲洗水排出管等管道及附件。双阀滤池是在普通快滤池的基础上改进而来的，如图 6-16 所示。

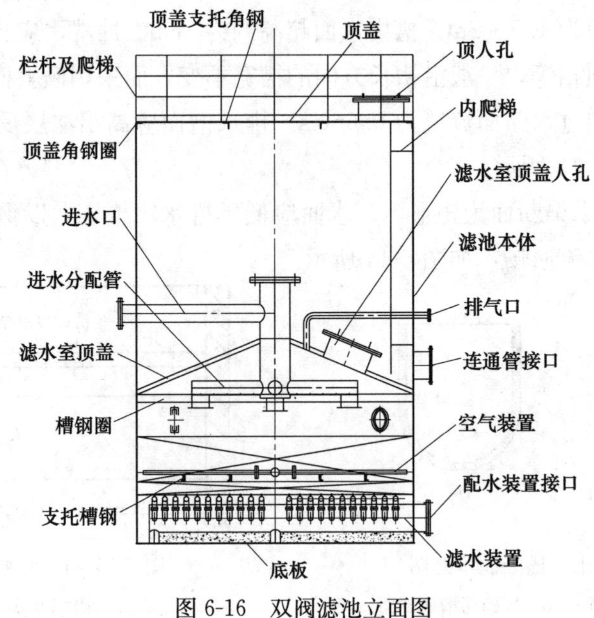

图 6-16　双阀滤池立面图

(1) 进水系统

原水进入进水总管，然后通过进水分配管分配，最后依次通过滤料层、承托层进行过滤，如图 6-17 和图 6-18 所示。

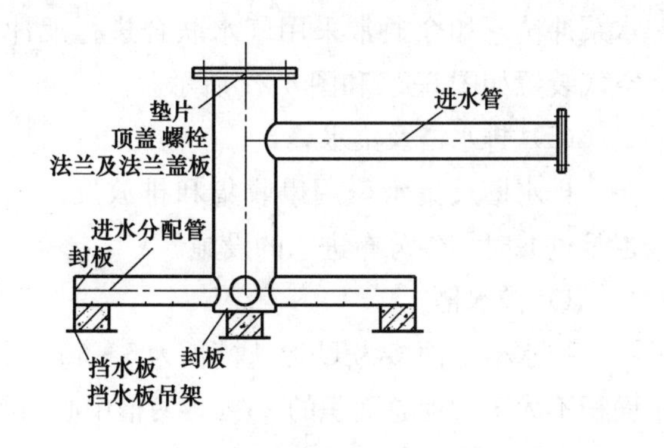

图 6-17 进水分配管断面图

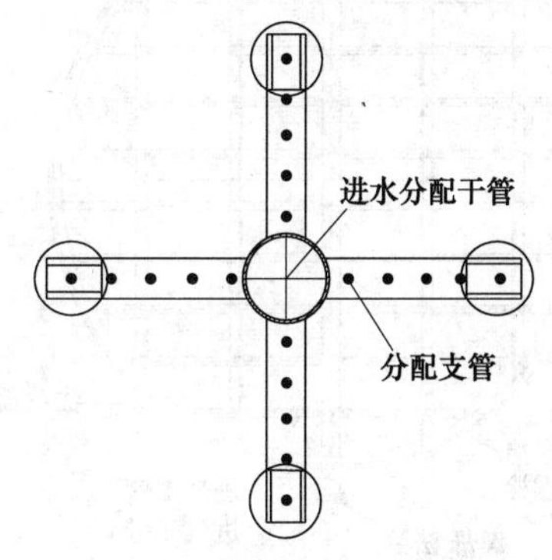

图 6-18 进水分配管平面图

(2) 配水系统

配水系统的作用是均匀收集滤后水，更重要的是均匀分配反冲洗水。配水系统的合理设计是滤池正常工作的重要保证。

通常采用的配水系统有：大阻力配水系统、中阻力配水系统和小阻力配水系统，同普通快滤池配水系统，因此不再赘述。双阀滤池配水系统如图 6-19 和图 6-20 所示。

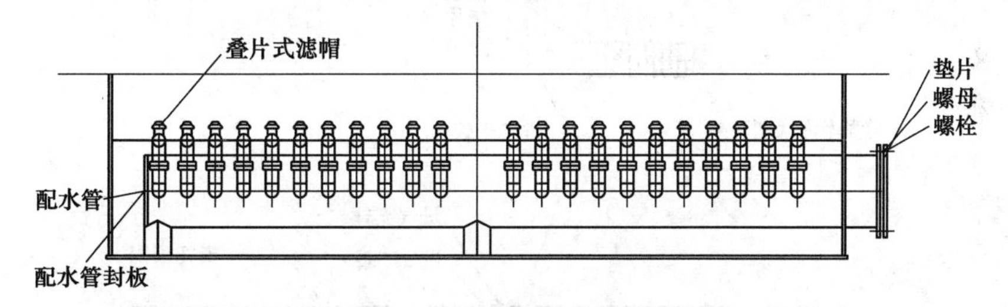

图 6-19 滤水装置立面图

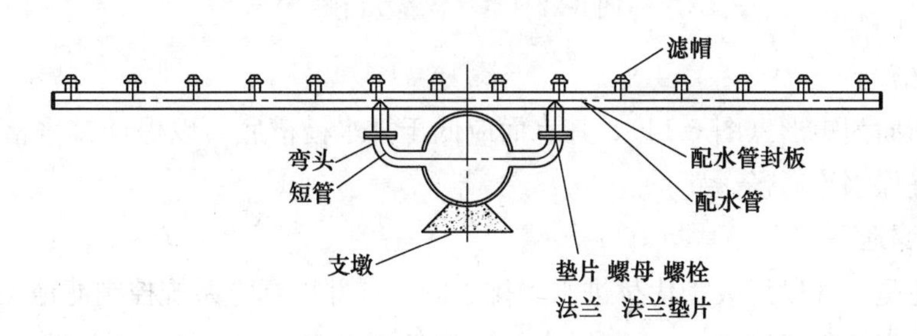

图 6-20 滤水支管立面图

(3) 管廊布置

滤池数少于 5 个时，宜采用单行排列，管廊位于滤池一侧。滤池数超过 5 个，则宜用双行排列，管廊位于两排滤池中间。后者布置紧凑，但管廊通风、采光不如前者，检修也不太方便。

管廊布置有多种形式，可详见6.2.1节。

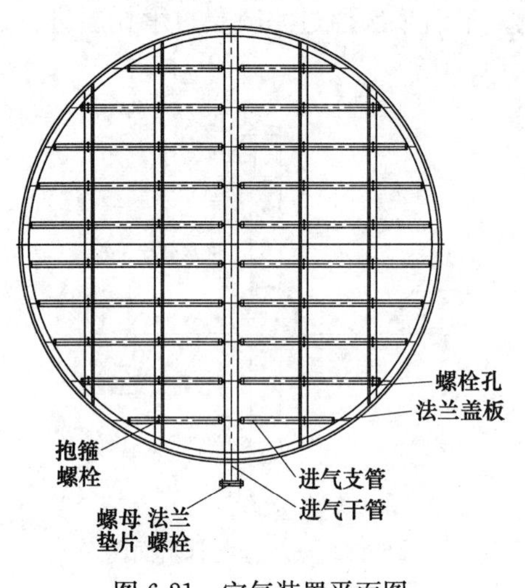

图6-21 空气装置平面图

(4) 反冲洗系统

供给滤池反冲水的方式有两种：水塔冲洗和水泵冲洗。如今通常采用气水联合进行反冲洗，空气装置如图6-21和图6-22所示。

(5) 排水槽及集水渠

排水槽及集水渠用以收集和排放反冲洗水，也是过滤时均匀分布进水的设施。

1) 排水槽

排水槽断面多为U形，槽长为5～6m，其总面积不大于滤池总面积的25%。两槽中心间距为1.5～2m，槽内水面超高约为7cm。冲洗水应自由跌入槽中，且每单位槽长溢流量必须相等，一般沿槽长方向的槽宽不变，而采用倾斜槽底。起端槽深为末端深度的一半，末端过水断面流速为0.6m/s。排水槽面应高出滤层反洗时的最大膨胀系数。

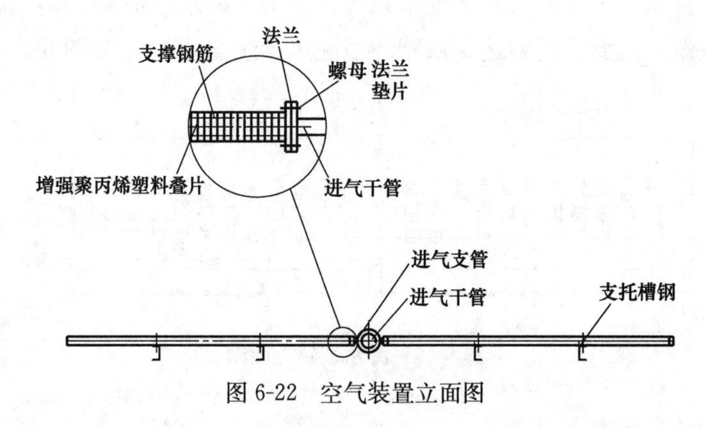

图6-22 空气装置立面图

2) 集水槽

集水槽断面为矩形（图6-14)，其水面应低于排水槽槽底，以保证排水槽末端冲洗水自由跌入，确保水流通畅。

6.2.3 虹吸滤池

虹吸滤池是一种以虹吸管代替进水和排水阀门，并以真空系统控制滤池工作状态的重力式滤池。一组虹吸滤池由6～8格组成，滤池各格出水互相连通，反冲洗水由未进行冲洗的其余滤格的滤后水供给。利用真空系统控制滤池的进出水虹吸管，过滤方式为等滤速、变水位运行。池型有圆形、矩形和多边形，但从施工和冲洗效果方面考虑，大多数采用矩形池型。虹吸滤池构造如图6-23所示。

过滤水由进水总管流入进水总渠，经过虹吸管流入单格滤池进水槽，然后从进水堰溢流至进水管，从而进入滤池进行过滤。经过滤料层、承托层和配水系统后，过滤后的水在

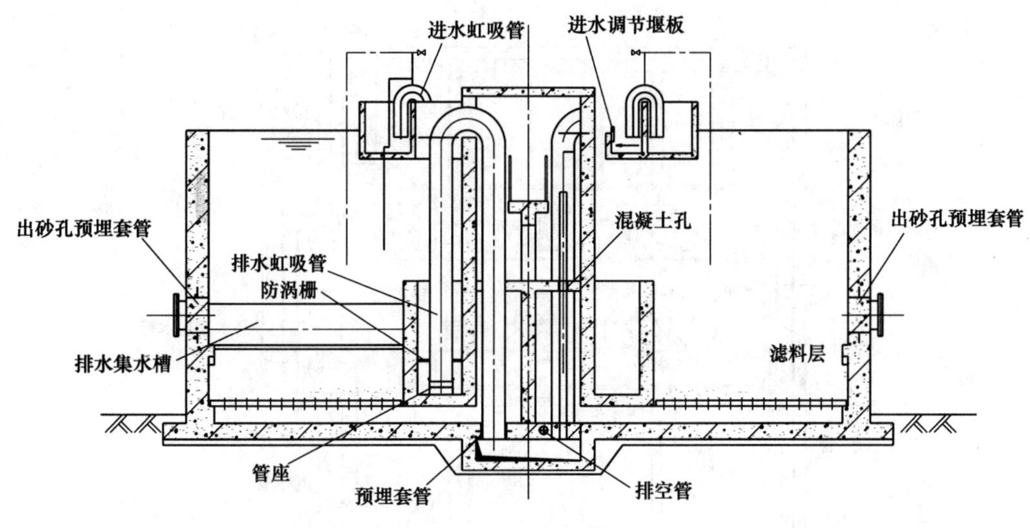

图 6-23 虹吸滤池构造图

底部集水区被收集至清水室，经过出水孔洞进入清水集水渠。在清水集水渠末端经过出水堰溢流后由出水管输送至清水池，如图 6-24 所示。

(1) 进水系统

虹吸滤池进水系统由进水水渠、环形配水槽、进水虹吸管以及进水槽等组成，如图 6-25 和图 6-26 所示。

1) 进水渠

进水渠的作用是接受来自澄清池（器）或进水泵的出水，将水分流到环形配水槽中。

2) 环形配水槽

在滤池的顶部沿池心周围设置环形配水槽，把水均匀地分配到各个单元滤池中。

3) 进水虹吸管

进水虹吸管为倒 U 形结构，其短臂插在环形配水槽中，长臂插在滤水室的进水槽中。其作用是将环形配水槽中的来水虹吸到滤水室的进水槽中，进行过滤处理。为了形成虹吸，在进水虹吸管的顶部接小管与真空系统相连。图 6-25 和图 6-26 分别为进水虹吸管及虹吸管安装图。

4) 进水槽

在滤水室的侧面设有进水槽，其作用是接受进水虹吸管的来水和汇集反洗的排水，以保持进、排水均匀，避免干扰和冲动滤料层。

(2) 出水系统

虹吸滤池出水系统包括集水槽（渠）、控制堰以及出水管等，如图 6-27 所示。

1) 集水槽

集水槽的作用是收集各个单元滤池的出水，并在滤池反洗时将水倒回，起着反洗水箱的作用。

2) 控制堰

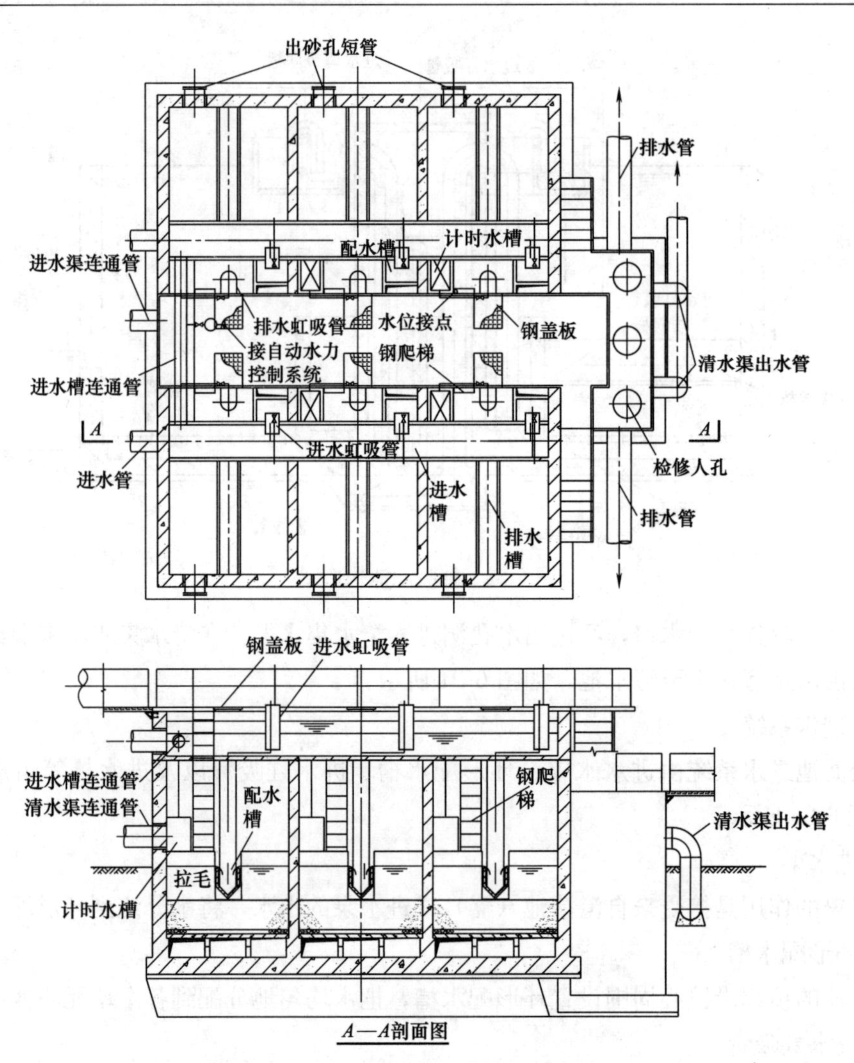

图6-24　虹吸滤池平面和剖面图

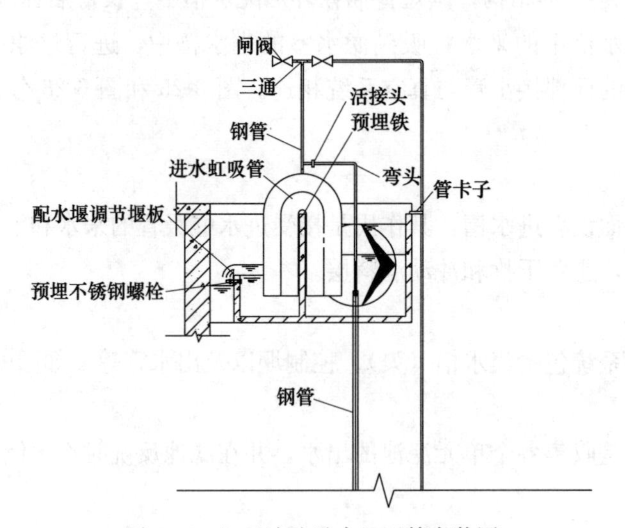

图6-25　虹吸滤池进水虹吸管安装图

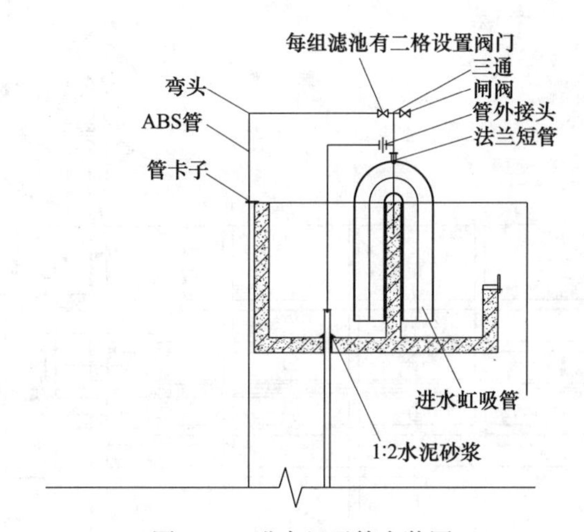

图 6-26 进水虹吸管安装图

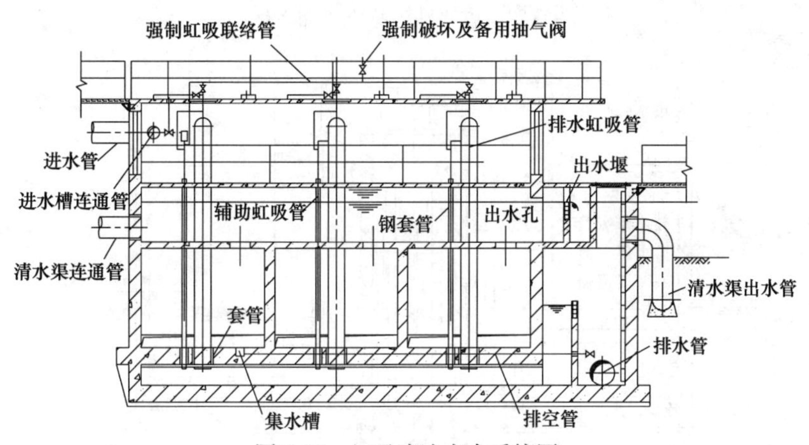

图 6-27 虹吸滤池出水系统图

控制堰设在滤池出水井的一侧，其作用是通过调节控制堰插板的高度来调节滤池的反洗强度，升高控制堰插板反洗强度增大，降低控制堰插板反洗强度减小。

3）出水管

出水管装在控制堰出水侧的出水井中，处在地面以上井的侧壁上，以保持出水为正水头，防止吸滤和水进入高位布置的清水箱中。集水槽将滤出的水汇入集水坑，然后通过排空管排出水，如图 6-28 所示。

(3) 反冲洗系统

虹吸滤池反冲洗系统由排水集水槽、排水虹吸管、排水渠和排水管组成，如图 6-29 所示。

当滤池内砂面上水位达到最高值时，即进行反冲洗。首先破坏虹吸管的真空以终止虹吸进水，刚开始时，滤池内剩余的原水首先排出，当滤池内砂面上水位下降到低于清水集水渠内的水位，且两者的水位差足以克服配水系统、承托层和滤料层的水头损失时，反冲洗开始。

1）排水集水槽

排水集水槽设在滤层上部的一定高度处，其顶部边缘至滤层的高度为滤料反洗膨胀高

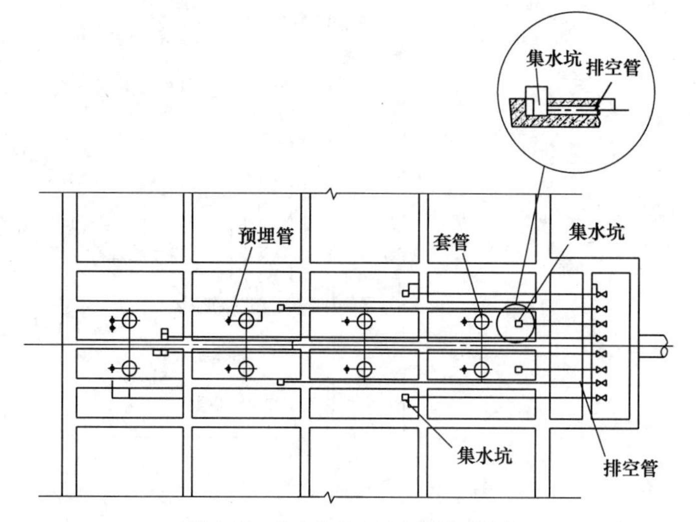

图6-28　虹吸滤池排空管布置图

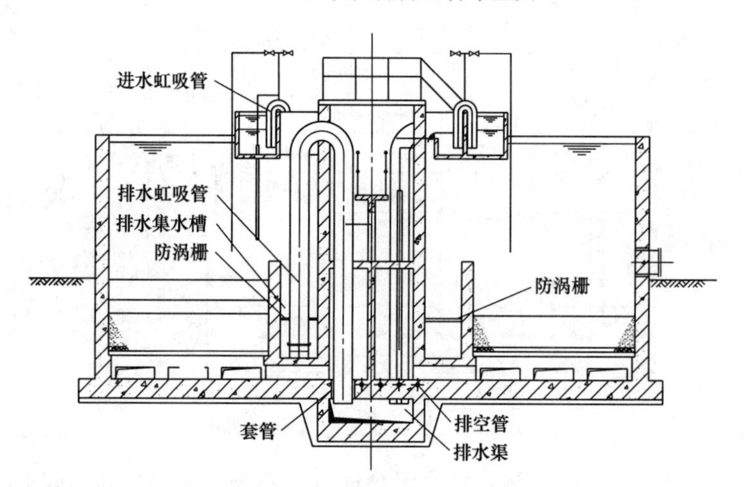

图6-29　虹吸滤池反冲洗系统图

度与安全高度之和；若该高度过低，则在反洗时滤料就要流失，过高则在反洗时泥渣和细粒滤料就不易被洗出。

2）排水虹吸管

排水虹吸管亦为倒置U形结构，其较短一些的进水臂管插在进水槽的底部，较长一些的排水臂管插在排水井中，使进水臂管口高于排水臂管口，以保证能形成虹吸，将反洗排水排入排水井中。

为了防止排水虹吸管进口端形成涡旋挟带空气，影响排水虹吸管工作，可在该管进口端上部设置防涡栅。排水虹吸管及辅助虹吸管的安装构造如图6-30所示。

3）排水渠及排水管

排水渠的作用是收集反洗时的排水，并使排水臂管口在水下方；在井的底部装有排水管，要求其管口比排水臂管口有一定高度，以便能形成水封，经常淹没管口，可保证反洗虹吸管能起到虹吸作用。

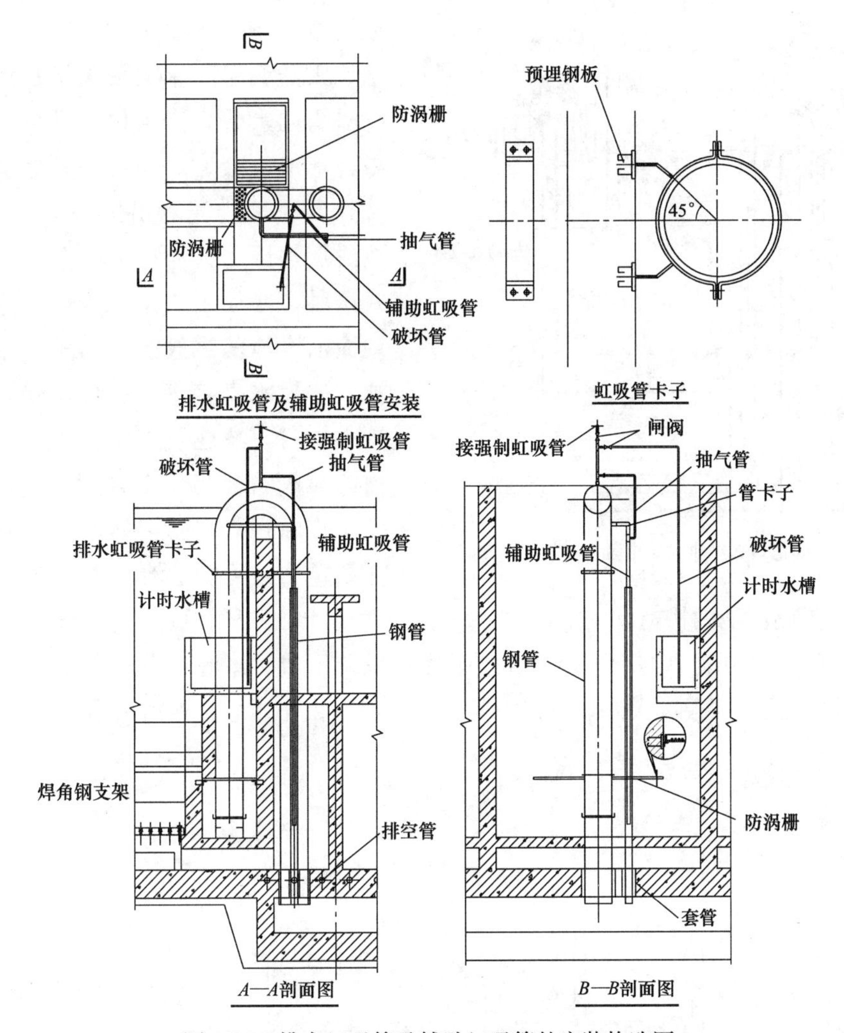

图 6-30 排水虹吸管及辅助虹吸管的安装构造图

(4) 自动控制冲洗装置

在虹吸滤池的顶部装有真空系统，由真空泵或水力喷射器以及管道等组成。方形滤池真空泵多安装在地面上，其真空系统通过管道与进水虹吸管和反洗虹吸管的顶部相连，并装有抽真空和破坏真空的控制口。控制口须保持密封，并要求其公称直径与滤池的出水能力相匹配，公称直径最小为 25mm，以保证进水虹吸管和反洗虹吸管能及时地形成虹吸和破坏虹吸，从而使滤池能够正常地进行过滤和反冲洗，如图 6-31 所示。

在过滤一个周期后，滤池内砂面上水位上升，排水辅助虹吸管的进口被淹。原水流经辅助虹吸管进入排水渠，并通过三通、抽气管将排水虹吸管内的空气不断抽走，排水虹吸管内的水位也相应较快地上升，形成虹吸排水。此时，滤池内的水位迅速下降，降至接近排水槽上口时，清水渠内的清水就通过配水系统穿透滤层向上流动，开始反冲洗。

6.2.4 无阀滤池

无阀滤池是一种不设阀门的快滤池，采用滤池与冲洗水箱合为一体的布置形式。在

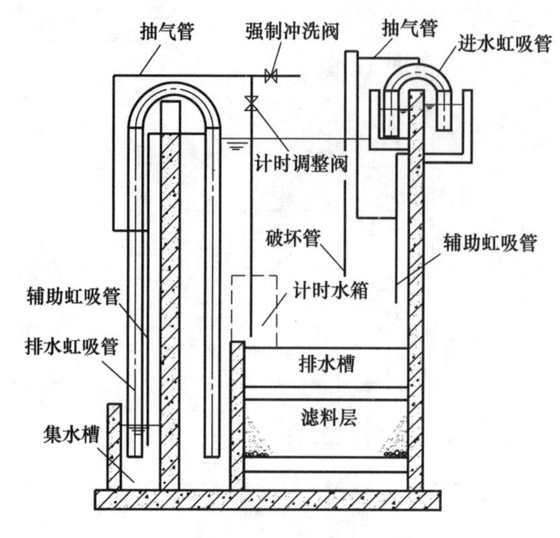

图 6-31 虹吸滤池自动控制冲洗装置图

运行过程中，出水水位保持恒定，进水水位则随滤层的水头损失增加而不断在虹吸管内上升，当水位上升到虹吸管管顶并形成虹吸时，即自动开始滤层反冲洗，反冲洗排泥水沿虹吸管排出池外。按滤后水压力大小可分为重力式和压力式两种。滤后出水水位较低，直接流入地面清水池的无阀滤池为重力式无阀滤池；滤后水直接进入高位水箱、水塔或用水设备，滤池及进水管中都有较高压力的无阀滤池为压力式无阀滤池。两者的工作原理和设计参数相同，在此主要介绍重力式无阀滤池。

重力式无阀滤池的构造如图 6-32 所示。主要由进水分配槽、U 形进水管、过滤单元、冲洗水箱、虹吸上升管、虹吸下降管和虹吸破坏系统组成。过滤水由进水堰流入配水槽，经 U 形管、三通和挡板进入滤池顶盖下的空间，最后由出水堰溢流后由出水管流入清水

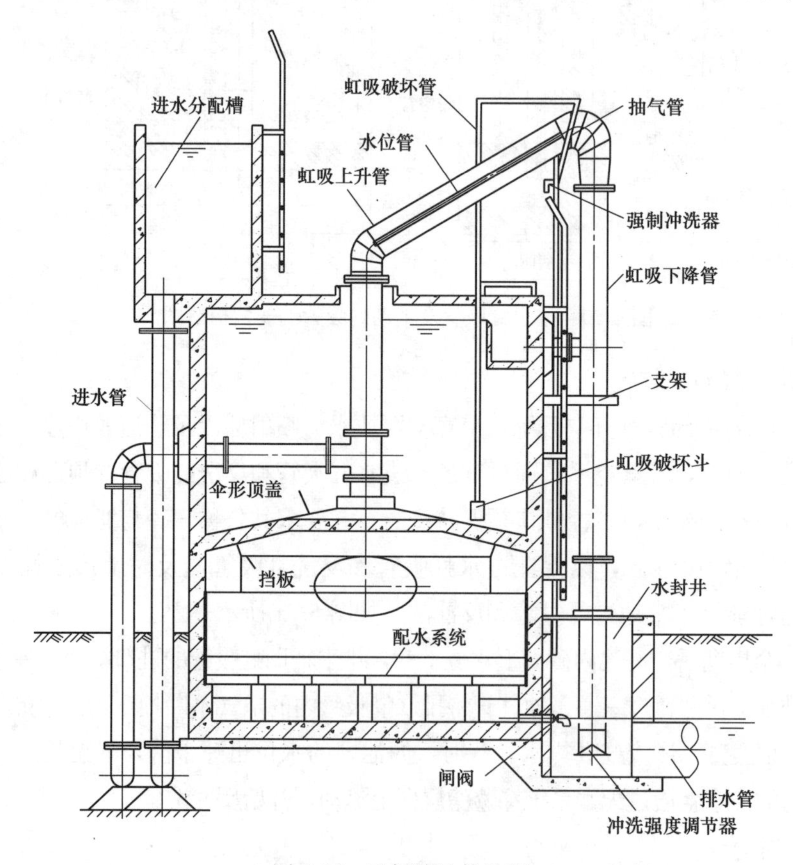

图 6-32 无阀滤池构造图

池。阀滤池平面和剖面如图 6-33 所示。

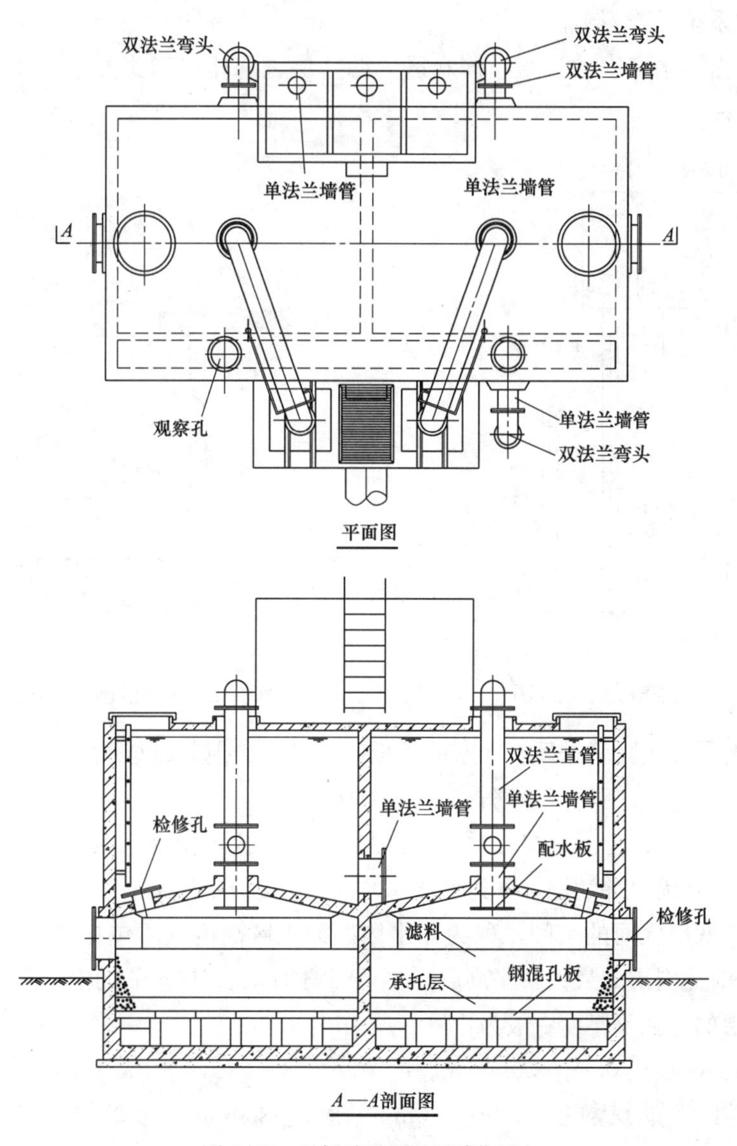

图 6-33 无阀滤池平面和剖面图

(1) 进水系统

进水系统由配水箱、溢流堰以及 U 形进水管等组成。

当滤池采用双格组合时，进水箱可兼做配水用（又称进水分配箱）。为使配水均匀，要求两堰口的标高、厚度及粗糙度尽可能相同。每格分配箱大小一般为（0.6m×0.6m）～（0.8m×0.8m），如图 6-34 所示。

为避免进水管吸入空气破坏虹吸，应利用 U 形管进行水封，并将 U 形管管底设置在排水水封井水面以下，使 U 形管中的存水不会排入排水井，这就不可能从进水管吸入空气。U 形弯头的标高低于虹吸下降管管口，进水挡板直径应比虹吸上升管管径大 10～20cm，距离管口 20cm。

(2) 过滤系统

过滤系统由滤水室中的顶盖、浑水区、滤料层、承托层和集配水装置等组成，如图 6-35 所示。

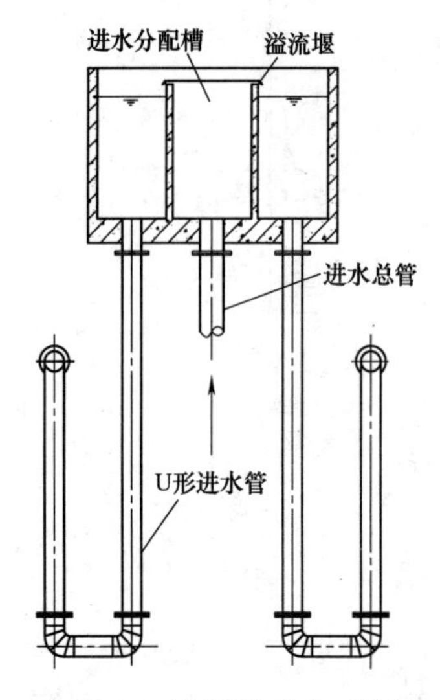

图 6-34 无阀滤池进水系统图

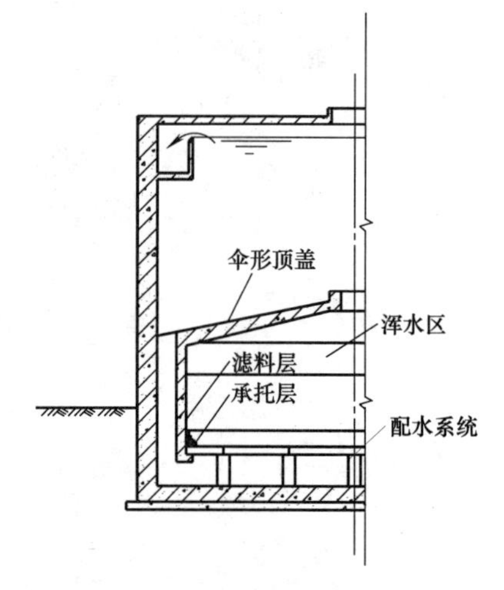

图 6-35 无阀滤池滤水系统构造图

1) 滤池的顶盖实际就是反洗水室的底板，呈锥形。顶盖面与水平面夹角为 10°～15°，以利于反冲洗时将排水汇流至顶部管口，经虹吸管排出。

顶盖本身及其与池壁的连接处须严格密封，否则会影响出水质量和反洗效果。为了防止进入滤池内的水流直冲滤层，并达到配水均匀，在锥形顶盖的下方设有水平配水板。

2) 顶盖与滤层之间的空间，称为浑水区。浑水区高度（不包括顶盖椎体部分高度）一般按反冲洗时滤料层的最大膨胀高度，再适当增加 50～100mm 的安全高度来确定。

3) 滤料层的粒径及厚度一般为：

单层滤料：砂粒径 0.5～1.0mm，厚度 700mm；

双层滤料：无烟煤粒径 1.2～1.6mm，厚度 300mm；砂粒径 0.5～1.0mm，厚度 400mm。

(3) 配水系统

配水系统一般分为三类，在普通快滤池中均有介绍，在此不再赘述。

无阀滤池配水系统均采用小阻力配水系统。常用的小阻力配水形式有以下四种：豆石滤板、格栅、孔板网式、滤头。孔板网配水系统如图 6-36 所示。

(4) 虹吸与冲洗系统

反洗系统由以下部分组成：

1) 反洗水室

反洗水室是反洗系统的主体，其容积是按反冲洗一次所需的水量确定的。反洗水室的下部装有排污门，以便定期清理室底的污物。反冲洗管道控制系统如图 6-37 所示。

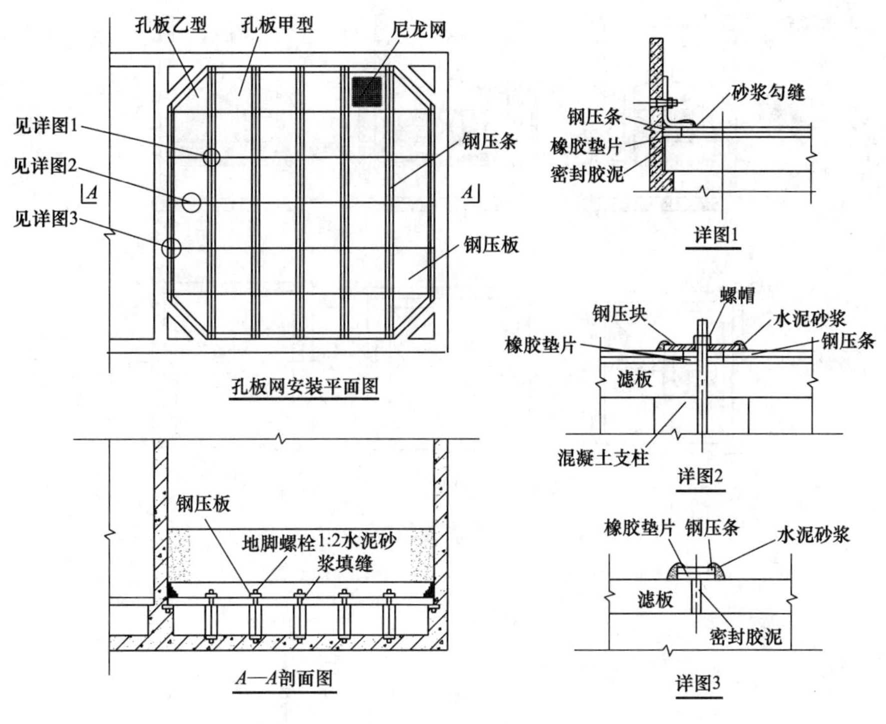

图 6-36 孔板网系统图

2）连通管

连通管将反洗水室和集水室连通，以便将滤后的清水送至反洗水室。连通管出口的流速不宜过大，且连通管的下端应插入集水室一定深度，以便均匀扩散。连通管的形式有池内式、池外式和池角式 3 种，如图 6-38 所示。

3）虹吸管

虹吸管由虹吸上升管、虹吸下降管和虹吸辅助管组成。虹吸上升管出池顶后按倾斜状设置，目的在于防止空气窝在上升管内，影响虹吸的形成。虹吸上升管的标高通常为 1.5～2.0m，即反洗水室水位至虹吸辅助管管口的距离为 1.5～2.0m。

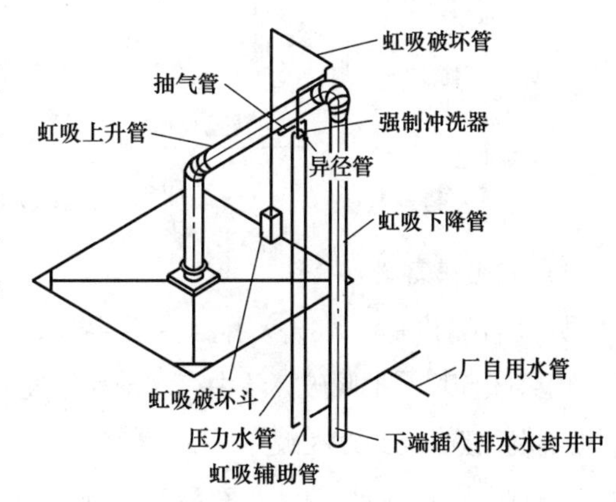

图 6-37 反冲洗管控制系统轴测图

虹吸下降管管口安装冲洗强度调节器，采用改变阻力大小的方法调节冲洗强度。

虹吸辅助管是加快虹吸上升管和虹吸下降管所形成虹吸并减少虹吸过程中水量损失的主要部件。当虹吸上升管水位到达虹吸辅助管上端管口后，从辅助管内下降的水流抽吸虹吸上升管顶端积气，加速虹吸形成。

虹吸辅助管施工安装时，应注意勿使虹吸辅助管管口伸入虹吸弯管内，如图 6-39 所示。

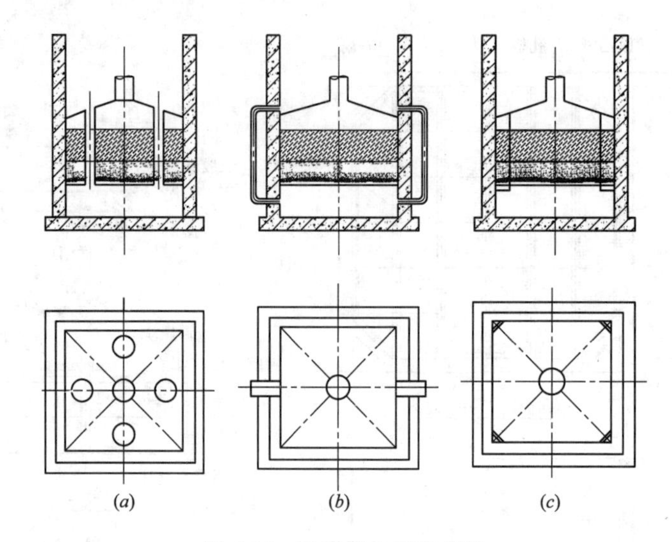

图 6-38　连通管布置形式图

(a) 池内式；(b) 池外式；(c) 池角式

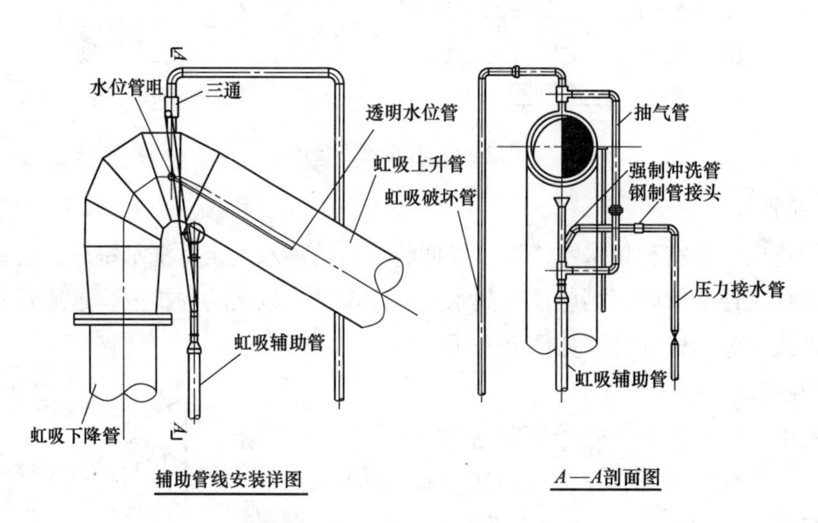

图 6-39　虹吸辅助管安装图

4）虹吸破坏斗

虹吸破坏斗是破坏虹吸并结束反冲洗的关键部件。

由虹吸破坏管抽吸破坏斗中存水排入虹吸下降管时，破坏斗中存水抽空后补水的间隔时间长短，将直接影响到虹吸破坏程度。当冲洗水箱中水位下降到破坏斗缘口以下时，仍能通过两侧的小虹吸管流入破坏斗。只有破坏斗外水箱水位下降到小虹吸管口以下，破坏斗才停止进水。虹吸破坏管很快抽空斗内存水后，管口露出进气，虹吸上升管排水停止，冲洗水箱内水位开始上升。当从破坏斗两侧小虹吸管管口上升到管顶向破坏斗充水时，需要间隔一定时间，于是就有足够的空气进入虹吸管，彻底破坏虹吸。虹吸破坏管管径不宜过小，以免虹吸破坏不彻底，但管径过大也会造成较多水量流失，管径一般采用 15～20 mm。为延长虹吸破坏管进气时间，使虹吸破坏彻底，在破坏管底部可加装虹吸小斗，如图 6-40 和图 6-41 所示。

5）冲洗强度调节器

冲洗强度调节器一般设置在虹吸下降管末端，运行时经测定如发现冲洗强度过大或过小，可以采取抬高或降低调节器的锥形挡板的办法来调整，如图 6-42 和图 6-43 所示。

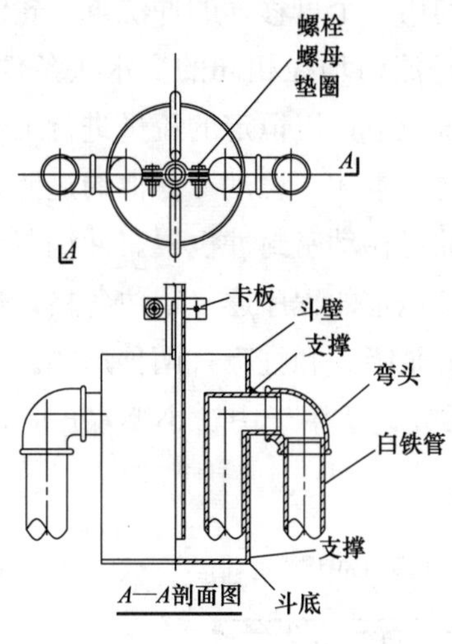

图 6-40 虹吸破坏斗示意图

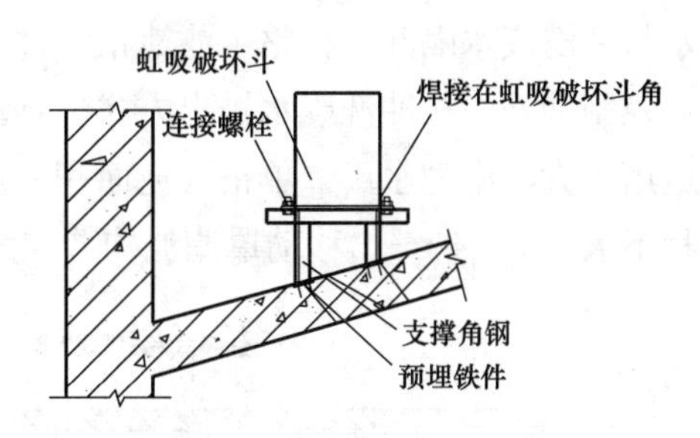

图 6-41 虹吸破坏斗固定安装图

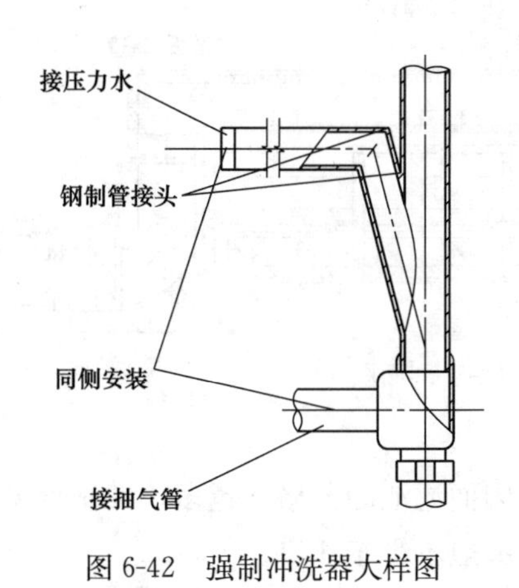

图 6-42 强制冲洗器大样图

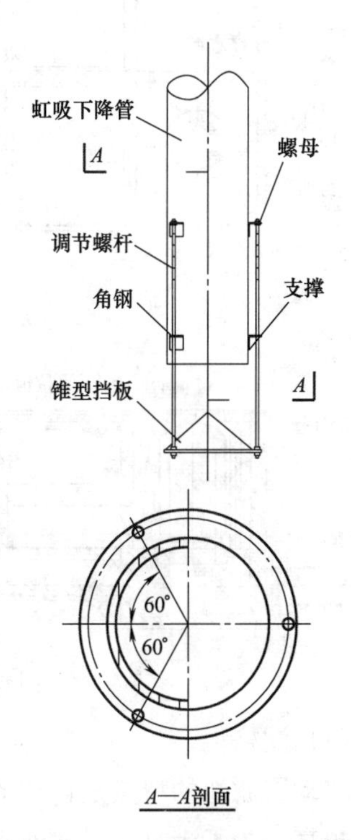

图 6-43 冲洗强度调节器大样图

(5) 出水系统

无阀滤池的出水管有两种铺设方法：一是出水管设在滤池内，二是出水管设在滤池外。无论设在何处，出水管顶部都应做成三通形式，并以水平方向出水。

有些滤池不专设出水管，而把连通管兼做出水管，并在反洗水室的上部设置了一个漏斗形或槽形的溢水式出水口。

6.2.5 移动罩滤池

移动罩滤池是不设阀门，连续过滤，并按一定程序利用一个可移动的冲洗罩，轮流对各滤格冲洗的多格滤池，设有公共的进水、出水系统。每滤格均在相同的变水头条件下，以阶梯式进行降速过滤，而整个滤池又在恒定的进、出水位下，以恒定的流量进行工作。

移动罩滤池主要由两部分组成，即移动式冲洗罩和滤池本体。移动罩滤池的过滤和反冲洗供水与虹吸滤池相似，而冲洗则采用装有抽水设备的可移动密封冲洗罩。冲洗罩将滤前水与冲洗废水隔开，在整个滤池正常过滤时，冲洗罩按拟定的程序逐一罩住各格，进行自动控制冲洗。按冲洗废水排出方式，移动罩滤池一般分泵吸式和虹吸式两种形式。虹吸式适用于大、中型水厂，单格滤池面积宜小于 $10m^2$。泵吸式适用于中、小型水厂，单格面积不大于 3～4 m^2。移动罩滤池构造如图 6-44 所示。

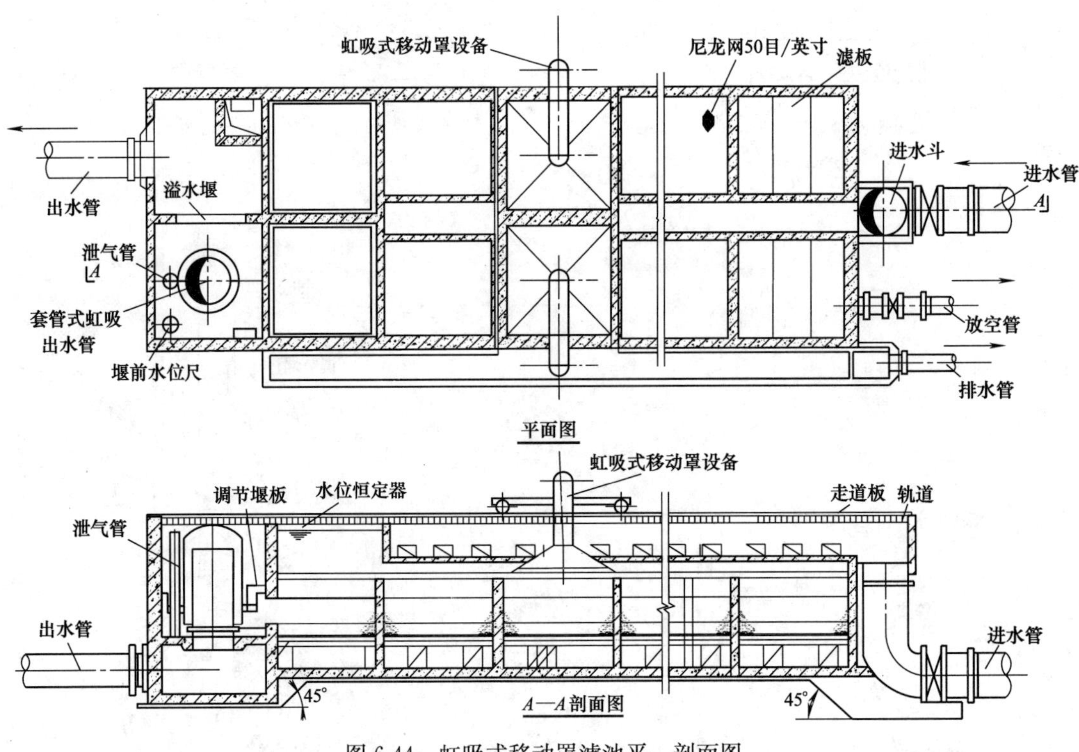

图 6-44 虹吸式移动罩滤池平、剖面图

(1) 滤格

移动罩滤池的特点是自动地逐格进行反冲洗，因而滤池的分格数越多，冲洗设备的利用率越高。为了满足一格冲洗水量的需要，分格数一般不少于 6 格。

一般情况下，确定滤格时应考虑当时、当地的条件。例如，设计的规模，排水管道的能力，是否要回收反冲洗水，机械、电气设备造价与土建费用等多方面的因素。根据国内已投产的滤池来看，单座滤池的分格大多在 10～40 格之间，最多的达 48 格，最少的只有 5 格。

滤格可呈单排或多排布置。当滤格排列为多排时，为了保证冲洗罩移动时的行程最短，滤格按偶数排列较好，此时冲洗罩重复移动的路线最少，如图 6-45 所示。

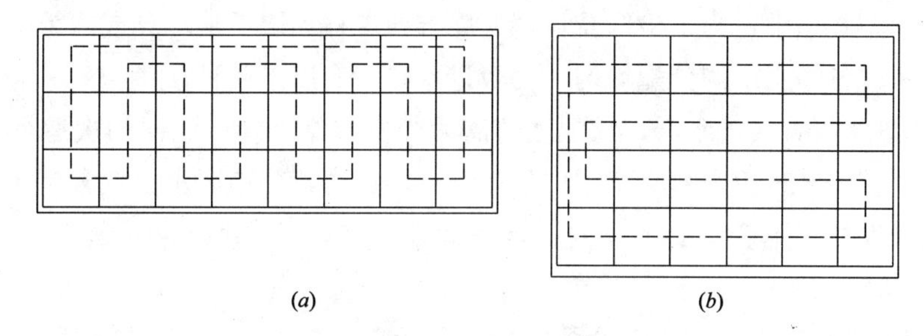

图 6-45 移动罩滤池分格布置图

(a) 奇数排行程；(b) 偶数排行程

从节省机械设备费用和土建结构角度考虑，滤池平面形状以长方形较好。滤池的分组较多时，可以多组并列。若采用虹吸式冲洗罩时，为了保持单组滤池有一定数量的滤格，可采用双排并列，双罩分排轮流进行冲洗，如图 6-46 所示。

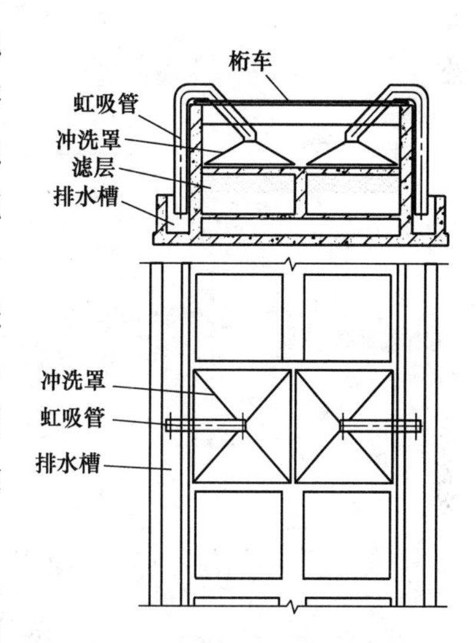

图 6-46 移动罩滤池分格布置图

滤格的隔墙顶高出滤层表面的高度，与移动冲洗罩底边的构造有关。冲洗罩底边宽度大于隔墙厚度时，则冲洗时的滤层膨胀高度允许高出冲洗罩的底边，隔墙顶只要高出滤层表面 100 mm 左右即可，以节省土建费用，如图 6-47 所示。

若冲洗罩底边较狭窄，则应加宽隔墙顶面的宽度，做成 T 形隔墙。这样不仅使冲洗罩易于定位，而且还可以提高隔墙的刚度。T 字形隔墙顶宽一般为 150～300 mm。为了防止冲洗后隔墙顶面聚积滤料，影响罩体与隔墙顶面之间的密封效果，滤层膨胀后的高度应低于墙顶。

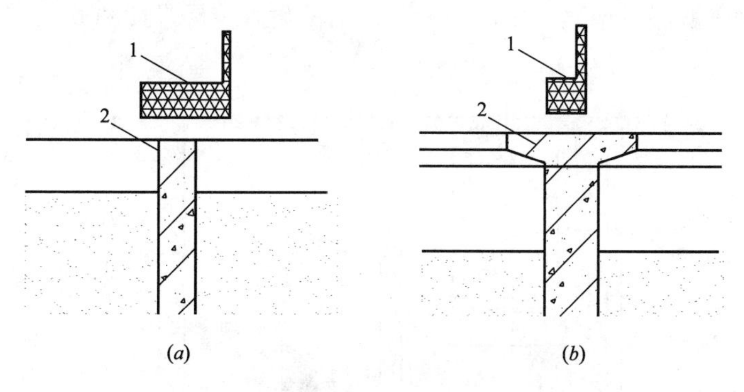

图 6-47 移动罩罩体与滤格隔墙构造

(a) 罩体底边宽于隔墙；(b) T 形隔墙

1—罩体底边；2—滤格隔墙

(2) 进水系统

进水布置应尽量避免水流转弯，造成紊流和冲刷砂层。

在大、中型水厂中，为了检修及运转调度方便，移动罩滤池均分成两组以上，因而在设计上必须考虑各组水量的分配均匀。一般进水布置有以下几种。

1) 采用进水管直接进水时，滤池底部需另外安装充水管。滤池初次运行时，先由充水管进水，水位上升过程中，将滤层内的空气逐步赶出，待池内水位上升到滤层表面以上一定高度，确保滤层不会受到冲刷时，停止底部充水，进水管才可开始进水，如图6-48所示。

2) 采用淹没孔式进水时，淹没孔的进水流速应小于0.5 m/s。这种形式较简单，也容易布置，但易冲刷移动进水端的滤料层，造成水质恶化，如图6-49所示。

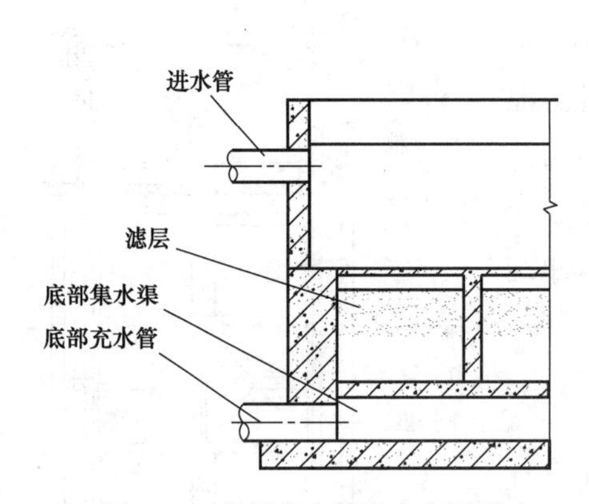

图6-48 底部充水管进水布置图

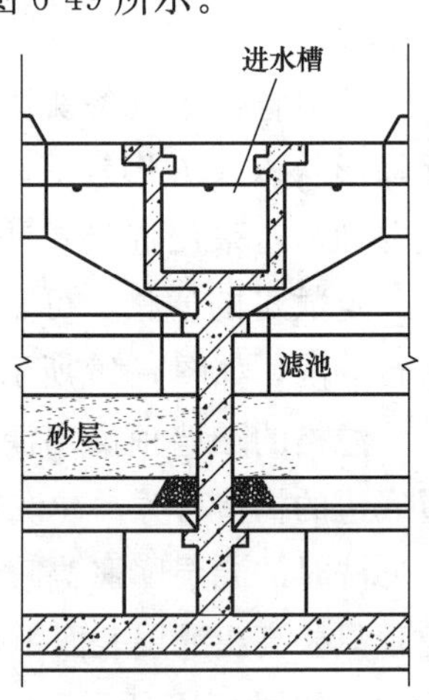

图6-49 淹没孔式进水布置图

3) 采用中央渠进水时，在滤池上部设置中央进水渠，均匀地将进水量分配到各滤格上。目前设计的大型移动罩滤池均采用这种形式。

(3) 出水系统

移动罩滤池的出水系统采用带有水位稳定器的虹吸充水管。由于滤池出水堰口标高固定，滤池水位将随滤层阻塞程度不同而变化，堰前设水位尺，如图6-50所示。

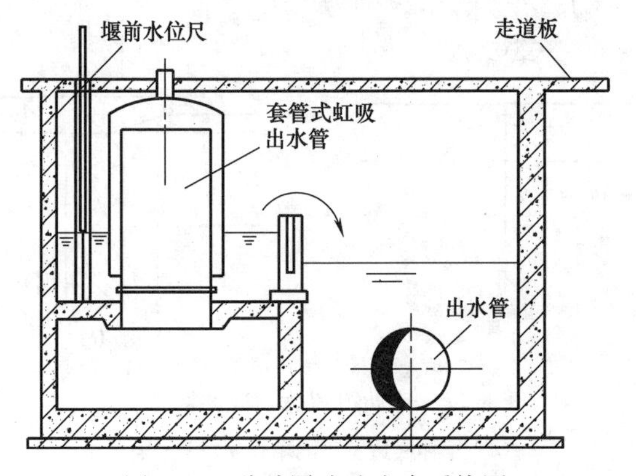

图6-50 移动罩滤池出水系统图

出水方式有虹吸管出水和堰口出水两种。出水虹吸管可与水位恒定器结合使用，以防止各种原因引起的滤池水位变化过大。水位恒定器的作用是当进水量变动和滤层负载能力变化时，使池内水位仍能基本保持稳定，如图 6-51 所示。

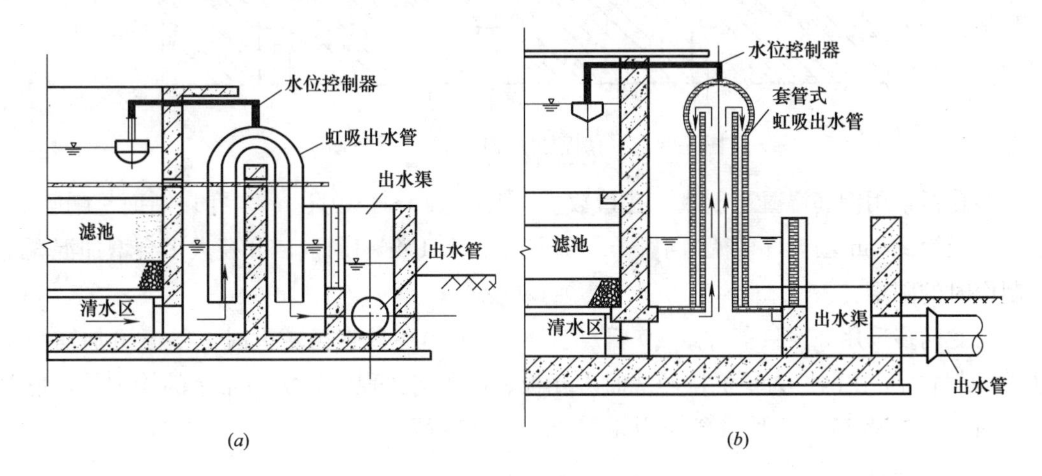

图 6-51 水位稳定器示意图

(*a*) 管径小于 200mm 的虹吸出水管；(*b*) 管径大于 300mm 的套管式虹吸出水管

虹吸出水管一般有钟罩式和倒 U 形两种形式，出水虹吸管管顶高程（指下口）应严格控制，一般可低于池水位约 10cm，如图 6-52 所示。

此外，亦可采用类似于虹吸滤池的堰口出流。为防止滤池停止运行后，池内水位太低，进水水流跌落而冲击滤层，出水堰口顶标高应高出滤层表面 1.0 m 左右，使其有足够的保护水深，如图 6-53 所示。

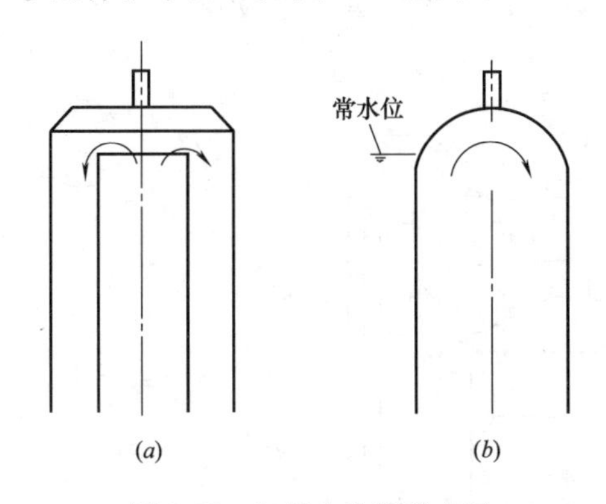

图 6-52 虹吸出水管形式图

(*a*) 钟罩式；(*b*) 倒 U 形

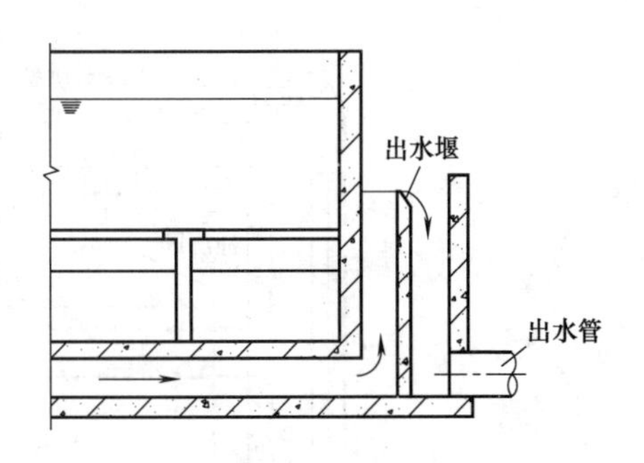

图 6-53 堰口出流示意图

(4) 配水系统

移动罩滤池采用小阻力配水系统。用于滤池的小阻力配水系统有多种构造形式，如多孔板加尼龙网、滤砖、缝隙式滤板以及滤头等，同样适用于移动罩滤池。

多孔板加尼龙网的配水系统构造简单，施工方便，配水比较均匀，水头损失也较小，造价较低，如图 6-54 所示。

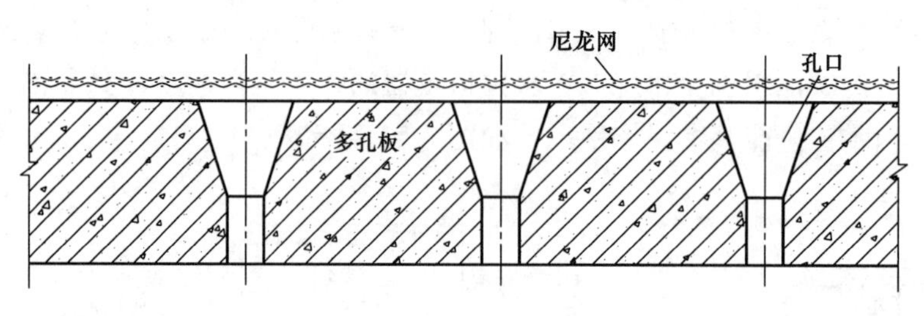

图 6-54　多孔板加尼龙网的配水系统图

多孔板常用钢筋混凝土制成，孔口数量一般取 140～180 只/m²，孔口断面呈喇叭形，上口直径为 25mm，下口直径为 10mm，开孔率为 1.1%～1.4%。开孔太多会增加混凝土板制作时的困难。

尼龙网多采用 30 目/英寸或 40 目/英寸一层。当孔口直径较大时，下面可加铺一层 16 目/英寸的尼龙网。为了保持冲洗时多孔板、尼龙网的稳定和提高布水的均匀性，尼龙网上面还需铺设 250mm 厚、粒径为 4～32mm 的卵石层。

（5）冲洗罩

移动罩滤池的冲洗形式有泵吸式和虹吸式两种。泵吸式由于水泵的限制，一般适用于单格滤池面积 3～4m² 以下者；虹吸式由于不受水泵限制，故适用于单格滤池面积较大者。

罩体相当于一只活动的“无阀滤池顶盖”，顶盖斜面与水平面间夹角为 10°～15°（滤格面积较小的滤池，其夹角可大些），以利于反冲洗时将冲洗水汇流排出，达到均匀集水的目的。冲洗罩是一个移动的设备，为了保证冲洗罩的轻巧灵活，设计时应充分利用材料的力学性能，合理地选择结构，如采用薄壳结构，以减轻罩体自重。虹吸式冲洗罩如图 6-55 所示。

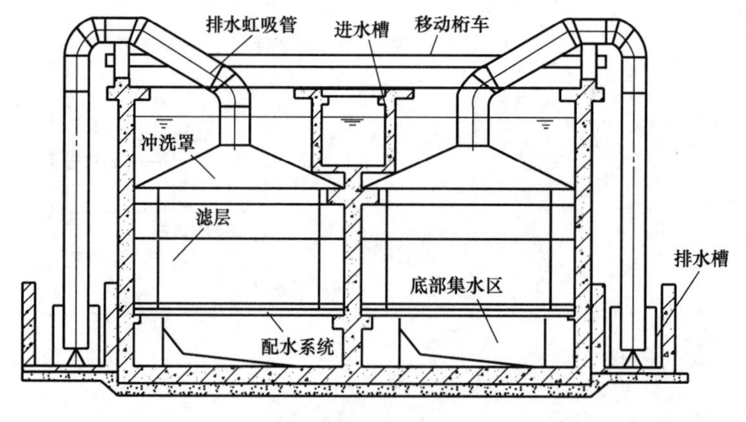

图 6-55　虹吸式冲洗罩结构图

移动罩滤池的其他设计参数，如过滤周期、滤料级配、承托层级配以及集水渠高度等均与其他滤池类同，不再赘述。考虑到移动冲洗罩滤池起始滤速较高，滤池平均设计滤速不宜过高（如 8 m/h 或以下）。此外，在北方寒冷地区，滤池应建于室内。

6.2.6 V型滤池

V型滤池是采用粒径较粗且较均匀滤料，在各滤格两侧设有V型进水槽的滤池布置形式，也称为均粒径滤料滤池（其滤料采用均质滤料，即均粒径滤料）、六阀滤池（各种管路上有6个主要阀门）。冲洗采用气、水微膨胀兼有表面扫洗的冲洗方式，冲洗排泥水通过设在滤格中央的排水槽排出池外。V型滤池构造如图6-56所示。

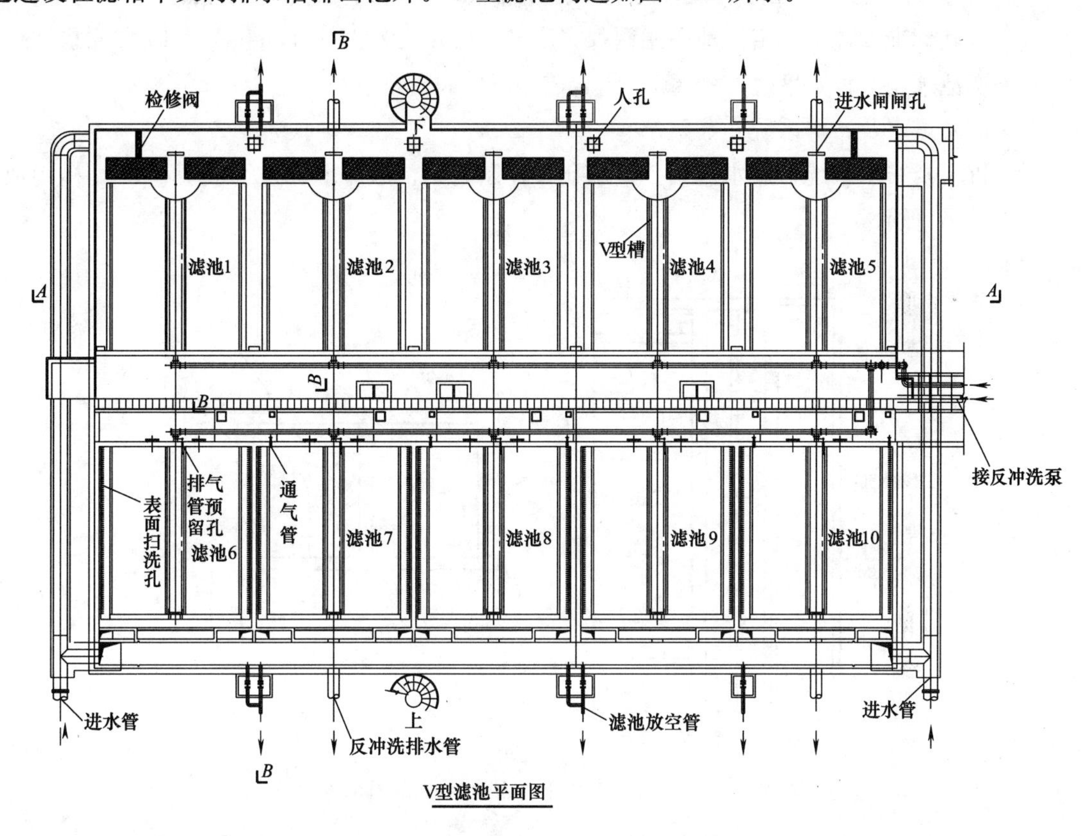

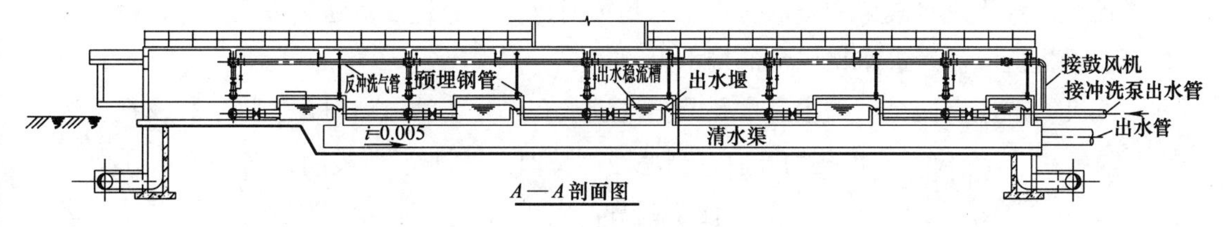

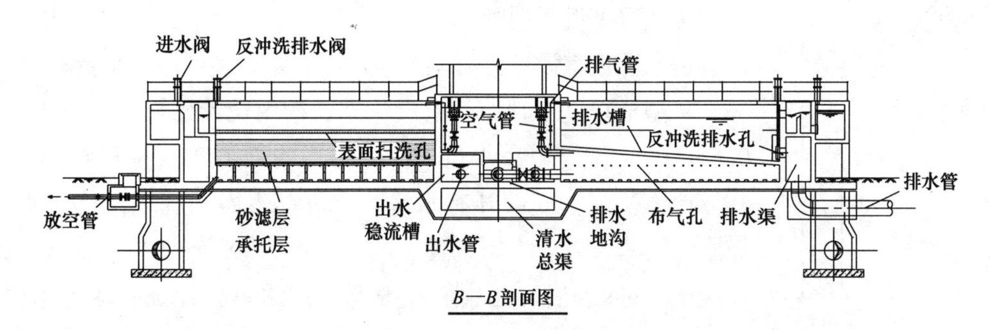

图6-56 V型滤池构造图

（1）池型

V型滤池有单格及双格两种池型。

单格V型滤池，宜在长边池壁一侧设V型进水槽，槽下均布扫洗水孔；而在另一侧设反冲洗排水槽，在过滤时槽淹没在水下。

双格V型滤池，在池内设有两个V型水槽和一个中间反冲洗排水槽。

按其标准设计，单格滤池采用两种宽度（2.4 m及2.46 m），组合成13种面积规格。双格滤池采用5种宽度（3～5 m），组合成40种面积规格。

（2）进水及布水系统

进水及布水系统由进水总渠、进水孔、控制闸阀、溢流堰、过水堰板和V型槽组成，如图6-57所示。

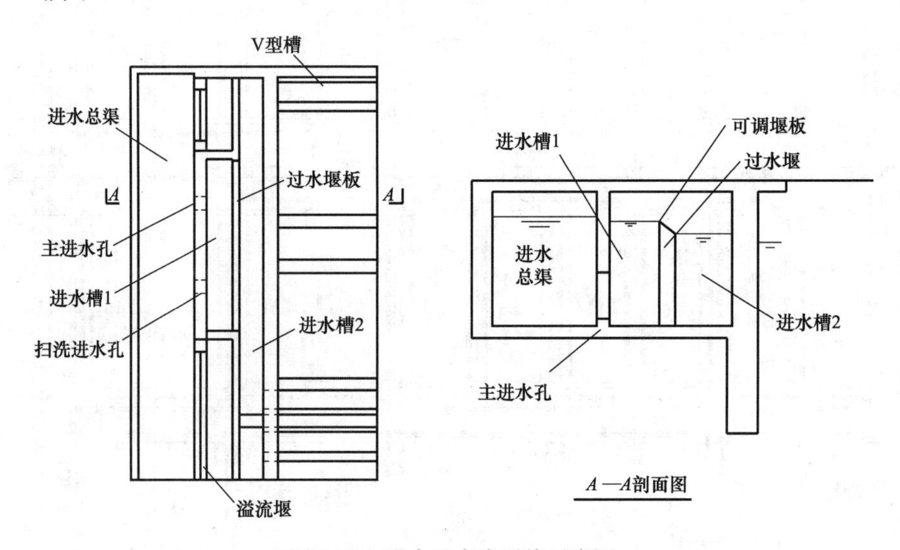

图6-57 进水及布水系统示意图

溢流堰设置于进水总渠中，以防止滤池超负荷运行。当进水量超过一定值时，超出部分的流量经溢流堰流入进水槽底部的排水渠。

进水孔一般应有两个，即主进水孔及扫洗进水孔。当滤池过滤时，主进水孔及扫洗进水孔均开启；当滤池冲洗时，主进水孔关闭、扫洗进水孔保持开启。为了便于调节，主进水孔闸板阀一般设气动或电动，表面扫洗孔也可设手动闸板。

进水堰板宜设计为可调节单池进水量，使各池进水量相同。

V型槽在过滤时处于淹没状态。槽内设计始端流速不大于0.6m/s。冲洗时，池水位下降，槽内水面低于斜壁顶约50～100mm。V型槽底部开有水平布水孔，表面扫洗水经此布水。布水孔沿槽长方向均匀布置，内径一般为Φ20～Φ30mm，过孔流速2.0m/s左右，孔中心一般低于用水单独冲洗时池内水面的50～150mm，如图6-58所示。

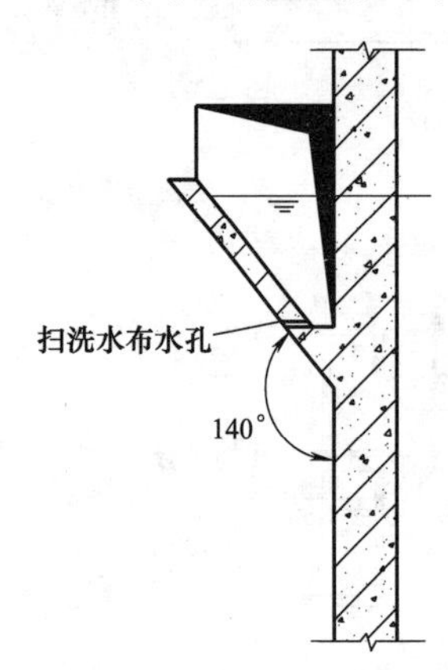

图6-58 V型槽大样图

（3）冲洗水排水系统

冲洗水排水系统包括排水槽及排水渠。

排水槽底板以≥0.02的坡度坡向出口；底板面积最低处应高出滤板底约0.1m，最高处高出0.4～0.5m，使有足够高度安装冲洗空气进气管；排水槽内的最高水面宜低于排水槽顶面50～100mm。排水槽底层为配气配水渠。为方便施工，两者的宽度宜一致。

排水渠设在与管廊相对的一侧。排水槽出口设置电动或气动闸阀。出口流速可按2.0m/s左右设计。

（4）配气配水系统

配气配水系统一般采用长柄滤头，系统由配气配水渠、气水室、滤板和滤头组成，如图6-59所示。

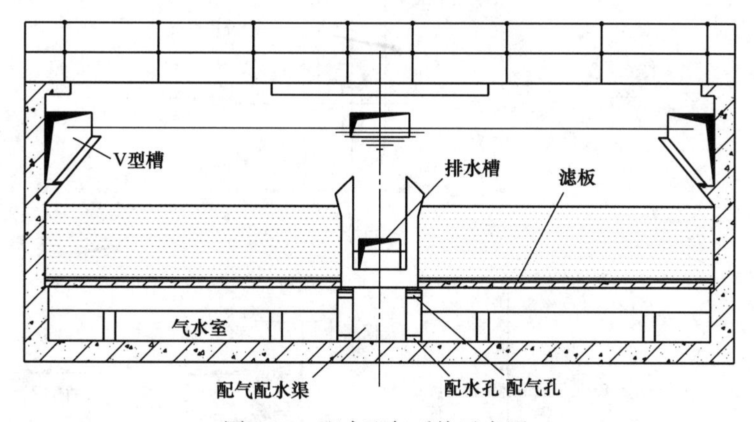

图6-59　配水配气系统示意图

1）配气配水渠

配气配水渠的功能是在过滤时收集滤后水，在冲洗时沿池长方向分布冲洗空气和冲洗水。进气干管管顶宜平渠顶，冲洗水干管管底宜平渠底。

2）气水室

滤池池底表面以上、滤板地面以下，由池壁所围成的空间，称为气水室。气水冲洗时，冲洗空气在气水室上部形成稳定的空气层称为气垫层。气垫层的厚度一般为100～200mm。气水室下部为冲洗水层。配气配水渠的空气和冲洗水分别通过配气孔和配水孔进入气水室。

3）滤头及滤板

砂滤料铺在滤板上。在滤板上装有网格状布置的长柄滤头，约55个/m^2。长柄滤头是用无毒塑料制成，如图6-60和图6-61所示。

滤头具有比最细砂粒还要小的通水窄缝，可避免砂粒从滤头缝隙中流失，不需要设厚的卵石支撑层，仅铺设几厘米厚、低于滤头顶部的粗卵石，用以改善滤头之间板面处滤后水或冲洗水的水力条件。

每个滤头的长柄上开有一个小孔和一条缝隙，小孔位于长柄上端，条缝位于长柄下端。在气冲时，约有2/3气流从小孔进入，1/3气流则由条缝进入滤床。即使滤板略有不平，也不致影响气流的均匀分布。

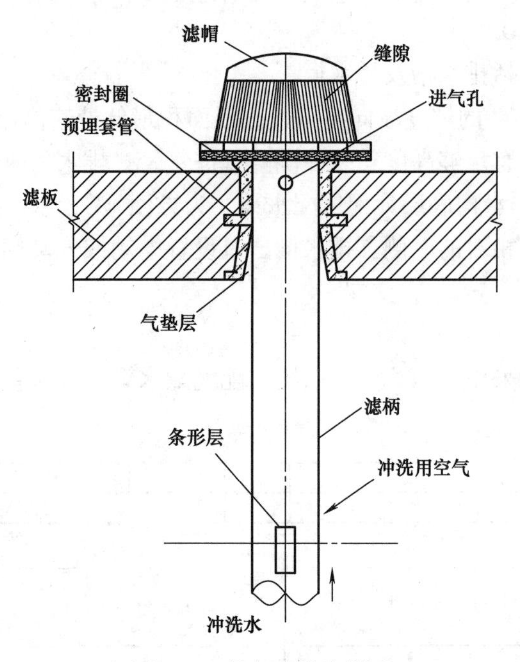

图 6-60　长柄滤头大样图

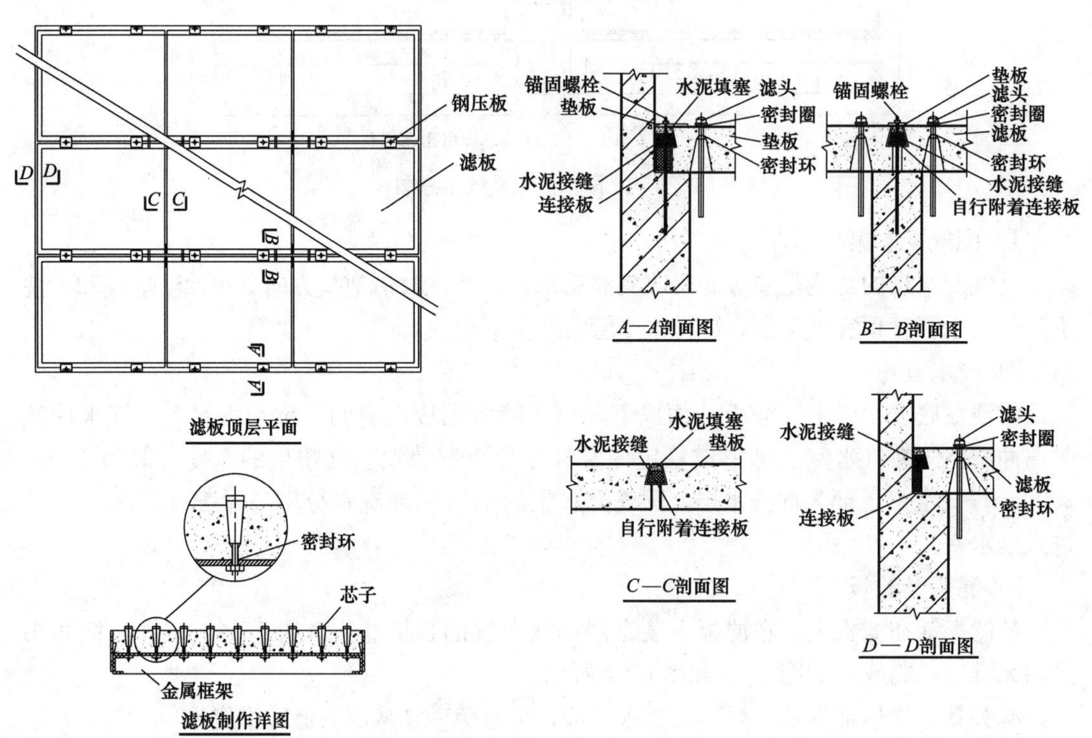

图 6-61　滤板详图

滤板有混凝土板和强化聚酯板两种。在可拆卸的混凝土板上，预埋短管，用以安装滤头。在强化聚酯板上带有涂树脂防腐层的金属管，滤板长度等于滤池宽度。滤头安装如图 6-62 所示。

混凝土板和聚酯板固定在框格布置的混凝土框梁上，梁、墙和板形成一个整体，安装完整，经久耐用。

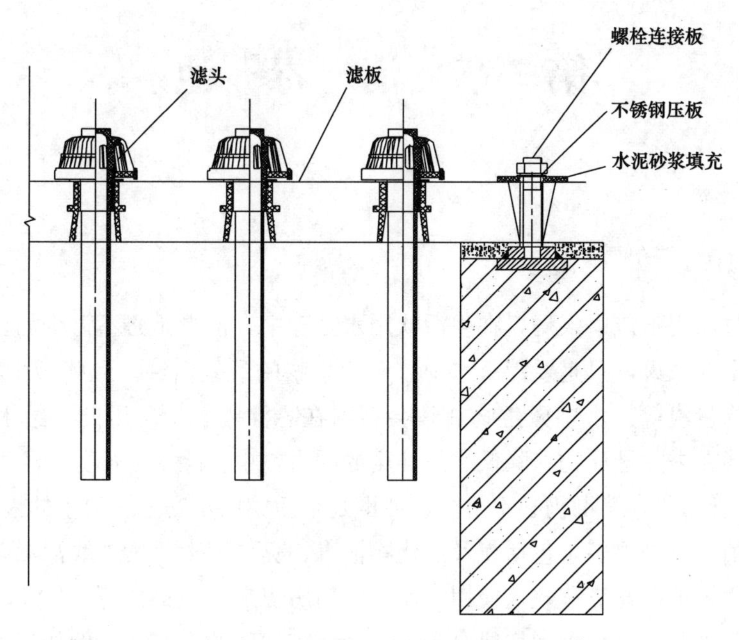

图 6-62 滤头安装图

第7章 消 毒 池

7.1 概述

为防止通过饮用水传播疾病，在生活饮用水处理中，消毒是必不可少的。消毒并非是把水中微生物全部杀灭，只是要消灭水中致病微生物的致病活性。致病微生物包括病菌、病毒及原生动物包囊等。水中微生物往往会粘附在悬浮颗粒上，因此，给水处理中的混凝、沉淀和过滤在去除悬浮物、降低水的浊度的同时，也去除了大部分微生物（也包括病原微生物）。尽管如此，消毒仍必不可少，消毒是生活饮用水安全、卫生的最后保障。

饮用水的消毒方法很多，包括氯及氯化物消毒、臭氧消毒、紫外线消毒以及某些重金属离子消毒等。氯消毒经济有效，使用方便，应用历史最久也最广泛。20世纪70年代研究发现，受污染水源经氯消毒后往往会产生一些危害健康的副产物，例如三卤甲烷等，其他安全有效消毒剂或消毒方法的研究得到了广泛关注。但不能就此认为饮用水氯消毒会被淘汰，一方面，对于未受有机物污染的水源或通过前处理把形成氯消毒副产物的前期物（如腐殖酸和富里酸等）预先去除，氯消毒仍是安全、经济且有效的消毒方法；另一方面，除氯以外其他各种消毒剂的副产物以及残留于水中的消毒剂本身对人体健康的影响，仍需进行全面、深入的研究。因此，就目前情况而言，氯消毒仍是世界范围内应用最广泛的一种饮用水消毒方法。

7.2 氯消毒

采用液氯作为消毒剂，其原理是水与液氯混合后，产生的次氯酸根（OCl^-），是很强的消毒剂，可以灭活细菌与病原体。其特点为：效果可靠，投配设备简单，投量准确，价格便宜，适用于大、中型规模的水处理厂。使用液氯的最大优点在于价格便宜且灭菌力强，此外，其工艺简单、技术成熟、药剂易得、投量准确、有后续消毒作用以及不需要庞大的设备。液氯消毒在各地医院、工业、民用的灭菌消毒中都有广泛应用，且自动化程度高。但液氯储存需注意安全，防止产生泄漏，近来研究发现氯可与水中多种物质形成致癌或致病变的中间产物，致使液氯在应用上开始受到限制。

人工操作的加氯设备主要包括加氯机（手动）、氯瓶和校核氯瓶重量（也即校核氯重）的磅秤。近年来，自来水厂的加氯自动化发展较快，特别是新建的大、中型水厂，大多采用自动检测和自动加氯技术。因此，加氯设备除了加氯机（自动）和氯瓶外，还相应设置了自动检测（如余氯自动连续检测）和自动控制装置。

加氯机是安全、准确地将来自氯瓶的氯输送到加氯点的设备。手动加氯机往往存在加氯量调节滞后以及余氯浓度不稳定等缺点，影响制水质量。自动加氯机配以相应的自动检测和自动控制设备，能随着流量、氯压等变化自动调节加氯量，保证了制水质量。加氯机形式很多，可根据加氯量大小以及操作要求等选用。氯瓶是一种储氯的钢制压力容器。干燥氯气或液态氯对钢瓶无腐蚀作用，但遇水或受潮则会严重腐蚀金属，故须严格防止水或潮湿空气进入氯瓶。氯瓶内保持一定的余压也可防止潮气进入氯瓶。

加氯间是安置加氯设备的操作间，氯库是储备氯瓶的仓库。加氯间和氯库既可以合建，也可分建。由于氯气是有毒气体，故加氯间和氯库位置除了靠近加氯点外，还应位于主导风向下方，且需与经常有人值班的工作间隔开。加氯间和氯库在建筑上的通风、照明、防火以及保温等应特别注意，还应设置一系列安全报警、事故处理设施等。

7.2.1 加氯设备

(1) 加氯机

为保证液氯消毒时的安全和计量正确，需使用加氯机投加液氯。目前常用的加氯机有如下几种：

1）转子加氯机

国内早期使用的加氯机有多种形式，加注量都较小，除 ZJ-Ⅰ型转子加氯机加注量达 5～45kg/h、MJL-Ⅱ型为 2～18kg/h 外，其他型号的加注量一般均小于 6kg/h。典型的转子加氯机如图 7-1 所示。

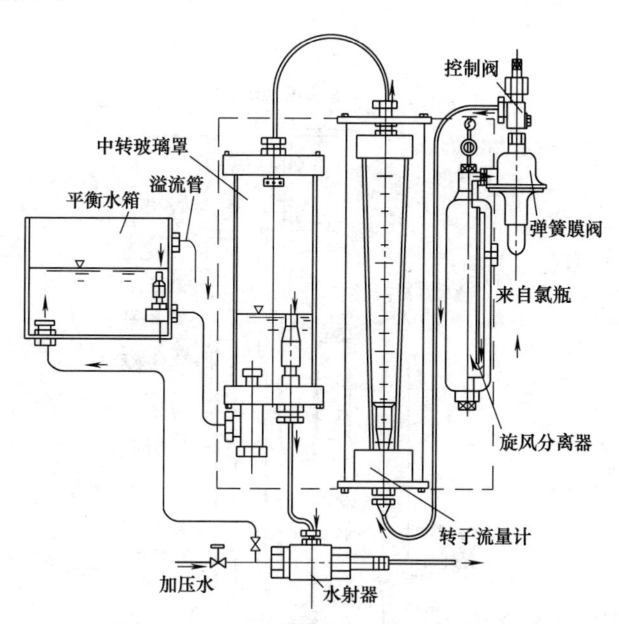

图 7-1 ZJ 型转子加氯机示意图

转子加氯机主要由旋风分离器、弹簧膜阀、转子流量计、中转玻璃筒、平衡水箱以及水射器等部分组成。液氯自钢瓶进入分离器，将其中的一些悬浮杂质分离出去，然后经弹簧膜阀和流量计进入中转玻璃筒。在中转玻璃筒内，氯气和水初步混合，然后经水射器进入水管道内。弹簧膜片是一个减压阀门，当压力低于 10^5Pa 时能自动关闭，同时还能起到稳压的作用。中转玻璃罩的作用是缓冲稳定加氯量以及防止压力水倒流，同时便于观察加氯机工况。平衡水箱可稳定中转玻璃罩内水量，当氯气用完后，可破坏罩内真空，防止水倒流。水射器的作用是负压抽取氯气，使之与水混合。

2）自动真空加氯机

真空加氯机采用自动加氯，安全可靠，计量正确，可手动和自动控制，有利于保证水厂安全消毒和提高自动化程度。国外进口的加氯机最大加注量可达 200kg/h。

自动真空加氯机的控制方式有手动和全自动。全自动控制有流量比例自动控制、余氯反馈自动控制和复合环（流量前馈加余氯反馈）自动控制三种模式。

自动真空加氯机的安装方式有挂墙式和柜式两种。通常流量小于 10kg/h 的加氯机为挂墙式，流量在 10kg/h 以上的加氯机为柜式。

（2）液氯蒸发器

液氯蒸发器是为提高氯瓶出氯量，并保证加氯系统均衡而加入的辅助装置。通常一个 1000kg 氯瓶 4 ℃时可获得 4～10kg/h 氯气而不结霜。当加氯量大（南方地区通常为 40kg/h）时，为避免串联氯瓶过多，需设置液氯蒸发器。

液氯蒸发器有采用油作为传热媒介的，也有采用水作为传热媒介。以水作为传热媒介的又分为采用循环泵和不加循环泵两种。蒸发器系统（水为媒介带循环泵）由电加热器、蒸发室、热水箱、热水循环泵、阴极保护装置、控制盘、电磁阀、膨胀室以及泄压阀等组成，如图 7-2 所示。

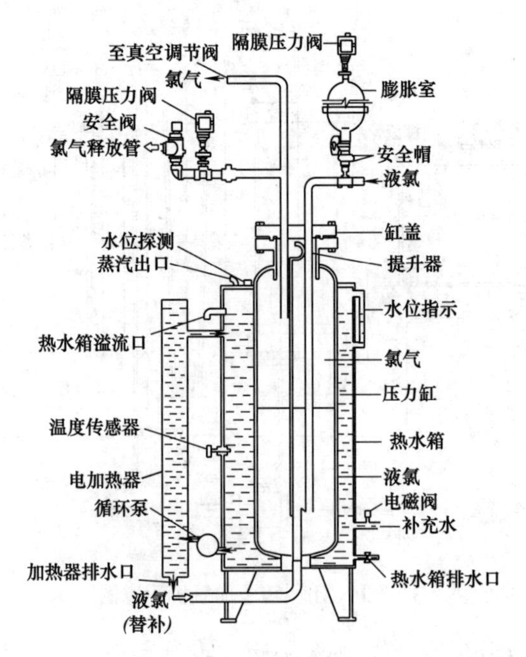

图 7-2　蒸发器系统示意图

(3) 漏氯吸收装置

加氯系统发生氯泄漏将导致严重的环境影响，故宜设置漏氯吸收装置。漏氯吸收装置以对氯吸收较快且经济的氢氧化钠溶液作与氯结合的药剂。氯与氢氧化钠反应后，生成较稳定的次氯酸钠、氯化钠和水。漏氯吸收装置的基本结构有立式和卧式两种，其吸收氯气的原理基本相同。

7.2.2 加氯间布置

加氯间一般应设在靠近投加地点，加氯量大的加氯间，氯瓶和加氯机应考虑分隔。加氯间必须与其他工作间隔开，并且要有直接通向外部且向外开的门和可以观察室内情况的观察孔；在加氯机出入处，应设有工具箱、抢修用品箱以及防毒面具等。照明和通风设备的开关应设在室外；加氯间内的管线不宜露出地面，应敷设在沟槽里；应设有磅秤作为校核设备，磅秤面宜与地面相平，便于放置氯瓶；加氯间及氯瓶间可根据具体情况设置每小时换气 12 次的通风设备，通风管材料应考虑防氯腐蚀，由于氯气比空气重，故排气孔应设在低处；加氯设备（包括管道）应保证不间断工作，并根据具体情况考虑设置备用数量，一般不少于两套；通向加氯间的压力水管道应保证不间断供水，并尽可能保持管道内水压的稳定；当加氯间需要采暖时宜用暖气，如用火炉时应设在室外，暖气散热片或火炉应离开氯瓶和加氯机。

液氯库建筑应防止强烈光线照射，可考虑设百叶窗；液氯的储备量应按供应和运输等条件确定，一般按最大用量的 15～30 d 计算；液氯仓库一般应设在水厂主导风向的下方，并与厂外经常有人的建筑物保持尽可能远的距离；仓库外应设有检查漏气的观察孔；应有强制通风设备；消毒药剂仓库和加氯间应根据具体情况设置机械搬运设备，常用的有电瓶车、单轨吊车等；液氯仓库应设置漏氯报警仪（器）及漏氯吸收装置或采取其他安全措施。

为操作管理方便，氯库和加氯间往往合建，也有和加矾药库与加矾间合建一处，但必须各自设置独立对外的门。典型的加氯间和氯库布置如图 7-3 所示。

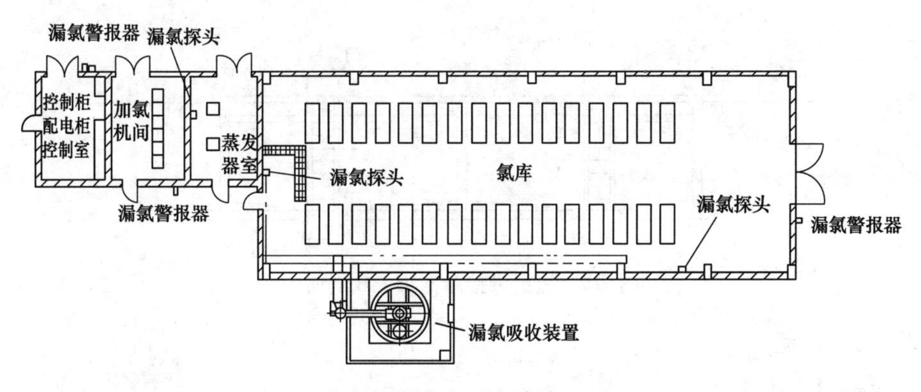

图 7-3 加氯间、氯库布置图

7.2.3 氯消毒接触池

(1) 池体构造

接触池的作用是使氯与水有较充足的接触时间，以保证消毒作用的发挥。在污水深度处理中，可考虑在滤池前加药，用滤池作为接触池，但加氯量较滤池后加氯量要高。接触池结构如图 7-4～图 7-6 所示。

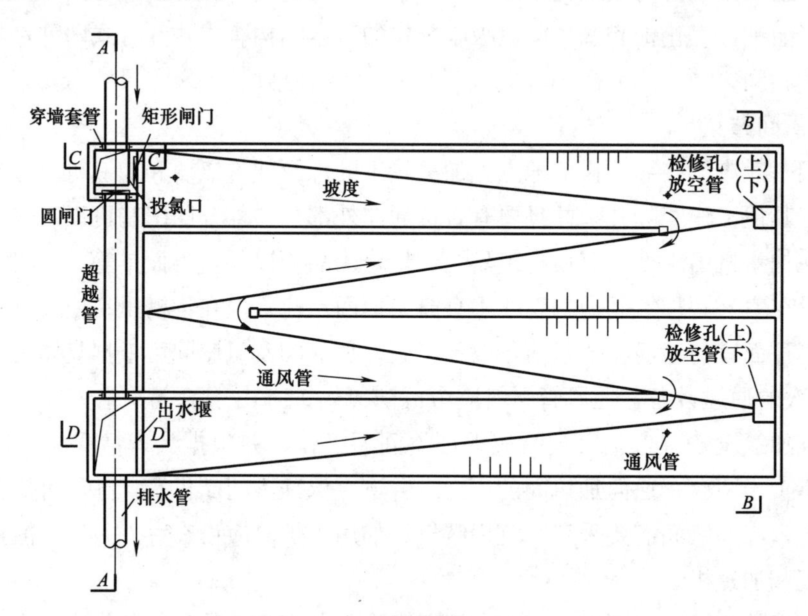

图 7-4　氯消毒接触池平面图

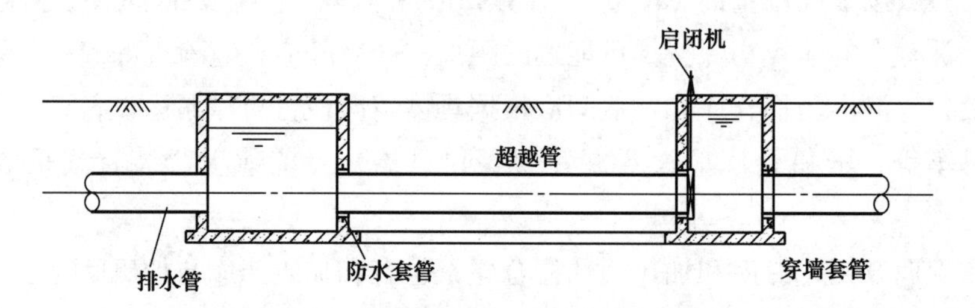

图 7-5　氯消毒接触池 $A—A$ 剖面图

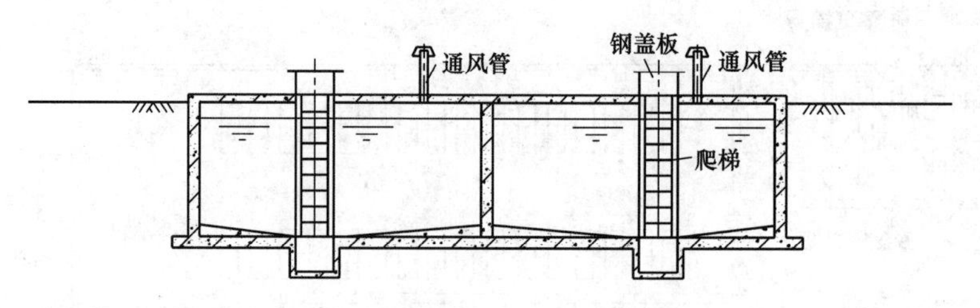

图 7-6　氯消毒接触池 $B—B$ 剖面图

（2）局部构造

1）投氯口、出水堰

投氯口及出水堰构造分别见图 7-7 和图 7-8。

2）闸门构造

闸门安装图见图 7-9。

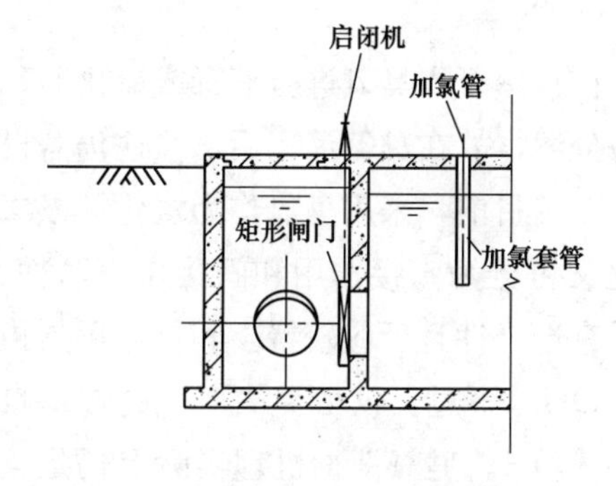

图 7-7 投氯口 C—C 剖面构造图

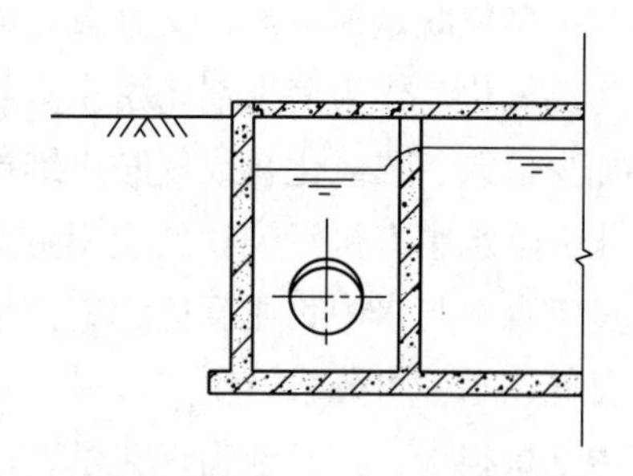

图 7-8 出水堰 D—D 剖面构造图

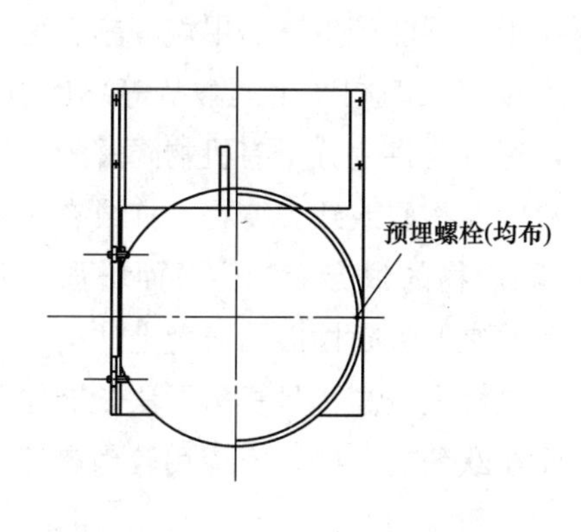

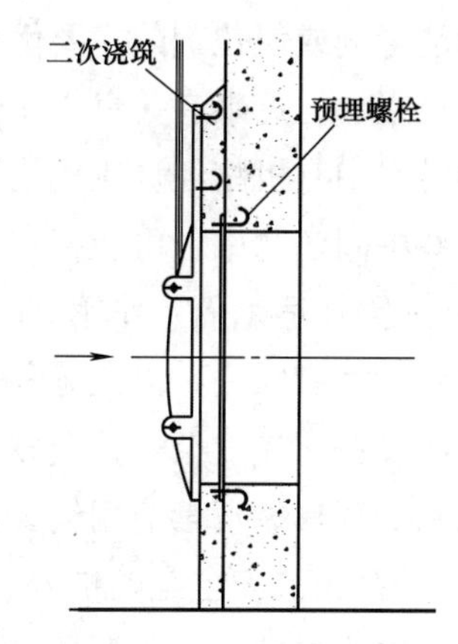

图 7-9 圆形阀门安装图

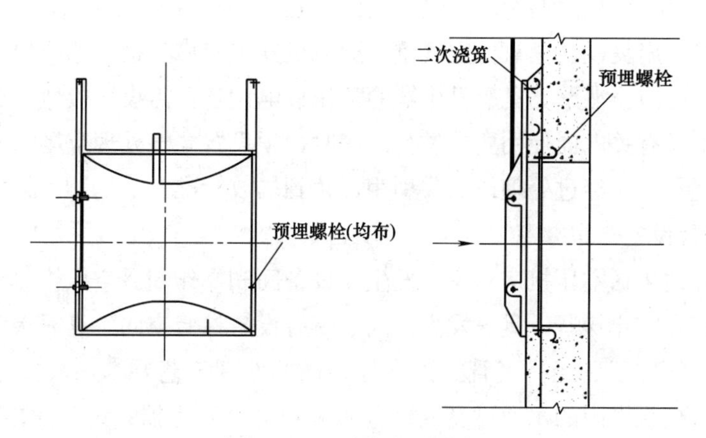

图 7-10 矩形阀门安装图

7.3 臭氧消毒

臭氧分子由 3 个氧原子组成，常温常压下是淡蓝色的具有强烈刺激性的气体。臭氧密度为空气的 1.7 倍，易溶于水，在空气或水中均易分解为氧气。臭氧对人体健康有影响，空气中臭氧浓度达到 1000mg/L 即有致命危险，故在水处理中散发出来的臭氧尾气必须进行处理。

臭氧既是消毒剂，又是氧化能力很强的氧化剂。在水中投入臭氧进行消毒或氧化通称为臭氧化。作为消毒剂，由于臭氧在水中不稳定，易分解，故在臭氧消毒后，往往仍需投加少量氯、二氧化氯或氯胺以维持水中剩余消毒剂浓度。目前，采用臭氧作为氧化剂以氧化去除水中有机污染物的应用更为广泛，臭氧的氧化又可分为直接作用和间接作用两种。臭氧直接与水中物质反应称直接作用，直接氧化作用有选择性且反应较慢。间接作用是指臭氧在水中可分解产生二级氧化剂——羟基自由基·OH。不过，仅由臭氧产生的羟基自由基量很少，与其他物理化学方法协同方可产生较多·OH。臭氧消毒机理实际上仍是氧化作用，可迅速灭活细菌、病毒等。

臭氧作为消毒剂或氧化剂的主要优点在于，不会产生三卤甲烷等副产物，其杀菌和氧化能力也均比氯强。但近来有关臭氧化的副作用（例如产生溴酸盐等）也引起人们关注。有的研究认为，水中有机物经臭氧氧化后，有可能将大分子有机物降解为分子较小的中间产物，而在这些中间产物中也可能存在某些毒性物质或致突变物；抑或有些中间产物与氯（臭氧化后往往还需加适量氯）作用后的中间产物的致突变能力反而增强。因此，当前通常将臭氧与粒状活性炭联用，以充分利用活性炭的吸附性能而避免上述副作用产生。

臭氧制备的设备比较复杂，投资较大，电耗也较高，且臭氧无法长期储存必须现制现用。目前我国水处理臭氧消毒应用较少，而在欧洲的一些国家应用较为广泛。

7.3.1 臭氧处理系统的安全与防护

臭氧有较强的腐蚀性，在潮湿环境下尤甚，系统设备管道应有防腐处理，如接触池在使用钢筋混凝土材料应加防腐涂层。臭氧具有毒性，因此在臭氧制备间应设置通风设备，发生泄漏可及时排出臭氧。臭氧比空气重，通风机安装应靠近接近地面处。臭氧输送管道及臭氧设备须密闭防止泄漏。臭氧发生器为高压放电设备，需设置接地，操作应严格按照设备使用说明书及有关电器使用要求进行。同时，须设置尾气处理或尾气回收装置，反应后排出的臭氧尾气也应经过处理或回收利用，达到排放标准。

7.3.2 臭氧消毒设备布置要点

臭氧水处理站包括空压机房、臭氧发生器设备间和操作间。空压机房安放空压机，空压机安装需防震和防止噪音。臭氧发生器间需留有设备检修空间。臭氧接触塔在寒冷地区应设在室内，尾气处理后经排气管排出室外。根据处理工艺要求，泵要尽量靠近处理设备；应防止臭氧接触塔内的水通过臭氧管道回流到臭氧发生器；设备间内应有排水管道，以备空压机排水，寒冷地区应有供暖设备。

7.3.3 尾气处理工艺

臭氧在水处理过程中往往不能完全被利用，往往在剩余的尾气中含有一部分臭氧，直接排入大气就会污染环境，危害人体健康。剩余臭氧可循环利用，如再次引入原水中，不能再利用的也需就地处理。尾气处理的方法有燃烧法、活性炭吸附法、化学吸收法以及催化分解法等，处理后的尾气中的臭氧含量应小于0.1mg/L。目前多使用回收利用、热分解法和霍加拉特剂催化分解法处理。在生产实践中，常将臭氧尾气以各种方式回用于原水的预处理，例如利用水射器、微孔扩散器等引入原水中。

7.3.4 臭氧消毒接触池

(1) 池体结构

由臭氧发生器制备好的臭氧气体通过管道输送到密闭的臭氧接触池，与原水进行接触反应，反应后的尾气由池顶汇集后，经收集器进入尾气臭氧分解器，剩余臭氧气体被分解成氧气排入大气中。具体布置如图 7-11 和图 7-12 所示。

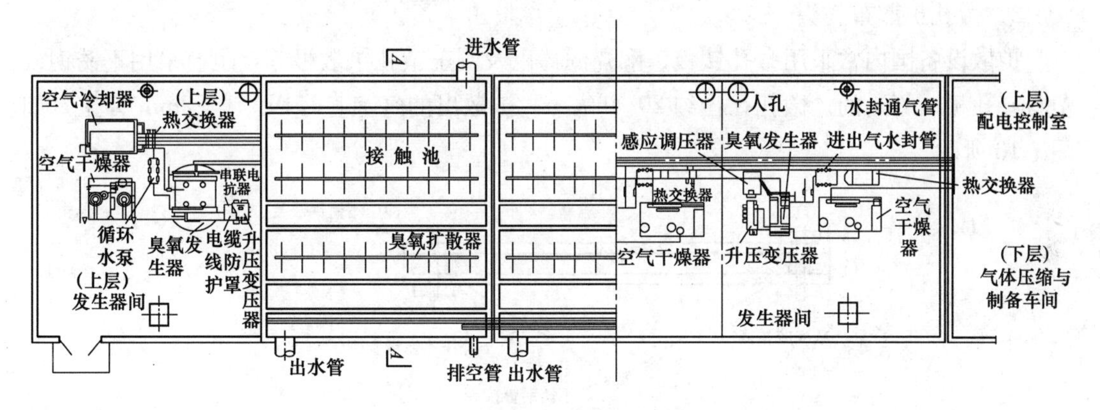

图 7-11 臭氧消毒接触池平面图

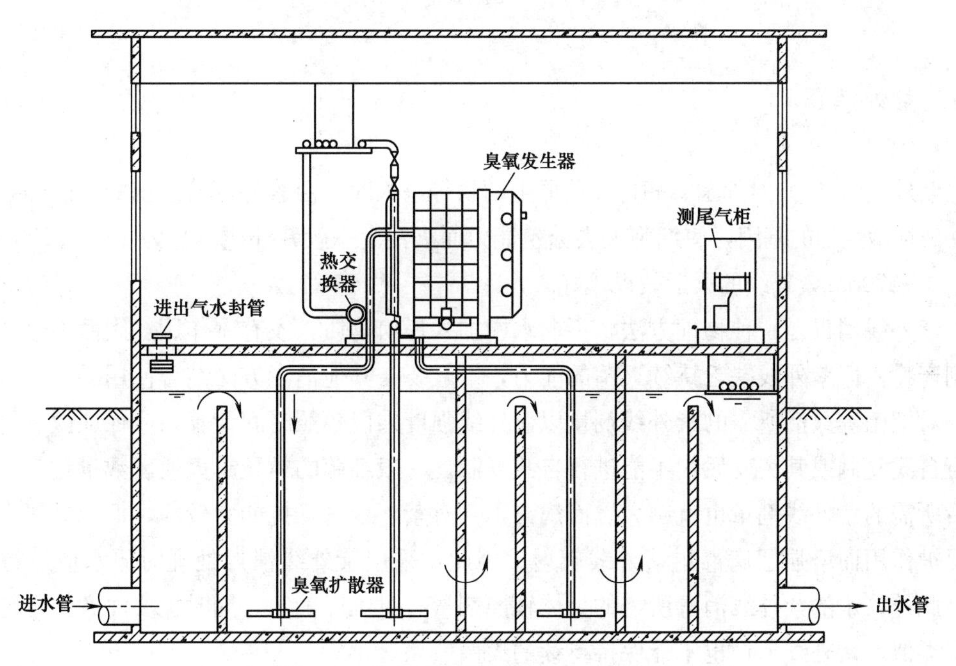

图 7-12 臭氧消毒接触池 *A—A* 剖面图

(2) 局部构造

1) 臭氧发生器

臭氧均为现场用空气或纯氧通过臭氧发生器高压放电制备，臭氧发生器是臭氧制备系统的核心设备。以空气作气源，臭氧制备系统应包括空气净化和干燥装置以及鼓风机或空气压缩机等，所产生的臭氧化空气中臭氧含量一般在 2%～3%（质量比）；如果以纯氧作为气源，臭氧制备系统应包括纯氧制取设备，所产生的是纯氧和臭氧混合气体，其中臭氧含量能达到 6%（质量比）。由臭氧发生器出来的臭氧化空气（或纯氧）一般通过微孔扩散器形成微小气泡均匀分散于水中。

臭氧发生器分为板式（立板式和卧板式）和管式（立管式和卧管式）两类，国内外目前生产的臭氧发生器（尤其是大型设备）以卧管式为主。

2）微孔扩散布气头

扩散设备国内常采用微孔钛板、陶瓷滤棒以及刚玉微孔扩散板等，也有采用不锈钢或塑料穿孔板（管）的。微孔孔径约 20～60μm，扩散出的气泡直径以≤1～2mm 为主，如图 7-13 所示。

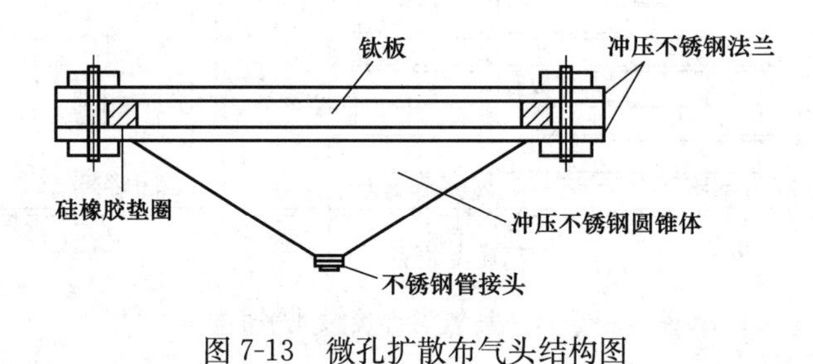

图 7-13 微孔扩散布气头结构图

7.4 紫外消毒

紫外线（UV）对细菌、病毒以及原生动物等杀灭时，由紫外灯管发出的电磁辐射能干扰并破坏微生物的基因，使细胞失去繁殖能力而灭活。一般紫外线波长为 200～320nm，其中 250～270nm 紫外线的灭活效果较好。

紫外线消毒是一种物理方法，不向水中加入任何物质，没有副作用，因而不会产生消毒副产物。但紫外线缺乏持续灭菌的能力，一般要与其他消毒方法结合使用。

对细菌等灭活所需的紫外线剂量以紫外线强度乘以辐照时间计算，应保证微生物不能进行自我复制或其突变后代不能进行自我复制。一般细菌的体积越大或者数量越多，对其灭活所需的紫外线剂量也就越大。而病毒本身对紫外线的抵抗能力较弱，但通过寄生宿主的保护作用而增强了病毒耐紫外线辐射。因此，采用紫外线消毒处理时原水应进行预处理。此外，水的紫外线消毒所需的具体辐照剂量有时难以确定。同时也要注意到，与臭氧消毒类似，紫外线消毒也不能保持持续的灭菌效果。

目前，国内外生产和应用的紫外消毒器按水流状态分为敞开重力式和封闭压力式，即为明渠式和压力管道式。敞开式消毒器适用于大、中水量处理，多用于污水处理厂。封闭式消毒器一般适用于中、小水量处理，或有必要施加压力且消毒器不能在明渠中使用的情况。各种系统中外罩密封石英套管的紫外线灯管都可以和水流方向垂直或平行布置。平行系统水力损失小且水流形式均匀，而垂直系统则可以使水流紊动，提高消毒效率。目前使用的以封闭压力式居多。

7.4.1 紫外线消毒器

(1) 敞开式 UV 消毒器

在敞开式 UV 消毒器中，水在重力作用下流经 UV 消毒器以灭活水中的微生物。将外加同心圆石英套管的紫外灯置入水面以下，水由石英套管的周围流过。当更换灯管（组）时，使用提升设备将灯组抬高至工作面进行操作。敞开式 UV 消毒器的构造比较复杂，但紫外辐射的利用率高，消毒效果比较理想。

敞开式 UV 消毒器的水流靠重力驱动，不需要泵、管道以及阀门等。可对单个模块进行系统维护，紫外灯模块易从明渠中直接取出进行维护检修，维护时系统无需停机可继续进行消毒，因而无需备用设备，如需对明渠进行清理也较为方便。模块化的消毒装置大大降低了紫外线消毒的成本，并使得系统维护变得更加简单、方便。

(2) 封闭式 UV 消毒器

封闭式 UV 消毒器属于承压型，用金属筒体和带石英套管的紫外线灯将水封闭起来。消毒器筒体由不锈钢或铝合金制造，内壁作抛光处理以提高对紫外线的反射能力和增强辐射强度，同时，可根据处理水量的大小设置紫外灯的功率和数量。

有的消毒器在筒体内壁加装了螺旋形叶片，以改变水流的运动状态而避免出现死水区域和防止管道堵塞，所产生的紊流以及锋利的叶片边缘会破碎悬浮固体，使附着的微生物完全暴露于紫外线的辐射中，提高了消毒效率。也有消毒器在桶内加装了导流板，改变水流的运动状态，避免水流死角。

消毒器一般设有进水、出水和泄水管路，进水管上应设流量指示仪表，为简化消毒器的构造，也可将泄水管和流量仪表安装在与消毒器相连的管路上。消毒器的醒目位置也设有灯管点燃指示、点燃计时指示或紫外线强度指示仪表。

7.4.2 紫外消毒池

紫外线消毒系统为模块化设计，安装简便，现场设备、管线和建筑结构均较为紧凑。因此，紫外线消毒池的结构较为简单，并且占地面积较小，且不产生任何噪音。紫外消毒间的典型布置如图 7-14～图 7-16 所示，紫外消毒模块的安装如图 7-17 所示。

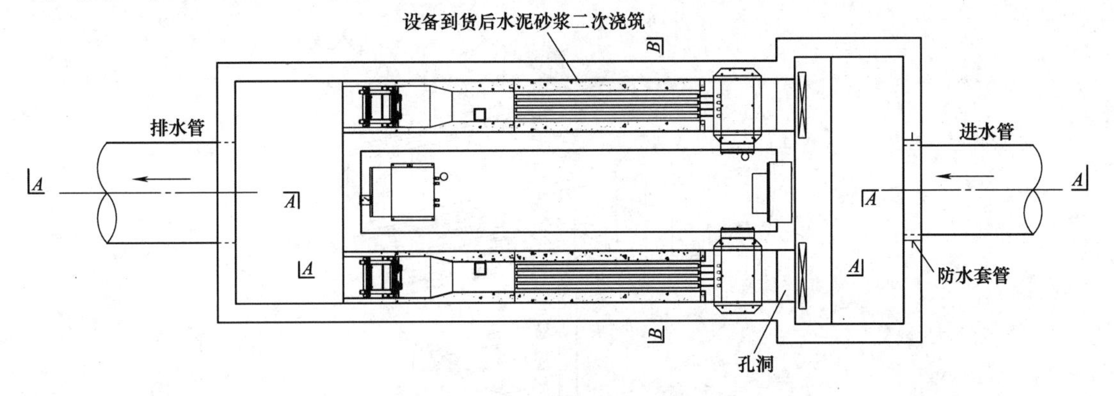

图 7-14 紫外消毒池平面图

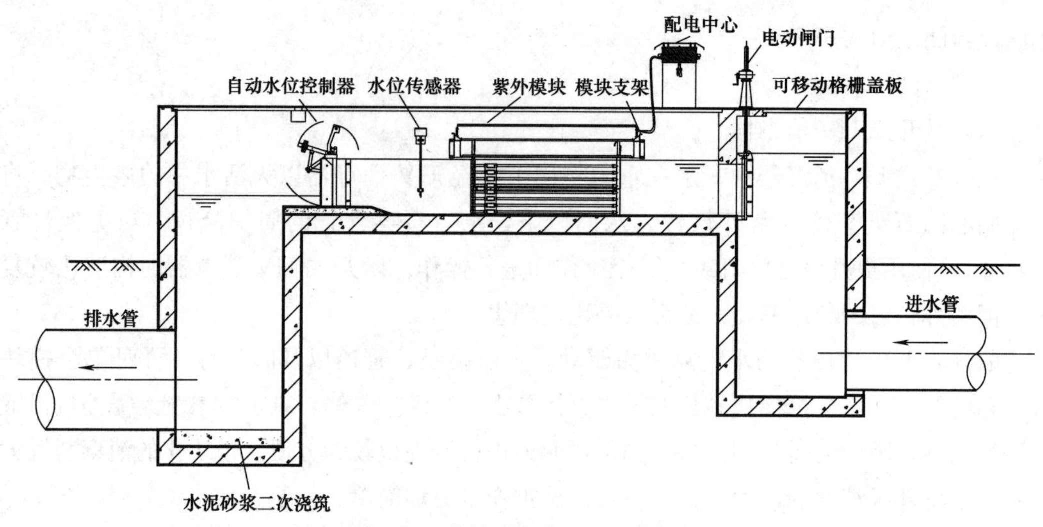

图 7-15　紫外消毒池 A—A 剖面图

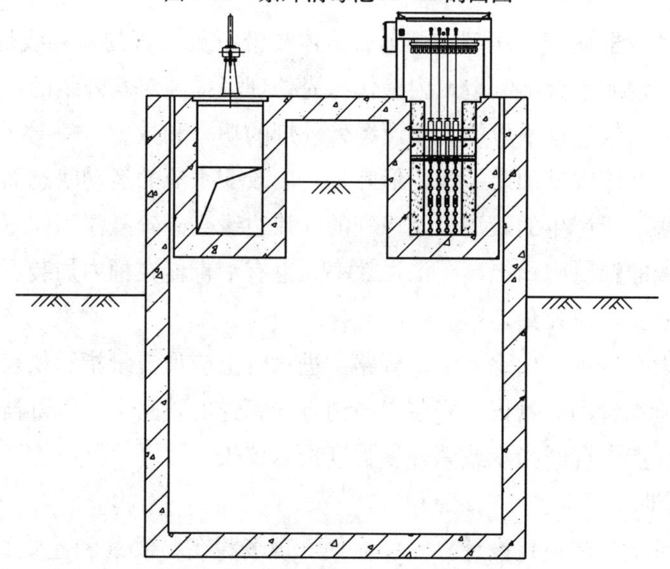

图 7-16　紫外消毒池 B—B 剖面图

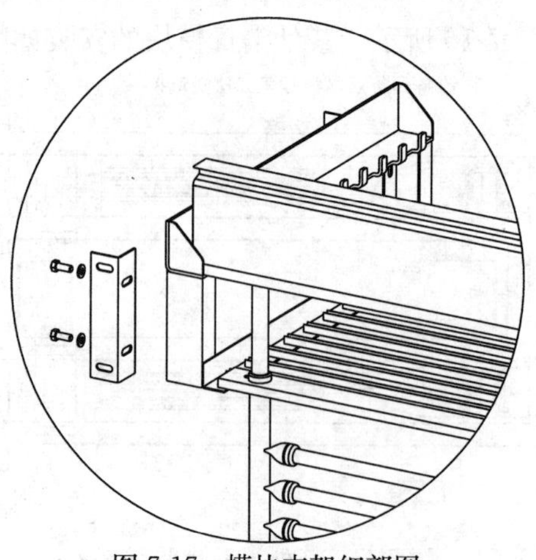

图 7-17　模块支架细部图

第 8 章　升流式厌氧污泥床

8.1　UASB 概述

升流式厌氧污泥床（Up-flow Anaerobic Sludge Bed，简称 UASB）工艺具有厌氧接触过滤以及厌氧活性污泥法的双重特点，能高效地将污水中的有机污染物转化成再生清洁能源——沼气，对于不同浓度与含固量污水的适应性也较强，且其结构、运行操作和维护管理相对简单，造价也相对较低，技术已经成熟，如今日益受到污水处理业界的重视，并得以深入研究和广泛应用。

8.2　UASB 基本原理和结构

UASB 反应器包括以下几个部分：进水和配水系统、反应器池体和三相分离器，如图 8-1 所示。

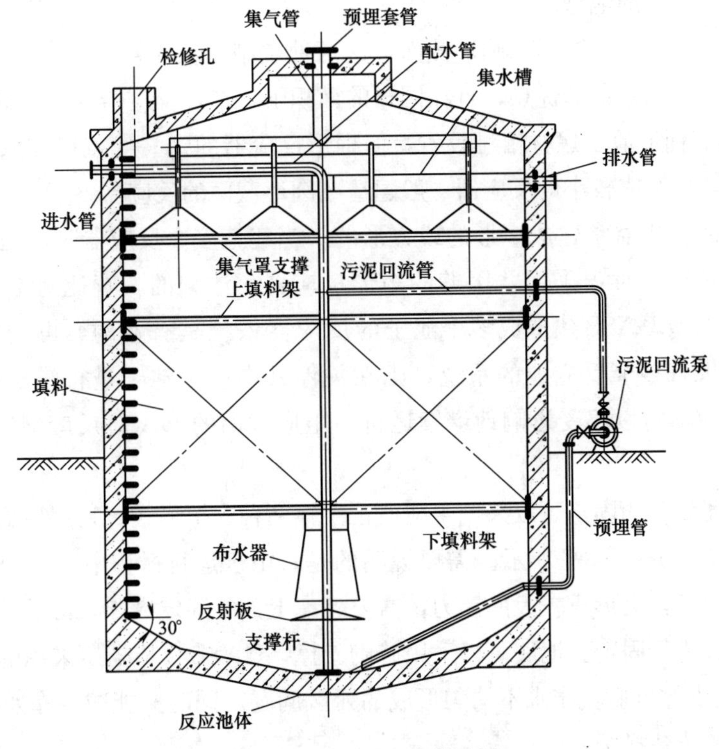

图 8-1　UASB 基本构造图

污水引入反应器的底部，向上通过包含颗粒污泥或絮状污泥的污泥床。厌氧反应发生在水与污泥颗粒的接触过程。在厌氧状态下产生的沼气（主要是甲烷和二氧化碳）带动了水的内部循环，这对于颗粒污泥的形成和维持有利。在污泥层形成的一些气泡附着在污泥上，不断长大的气泡和附着气泡的污泥上升至反应器顶部。上升到污泥床表面的污泥碰击三相分离器的气体反射板底部后，引起附着气泡的污泥絮体脱气。气泡释放后污泥颗粒将沉淀到污泥床的表面，气体被收集到反应器顶部的三相分离器的集气室。置于集气室单元缝隙之下的挡板既能防止气泡进入沉淀区，避免因沉淀区扰动而阻碍污泥的沉淀，又可防止夹杂一些剩余固体和污泥颗粒的液体经过分离器缝隙进入澄清区。

由于分离器的斜壁沉淀区的过流面积在接近水面时增加，因此上升流速在接近排放点时降低。由于流速降低使得污泥絮体在沉淀区可以絮凝和沉淀。在三相分离器上的污泥絮体累积到一定程度后，将克服与斜壁上的摩擦力而滑回到反应区，这部分污泥又可与进水有机物继续反应。

8.2.1 反应器的池体

UASB反应器壁多采用钢筋混凝土建造。污泥床高度一般为3～8m。污水中有机物浓度较高时，要求沉淀区与反应区的容积比例较小，可保持反应区与沉淀区的面积相同，即采用直筒形反应器。当有机物浓度较低时，则需要较大的沉淀面积，同时为了保证反应区的设计高度，反应区的面积又不能太大时，则应使反应区小于沉淀区的面积，即采用反应器上部面积大于下部的池型。

UASB反应器可采用矩形和圆形截面，这两种类型的反应器均已大量得到实际应用。桶形反应器具有结构稳定的优点，且在同样的面积下，桶形反应器圆截面的周长较正方形的少12%，因而桶形池子建材相对较省，但桶形反应器的这一优点仅在采用单个池子时才成立。因此，单个或较小的反应器一般建造成圆形截面的反应器。

体积较大的反应器常建成矩形的或方形的。当建造多个反应器时，矩（方）形反应器可以采用共用壁。对于采用共用壁的矩形反应器，池型的长宽比对造价也有较大的影响。同时，大型UASB建造成多个池子的反应器系统是有益的，可增加处理系统的适应能力。如果有多个反应池的系统，则在关停其中一个池子进行维护和修理时，而其他单元的反应器可以不受影响地继续运行。矩形截面的UASB反应器结构如图8-2～图8-4所示。

三相分离器设备的固定可以采用牛腿或工字钢两种支撑形式。采用牛腿支撑的UASB三相分离器如图8-5～图8-7所示。需要说明的是，由于运行过程中，三相分离器的气室内有一定量的沼气，会形成较大的浮力，需要考虑上部的固定措施，可借助出水管和出气管以及其他形式进行固定。池底可以采用砖砌支撑，UASB反应器所采用的典型结构如图8-8所示，砖砌支撑可避免布水不均匀形成的死区问题，同时又能减少布水管的投资，但是会增加一定的土建投资。

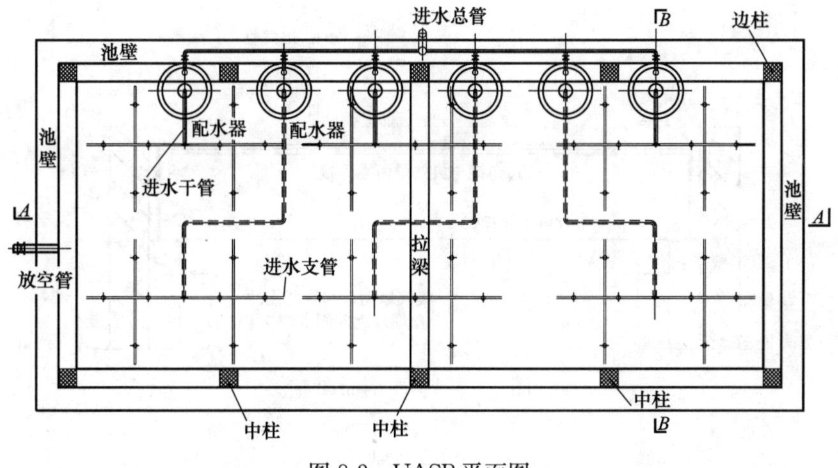

图 8-2 UASB 平面图

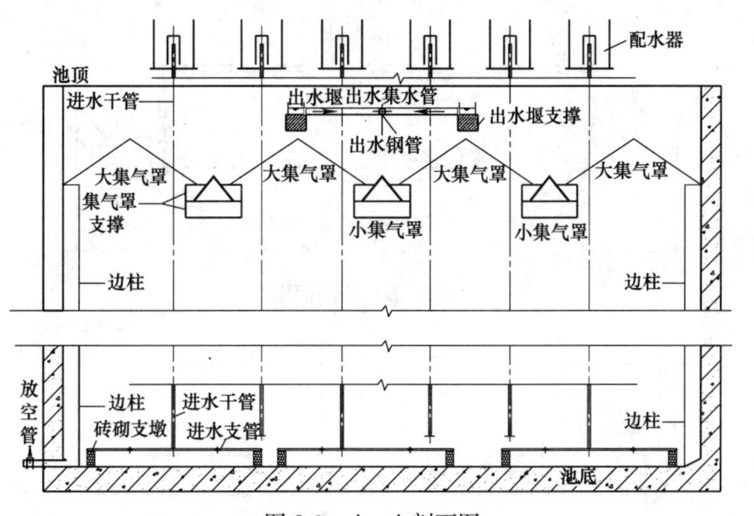

图 8-3 A—A 剖面图

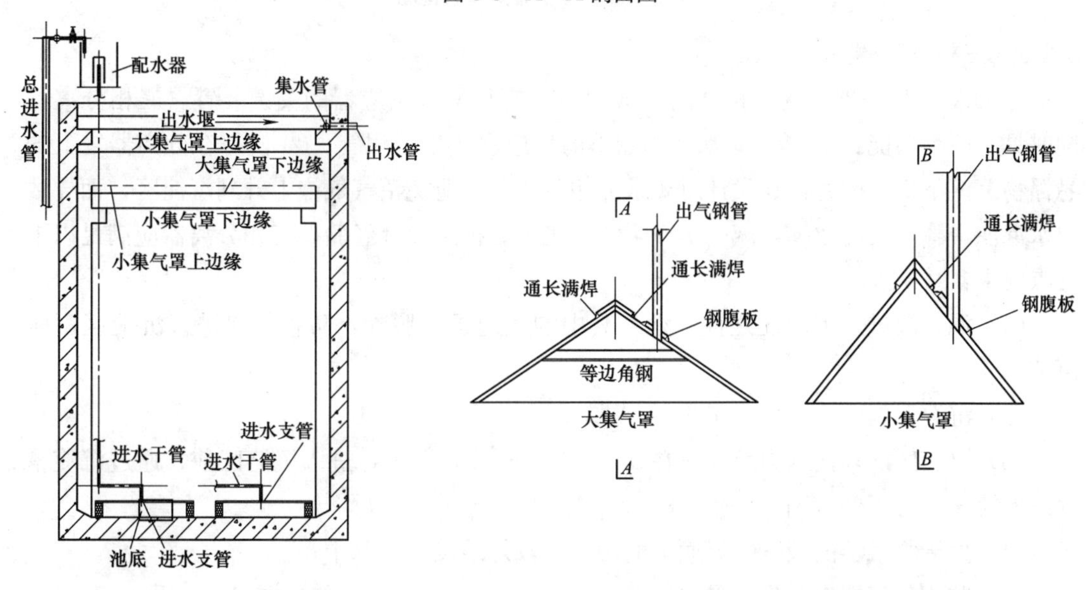

图 8-4 B—B 剖面图

图 8-5 大小三相分离器构造图

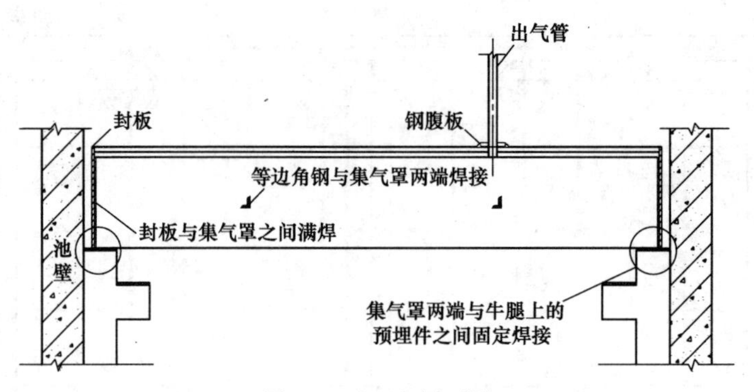

图 8-6　*A*—*A* 剖面图

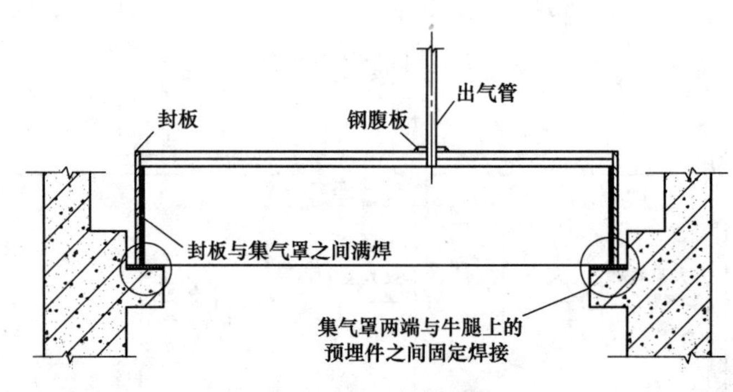

图 8-7　*B*—*B* 剖面图

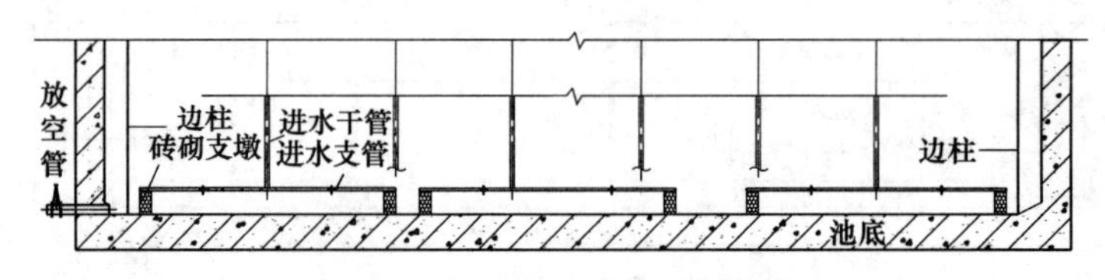

图 8-8　布水管底部支撑结构图

8.2.2　三相分离器

在 UASB 反应器中的三相分离器（GLS）是 UASB 反应器的关键装置。三相分离器同时具有两种功能：① 能收集从分离器下的反应室产生的沼气；② 使得在分离器之上的悬浮物沉淀下来。因此，在设计时要求三相分离器应避免沼气气泡上升到沉淀区，而导致出水混浊，降低沉淀效率，减少所产生的沼气量。根据设计经验，三相分离器应满足以下几点要求：

（1）混合液进入沉淀区之前，须将其中的气泡予以脱除，防止气泡进入沉淀区影响沉淀；

（2）沉淀器斜壁角度可大于 45°；

（3）沉淀区的表面水力负荷应在 $0.7m^3/(m^2 \cdot h)$ 以下，进入沉淀区前，通过沉淀槽底缝的流速不大于 2m/h；

（4）处于集气器的液—气界面上的污泥要较好地浸没于水中；

（5）防止集气器内产生大量泡沫。

可通过适当选择沉淀器的深度/面积值来满足其中（2）和（3）的要求。

对于低浓度污水，主要采用限制表面水力负荷来进行控制；对于中等浓度和高浓度污水，如在极高负荷下，单位横截面上释放的气体体积可能成为一个临界指标。但是到目前为止的国内外研究和应用成果表明，只要负荷率不超过 20kgCOD/(m^3 · d)，尚未见到UASB高度有大于10m的报道，而第三代厌氧反应器除外。

污泥与污水的分离基于污泥絮凝、沉淀和过滤共同作用。因此，在运行操作过程中，应尽可能创造污泥能够形成絮凝沉降的水力条件，使污泥具有良好的絮凝和沉淀性能，不仅对于分离器的有效运行具有重要意义，对于有机物的有效去除更加至关重要。

其中，尤其要避免气泡进入沉淀区，应使固—液进入沉淀区之前与气泡较好地分离。在气—液表面上形成浮渣能迫使一些气泡进入沉淀区。因此，在设计中应考虑到以下两点：

（1）采用适当的技术措施，尽可能避免浮渣及浮渣层的形成；

（2）采用冲散浮渣的设施或装置，污泥反应区一旦出现浮渣，能够及时破坏浮渣层的形成，或者能及时排除浮渣。

如上所述，UASB中污水与污泥的混合是靠上升的水流和发酵过程中产生的气泡来完成的。因此，一般采用多点进水，使进水均匀地分布在床断面上。

图8-9是3种目前常用的分离器。图8-9（*a*）中，气、液、固三相流体进入分离器后，气体由集气罩收集后排出反应器，泥和水则通过集气罩和阻气板之间的缝隙进入沉淀区，进行泥水分离，上清液排出，沉淀污泥则返回反应区。这种三相分离器的结构简单，气室面积和容量都比较大，但由于进水和污泥回流都在同一个环形缝隙上，因而回流污泥必然要受到进水水流的干扰。此外，沉淀器出水槽和进水口在同一侧，易引起短流现象，影响固、液分离。因此，这种分离器常用于污泥沉降性能良好和水力停留时间长的反应器。

图8-9（*b*）中，与气体分离后的液固混合物沿一狭形通道进入沉淀区，澄清液从溢流口排出，污泥在回流口形成污泥层，增加了回流推动力。该结构使得污水进入与污泥回流严格分开，有利于污泥沉降，提高沉淀效率。但沉淀区的入流口面积较小，上升流速较快，沉淀区沉降性能较差的污泥有可能被带出反应器。

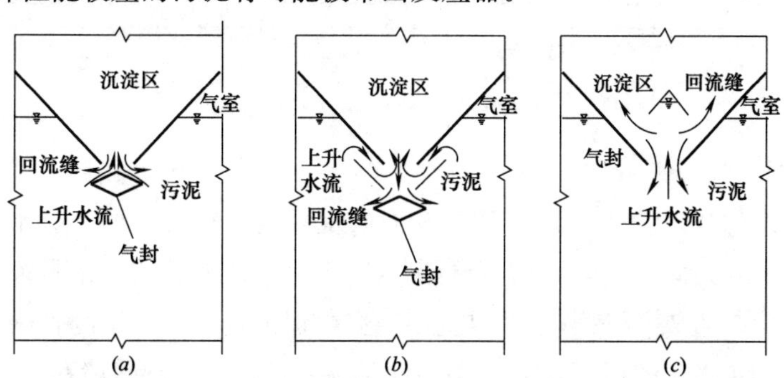

图8-9 UASB三相分离器单体的不同形式对比图

图8-9（c）所示三相分离器由集气室、挡气板、配水管、扩张区和再次分离区组成。气体分离后，固体悬浮物和液体进入沉淀室，在处于层流状态的沉淀室中，污泥被分离出来，并在回流隔室下部形成污泥层，利用密度差，浓缩污泥由隔室板滑返至反应器。这种分离器将沉淀区与扩张和回流隔室分隔开，分离效率高；但结构复杂，所占空间大，适用于大型反应器。此外，当UASB反应器水力负荷较高时，三相分离器中沉淀区表面负荷也较大，泥水分离效率下降，易引起污泥流失。

由前述分析可知，不同结构的三相分离器均由集气室、沉降室、混合液入流口、污泥回流口和反射锥或阻气板组成。气体的完全分离、混合液入流口与污泥回流口分离、沉降室内较低的表面负荷均有利于提高三相分离器的分离效果。三相分离器的安装如图8-10和图8-11所示。

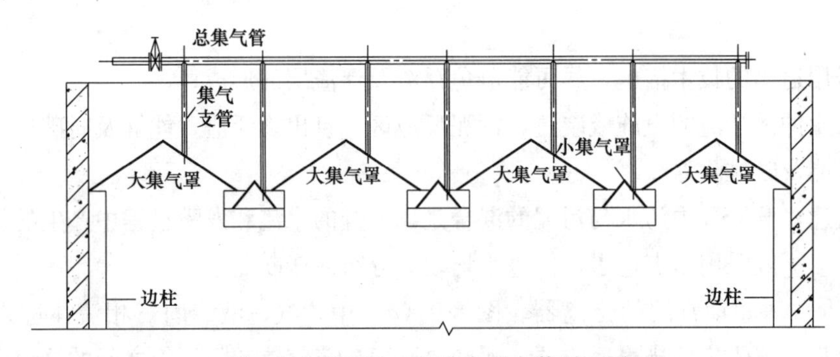

图8-10 UASB三相分离器安装平面图

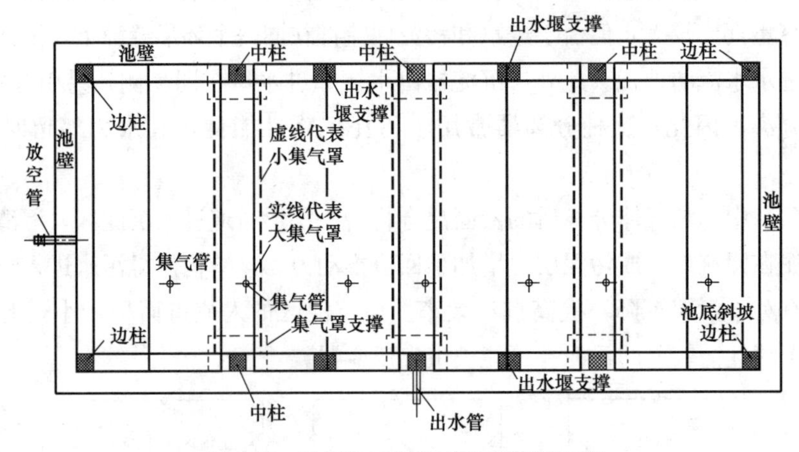

图8-11 UASB三相分离器安装剖面图

8.2.3 进水分配系统

进水分配系统的合理设计对UASB处理器的良好运转至关重要，进水系统兼有配水和水力搅拌的功能，为此，应满足如下原则：① 确保单位面积的进水量基本相同，以防止短路等现象发生；② 尽可能满足水力搅拌需要，保证进水有机物与污泥迅速混合；③ 应保证容易观察到进水管的堵塞；④ 一旦发生堵塞，能够及时清除堵塞。

生产装置中采用的进水方式大致可分为间歇式（脉冲式）、连续流、连续与间歇相结合等方式；从布水管的形式可划分为一管多孔、一管一孔和分枝状等多种形式。

(1) 连续进水方式（一管一孔）

为了确保进水均匀分布，每个进水管线仅仅与一个进水点相连接，是最为理想的情况。为保证每一个进水点的流量相等，应采用高于反应器的水箱（或渠道式）进行分配，通过渠道或分配箱之间的三角堰来保证等量的进水。该系统较易观察到堵塞情况，如图 8-12 所示。

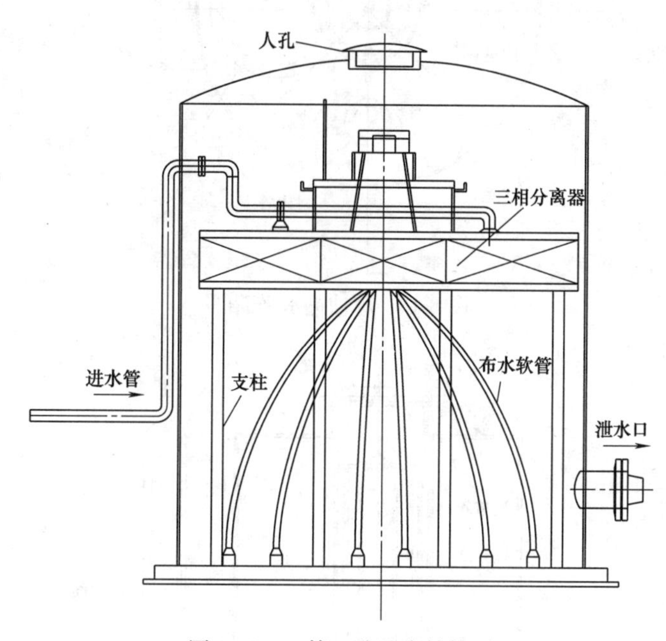

图 8-12 一管一孔配水结构图

(2) 脉冲进水方式

脉冲布水器是由箱体、虹吸装置以及出水管等部分组成，其特点是连续进水、瞬间排水以及形成周期性的脉冲进水，是一种较为理想的高效节能且操作可靠的布水系统。

脉冲布水器是利用虹吸管中快速流动的水流将主管道中的空气带走，使管道内形成一定的真空度，在管道内外大气压差的作用下，将容器中的水压入主管道后进入反应器。由于水流速度高，布水能在短时间内完成，以达到脉冲的效果，并搅动反应器底部的污泥，使其与污水不断充分地混合，达到微生物与污水中有机物得以充分接触反应的目的。

目前，国内的 UASB 反应器很多均采用了脉冲进水方式。一般而言，脉冲方式进水可使底层污泥交替进行收缩和膨胀，有助于底层污泥的混合。图 8-13 和图 8-14 是一种脉冲布水器的结构图，该系统借鉴了给水中虹吸滤池的布水方式。

(3) 分支式配水方式

分支式配水系统的特点是采用较长的配水支管增加沿程阻力，以达到布水均匀的目的。根据工程实践的结果，分支布水系统最大的负荷面积为 54m^2。大阻力系统配水均匀程度高，但水头损失较大。而小阻力系统水头损失小，如果不影响处理效率，可减少系统的复杂程度。分支配水的平面如图 8-15 所示。

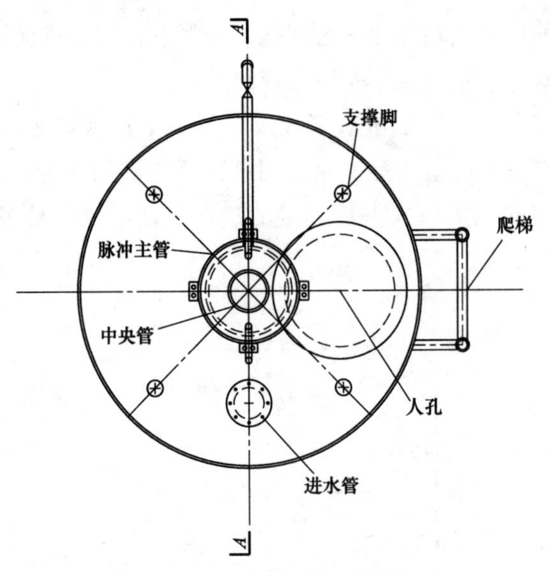

图 8-13 脉冲进水平面图

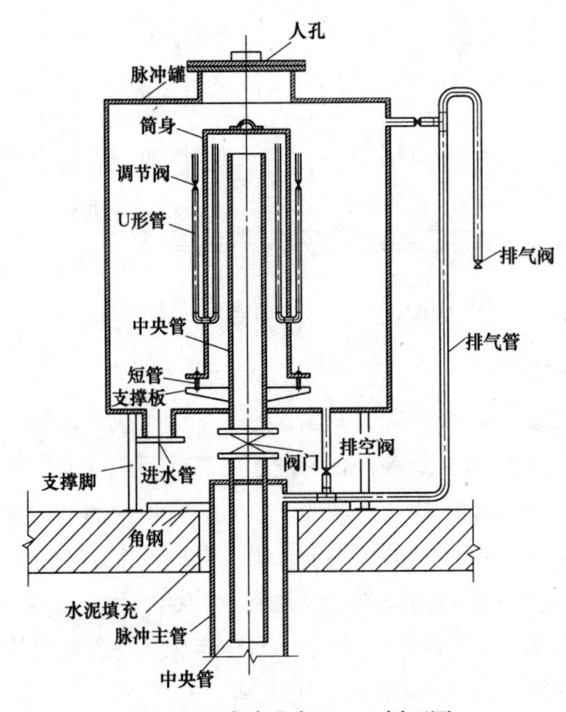

图 8-14 脉冲进水 A—A 剖面图

8.2.4 出水系统

出水系统在 UASB 反应器设计中也占有重要地位。出水是否均匀也将影响沉淀效果和出水水质，为了保持出水均匀，沉淀区的出水系统通常采用出水渠（槽）。一般每个单元三相分离器沉淀区设一条出水渠，而出水渠每隔一定距离设三角出水堰。常用的布置形式有两种，分别如图 8-16～图 8-19 所示。出水首先溢流进入三角出水堰，收集后汇入总出水管。

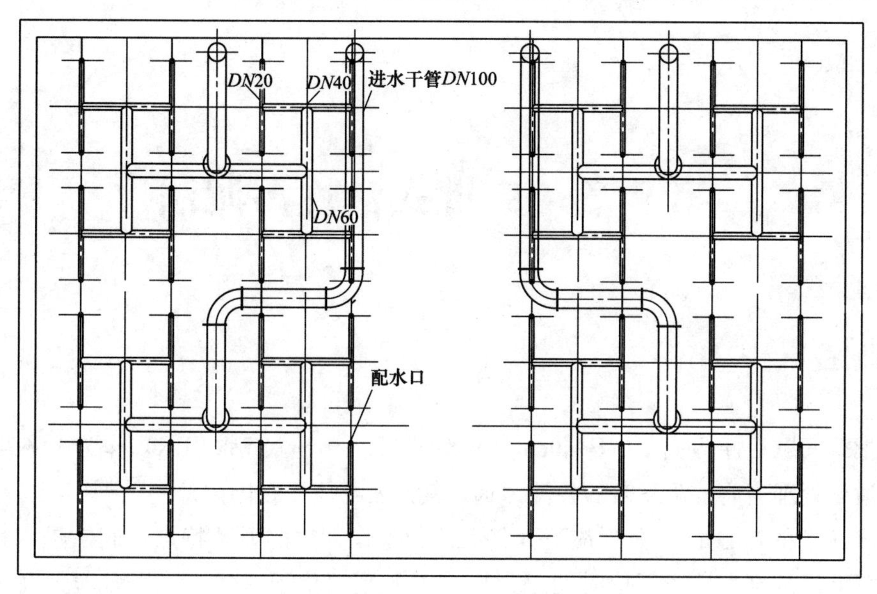

图 8-15 分支配水平面图

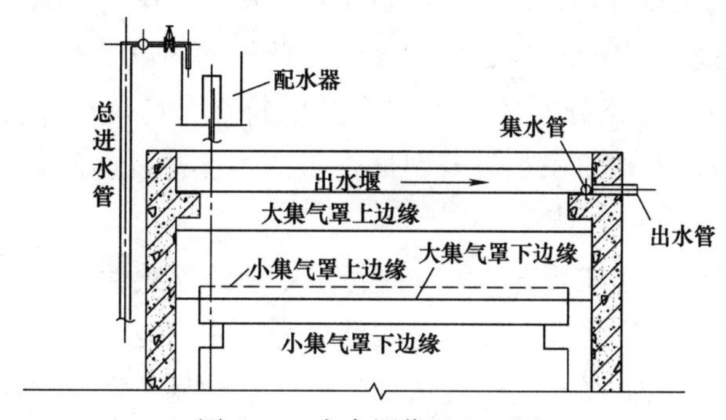

图 8-16 出水堰位置立面图

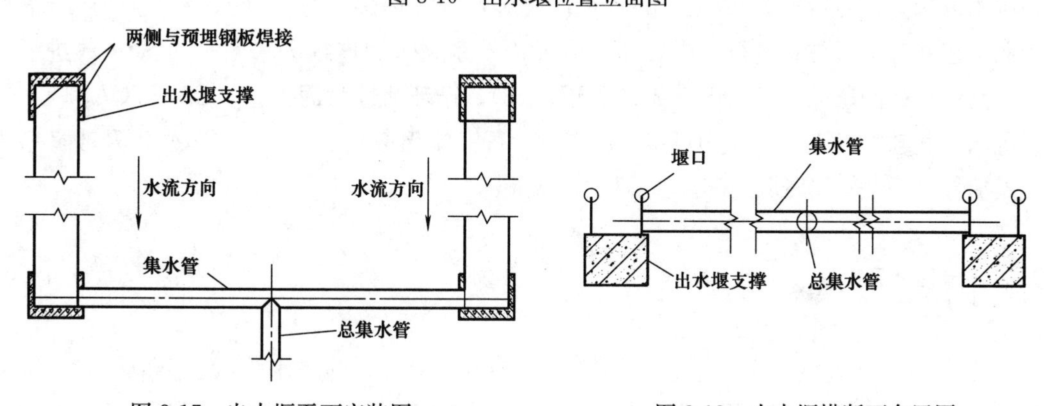

图 8-17 出水堰平面安装图

图 8-18 出水堰横断面布置图

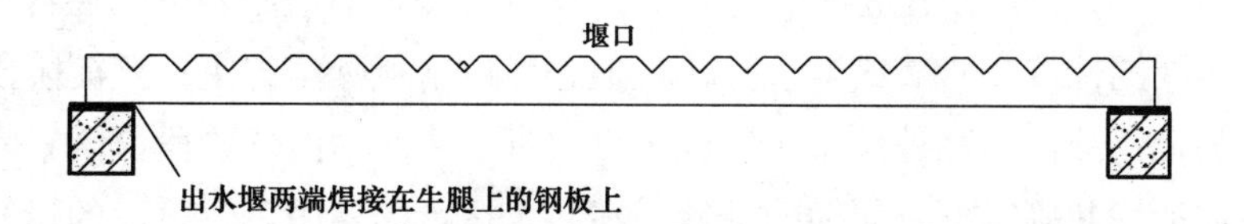

图 8-19 出水堰加工图

第9章　序批式活性污泥法

9.1　概述

序批式间歇活性污泥法（Sequencing Batch Reactor，简称 SBR）作为一种生物处理技术，适于处理当前日益复杂的各类污水，其开发与应用在国内外均受到广泛关注。

SBR 工艺的核心是 SBR 反应池，其运行和操作方式的显著特点是间歇进水，同时将反应、沉淀以及排水排泥等按时间序列操作的各工序集于一体。采用多池并联运行的系统，使各 SBR 池运行周期及时间序列依次进水和出水，可使进、出水在各池间循环切换，以解决整个污水处理系统中的连续运转。此外，SBR 的间歇运行方式与许多行业污水产生的周期相一致，因而可充分发挥其处理工艺的特点，广泛应用处理工业污水。由于 SBR 具有工艺流程短、占地面积小以及耐冲击负荷等优势，也使其成为许多小城镇污水处理的常用工艺。

对于较大规模的污水处理而言，为解决污水处理的连续性与 SBR 反应器间歇性处理方式之间的矛盾，采用多池并联运行的方式已成为 SBR 工艺设计的常用选择，但对系统控制的自动化要求将明显提高，同时也增加运行管理的复杂性。为此，自 SBR 工艺研究和应用以来，针对典型 SBR 工艺的各种优势和局限，许多研究者借鉴诸多连续运行活性污泥工艺对其运行方式进行改进，相继开发出一系列采用连续进水方式的 SBR 改进型工艺，其中包括间歇循环延时曝气系统（ICEAS）、循环活性污泥工艺（CASS/CAST）、连续进水—间歇曝气工艺（DAT-IAT）、交替运行一体化工艺（UNITANK）以及改良型序批式活性污泥法（MSBR）等。

9.2　传统 SBR 工艺

传统 SBR 工艺的一个完整运行周期由 5 个阶段构成，即进水阶段、反应阶段、沉淀阶段、排水阶段和闲置阶段。进水阶段接纳需处理的污水，有调蓄和均质的作用，此阶段可曝气亦可不曝气；反应阶段是停止进水后的反应过程，根据需要可以在富氧或缺氧条件下进行，也可周期性进行富氧或缺氧操作，但一般以富氧曝气为主；沉淀阶段进行泥水分离，分离后的上清液排出池外；排水完成至再次进水之间为闲置阶段。闲置阶段内可采取措施恢复污泥活性并等待下一周期的开始。在一个运行周期中，各阶段的运行时间和控制参数等都可以根据进水和出水水质灵活掌握。此外，可按实际情况省去某一阶段，也可以将反应阶段和进水阶段合并，还可在进水阶段同时曝气等。因此，SBR 工艺的控制较为灵活，能够适应不同水质的工业污水和生活污水的处理需求。

9.2.1 池体结构

SBR 工艺在流程上只有一个基本单元，将调节池、曝气池和沉淀池的功能集于一体，按时间顺序进行进水、反应、沉淀和排水等工序，达到水质水量调节，降解有机物和固液分离的目的。SBR 工艺主要由反应池、曝气设备、排水装置、自动控制系统以及水下推进器等组成。整体构造如图 9-1 所示。

（1）进水方式

按 SBR 进水阶段曝气与否可分为非限制性曝气进水和限制性曝气进水两种形式。

非限制性曝气进水的同时进行曝气，延长了进水时间，进水期也有生化反应，污染物在进水过程中就开始降解，从而避免有毒物质在混合液中的积累并超过抑制浓度，可有效地防止污泥中毒，适用于处理高浓度难降解有机污水。

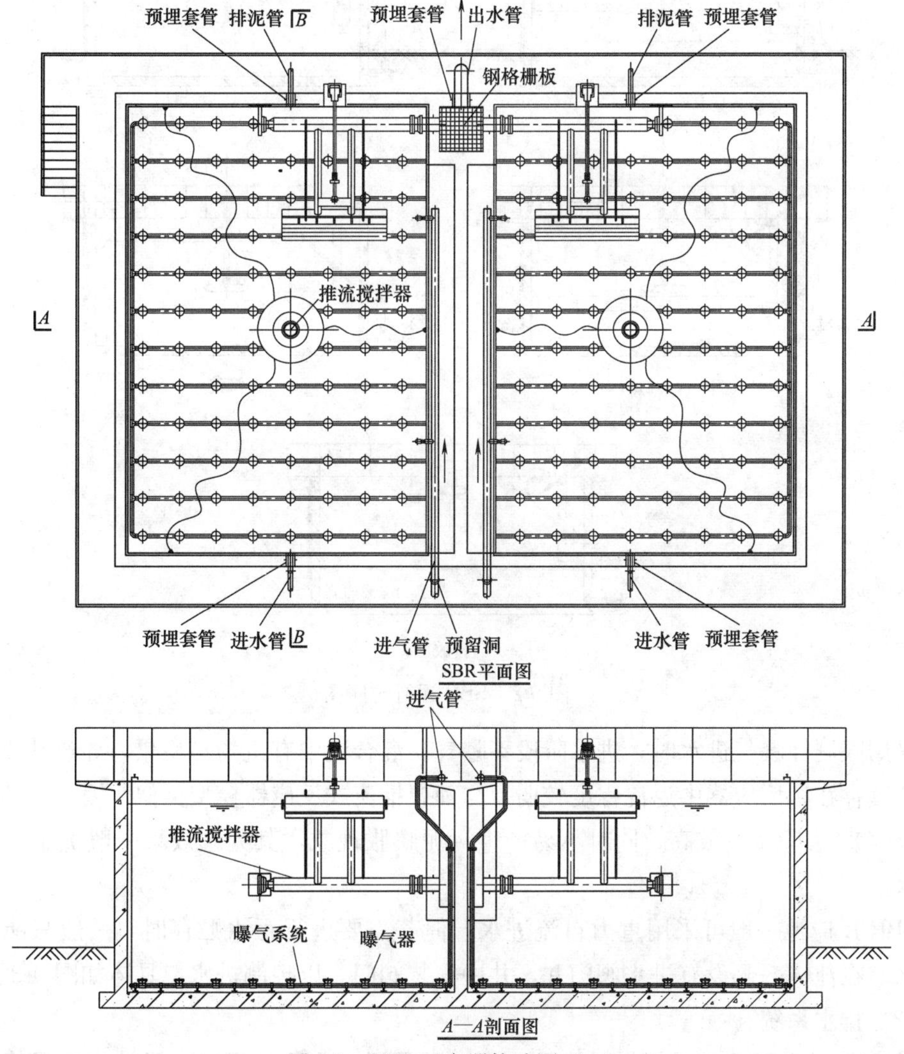

图 9-1 SBR 反应器构造图（一）

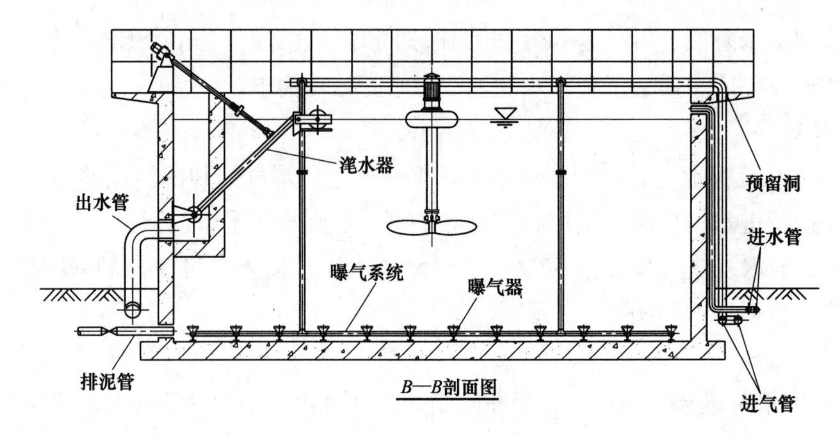

图 9-1　SBR反应器构造图（二）

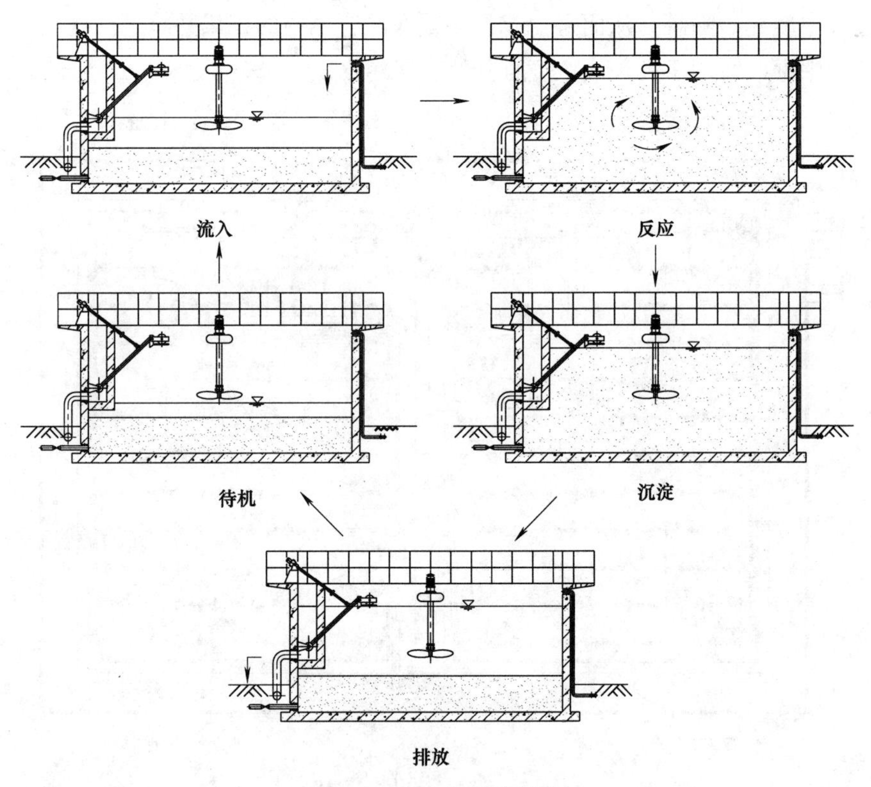

图 9-2　SBR运行时序图

采用限制性曝气进水时，进水阶段不曝气。混合液中有机物易积累，导致其浓度梯度大且持续存在，反应器中返混程度较弱，与理想推流式反应器模型类似。因此，其反应速率高，COD去除率也较高，同时不易产生污泥膨胀现象，其处理效果一般优于非限制曝气进水。

SBR反应池一般可采用重力自流进水，但若需要进行污水贮存时，一般只能采用水泵供水。在池体一侧设有进水阀门井，井中安装阀门，以控制进水，具体如图9-3所示。

（2）排水系统

排水系统是SBR工艺设计的重要内容，也是污水生物处理出水设计中独具特色的内容，其设计是处理系统运行成败的关键组成之一。SBR 工艺的基本特点是其单池的排水形式采用静止沉淀和集中排水的方式，因而在排水期间，SBR 池中的水位是逐步下降的。为保证澄清排水，要求使用随水位同步变化的可调节式出水堰装置。目前，SBR 常用的排水装置为滗水器，能在整个断面上均匀集水，并保持反应器中的沉淀污泥层不被搅动，如图 9-4 所示。

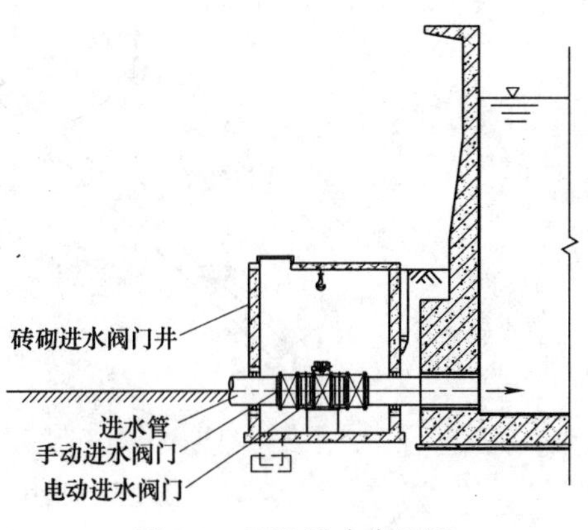

图 9-3 SBR 进水布置图

9.2.2 曝气系统

传统 SBR 反应池多采用鼓风曝气系统，鼓风曝气系统由空压机、空气扩散装置和一系列的联通管道所组成。空压机将空气通过管道输送到安置在曝气池底部的空气扩散装置，通过扩散装置形成不同尺寸的气泡。

SBR 反应池常采用间断曝气的运行方式，由于在同一反应池内进行活性污泥的曝气和沉淀，易使污水和污泥渗入曝气头内部，进入供气支管中，增加曝气时的管道阻力，因而在选择时应尽量采用不易堵塞的曝气装置，同时考虑反应池的搅拌性能。常用的曝气设备有微孔曝气器、可变微孔曝气器、大中气泡曝气器、射流曝气器、机械表曝器以及悬链式曝气器等。

(1) 微孔曝气器

1) 扩散管

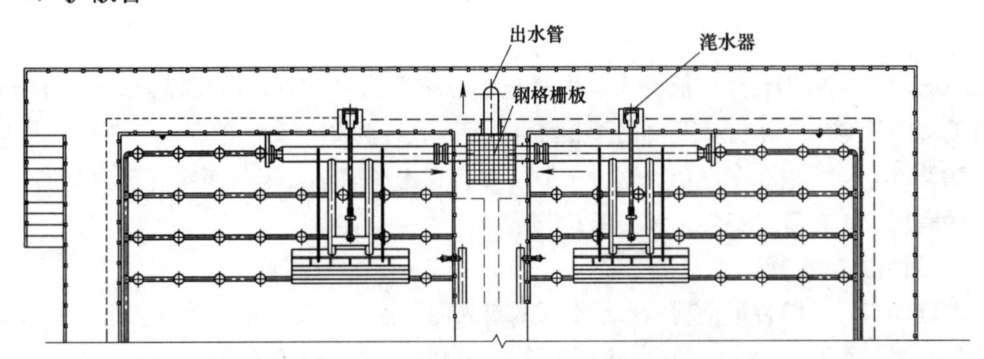

图 9-4 SBR 池出水系统布置图

扩散管道管径一般为 60～100mm，长度为 500～600mm。常以组装形式安装，以 8～12 根管组装成一个管组，便于安装与维修。

2) 膜片式微孔曝气器

空气扩散器的底部常用聚丙烯制成底座，采用特殊工艺加工制成的合成橡胶微孔膜片则被金属丝箍固定在底座上，在膜片上开有按同心圆形式布置的孔眼。如图 9-5 所示。

鼓风时，空气通过底座上的通气孔，进入膜片和底座之间，使膜片膨胀鼓起，孔眼张开，空气从孔眼逸出，达到扩散空气的目的。曝气停止时，内压消失，在膜片弹性收缩的

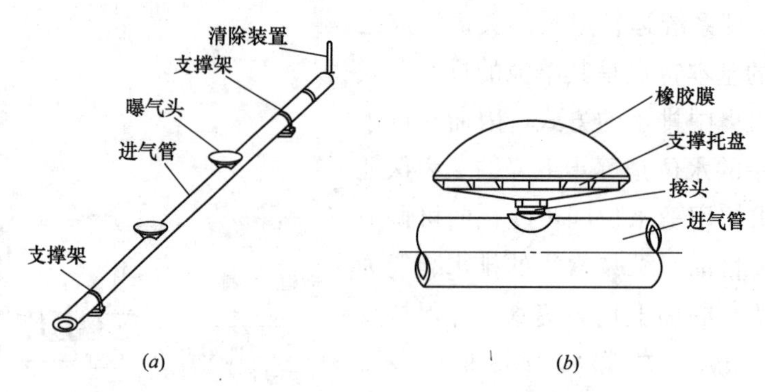

图 9-5 膜片式微孔空气扩散器安装图
(a) 曝气支管；(b) 微孔曝气器

作用下，孔眼自动闭合。因此，保证了 SBR 池中的混合液不能倒流堵塞孔眼；同时曝气器扩散的气泡直径为 1.5～3.0mm，空气中少量的尘埃可以通过孔眼，不易引起堵塞，无须设置鼓风机除尘设备。

微孔曝气器的主要技术参数为：直径 520mm，单个装置作用面积为 1～3m²，氧利用率为 27%～38%。

为便于维护管理，在运行过程中定期将扩散器提出水面清理，开发出提升式微孔空气扩散器。其活动摇臂可灵活转动 360°，可随时将曝气头移至水面上清理与更换，而无需系统停机。提升式微孔曝气器与固定曝气系统相比，具有曝气效果好、节约能源、无需放水即可维修的特点，其适应范围广。

（2）中气泡曝气器

1）穿孔管

SBR 工艺中应用较为广泛的大、中气泡扩散装置为穿孔管，由管径为 25～50mm 的钢管或塑料管制成，在管壁两侧向下相隔 45°留有直径为 3～5mm 的孔眼或缝隙，其间距 50～100mm，空气由孔眼逸出。这种扩散装置具有构造简单、不易堵塞和阻力小的特点，但氧的利用效率较低。安装示意如图 9-6 所示。

2）射流式曝气器

射流式空气扩散装置是利用水泵将污水打入泥水混合液的动能装置，利用高速水流吸入大量空气，将泥、水、气的混合液在喉管中强烈混合搅动，使气泡粉碎成雾状，继而通过扩散管进行曝气。由于速度水头转化为压强水头，微细气泡进一步减小，氧迅速地扩散到混合液中，从而强化了氧的传递过程，氧的利用率可达 20%以上，但总体上动力效率不高。其安装示意如图 9-7 所示。

9.2.3 滗水器

目前，SBR 工艺中使用的滗水器有浮动式、虹吸式以及旋转式等类型。

滗水器一般由收水装置、连接装置和传动装置构成。其中收水装置设有挡板、集水槽以及浮子等，作用是将 SBR 反应器中经沉淀后的上清液均匀收集至滗水器中，并通过导管排出 SBR 反应器；由于排水时间较短，其瞬时收集流量较大，因而要使其做到在规定

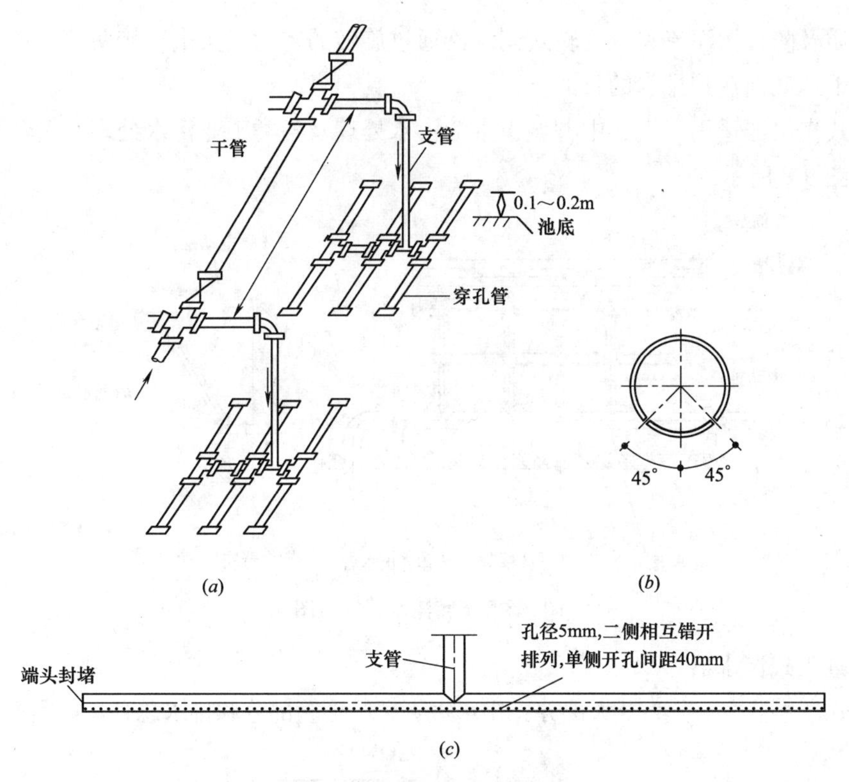

图9-6 穿孔管安装示意图

(a) SBR池内穿孔管布置方式；(b) 穿孔详图；(c) 穿孔详图

的时间内均匀、顺畅地集水，又要随SBR池中水位的下降而匀速下降，同时不扰动反应器中沉淀的污泥，以保证澄清的出水。因此，须重视和把握滗水器的设计、选型和运行操作，同时还要与自动控制系统实现有机结合，通过程序自动控制运行。

(1) 旋转滗水器

旋转式滗水器的重要特征是机械传动，堰口随方向导杆一起旋转运动，使堰口随着液面同步下降而将水排出反应器。

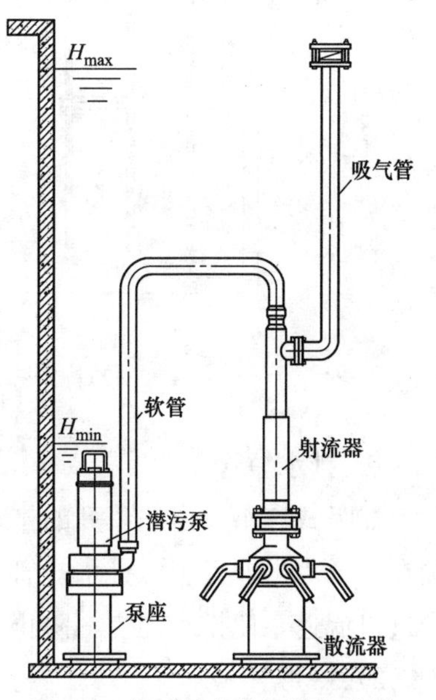

图9-7 水下射流曝气器安装图

旋转式滗水器由电机、减速机、丝杠、方向导杆、载体管道、回转接头、淹没出流堰口、浮箱（拦渣器）以及支撑架等部分组成。设定程序控制方向导杆以合适的速度带动载体管道与堰口进行回转运动，滗出上清液。浮箱堰口既要漂浮在液面上，又能使反应器内的上清液不断涌入。通过控制出水口的移动速度，使堰体与浮力形成一定的平衡，这样既利用了浮力，又可以实现滗水器的随机控制，以保证出水均匀。同时，浮箱能在堰口上方和前后端之间形成一个没有浮渣和泡沫的出流区，保证出水水质及防止污泥流失。旋转式滗水器通过旋转的密封接头来连接两端管道，以保证堰口的上下运动而达到排水的目的。

旋转式滗水器适用于大、中型城市生活污水处理及各类工业污水处理。旋转式滗水器的安装如图9-8所示。

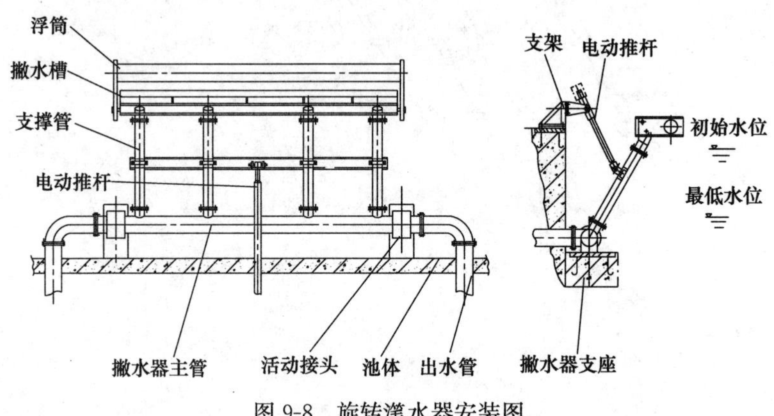

图9-8　旋转滗水器安装图

(2) 虹吸式滗水器

虹吸式滗水器主要分为3大部分：排水短管、U形管部分和排水总管，如图9-9所示。

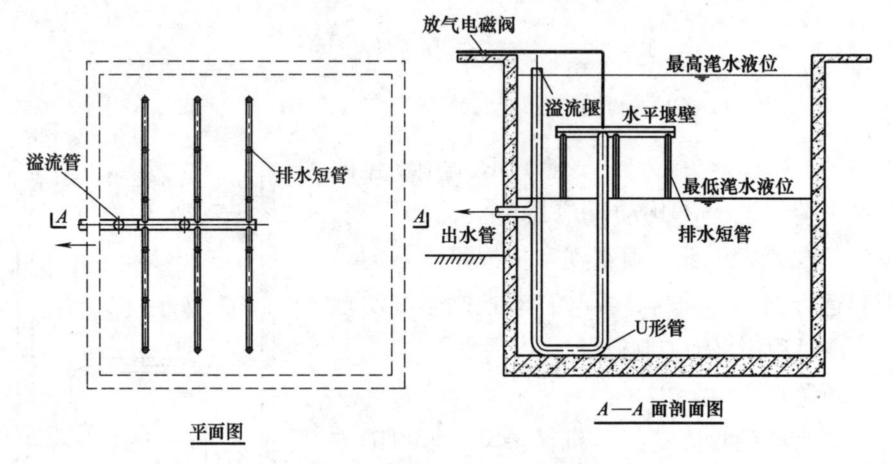

图9-9　虹吸式滗水器安装图

1) 排水短管

虹吸式滗水器由一系列的排水短管汇集在一起，其下口在最低滗水液位以下，上端汇接在一个水平堰臂上。排水短管的数量应足够多，在SBR反应池平面上均匀分布，以减少进口流速，使排水均匀，防止搅动沉泥。

2) U形管

U形管中部分充满水，形成水封。U形管一侧同水平堰臂相连，另一侧与出水管相连。U形管同出水管连接部分设有溢流管；与水平堰臂连接一侧设有放气管，放气管上设有阀门，阀门的开启或关闭用于形成或破坏虹吸状态。

3) 排水总管

同U形管在水平方向上连接在一起，可放在池内，也可放在池外。总管一般低于最低水位 10cm。

这种滗水器的优点是结构简单、维护方便、运行费用低以及基建费用省等。其不足之处在于：① 设计精度高；② 滗水调整困难，滗水深度固定；③ 虹吸要求条件高，具体体现为反应池内液位必须高于汇水堰臂才能形成虹吸，破坏虹吸液位时必须保证排水短管中存有足够的气量，以使下一周期注水过程时短管中的水不进入汇水堰臂而破坏虹吸条件。

(3) 套筒式滗水器

套筒式滗水器有丝杠式和钢绳式两种，其基本原理都是通过固定在平台上的电机运动，带动丝杠或滚筒上钢绳连接的浮动式水堰而上下运动。堰的下端连接着若干条一定长度的直管，直管套在一个带有橡胶密封的套管上，直管可随堰一起运动。套管的末端固定在反应池底，与底板下的排水管相连。上清液由堰流入，经套管导入排水管后，排出反应器，如图 9-10 所示。

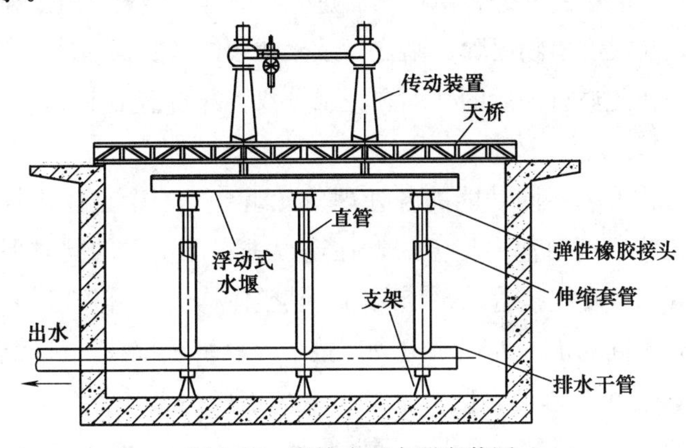

图 9-10 套筒式滗水器安装图

其中滗水槽为矩形堰槽，滗水槽通过柔性橡胶接头与伸缩套筒相连，伸缩套筒为两端带有法兰的内外双层套管构成，伸缩套筒的外筒与池底排水干管采用法兰相连，内层套筒与柔性橡胶接头连接。要求伸缩套管必须平行，这样排水时才能保证堰上各处水量均匀，水流平稳，不会扰动污泥层，以保证出水质量。

此外，还有软管式滗水器、浮筒式滗水器以及无动力的软管浮筒滗水器等。无动力软管滗水器的安装示意如图 9-11 所示。

9.2.4 排泥设备

在 SBR 池内需要将主反应区的污泥回流，同时也要将主反应区的剩余污泥排放至污泥处理设备。这两项操作需要借助于污泥泵完成。由于 SBR 不设初沉池，

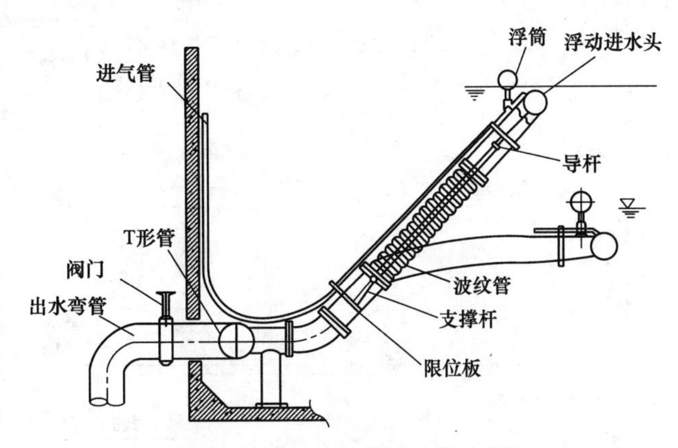

图 9-11 无动力软管滗水器大样图

易流入较多的杂物，污泥泵应采用不易堵塞的泵型。

9.3 MSBR

MSBR工艺是改良型序批式反应器的简称，是20世纪80年代在传统SBR工艺的基础上，结合传统活性污泥工艺研究而开发出的一种集约化程度较高的工艺。在运行稳定性、占地面积、能耗以及处理成本等方面，MSBR均具有较为明显的优势。

MSBR工艺由厌氧池、缺氧池、好氧池和序批池等组成。其中厌氧池、缺氧池、好氧池的功能各不相同，而两个序批池的功能则相同，均为有机物的去除、硝化、反硝化及澄清出水。

工艺运行过程中，污水首先进入厌氧池，与来自泥水分离池、并经缺氧池Ⅱ反硝化后的混合液混合，使聚磷菌在此充分释磷，然后进入缺氧池Ⅰ继续进行反硝化。反硝化后的混合液进入好氧池，完成有机物去除、硝化以及聚磷菌的摄磷等功能，最后混合液进入序批池Ⅰ或序批池Ⅱ，在此进行最后的处理和泥水分离，并澄清出水。

9.3.1 池体结构

MSBR工艺通常将发挥不同功能的各处理单元组合成一个整体构筑物，并进行整体施工设计。MSBR工艺采用单池多格方式，在连续进水和出水的同时保持恒水位，还省去了多池工艺所需要的各种连接管、泵和阀门。其整体构造如图9-12所示。

MSBR池由7个不同功能的处理池组成，整个处理工艺都在一个综合构筑物内进行，这样污水就在MSBR各个处理池之间流动，可减少水头损失并节约能耗。污水在各处理池之间流动一般有如下几种方式：孔洞、穿墙管道和上清液渠道。

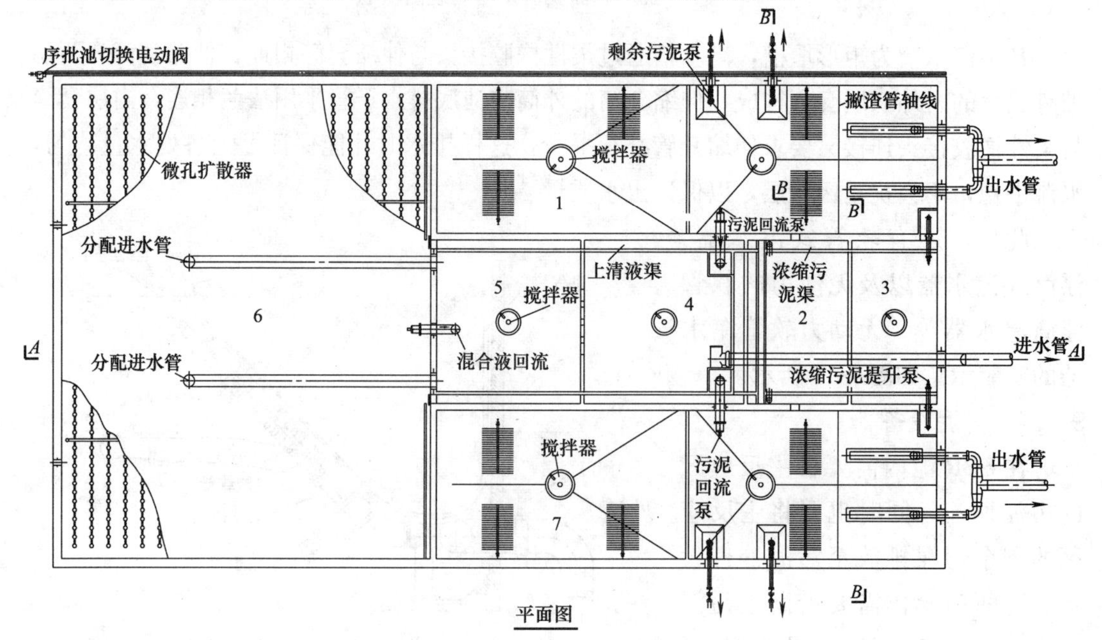

图9-12　MSBR池结构图（一）

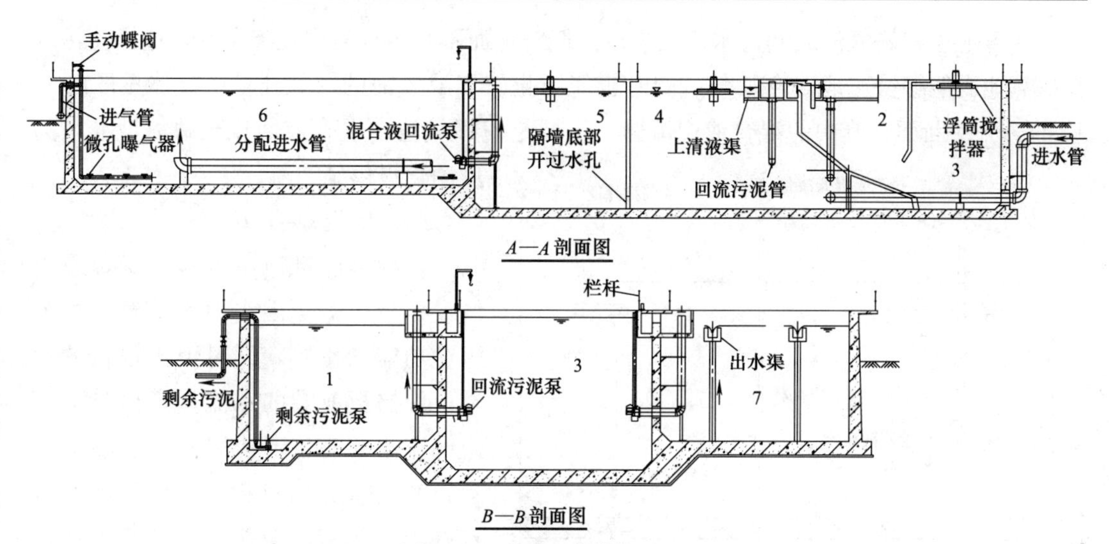

图 9-12 MSBR 池结构图（二）

1—SBRⅠ；2—泥水分离池；3—缺氧池Ⅱ；4—厌氧池；5—缺氧池Ⅰ；6—好氧池；7—SBRⅡ

（1）穿墙孔洞

厌氧池和缺氧池之间采用穿墙孔过水，一般是在隔墙的底部开洞，通过穿孔墙将水流均匀分布于缺氧池Ⅰ的整个断面上，为保证隔墙的强度，洞口的总面积不宜过大，一般为 800mm×800mm 的方形孔洞。MSBR 池孔洞的布置方法如图 9-13 所示。

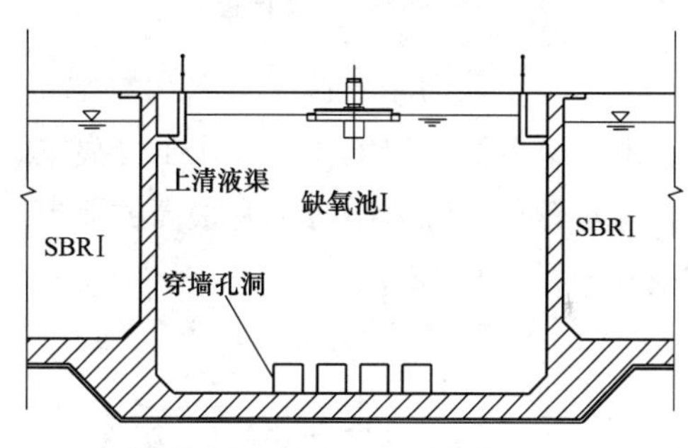

图 9-13 缺氧池Ⅰ池壁上的穿墙孔洞布置图

（2）上清液渠道

MSBR 中泥水分离室的上清液需要直接从分离室回流至好氧池，需要再设置一条上清液渠直接连接泥水分离室和好氧池，一般上清液渠在序批池和厌氧池、缺氧池之间设置渠道，渠道宽为 0.6m 左右，深 1.2m。渠道两端设置闸门，采用编制程序进行自动控制，如图 9-14 所示。

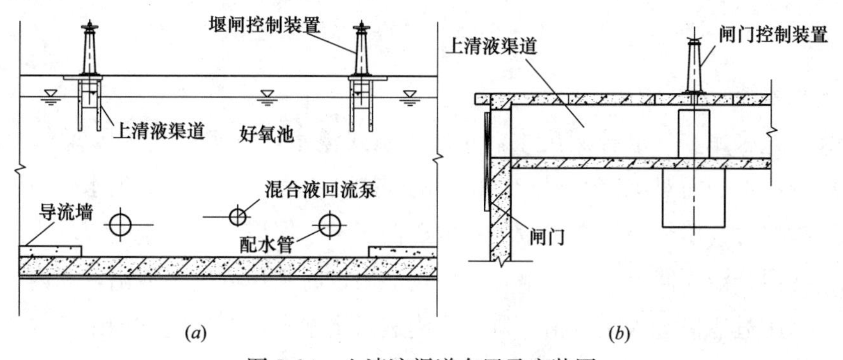

图 9-14 上清液渠道布置及安装图

（a）好氧池中渠道布置图；（b）渠道闸门安装图

（3）穿墙管道与导流墙

缺氧池Ⅰ和好氧池之间污水流动采用穿墙管道而不是传统的穿孔墙布水，这样使污水在好氧池内能够快速地混合均匀，同时也能防止破坏缺氧池的缺氧环境，具体见图的9-12的A—A断面，其中的混合液回流管，主要是使好氧池中混合液回流至缺氧池Ⅱ，为反硝化提供硝态氮。

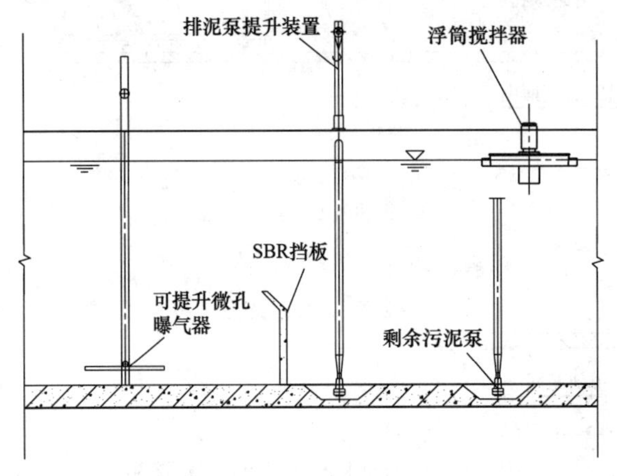

图9-15　SBR挡板布置图

(4) 序批池挡板

在两个序批池中设置挡板，通过增设挡板可避免因水力紊动对序批池沉淀功能的影响，同时由于挡板的存在，使挡板前端的水流呈现出自下而上的流动状态，形成以澄清过滤形式运行的泥水分离过程，促使污泥具有良好的接触絮凝效果，有利于保证污泥沉淀和澄清出水，如图9-15所示。

(5) 进水系统

MSBR工艺的原水首先进入厌氧池，而后在各个池内流动，进行生物处理的各个工序。由于厌氧池在缺氧池Ⅰ和泥水分离室之间，污水进水管需要穿过泥水分离室和缺氧池Ⅱ，这对管材和池体结构都有很高的要求，一般进水管采用钢管，钢管表面需要采用防腐措施，如图9-16所示。

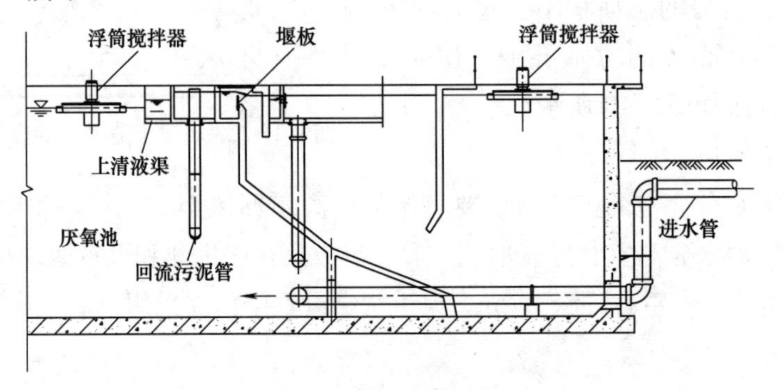

图9-16　MSBR进水系统图

(6) 出水系统

MSBR工艺采用空气堰控制出水，对比间歇式滗水，可有效避免因短期内滗水速度过快或高度控制不当而对沉淀污泥产生扰动的问题，有利于保证澄清出水。当序批池处于曝气状态或搅拌时，压缩空气会把罩内水位压低至出水堰以下，由于空气堰内压缩空气的水封作用，使混合液不能进入集水槽，当序批池出水时将堰内空气放出，罩内水位高于出水堰口，出水越过堰口进入集水槽，避免浮渣进入出水管。调节空气堰中空气压力，可控制出水流量，如图9-17所示。

同时，在空气堰之前需设置撇渣管，可去除表面浮渣以及曝气带上来的污泥等。空气出水堰下面设置U形管，既可调节出水的速度，同时也能防止出水回流。

9.3.2 曝气系统

MSBR 系统中需要曝气的池子有一个好氧池和两个序批池，好氧池一般采用微孔曝气器或者可提升微孔曝气器，这类设备的具体布置和安装构造与 9.2.2 节所述的类似。

MSBR 的序批池采用可提升式管式微孔曝气器或可提升扩散管。可提升微孔曝气器用于好氧池的充氧，其构造为插板式快速连接式卡口，安装于曝气提升中央柱件。电动升降装置可将曝气器整体（或分组）升至水面之上，在栏杆位置上曝气装置可作 360°旋转，以便检修，如图 9-18 和图 9-19 所示。

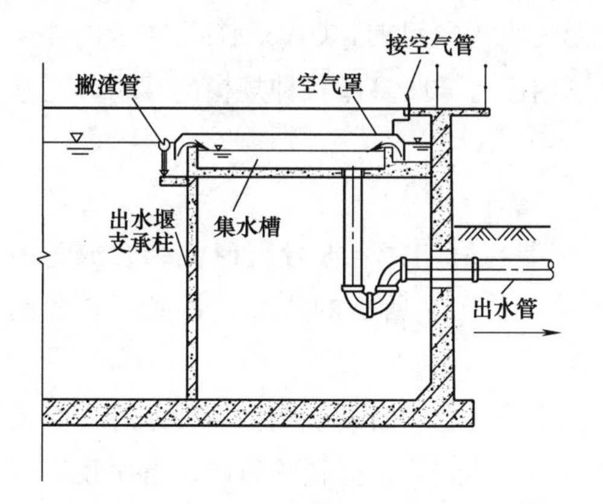

图 9-17 空气堰构造图

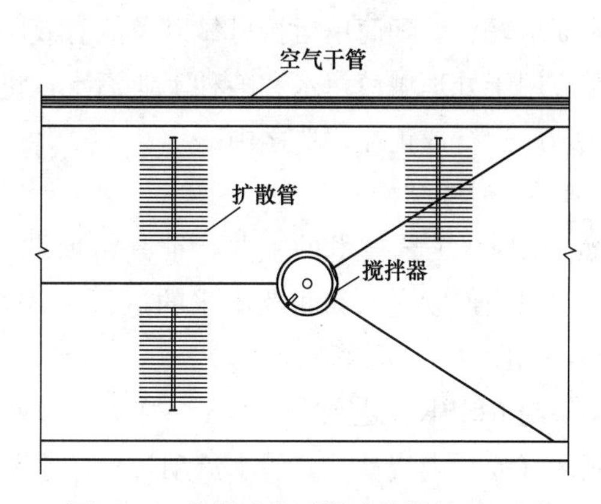

图 9-18 序批池中可提升扩散管平面图

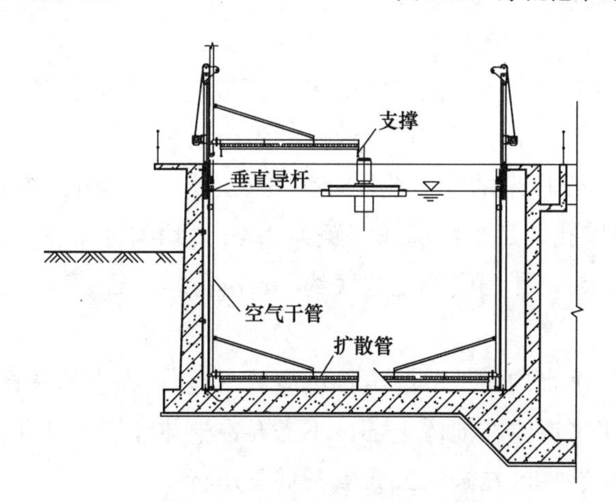

图 9-19 可提升扩散管安装图

9.4 CASS 工艺

循环式活性污泥法简称为 CASS。CASS 工艺的特点是在进水端设置了一个生物选择区，与后端 SBR 结合而成的反应器，采用连续进水的间歇运行的方式，其反应池的运行周期仍然由曝气→沉淀→滗水→闲置阶段组成。因此，CASS 可归结为 SBR 的一种改进工艺。

CASS 反应器大致可分为生物选择区、预反应区和主反应区。生物选择区是设置在 CASS 池前端容积较小的区域，通常在厌氧或缺氧条件下运行，其基本功能是防止产生污泥膨胀，同时还具有促进聚磷菌释磷和强化反硝化作用。预反应区是在反应池前端，以缺氧或兼氧条件运行，不仅能辅助生物选择区对进水水质、水量变化起缓冲作用，还能进一步促进磷释放和强化反硝化作用。主反应区是去除有机物的主要场所，运行过程中通常控制主反应区的曝气强度，以使反应区处于同步硝化—反硝化状态，从而完成有机物降解以及脱氮除磷。

CASS工艺运行的一个周期分为4个阶段，分别是充水—曝气、充水—泥水分离、上清液滗除和充水—闲置阶段。CASS工艺的显著特点是投资省、有机物去除率高、除磷脱氮效果好、管理简单运行可靠以及能有效防止污泥膨胀等。目前，CASS工艺在国内外广泛应用于处理城镇污水和各种工业污水，世界范围内已有300多座各种规模的CASS污水处理厂运行或正在建造之中。

9.4.1　池体结构

CASS工艺技术的主要特征是将前端推流反应器与后端完全混合反应池结合成为一体，采用连续进水和间歇出水的运行方式，省去了多池工艺所需的各种连接管、泵和阀门，如图9-20所示。

与MSBR工艺类似，CASS工艺整个处理系统位于一个综合构筑物内，污水在3个反应区（池）内流动，其污水流动过程的水头损失小，以达到节约能耗的目的。各个反应区（池）之间由穿墙孔洞和配水渠等进行连接。

（1）穿墙孔洞

预反应区（池）和主反应区（池）之间采用穿墙孔过水，采用隔墙底部开洞的方式，通过穿孔墙将水流均匀分布于主反应区（池）的整个断面上，为保证隔墙的强度，洞口的总面积不宜过大。图9-21所示的穿墙孔尺寸为600mm × 460mm的方形孔洞，每个反应区（池）设置12个穿墙孔，每个穿墙孔间距为2.4m，均匀分布在兼氧区的隔墙底部，考虑到池底曝气装置的安装，孔洞底部距池底约1m左右。

（2）配水渠

为使生物选择区的污水均匀地分配给预反应区（池），在生物选择区和预反应区（池）设置多孔配水渠。由于渠道建在池体上部，不需要在池体隔墙上开孔洞，可以保持池体隔墙的强度；同时，生物选择区在缺氧或兼氧条件下运行。

配水渠的进水端在生物选择池的上部，为一长方形孔洞，渠道宽0.8m，深0.9m，底部孔洞采用UPVC配水管，配水管间距为5cm。也有设计采用在生物选择区设置多道溢流墙，以增加污水的流程和停留时间，如图9-22所示。

（3）进水系统

CASS工艺的进水首先进入生物选择区，生物选择区要保持厌氧或缺氧条件，对管材和池体结构的要求较高，一般进水管采用钢管，从池体顶端下部进水，钢管表面需采取防腐措施。由于采用连续进水的方式，在进水管道上无需设置电磁阀等控制元件，如图9-23所示。

（4）出水系统

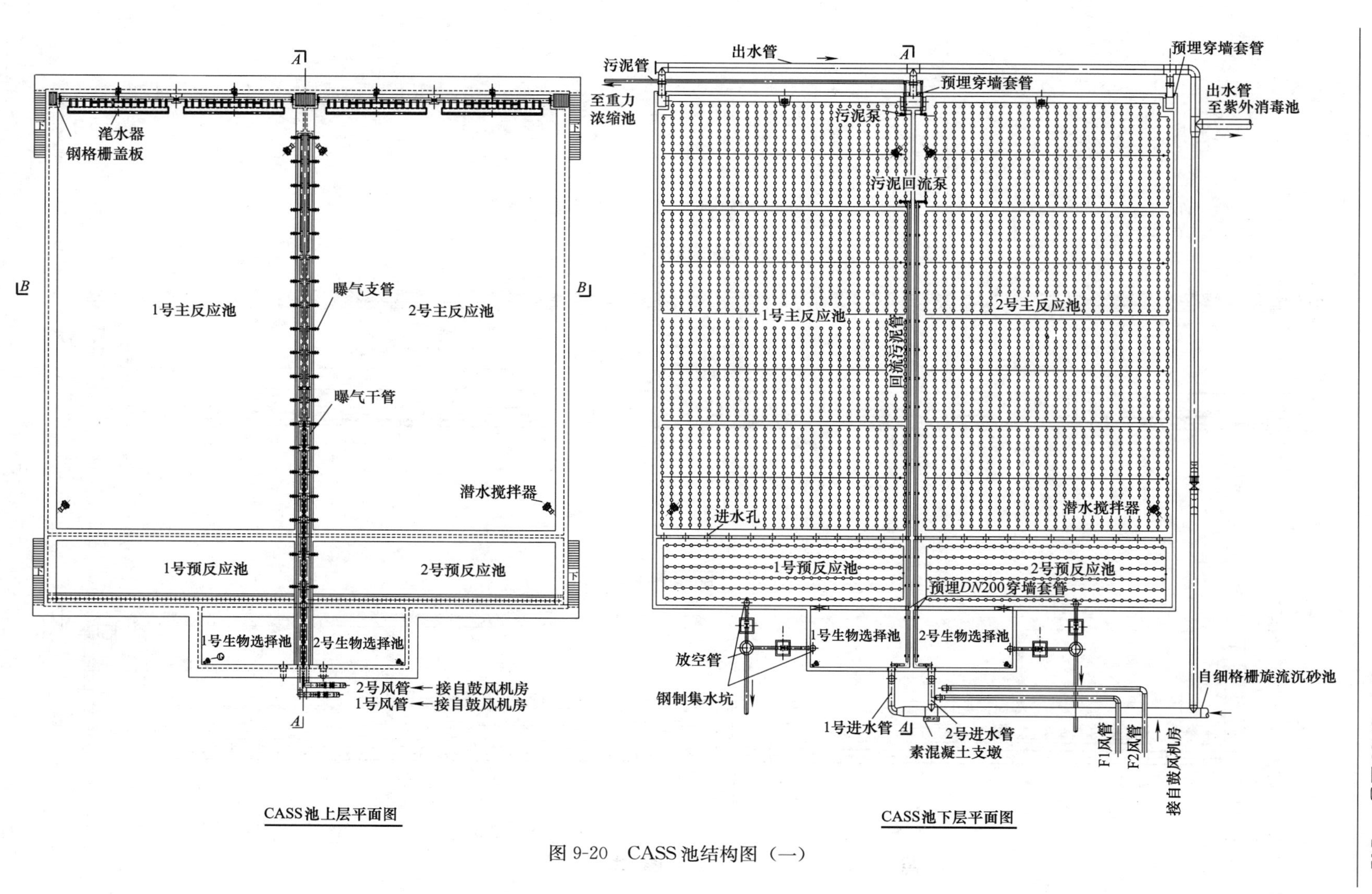

图 9-20 CASS 池结构图（一）

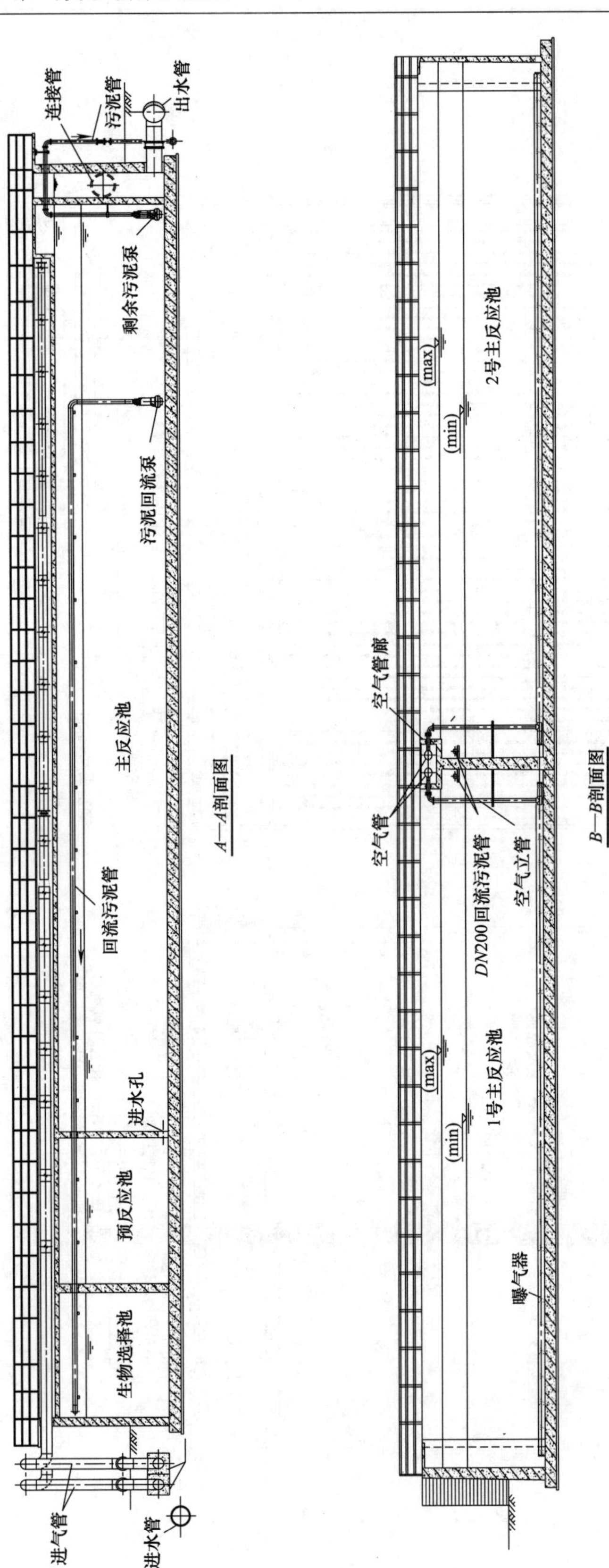

图 9-20 CASS池结构图（二）

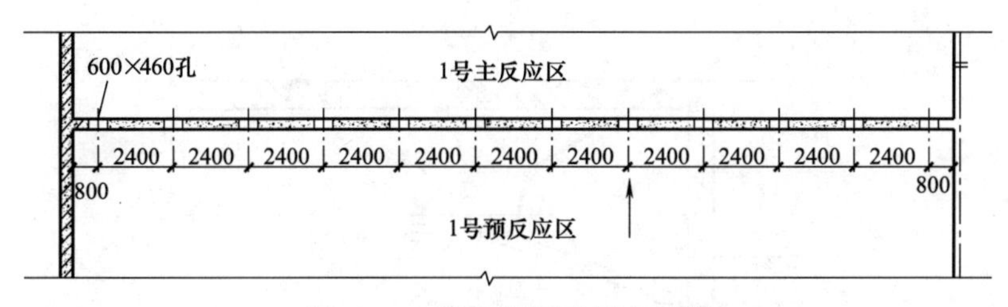

图 9-21 CASS隔墙孔洞布置图

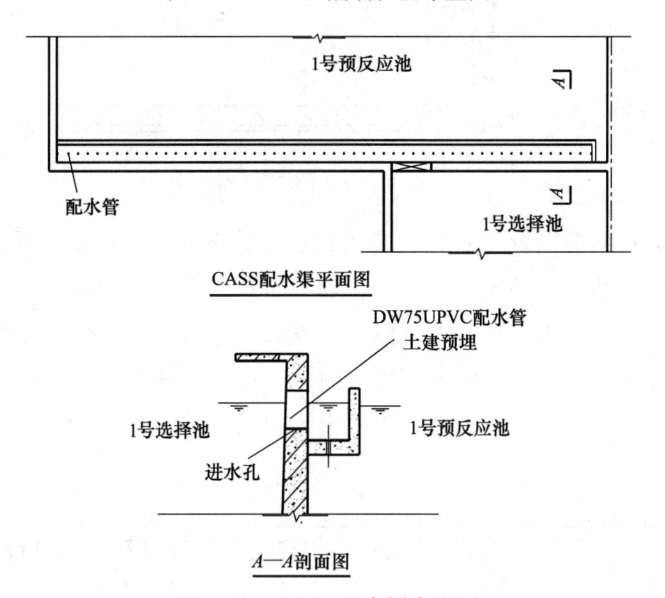

图 9-22 CASS配水渠布置图

CASS工艺的排水要求与SBR工艺相同，目前常用的设备为旋转式滗水器，其优点在于排水均匀、排水量可调节、对底部污泥干扰小以及防止水面漂浮物随水排出等。CASS工艺沉淀结束后需及时将上清液排出，排水时应尽可能均匀排出，不扰动沉淀在池底的污泥层；同时，还应防止水面的漂浮物随水流排出，影响出水水质。滗水器结构和布置同2.2.3节所述。CASS工艺的出水系统如图9-24所示。

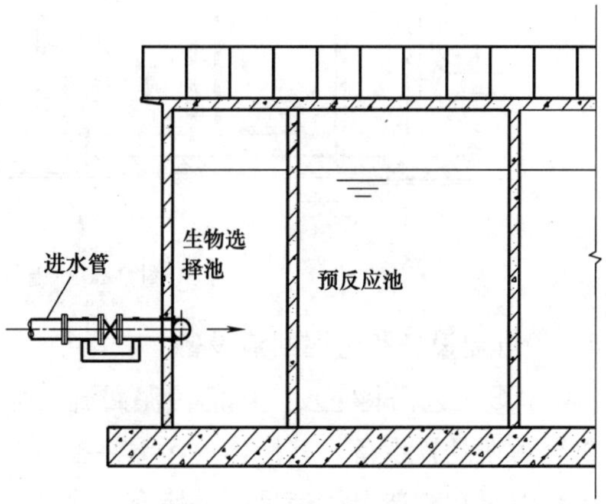

图 9-23 CASS进水系统布置图

9.4.2 曝气系统

CASS工艺中需要曝气的池子为兼氧池和主反应池，主反应池一般采用微孔曝气器或可提升微孔曝气器，其具体布置方法和安装构造参见9.2.2节。

微孔曝气器的选择尽可能采用不堵塞的曝气形式，如穿孔管、水下曝气机、伞式曝气器以及螺旋曝气器等。采用微孔曝气时应采用强度高的橡胶曝气盘（管），曝气时微孔开启，停止曝气时微孔闭合，不易产生堵塞现象。此外，根据CASS工艺的特点，选用水下

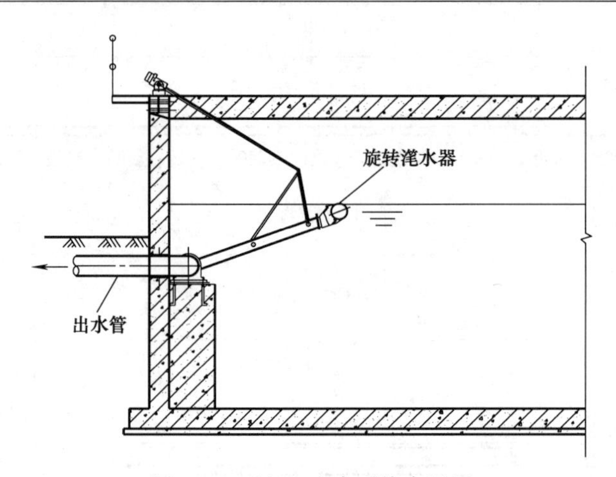

图 9-24　CASS 出水系统布置图

曝气机可根据其运行周期以及对溶解氧 DO 需求量的不同，采取调整风量和风压等措施，在满足要求的前提下达到节约能耗的目的。曝气布置如图 9-25 所示。

在主反应区中对 DO 的控制要求严格，一般采用池内溶解氧探头仪实时监控，并据此测定微生物的代谢活性，作为自动调节曝气时间、曝气速率和排泥速率的重要控制参数。溶解氧探头仪可直接设置在反应区内，也可设置在污泥回流管线上。

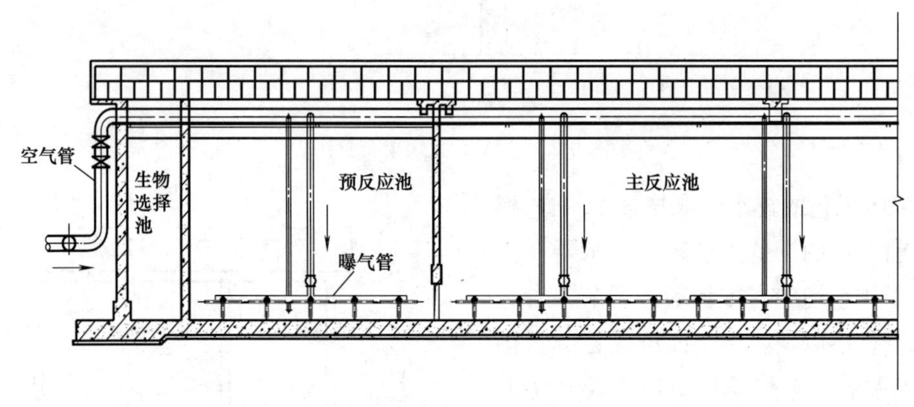

图 9-25　曝气系统布置图

9.4.3　排泥设备和污泥回流设备

CASS 工艺需将主反应区的污泥回流至生物选择区，同时也要将主反应区的剩余污泥排放至污泥处置设备，其操作由污泥泵控制。因此，污泥泵又分为剩余污泥泵和回流污泥泵。污泥泵在构造上须满足不易堵塞、磨损以及腐蚀等条件。污泥泵又可分为隔膜泵、螺旋泵、混流泵以及柱塞泵等。回流泵的安装如图 9-26 所示。

9.4.4　其他设备

CASS 工艺所需的其他设备还有水下的潜水搅拌器等，采用潜水搅拌器搅拌混合液，使池中活性污泥在曝气停止时仍能保持悬浮状态，同时也对池中污水起到推流的作用。潜水搅拌器一般安装在池体底部 1～2m 处，典型的三片叶轮一般安装在生物选择区和主反应区，生物反应区搅拌器的功率应小于主反应区搅拌器的功率，如图 9-27 所示。

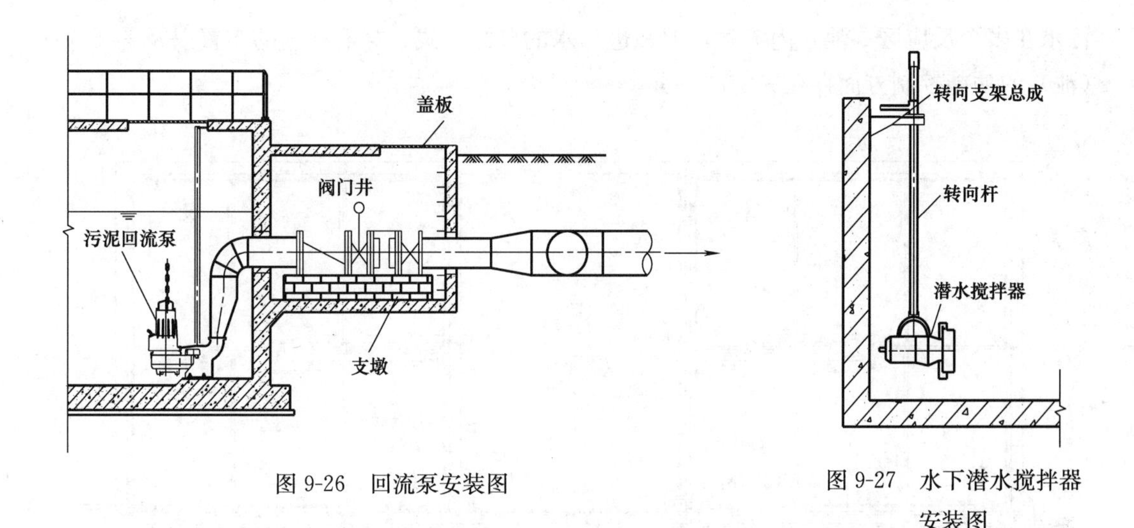

图9-26 回流泵安装图

图9-27 水下潜水搅拌器安装图

CASS工艺的控制系统常采用定型的程序控制，可根据进水及出水水质的变化灵活调整程序，整套控制系统采用PLC与集中控制相结合；同时，为了保证CASS工艺的正常运行，所有的设备均应具有手动和自动两种操作形式，前者便于手动调试和自控系统故障时使用，后者为日常运行时使用。

9.5 UNITANK工艺

UNITANK采用交替一体化工艺，是20世纪90年代初由比利时Seghers公司开发的一种SBR改进工艺，综合了SBR工艺交替进出水的运行方式、三槽式氧化沟的构造形式以及A^2/O工艺处理功能的特点，可通过控制和调节运行方式来有效地实现不同的处理功能。

UNITANK通常采用3个池子的标准系统，每格池子中均设有曝气系统和搅拌系统，两侧的池子还设有溢流堰和污泥排放系统，既可作为反应池又可作为沉淀池。每个池子均可以进水，剩余污泥由两侧的池子排出，而中间池始终处于曝气状态。整个UNITANK系统是连续运行的，但其单个池子是按照一定周期运行的。

目前，UNITANK工艺已迅速地在25个以上的国家和地区得到广泛的应用，用以处理城镇污水以及食品、纺织、石油加工、制药、啤酒等行业的30多种工业污水。

9.5.1 池体结构

UNITANK工艺的构造与运行类似于三槽（沟）式氧化沟系统，其平面多为矩形或正方形，被分割成三个容积相等的矩形单元，相邻单元之间通过共壁上孔口相互连通；中间的池体始终作为曝气池，位于两侧的池子交替作为污染物降解的曝气反应区与澄清处理出水的沉淀区。污水由进水阀控制按时间序列交替进入三个矩形池的任意一个。UNITANK工艺具有池型构造简单、固定堰出水、出水稳定以及不需回流等优点，如图9-28所示。

UNITANK与CASS和MSBR工艺一样将整个处理系统构建在一个综合的构筑物内，

污水在多个反应区（池）内流动，但在进出水的分配方式、穿墙孔洞的布置以及各反应区（池）的功能控制方面存在一定的差异。

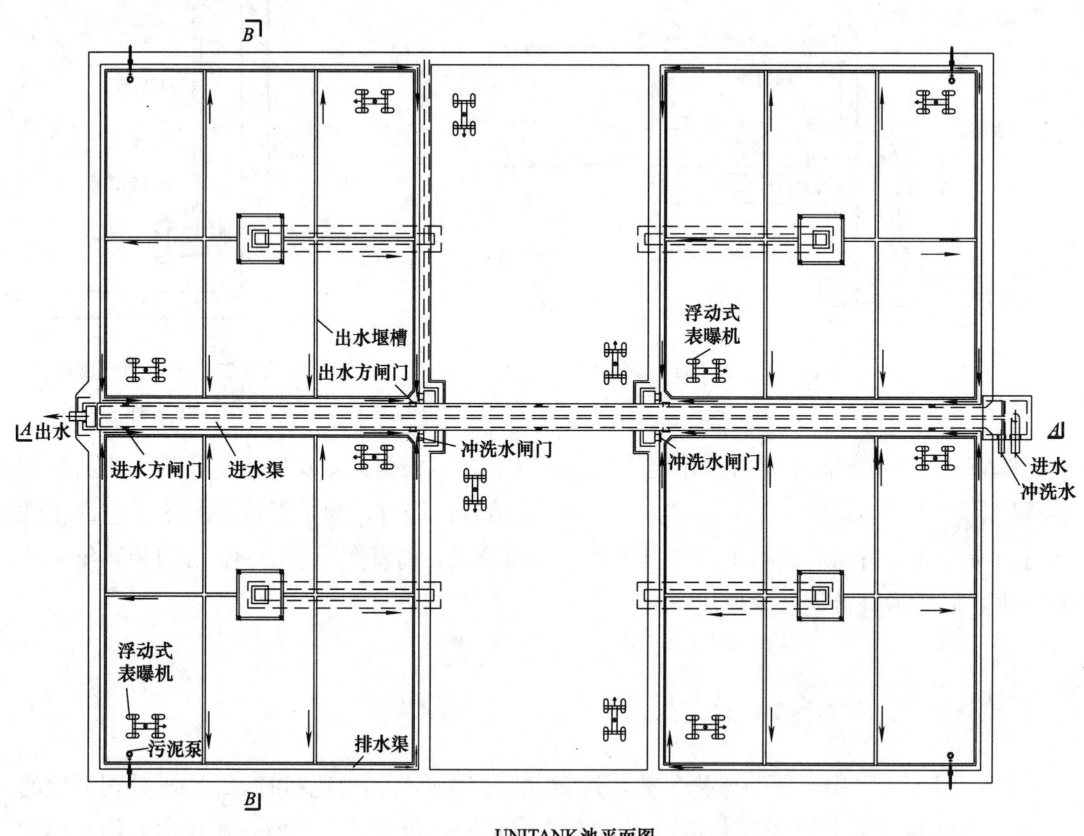

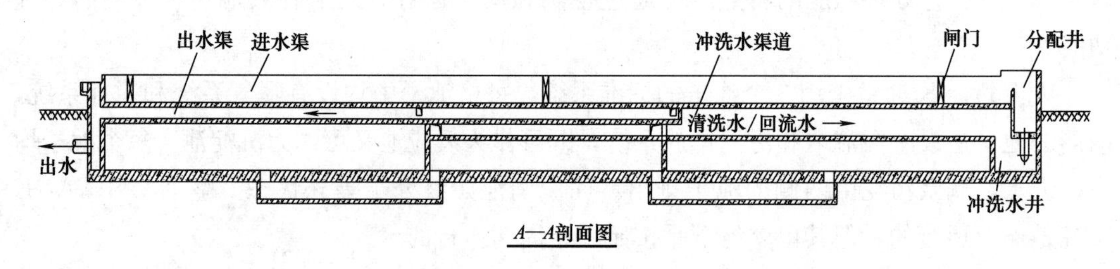

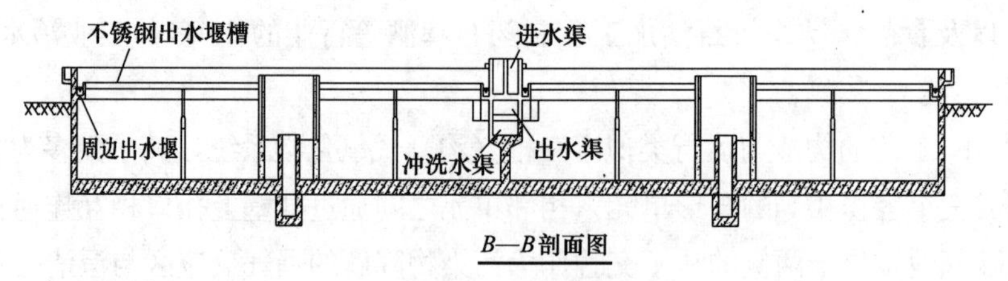

图 9-28　UNITANK结构图

(1) 池间连通

UNITANK 池间连通有池壁开洞和连通管两种方式。当采用池壁开洞的连通方式时，洞口往往在边池侧加导流板，目的是使进水沿池底流动，流态接近平流沉淀池，同时导流板可防止中间池的曝气干扰两侧池体的沉淀。为保证隔墙的强度，洞口的总面积不宜过大。当池形为正方形时，主要采用连通渠的方式连接三个池体，中间池的连通渠出口设在侧墙池底边，两侧池的连通渠出口设在池中心，外加稳流筒。图 9-29 为方形 UNITANK 池中的连通渠布置方式。

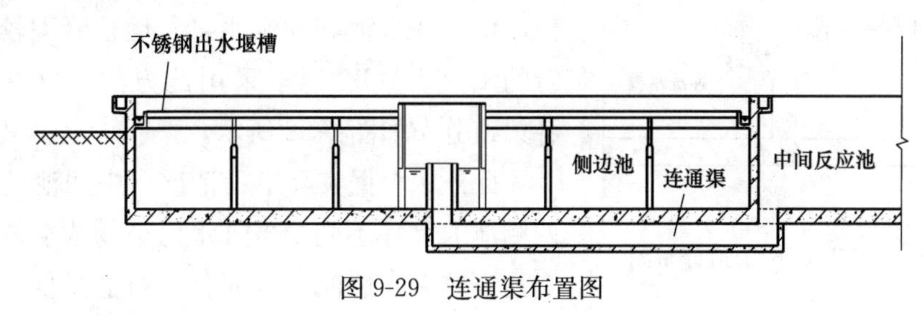

图 9-29 连通渠布置图

(2) 进出水系统

UNITANK 工艺的进水采用经配水井分配后进入配水渠，再通过渠道上的闸门流入各池体，如图 9-30 所示。

UNITANK 工艺采用固定堰的方式出水，根据两侧池出水堰的形式（即单侧堰或周边堰出水），可决定池子是否为正方形。一般当池子边长较小时（小于 25m），两侧池采用单侧出水，池型可为长方形；当池子尺寸较大时，两侧池可采用周边出水堰，池型为正方形，出水堰内水汇入出水渠后流出。周边堰出水形式如图 9-31 所示。

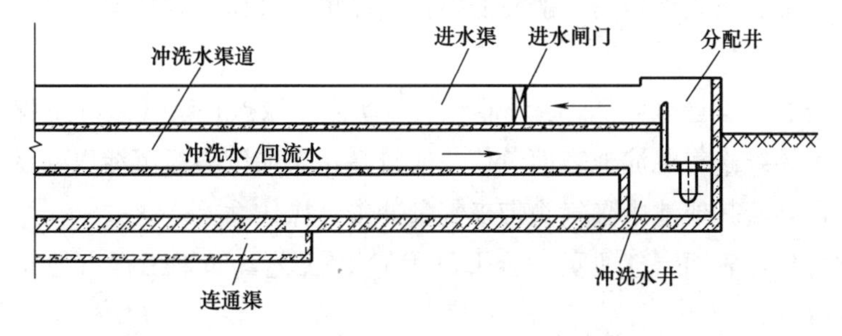

图 9-30 UNITANK 进水系统图

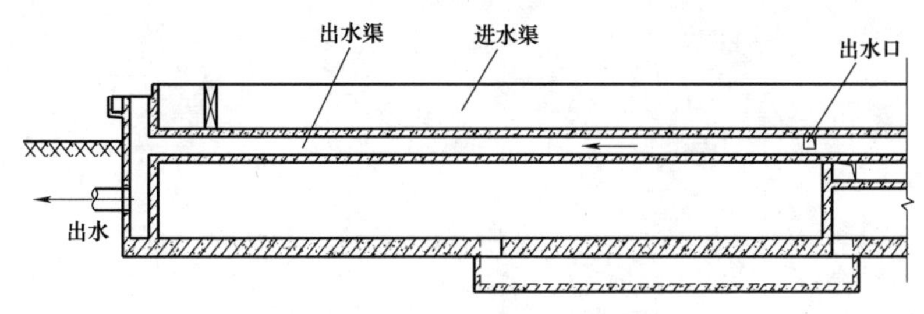

图 9-31 UNITANK 出水系统图

(3) 冲洗水系统

在曝气阶段，混合液进入两侧池的出水堰，使沉淀初期的出水不能直接排放，需经冲洗系统外排。冲洗水排放系统一般有两种形式：第一种由电动闸门控制，冲洗出水经管渠排入处理厂进水泵房；其运行管理较为简单，不用添加设备，但对进水泵房产生一定的水力冲击负荷；若采用UNITANK多系统运行，使运行时序岔开，其冲击负荷相对较低，对进水影响也较小。第二种也由电动闸门控制，冲洗出水直接进入冲洗水池，池内设潜水泵，将冲洗水送至中间池；这种方式不会对进水泵房产生影响，但需设冲洗水池和冲洗水泵，运行管理较复杂，现行的UNITANK池多采用此方法。UNITANK的各渠道分布如图9-32所示。

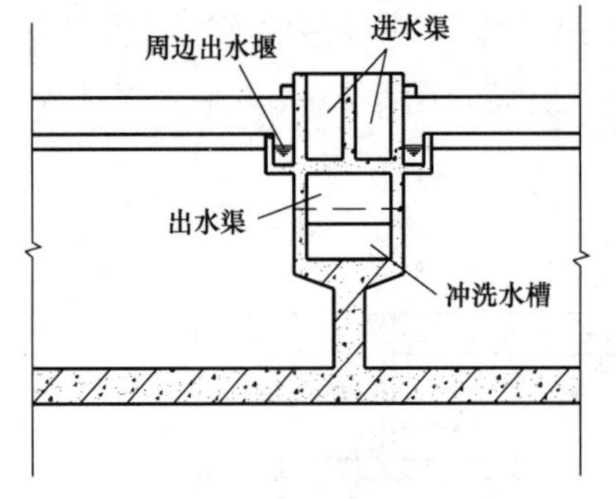

图9-32　UNITANK渠道分布图

此外，根据实际工程情况，中间池的尺寸可与两侧池的尺寸不同。当进水污染物浓度较高时，整个池容较大，边池的表面负荷可能过低，这样会造成一定程度的浪费，可考虑适当减少边池的尺寸，加大中间池的容积，其优势在于在保证处理效果的前提下，可缩减部分投资。当进水污染物浓度较低时，整个池容较少，边池的表面负荷可能过高，可考虑适当加大边池尺寸，减少中间池容积的办法，以降低边池的表面负荷。

9.5.2　曝气系统

UNITANK曝气系统可采用表面曝气机和微孔曝气器两种形式。

表面曝气机的优点是曝气系统工程造价低，运行稳定，维修管理时不影响正常运行，池底沉泥极少，沉淀池表面负荷一般较低，控制简单易操作。其缺点是电耗高，曝气器充氧效率较低。

微孔曝气器的优点是电耗低，曝气器充氧效率高。缺点是曝气系统工程造价高；维修频率较高，且不易维修；沉淀池表面负荷一般较高，需加设斜板沉淀以降低表面负荷；开关单池曝气管，会给其他池中曝气头带来气量冲击，操作性差。

通过对比可见，表面曝气机更适合UNITANK工艺，如果工程占地允许，应尽量采用表面曝气机曝气。

第10章 氧 化 沟

10.1 概述

氧化沟（Oxidation Ditch）又称为连续式循环曝气池，是活性污泥法的一种变形与发展。在氧化沟系统中，通过转刷（转盘或其他机械曝气设备），使污水混合液在环状的渠内循环流动，依靠转刷推动混合液流动以及进行曝气。

氧化沟实质是一种延时曝气活性污泥系统，其基本特征是曝气池呈封闭的沟渠形，是一种首尾相连的循环流曝气沟渠，因而其在水力流态上不同于传统的活性污泥法。最初的氧化沟是加以护坡处理的土沟渠，而非如今的钢筋混凝土构建；同时也是一种间歇进水间歇曝气的反应池，从这一点上来说，氧化沟早期是以序批方式处理污水的工艺技术。

氧化沟处理城镇污水时，可不设初次沉淀池，悬浮态有机物在氧化沟中得以好氧处理，对比需设初沉池及污泥稳定池的传统活性污泥法在经济性上具有一定的优势。氧化沟工艺的污泥龄较长，其剩余污泥量少于传统活性污泥法，且污泥已经得到好氧稳定，不需再经污泥消化处理。为防止无机沉渣在氧化沟中积累，污水应先经格栅及沉砂池预处理。

氧化沟工艺处理流程中的二沉池与曝气池一般可以分建，两者也可合建，后者称一体式氧化沟，此时可省去二沉池与污泥回流系统，但无法调节污泥回流量。

由水流混合特征可将活性污泥系统分为推流和全混流反应器两大类，氧化沟流态界于推流和全混流之间，或者说基本上是全混流，同时又具有推流的某些特征。氧化沟中水的平均流速为0.3～0.5m/s。

具体而言，如果着眼于整个氧化沟系统，即以较长的时间间隔考察为基础，可以认为氧化沟是一个完全混合池，其中的污水水质近乎一致。原水一进入氧化沟，就会被几十倍甚至上百倍的循环流量所稀释，因而氧化沟和其他完全混合式的活性污泥系统一样，也适宜于处理高浓度有机污水，能够承受较大的水量和水质的冲击负荷。

但如果着眼于氧化沟中的某一段，即考察较短的时间间隔，就可以发现某些推流的特征。由于氧化沟的曝气装置并不是沿池长均布而是只装在池中的几处位置，在曝气装置下游附近的水流搅动激烈，溶解氧浓度较高，但随后水流搅动变缓，溶解氧浓度不断下降，甚至可能出现缺氧区。这种水流搅动情况和溶解氧浓度沿池长变化的特征，有利于活性污泥的生物凝聚作用，且可利用来进行硝化和反硝化，达到生物脱氮的目的。

10.2 氧化沟的类型与结构

当前的氧化沟系统种类较多，根据构造形式常见的是以下三类：

(1) 交替式氧化沟。交替式氧化沟的特点是合建式，没有单独的二沉池，采用转刷曝气，可分为单沟、双沟和三沟式，最典型的是三沟式氧化沟。

(2) 奥贝尔（Orbal）氧化沟。池体由多个同心的环形沟渠组成，污水依次从内沟流入外沟，其中的有机物逐步降解。奥贝尔氧化沟也属于分建式结构，有单独的二沉池，采用转刷曝气，沟深也较大。

(3) 卡鲁塞尔（Carrousel）氧化沟及其改进型卡鲁塞尔2000氧化沟、卡鲁塞尔3000型氧化沟，由多沟串联氧化沟及二沉池、污泥回流系统组成，基于分建式结构，有单独的二沉池，采用表曝机曝气，沟深较大。卡鲁塞尔2000型是在卡鲁塞尔氧化沟的基础上增加了一个前置反硝化区，前置反硝化区可与氧化沟合建。卡鲁塞尔3000型在卡鲁塞尔2000型的基础上又增加了一个生物选择区，生物选择区利用其高有机负荷特性筛选菌种，抑制丝状菌增长。

10.2.1 T形氧化沟

(1) 池体

T形氧化沟又称三沟式氧化沟，是氧化沟的一种典型构造形式。目前所采用的T形氧化沟工艺，源于丹麦在间歇式运行氧化沟的基础上改良，其实质上仍是一种连续流活性污泥法，只是将曝气和沉淀工序集于一体，并具有按时间顺序交替运行的特点，其运转周期可根据处理水质的不同进行调整，从而使运行操作更加灵活方便。T形氧化沟工艺流程简单，无需另设初沉池、二沉池和污泥回流装置，使其基建投资和运行费用大为降低，并在一定程度上解决了普通氧化沟占地面积大的问题。

T形氧化沟工艺的运行有以下的6个阶段，如图10-1所示。

1) 阶段*A*

污水经配水井进入沟Ⅰ，沟内转刷以低速运转，转速控制在仅能维持混合液中污泥的悬浮状态，并推动水流循环流动，但不足以供给微生物降解有机物所需的氧量。此时，沟Ⅰ处于缺氧状态，沟内活性污泥中的反硝化菌将有机物作为碳源，利用上一段产生的硝酸盐中的氧来降解有机物，同时释放出氮气，完成反硝化过程。同时沟Ⅰ的出水堰自动升起，污水和污泥的混合液进入沟Ⅱ。沟Ⅱ内的转刷以高速运行，保证沟内有足够的溶解氧来降解有机物，并将氨氮转化为硝酸盐，完成硝化过程。处理后的污水流入沟Ⅲ，沟Ⅲ中的转刷停止运转，起沉淀池的作用，进行泥水分离，由沟Ⅲ处理后的水经自动降低的出水堰排出。

2) 阶段*B*

进水改从处于好氧状态的沟Ⅱ流入，并经沟Ⅲ沉淀后排出。同时沟Ⅰ中的转刷开始高速运转，使其从缺氧状态变为好氧状态，并使阶段*A*进入沟Ⅰ的有机物和氨氮得以好氧

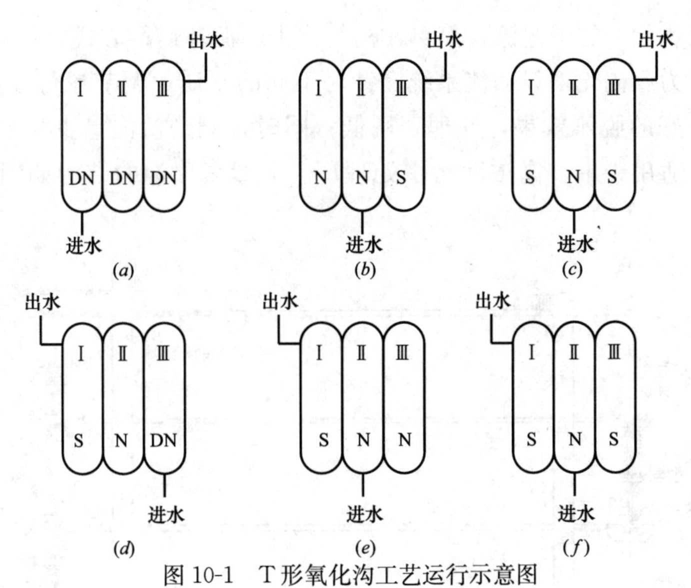

图 10-1 T形氧化沟工艺运行示意图

a）阶段 A；(b）阶段 B；(c）阶段 C；(d）阶段 D；(e）阶段 E；(f）阶段 F

DN—反硝化；N—硝化；S—沉淀

处理，待沟内的溶解氧上升到一定值后，该阶段结束。

3）阶段 C

进水仍然从沟Ⅱ注入，经沟Ⅲ排出。但沟Ⅰ中的转刷停止运转，开始进行泥水分离，待分离完成，该阶段结束。阶段 A、B、C 组成了上半个工作循环。

4）阶段 D

进水改从沟Ⅲ流入，沟Ⅲ出水堰升高，沟Ⅰ出水堰降低，并开始出水。同时，沟Ⅲ中转刷开始低速运转，使其处于缺氧状态。沟Ⅱ则仍然处于好氧状态，沟Ⅰ起沉淀池作用。阶段 D 与阶段 A 的水流方向正好相反，沟Ⅲ进行反硝化，出水由沟Ⅰ排出。

5）阶段 E

类似于阶段 B，进水又从沟Ⅱ流入，沟Ⅰ仍然起沉淀作用，沟Ⅲ中的转刷开始高速运转，并从缺氧状态变为好氧状态。

6）阶段 F

类似于阶段 C，沟Ⅱ进水，沟Ⅰ沉淀出水。沟Ⅲ中的转刷停止运转，开始泥水分离。至此完成整个循环过程。

通常 T 形氧化沟的一个工作循环期需 4～8h，在整个循环过程中，中间沟（沟Ⅱ）始终处于好氧状态；而外侧两沟（沟Ⅰ和沟Ⅲ）中的转刷则处于交替运行状态，当转刷低速运转时，进行反硝化过程；转刷高速运转时，进行硝化过程；而转刷停止运转时，氧化沟起沉淀池作用。由此可见，若调整各阶段的运行时间等参数，就可达到不同的处理效果，以适应进水水质和水量的变化。目前，T 形氧化沟工艺的运行，多根据具体的水质和水量，通过预置的计算机编程来控制各阶段的运行时间等参数，从而使整个工艺管理过程运行灵活与操作方便。

三沟式交替氧化沟的工艺流程简单，构筑物少，循环运行方式非常适合脱氮除磷的需要，且不需要为反硝化增设回流系统。针对不同的水质，调节运行参数及运行周期，可达到稳定且良好的脱氮效果，处理费用低；同时，剩余污泥量少且稳定，可直接浓缩后进行脱水。适用于中、高浓度污水处理厂。T 形氧化沟的结构如图 10-2～图 10-4 所示。

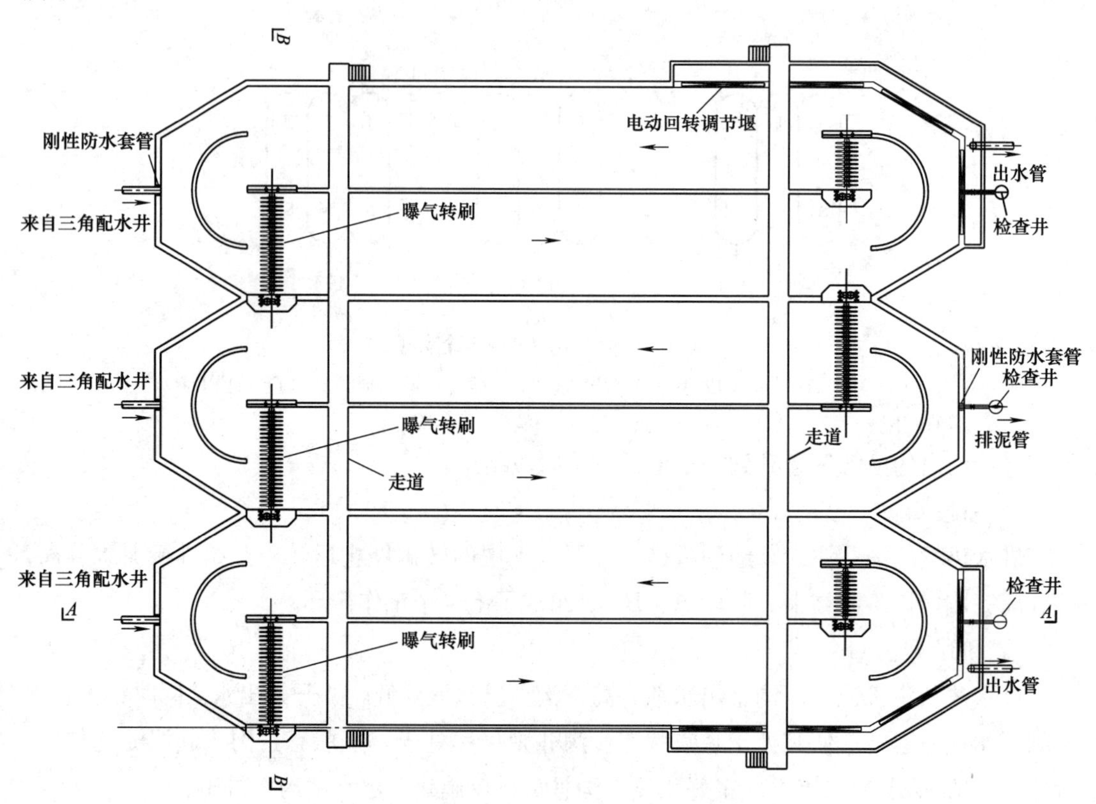

图 10-2　T 形氧化沟平面图

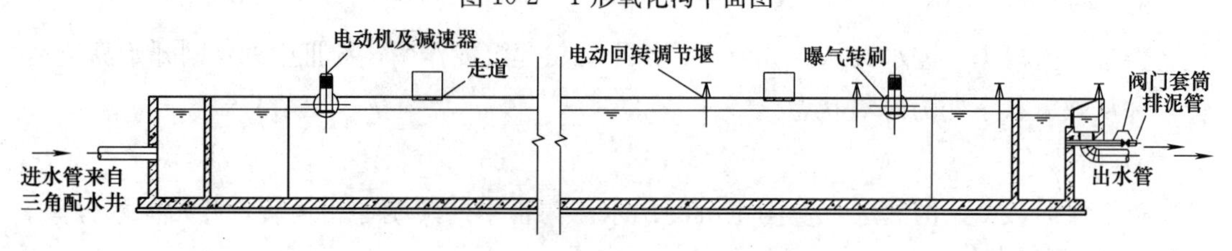

图 10-3　T 形氧化沟 $A—A$ 剖面图

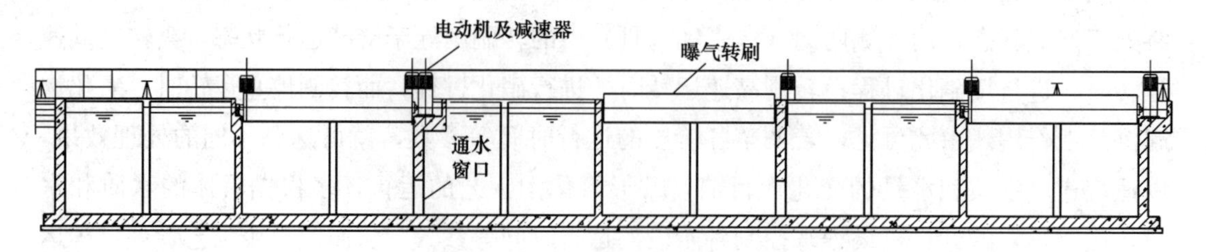

图 10-4　T 形氧化沟 $B—B$ 剖面图

除此之外，T形氧化沟工艺还具有以下特点：

1）工艺流程较为简单紧凑，管理方便

T形氧化沟按好氧、缺氧、沉淀三种不同的工艺条件运行，因而具有一般氧化沟的抗冲击负荷以及不易发生短流等优点，还不需另建沉淀池，污泥也可不用回流。

2）曝气设备利用率高

与双沟交替工作式氧化沟对比，在三沟中的中沟（沟Ⅱ）一直作为曝气区使用，提高了曝气设备的利用率。

3）自动化程度高

整个工艺的运行模式由PLC系统自动控制和切换，有利于设备装置实现自动化管理。

（2）进水系统

污水通过三角配水井配水后，经进水管进入氧化沟沟道内循环。进水顺序按照工艺运行6个阶段所述的顺序进水。T形氧化沟进水系统的剖面如图10-5所示。

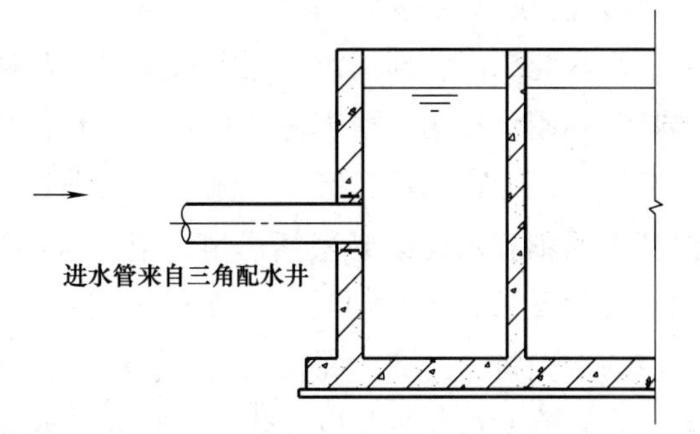

图10-5 T形氧化沟进水系统剖面图

（3）出水系统

T形氧化沟工艺分6个阶段运行，整个工艺运行中只有两侧的氧化沟（沟Ⅰ和沟Ⅲ）出水，在两侧氧化沟设置电动回转出水堰。污水在氧化沟内循环运行后，通过电动回转调节堰流入集水槽中，再经出水管出水。氧化沟的出水系统如图10-6和图10-7所示。

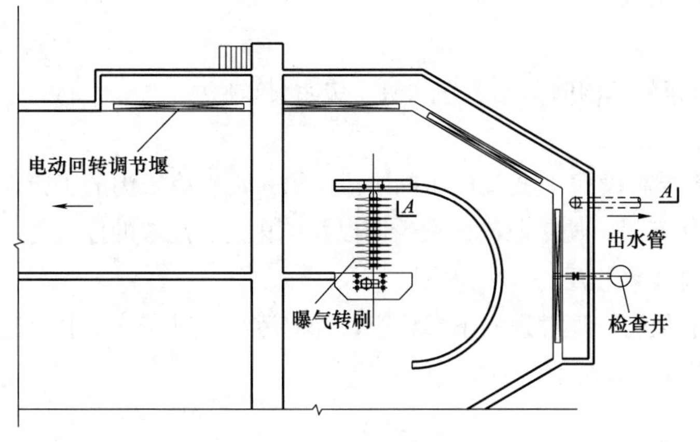

图10-6 T形氧化沟出水系统平面图

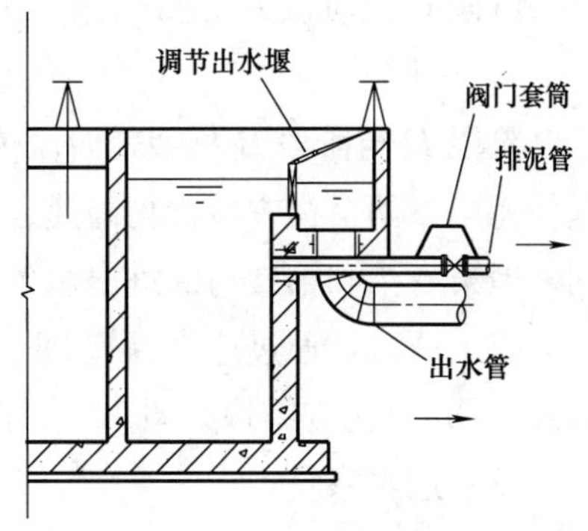

图10-7 T形氧化沟出水系统 A—A剖面图

10.2.2 DE氧化沟

（1）池体

DE 氧化沟是由两个相同容积的氧化沟组成的双沟半交替工作式氧化沟系统，具有良好的生物脱氮能力。DE 氧化沟与 T 形氧化沟的不同之处在于，DE 氧化沟的二沉池与氧化沟分离布置，并有独立的污泥回流系统，而 T 形氧化沟的两侧沟依次交换作为沉淀池。

DE 氧化沟内的两个氧化沟相互连通，串联运行，交替进水。沟内设双速曝气转刷，高速工作时曝气充氧，低速工作时只推动水流，基本不充氧，使两沟交替处于缺氧和好氧状态，从而达到生物脱氮的目的。若在 DE 氧化沟前增设一个厌氧段，可实现生物除磷，形成兼具脱氮除磷的 DE 型氧化沟工艺。

DE 氧化沟工艺的运行常分为 4 个阶段：

1）阶段 A

污水与二沉池回流污泥在配水井混合后进入第一沟。第一沟在上一阶段已进行了充分的曝气和硝化作用，聚磷菌已吸收了大量的磷，阶段 A 第一沟内转刷以低转速运转，仅维持沟内污泥在悬浮状态下环流，所以供氧量不足，系统处于缺氧状态，反硝化菌将上阶段产生的硝态氮还原成氮气逸出。第二沟的出水堰自动降低，处理水由第二沟流入二沉池。在阶段 A 的末段时刻，由于第一沟处于厌氧状态，聚磷菌将磷释放到水中，此时沟中磷的浓度将会升高。而第二沟内转刷在整个阶段均以高速运行，混合液在沟内保持恒定环流，转刷所供氧量足以氧化有机物并使氨氮转化为硝态氮，聚磷菌则吸收水中的磷，此时沟中磷的浓度将下降。

2）阶段 B

污水与二沉池回流污泥混合配水后进入第一沟，此时第一沟与第二沟的转刷均高速运转充氧，进水中的磷与阶段 A 第一沟释放的磷进入好氧条件的第二沟中，第二沟中混合液磷含量低，处理水由第二沟进入二沉池。

3）阶段 C

阶段 C 与阶段 A 相似，第一沟和第二沟的工艺条件互换，功能刚好相反。

4）阶段 D

阶段 D 与阶段 B 相似，阶段 B 与阶段 D 是短暂的中间阶段。第一沟和第二沟的工艺条件相同，两个沟中转刷均高速运转充氧，使吸收磷的聚磷菌以及硝化菌有足够的停留时间。但第一沟和第二沟的进出水条件正好相反。

综上所述，通过适当调控 DE 氧化沟处理过程的不同阶段，可使污水得以充分地脱氮除磷。DE 氧化沟结构如图 10-8～图 10-13 所示。

（2）进水系统

在进入氧化沟前，污水先进入一个圆形配水井，然后均匀地进入双沟氧化沟的两个沟渠。氧化沟的配水井如图 10-14～图 10-16 所示。

（3）出水系统

出水时，通过调节池尾部活动出水堰的堰门高度，使处理水进入出水槽，最后经出水管出水。氧化沟的出水系统布置如图 10-17 和图 10-18 所示。

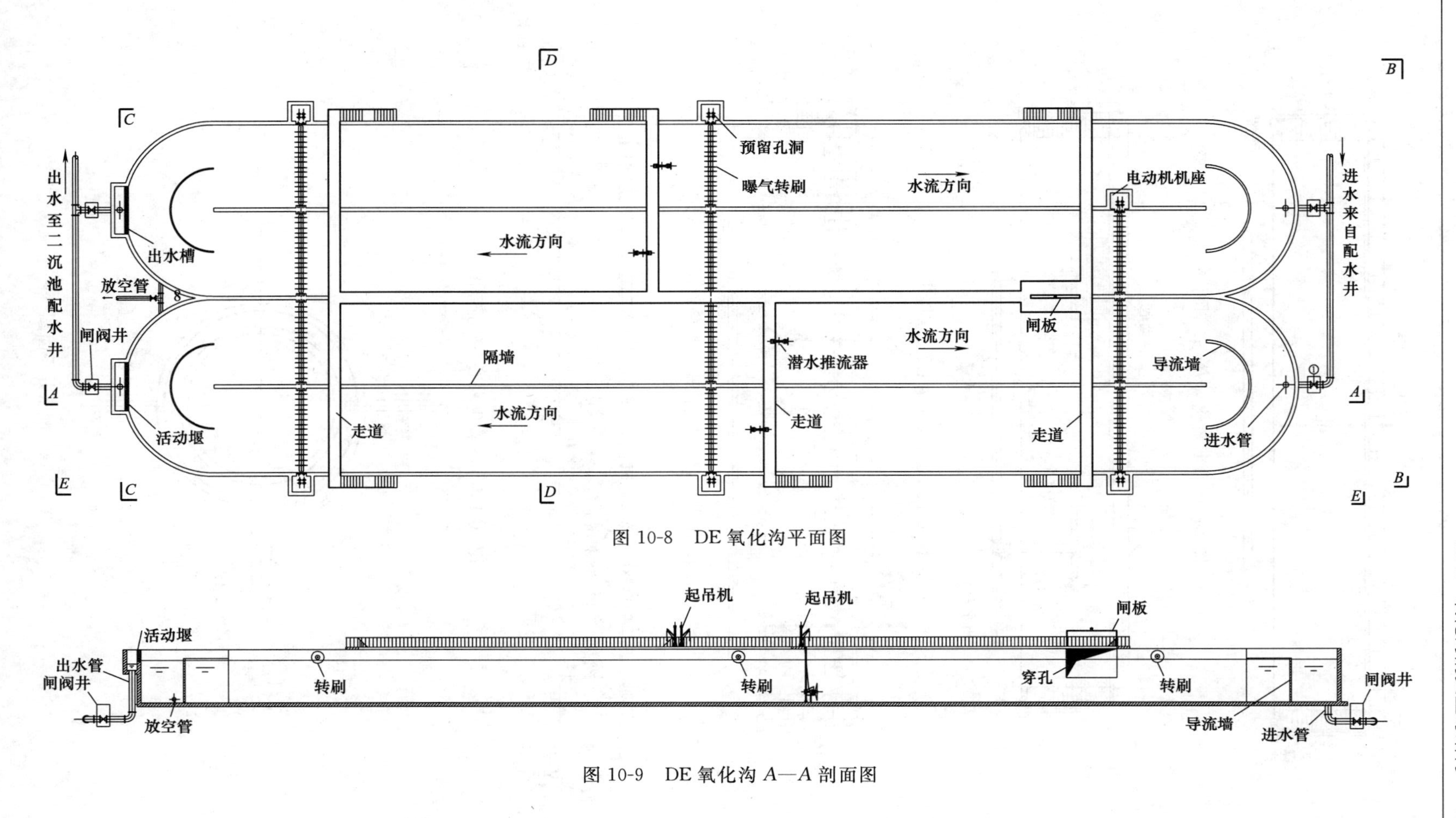

图 10-8 DE 氧化沟平面图

图 10-9 DE 氧化沟 A—A 剖面图

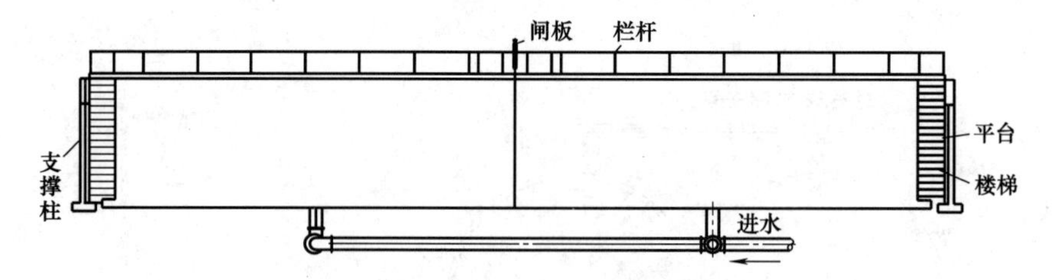

图 10-10　DE 氧化沟 *B*—*B* 剖面图

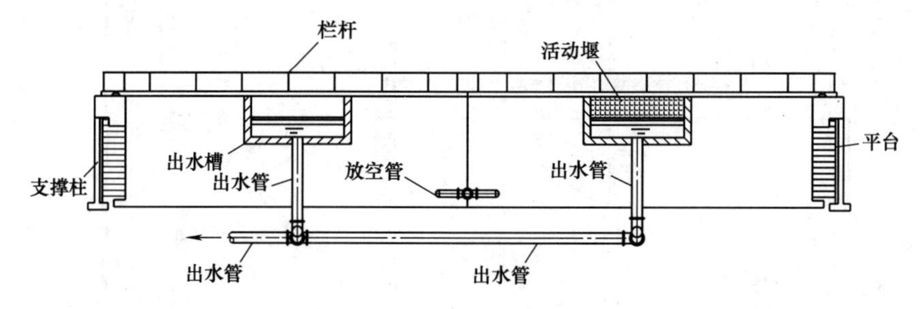

图 10-11　DE 氧化沟 *C*—*C* 剖面图

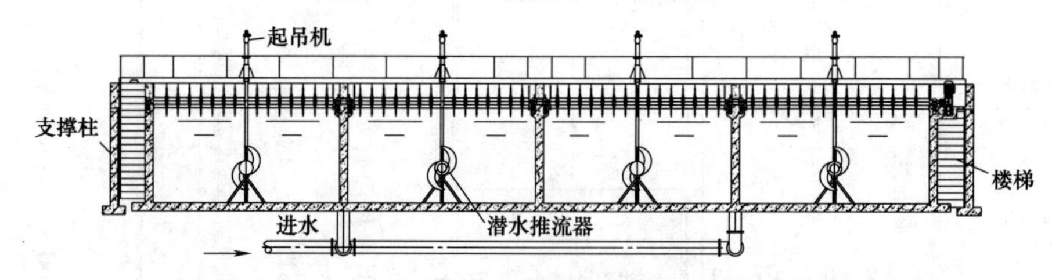

图 10-12　DE 氧化沟 *D*—*D* 剖面图

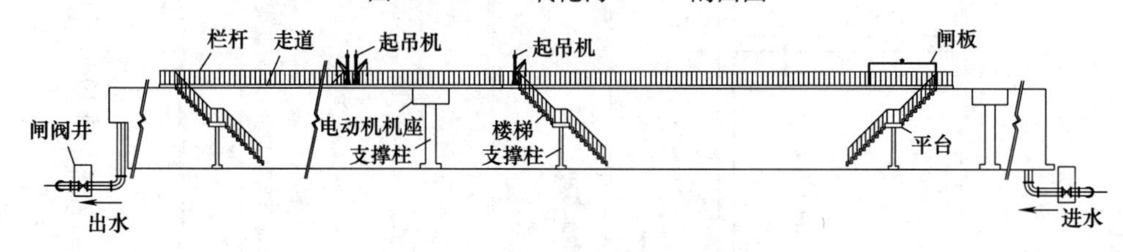

图 10-13　DE 氧化沟 *E*—*E* 剖面图

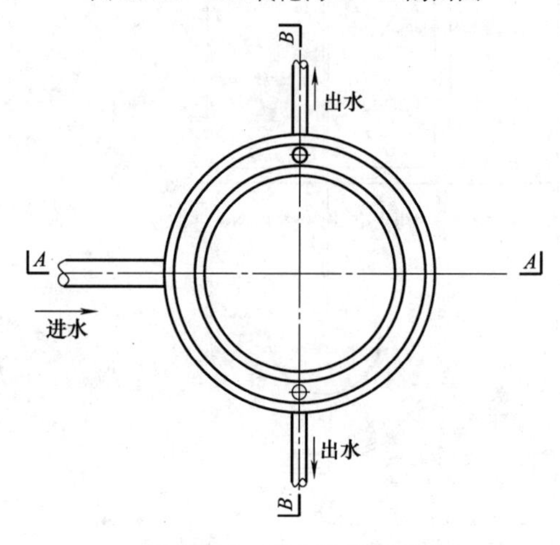

图 10-14　配水井平面图

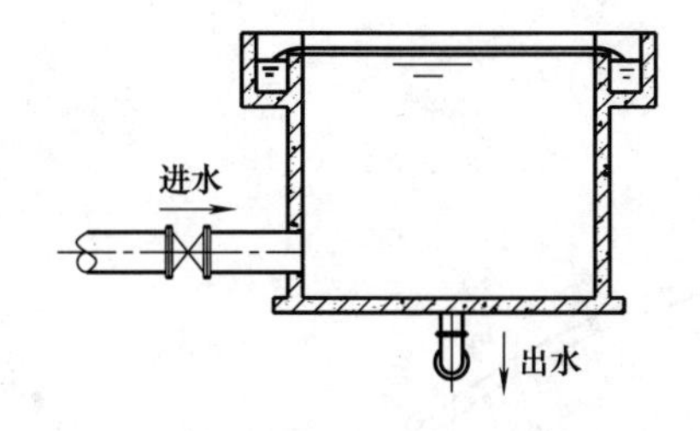

图 10-15 配水井 A—A 剖面图

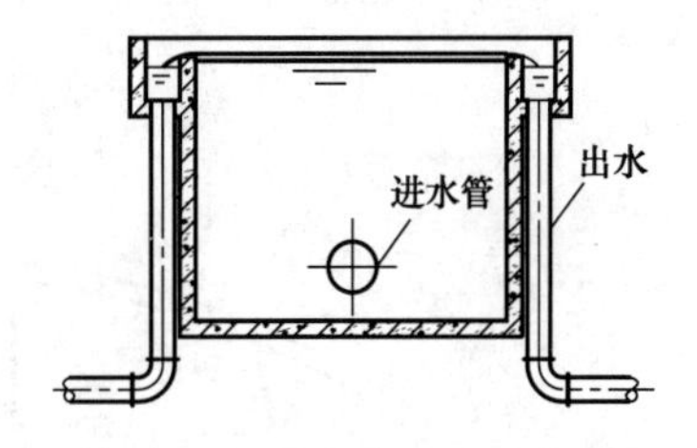

图 10-16 配水井 B—B 剖面图

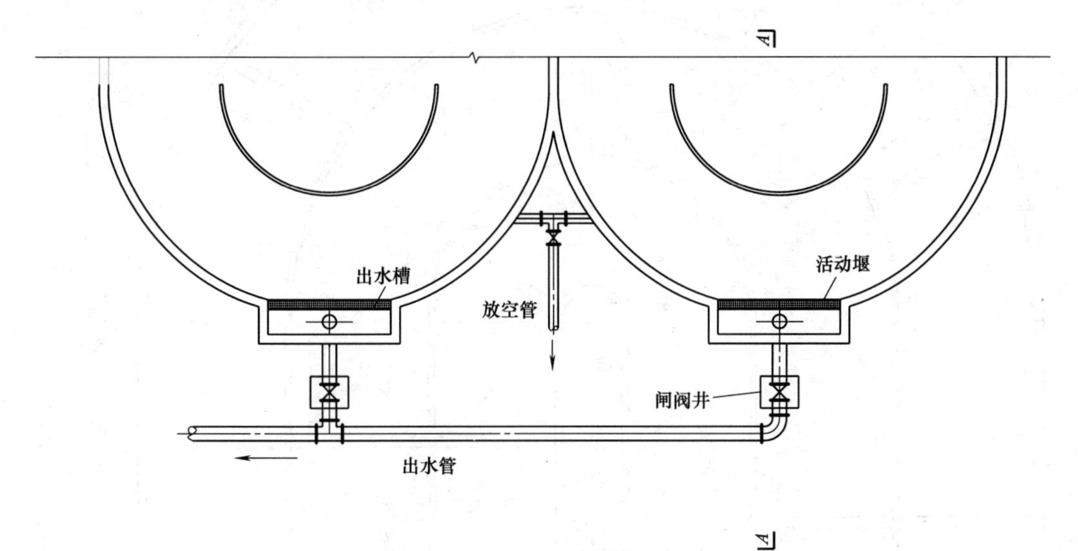

图 10-17 出水系统平面布置图

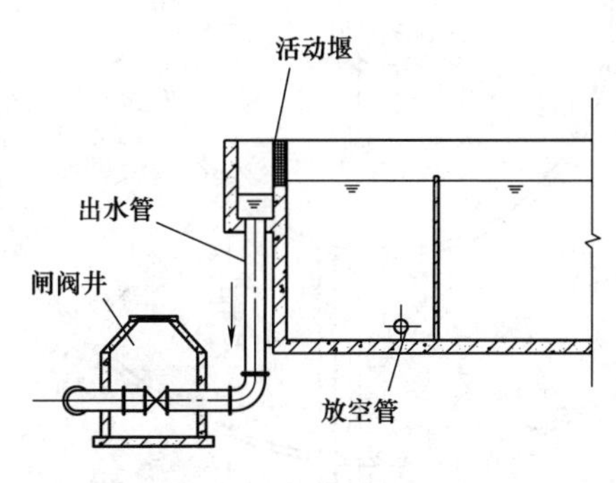

图 10-18 出水系统 A—A 剖面图

10.2.3 奥贝尔氧化沟

（1）池体

奥贝尔氧化沟是由几条同心圆或椭圆形的沟渠组成，沟渠之间采用隔墙分开，形成多条环形渠道，每一条渠道相当于单独的反应器。奥贝尔氧化沟可根据需要分设两条沟渠、三条沟渠和四条沟渠，常用的是三条沟渠形式。

奥贝尔氧化沟的沟道之间采用隔墙分开，隔墙下部设有必要面积的通水窗口，隔墙一般采用 100～150mm 厚的现浇钢筋混凝土构建。沟道断面形状多为矩形或梯形，各沟道

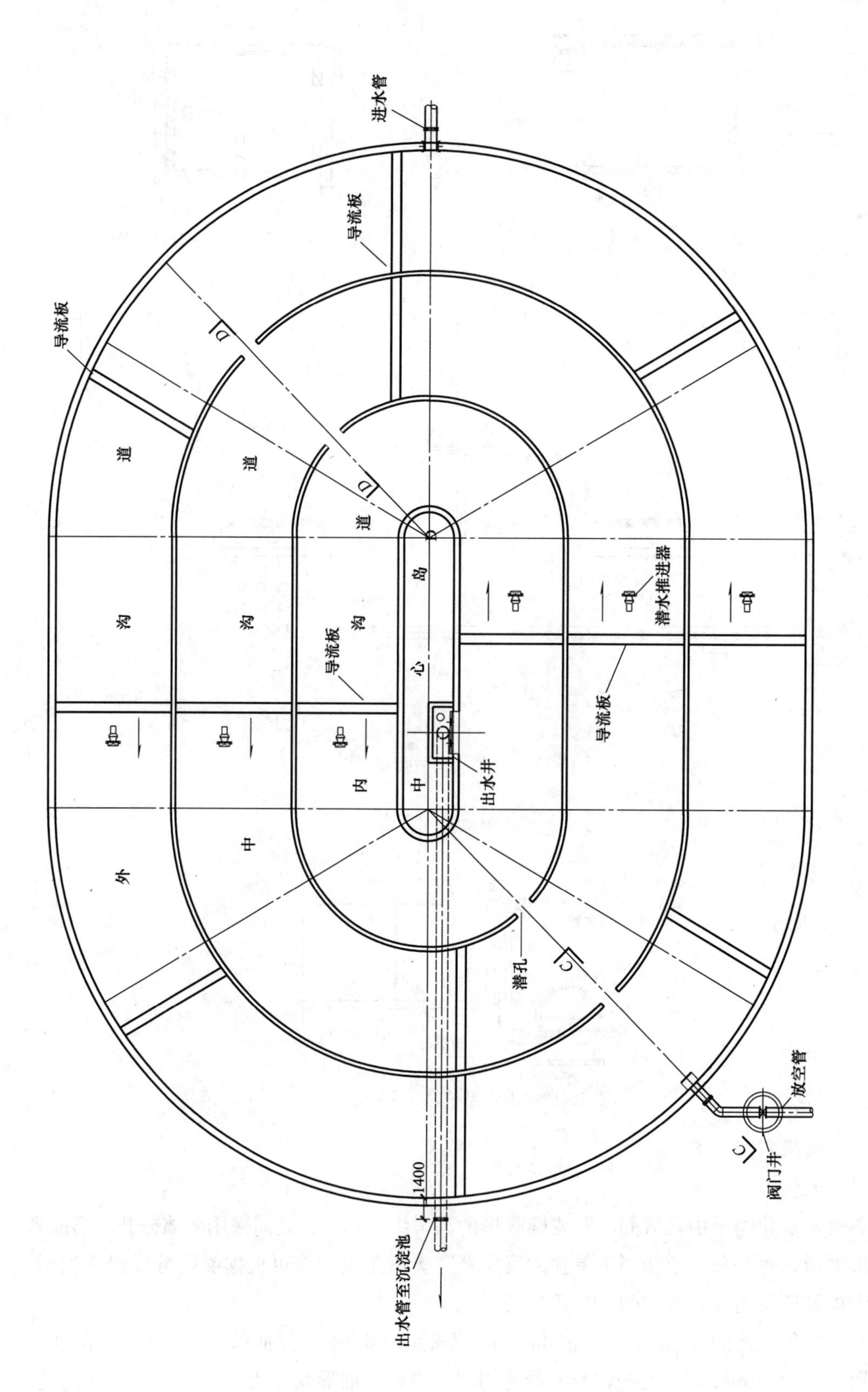

图 10-19 奥贝尔氧化沟底部平面图

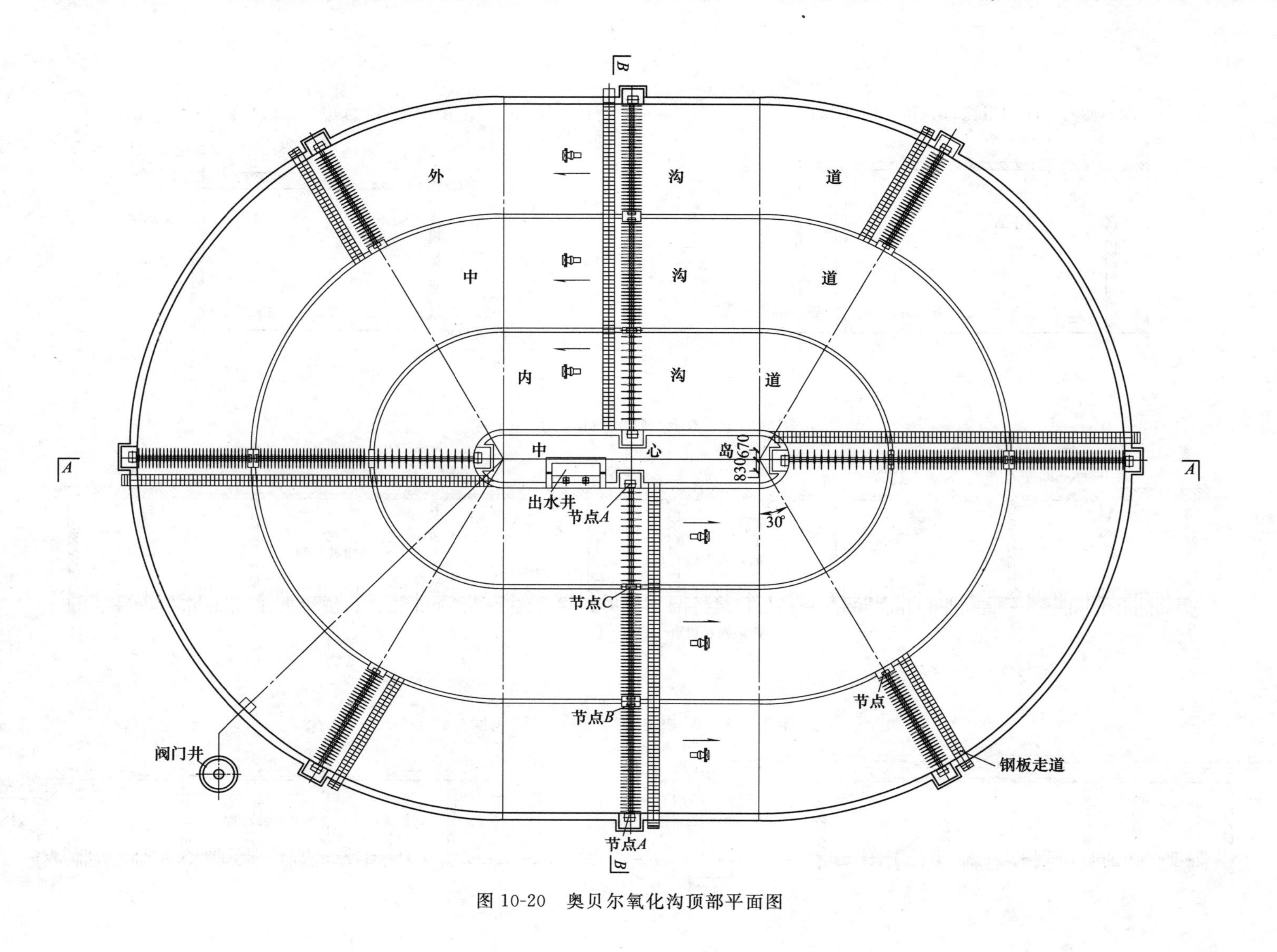

图 10-20 奥贝尔氧化沟顶部平面图

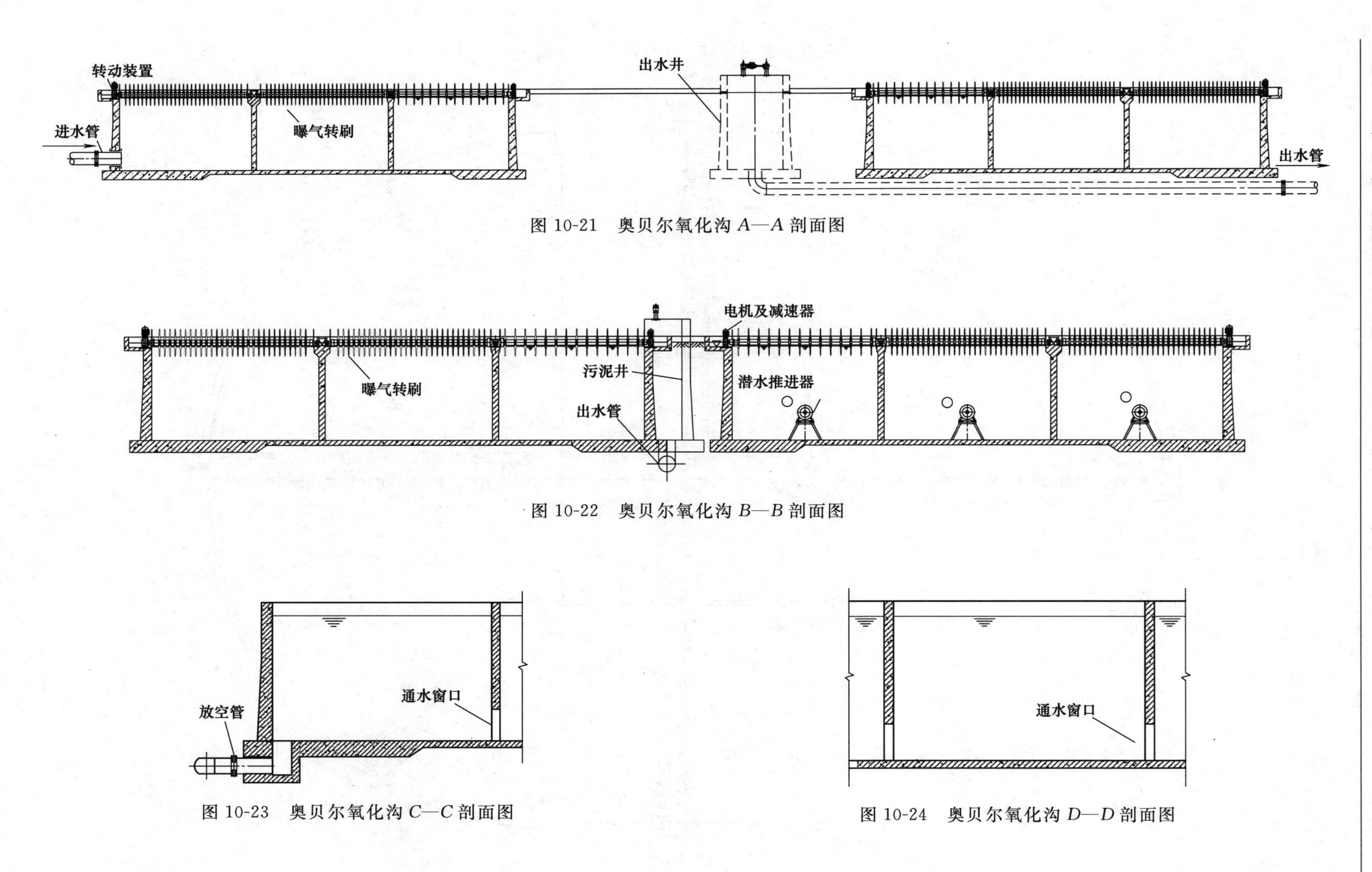

图 10-21 奥贝尔氧化沟 *A*—*A* 剖面图

图 10-22 奥贝尔氧化沟 *B*—*B* 剖面图

图 10-23 奥贝尔氧化沟 *C*—*C* 剖面图

图 10-24 奥贝尔氧化沟 *D*—*D* 剖面图

宽度由工艺设计确定，一般不大于9m，有效水深以4～4.3m为宜。

以三沟道氧化沟为例，外沟道占整个氧化沟总容积的50%～55%，溶解氧浓度控制趋于零，高效地完成主要氧化降解作用；中间沟道容积一般为25%～30%，溶解氧控制在1.0mg/L左右，作为“摆动沟道”，可发挥外沟道或内沟道的强化作用；内沟道的容积约为15%～20%，要求较高的溶解氧值（约2.0mg/L），以保证有机物和氨氮的彻底去除。

奥贝尔氧化沟独特的构造和处理机理，使其能够以较为节能的方式获得稳定的处理效果。奥贝尔氧化沟由内、中、外三个沟道构成，外沟道的供氧量通常为总供氧量的50%左右，使水中80%以上的BOD可在外沟道中去除；由于外沟道溶解氧平均值很低，大部分区域DO为零，因而是在亏氧条件下进行的，氧的传递效率较高，具有一定的节能效果。同时，奥贝尔氧化沟具有较好的脱氮功能，在外沟道形成交替的耗氧和大区域的缺氧环境，进行同步硝化反硝化作用，即使在不设内回流的条件下，也能获得较好的脱氮效果；此外，外沟道内所特有的同步硝化反硝化功能也使节省氧耗（节能）的效果更为明显。内沟道作为最终出水的场所，一般应保持较高的溶解氧，但内沟道容积最小，能耗也相对较低。中沟道起到互补调节作用，提高了运行的可靠性和可控性。

奥贝尔氧化沟兼具推流和全混流两种流态的特点。对于每个沟道内来说，混合液的流态基本为全混流，具有较强的抗冲击负荷能力；对于三个沟道来讲，沟道与沟道之间的流态为推流，有着不同的溶解氧浓度和污泥负荷，兼有多沟道串联的特性，有利于难降解有机物的去除，并可减少污泥膨胀现象的发生。

奥贝尔氧化沟由三个同心椭圆形沟道组成，污水由外沟道进入，与回流污泥混合后，由外沟道进入中间沟道再进入内沟道，在各沟道循环达数十到数百次，最后经中心岛的出水井流出至二沉池。在各沟道横跨安装有不同数量的水平转刷曝气机，进行供氧的同时也有较强的推流搅拌作用，如图10-19～图10-24所示。

(2) 进水系统

污水进入氧化沟池内，就被几十倍甚至上百倍的循环水所稀释，就此而言，氧化沟可认为是完全混合池，有较强的抗水质和水量冲击负荷的能力。因此，奥贝尔氧化沟并不需要复杂的配水、布水系统，只需设置简单的配水井即可。奥贝尔氧化沟进水管布置，未设置配水井，污水通过底部进水管进水，直接进入氧化沟沟槽内循环，如图10-25所示。

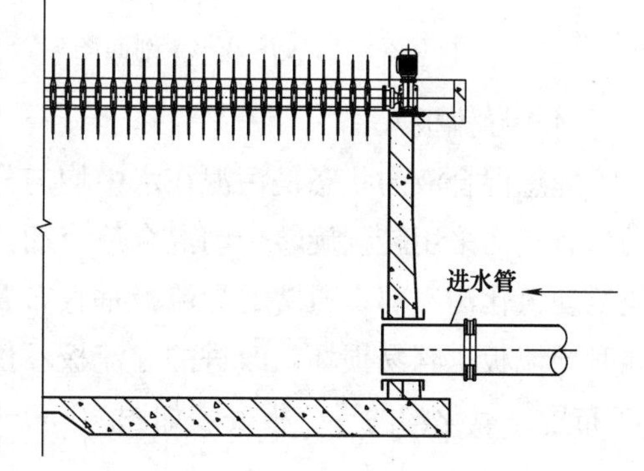

图10-25 进水管布置

(3) 出水系统

奥贝尔氧化沟的出水井布置在中心岛内，通过启闭机控制可调堰门，处理后的出水由堰门进入出水井，经出水井底部出水管出水。奥贝尔氧化沟出水井的结构如图10-26～图10-29所示。

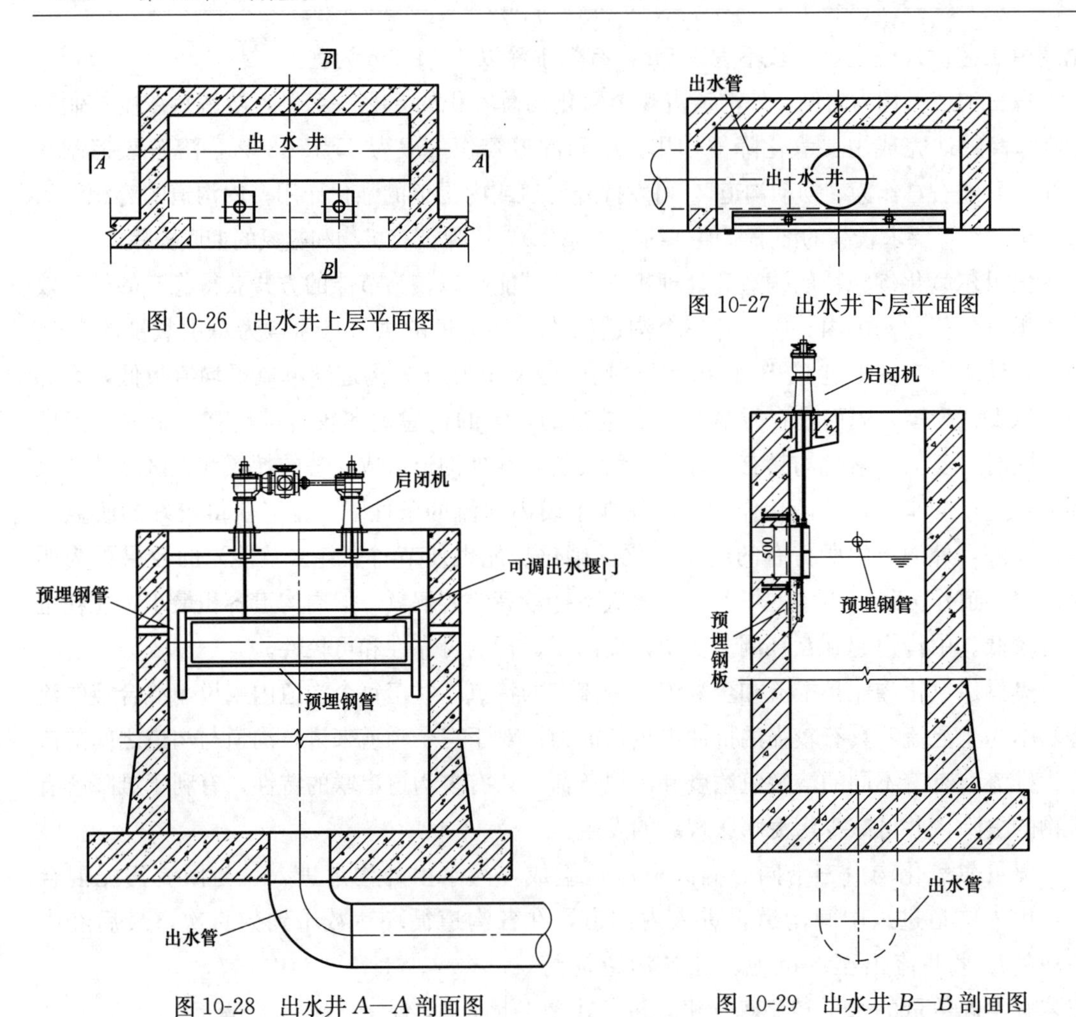

图10-26 出水井上层平面图

图10-27 出水井下层平面图

图10-28 出水井 $A—A$ 剖面图

图10-29 出水井 $B—B$ 剖面图

（4）导流板

理想混合液的状态是污泥在水中均匀分布，为了防止污泥沉降在底部而导致缺氧，奥贝尔氧化沟采用转刷旋转带动混合液流动，搅匀混合液。导流板是引导混合液流向，使水流搅动氧化沟底部。通常的导流板垂直布置，对水流阻力大，不但降低了混合液的流速，同时导流板也容易损坏，改进的导流板不仅在强度上有所加固，还将角度调整为与水平呈60°布置。氧化沟的导流板安装如图10-30～图10-33所示。

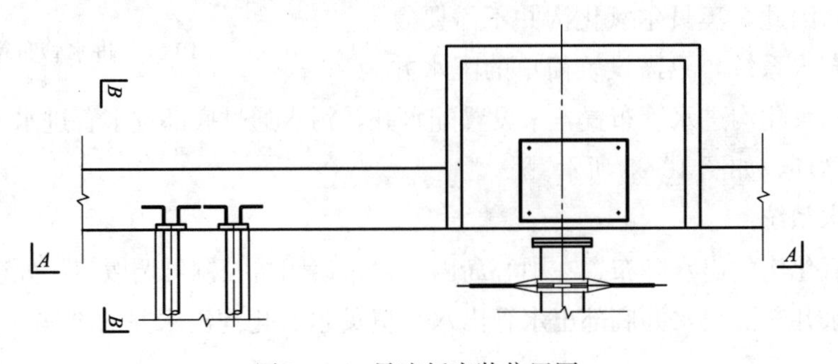

图10-30 导流板安装位置图

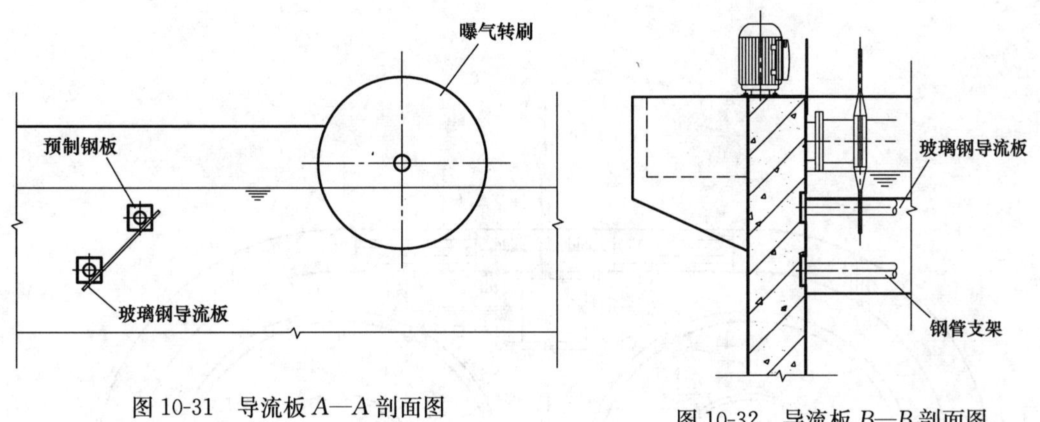

图 10-31 导流板 A—A 剖面图

图 10-32 导流板 B—B 剖面图

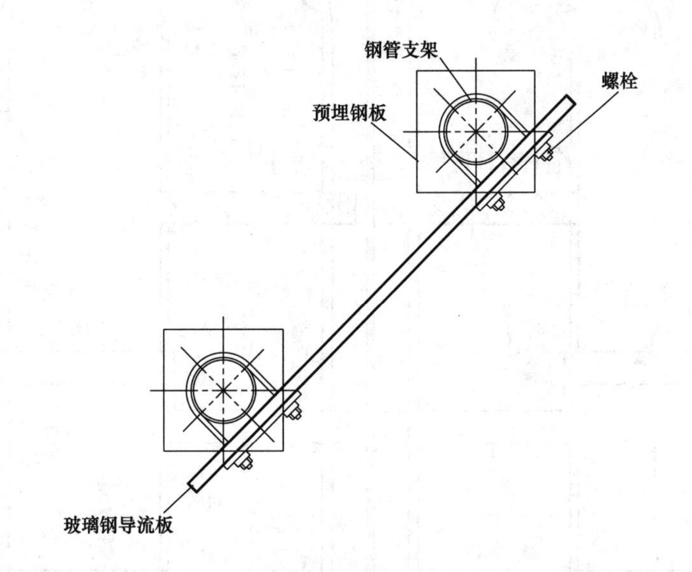

图 10-33 导流板固定安装图

10.2.4 卡鲁塞尔氧化沟

(1) 池体

卡鲁塞尔氧化沟是一种多沟串联系统，进水与回流活性污泥混合后，沿水流方向在沟内不停地循环流动，沟内安装立式表面曝气机。卡鲁塞尔氧化沟池体构造如图 10-34～图 10-37 所示。

进水与污泥泵送的回流污泥在配水井内混合，混合液由配水管进入氧化沟，沿水流方向在沟内做无终端的循环流动。图 10-34 所示的氧化沟在每条廊道内安装了一台曝气转刷，不仅可为生化反应曝气供氧，还起到搅拌混合的作用，并能向混合液传递水平循环动力。曝气转刷位置的下游混合液的溶解氧浓度较高，随着水流沿沟长方向流动，溶解氧的浓度逐渐下降。根据溶解氧浓度梯度的变化依次在沟内形成好氧区和缺氧区（根据需要也可能存在厌氧区）。因此，卡鲁塞尔氧化沟除了能够去除 BOD，还能在同一池内实现硝化和反硝化的生物脱氮。此外，卡鲁塞尔氧化沟工艺不仅可以利用硝态氮中的氧以减少曝气

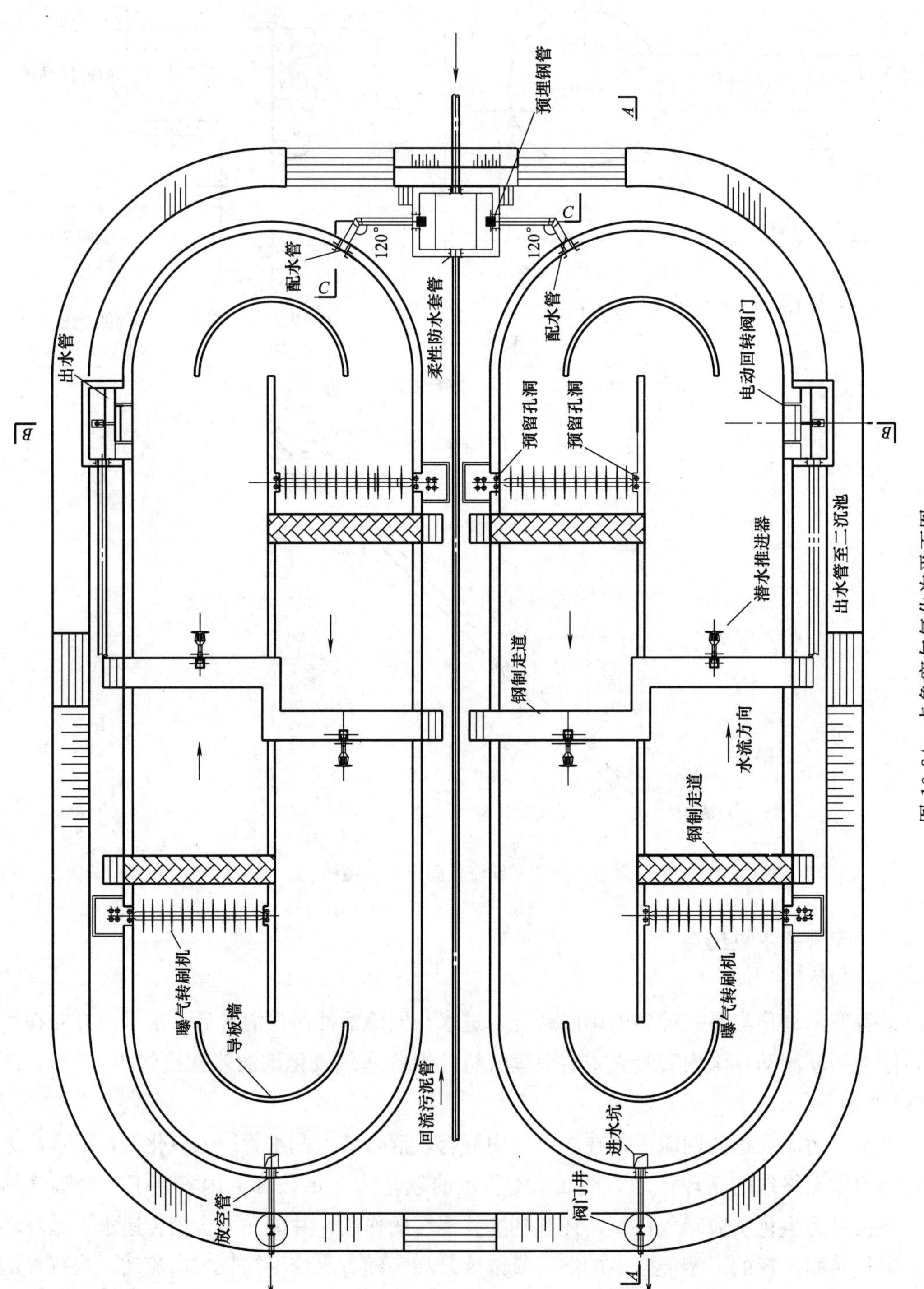

图 10-34 卡鲁塞尔氧化沟平面图

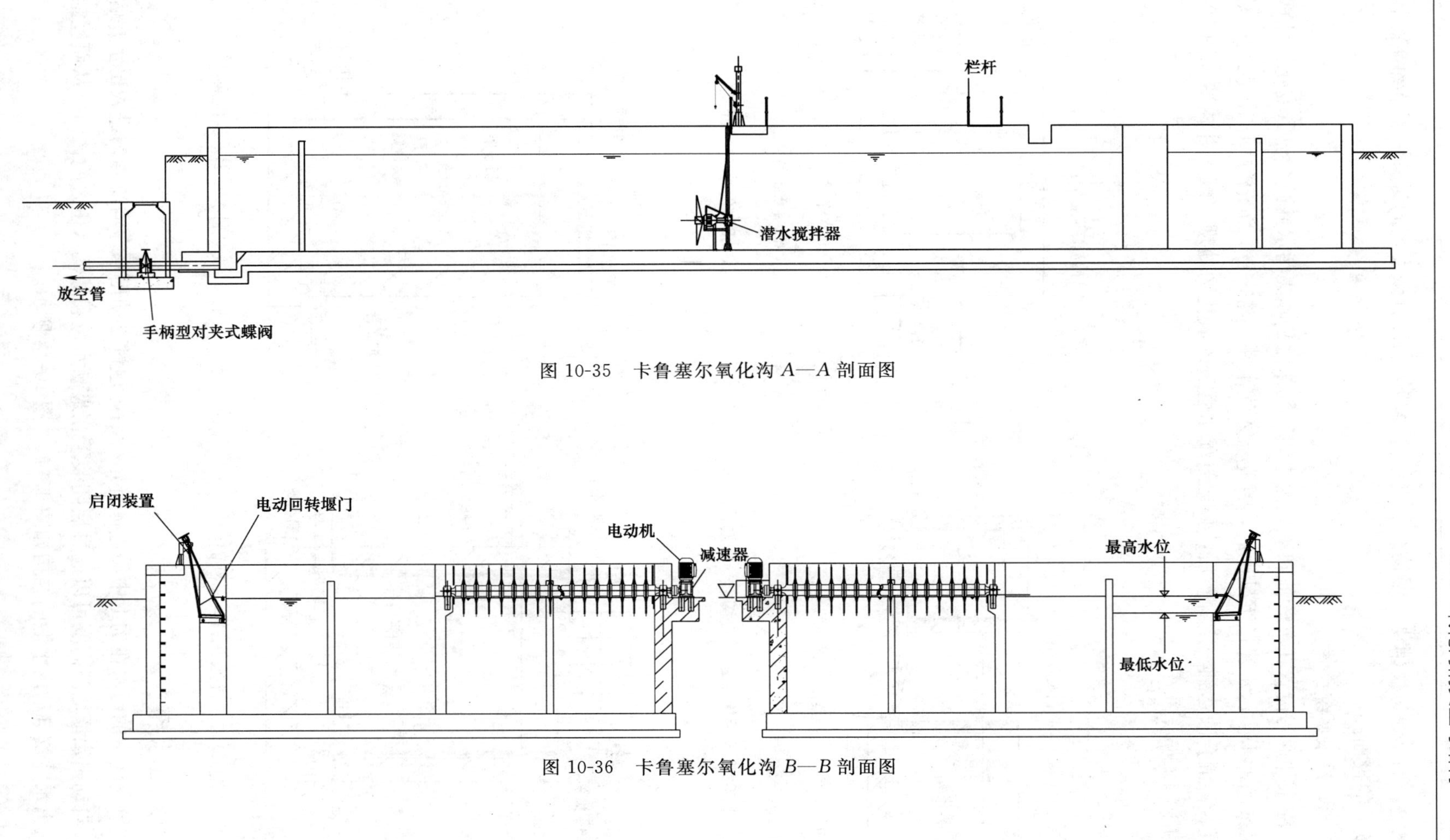

图 10-35 卡鲁塞尔氧化沟 A—A 剖面图

图 10-36 卡鲁塞尔氧化沟 B—B 剖面图

供氧量，而且通过反硝化作用补充了硝化过程消耗的部分碱度，同时有利于节约能源和减少碳源的投加。

（2）进水系统

配水井通常设置在沉砂池和氧化沟之间，其作用是收集污水并减少流量变化给处理系统带来的冲击。污水经过沉砂池后，首先流入配水井，与来自二沉池的回流污泥在污泥井里混合，混合液达到一定容量后，再通过配水管进入氧化沟处理。配水井构造如图10-38～图10-40所示。

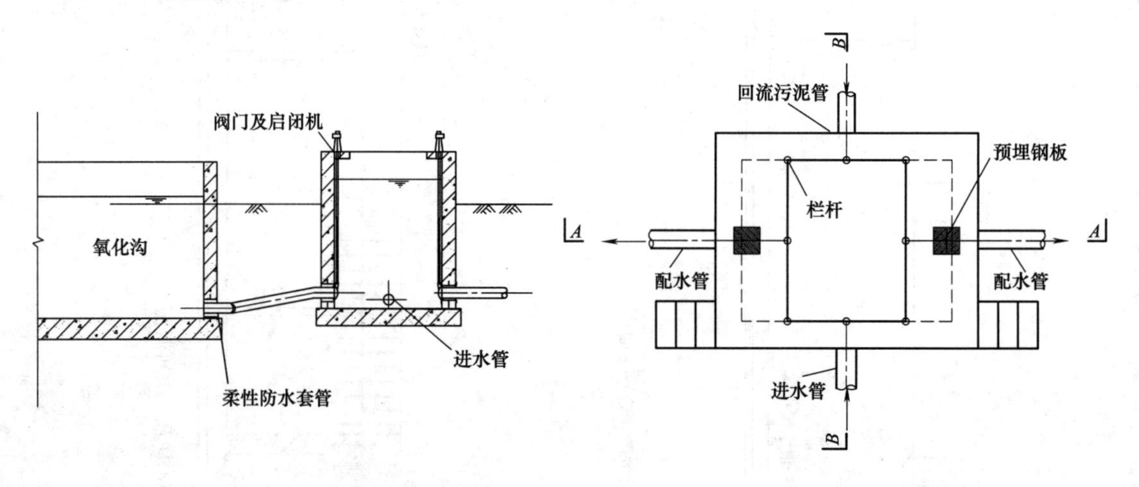

图10-37　卡鲁塞尔氧化沟 *C*—*C* 剖面图

图10-38　配水井平面图

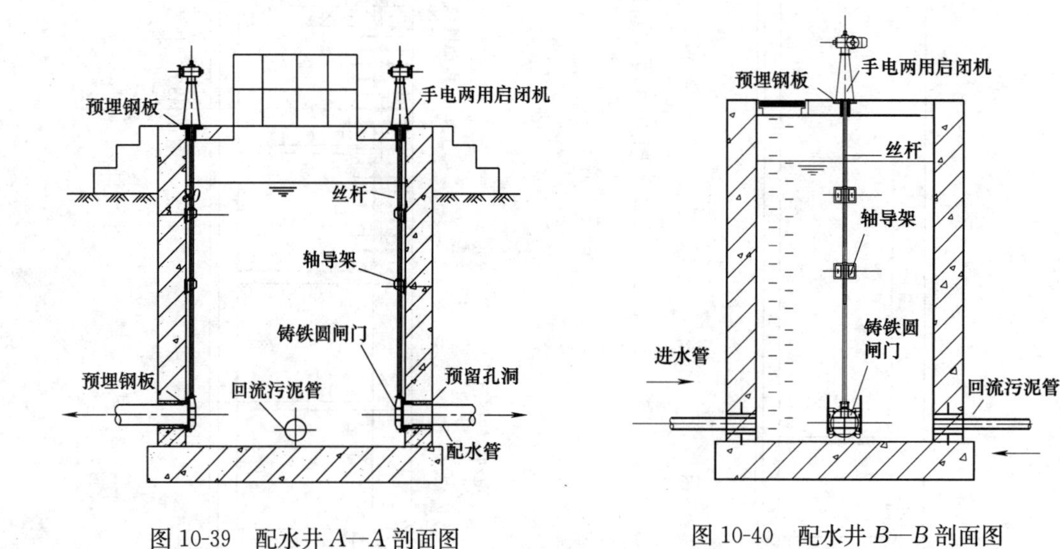

图10-39　配水井 *A*—*A* 剖面图

图10-40　配水井 *B*—*B* 剖面图

（3）出水系统

氧化沟中的污水在沟道中经过循环运行后，通过自动出水堰溢流均匀进入出水井后出水，自动出水堰堰门高度可以通过启闭装置在最高水位和最低水位之间调节，从而控制出水。出水井及自动出水堰的结构如图10-41～图10-43所示。

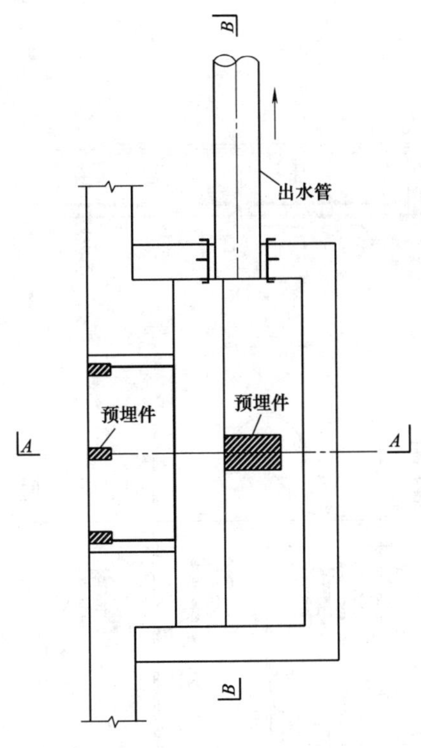

图 10-41 出水井平面图

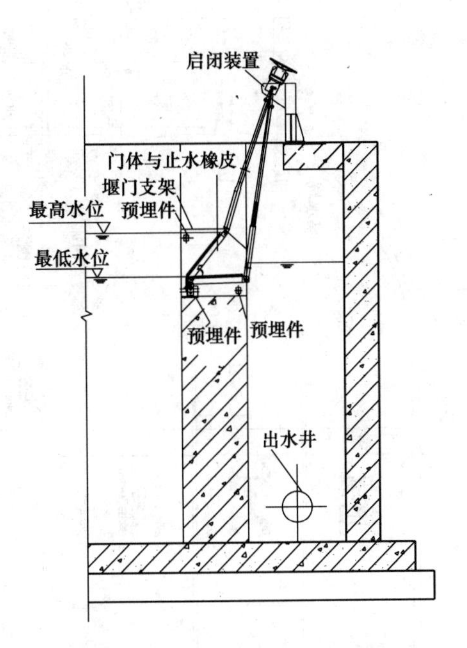

图 10-42 出水井 A—A 剖面图

10.2.5 卡鲁塞尔 2000 型氧化沟

(1) 池体

卡鲁塞尔 2000 型氧化沟中内置了一个预反硝化区（即图 10-44 中所示的缺氧区），占氧化沟总体积的 15%～25%，增设了水下推进器以及回流控制阀门等。图 10-44～图 10-50 为设置了前置厌氧处理构筑物的卡鲁塞尔 2000 型氧化沟的结构图，增设的厌氧区强化了生物除磷的作用。在缺氧条件下，进水与一定量的混合液混合（流量可通过回流控制阀调节）进入预反硝化区，其余 75%～85%体积的氧化沟部分存在着好氧区和缺氧区，同时进行着有机物的去除以及硝化和反硝化。因此，卡鲁塞尔 2000 型氧化沟工艺不仅能去除污水中的 BOD，同时可以实现脱氮除磷。

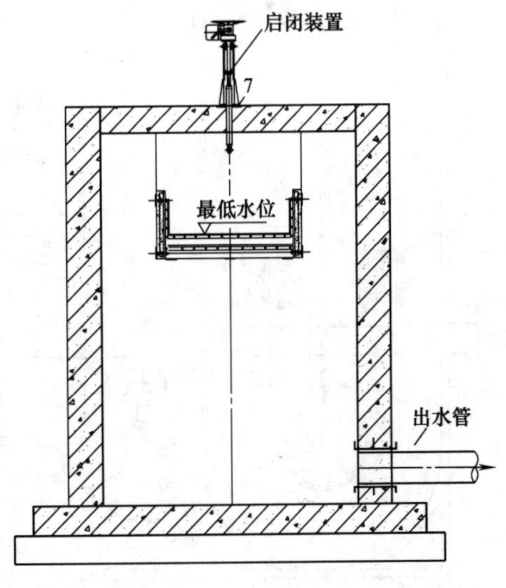

图 10-43 出水井 B—B 剖面图

卡鲁塞尔 2000 型氧化沟内配有一定数量的表曝机，实现沟内混合液的推流、混合和充氧。此外，从节能的角度考虑，沟内还装备有一定数量的潜水推进器，以保证混合液具有一定的流速，防止混合液产生污泥沉降现象。

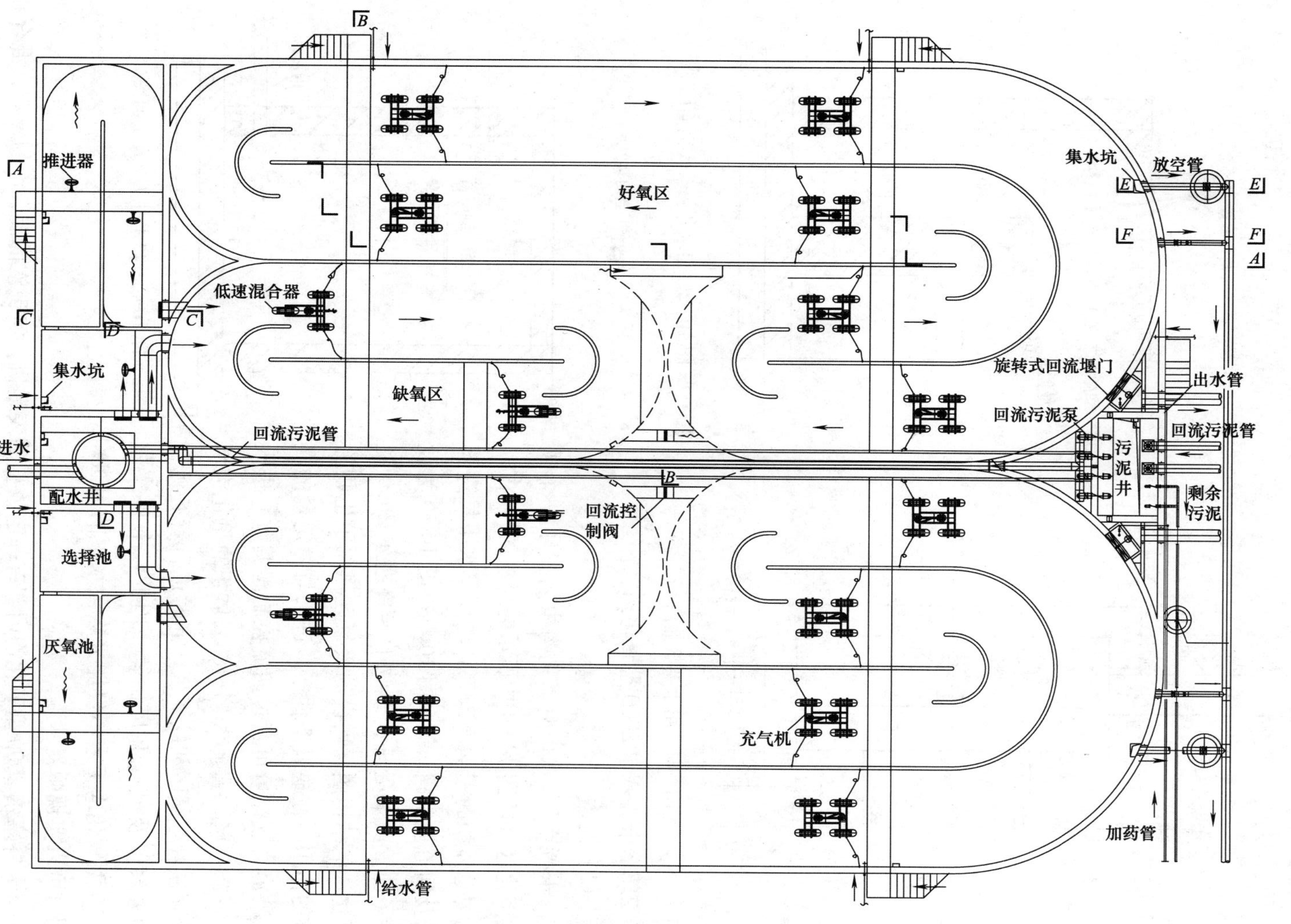

图 10-44 卡鲁塞尔 2000 型氧化沟平面图

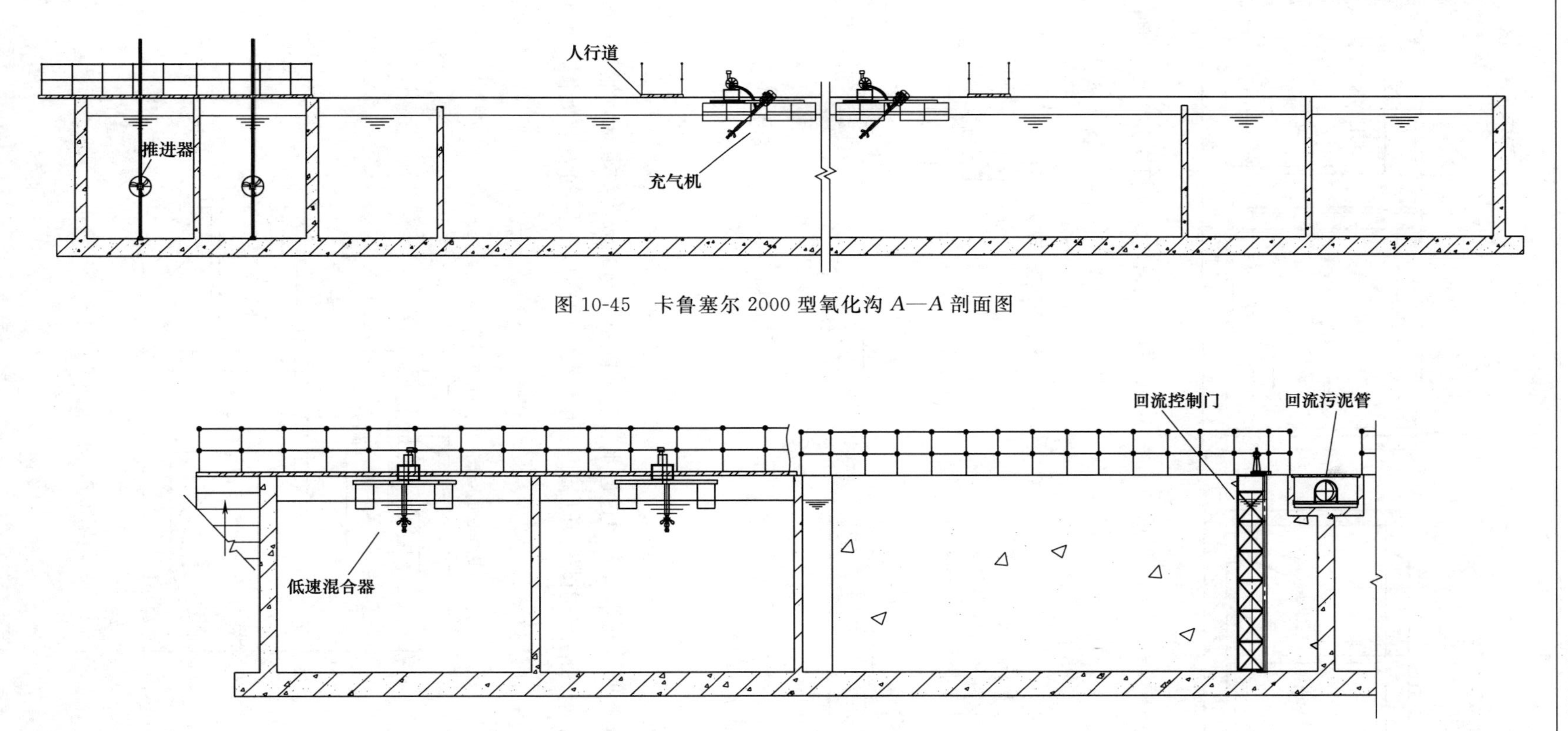

图 10-45　卡鲁塞尔 2000 型氧化沟 A—A 剖面图

图 10-46　卡鲁塞尔 2000 型氧化沟 B—B 剖面图

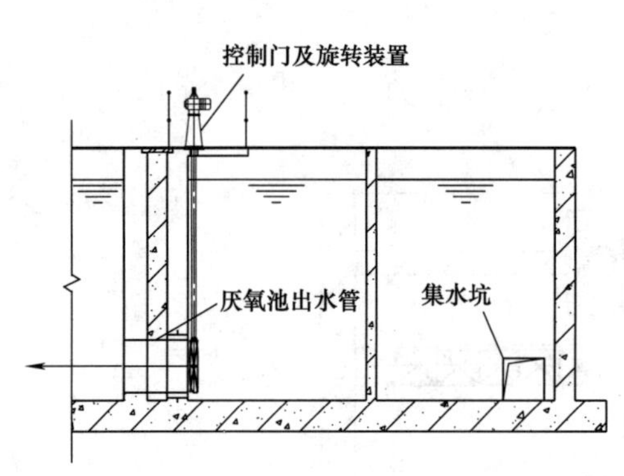

图 10-47 卡鲁塞尔 2000 型氧化沟 *C*—*C* 剖面图

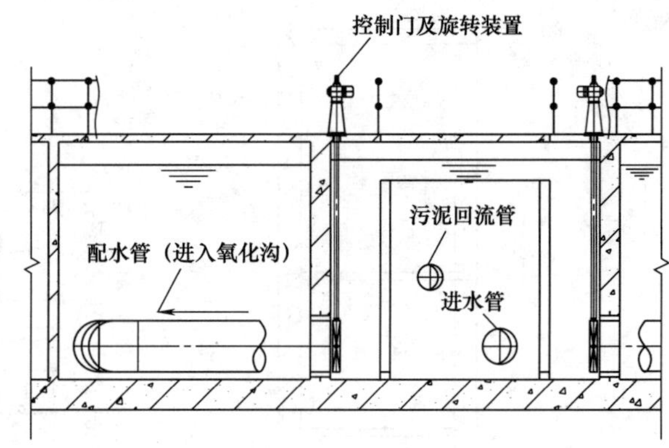

图 10-48 卡鲁塞尔 2000 型氧化沟 *D*—*D* 剖面图

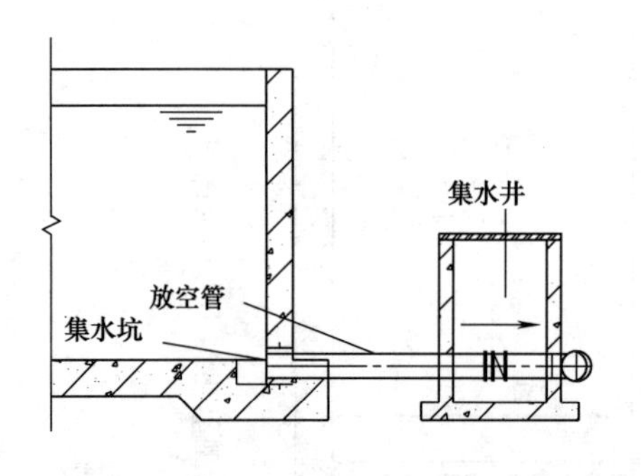

图 10-49 卡鲁塞尔 2000 型氧化沟 *E*—*E* 剖面图

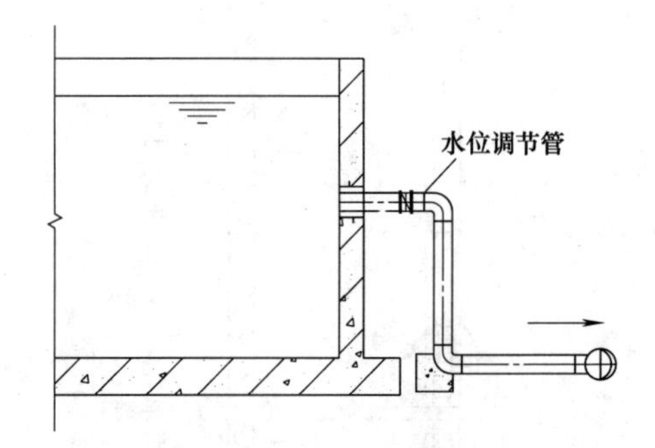

图 10-50 卡鲁塞尔 2000 型氧化沟 *F*—*F* 剖面图

(2) 进水系统

氧化沟工艺运行时，污水首先通过进水管进入配水井与回流污泥混合，然后通过配水管进入氧化沟。配水井的结构图及开启、关闭配水管的靠壁式闸门安装如图 10-51～图 10-54 所示。

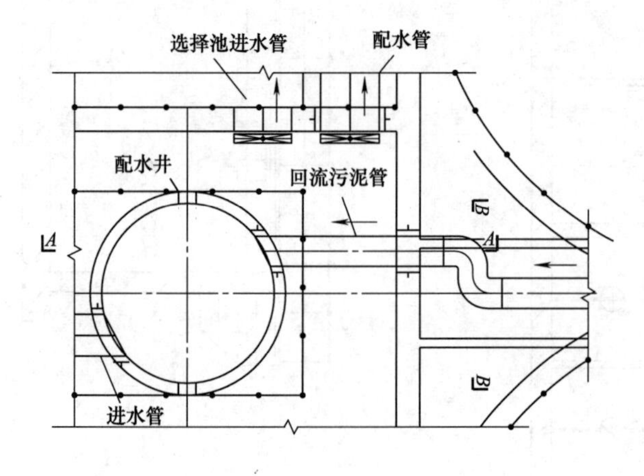

图 10-51 配水井平面图

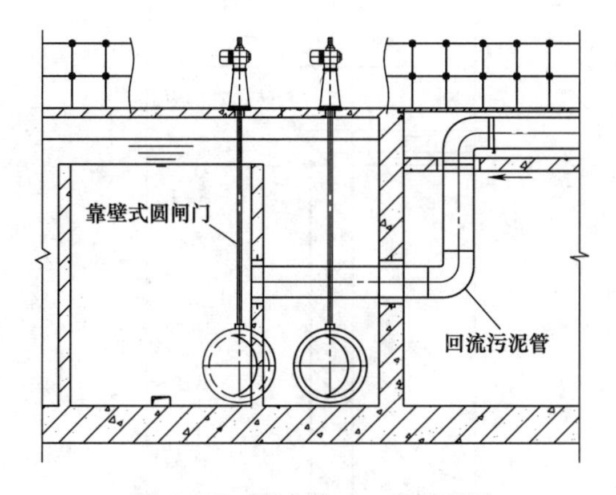

图 10-52 配水井 A—A 剖面图

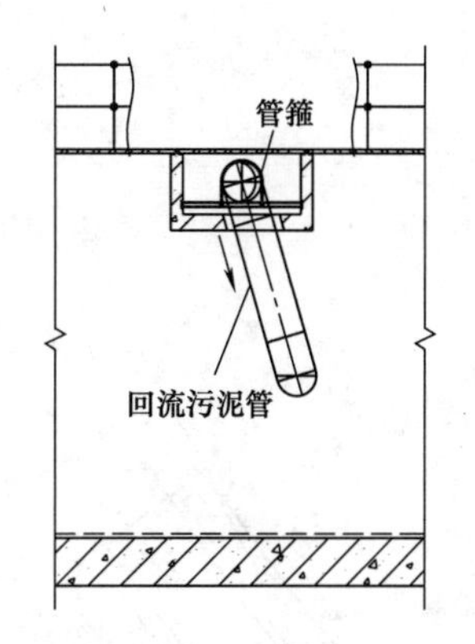

图 10-53 配水井 B—B 剖面图

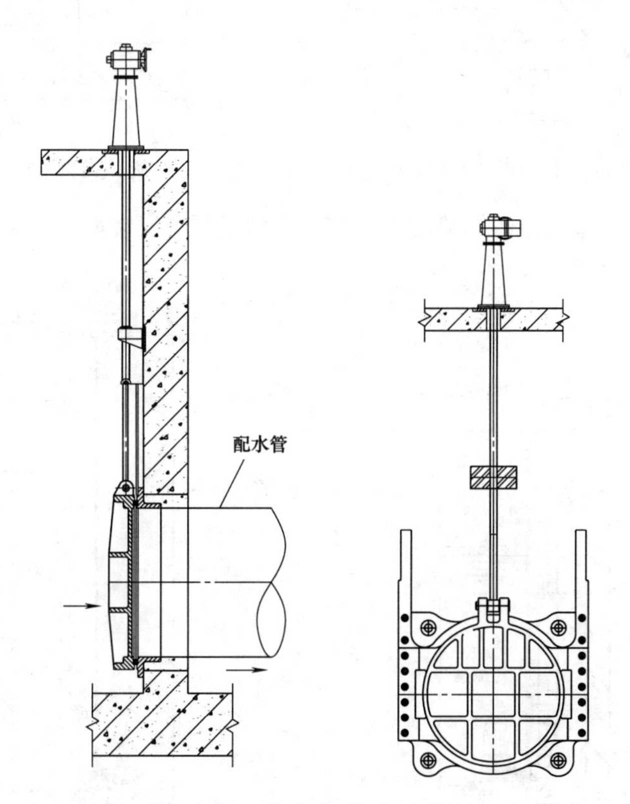

图 10-54 靠壁式圆闸门安装图

(3) 出水系统

污水在池内循环处理后，通过旋转式调节堰门进入出水井，然后由出水井底部的出水管出水。卡鲁塞尔 2000 型氧化沟的旋转式调节出水堰结构安装如图 10-55、图 10-56 所示。

(4) 污泥泵及污泥井

由于水处理构筑物本身具有一定高程，污泥回流与剩余污泥的排除都离不开污泥泵。回流污泥由二沉池回流进入配水井前要通过回流污泥泵提升高程，氧化沟的剩余污泥排除

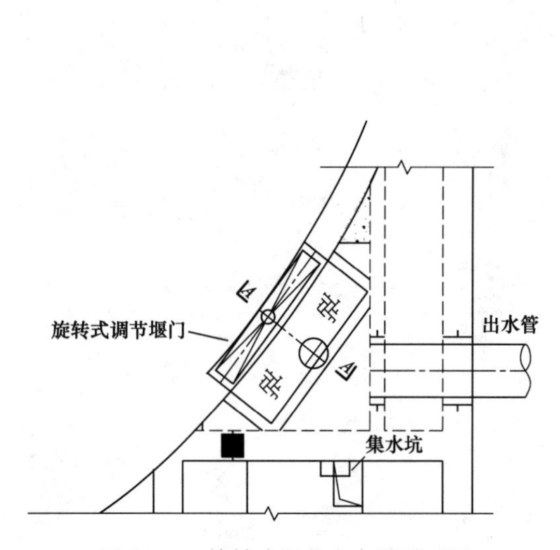

图 10-55　旋转式调节出水堰平面图

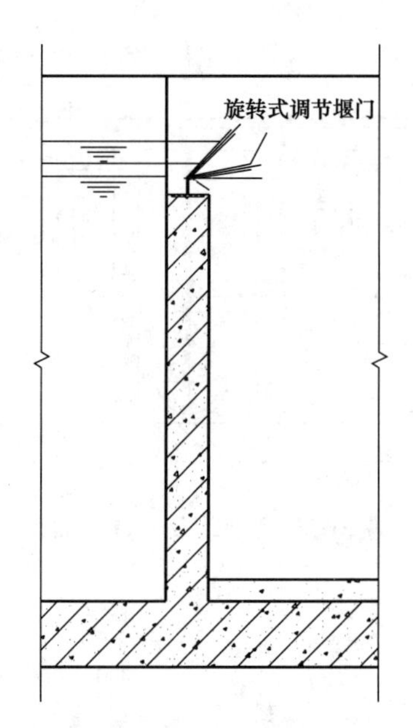

图 10-56　旋转式调节出水堰 A—A 剖面图

也需要剩余污泥泵。氧化池的回流污泥泵和剩余污泥泵的安装如图 10-57、图 10-58 所示。

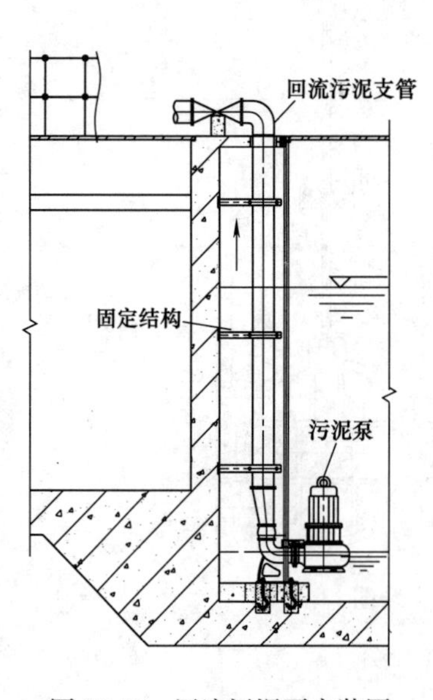

图 10-57　回流污泥泵安装图

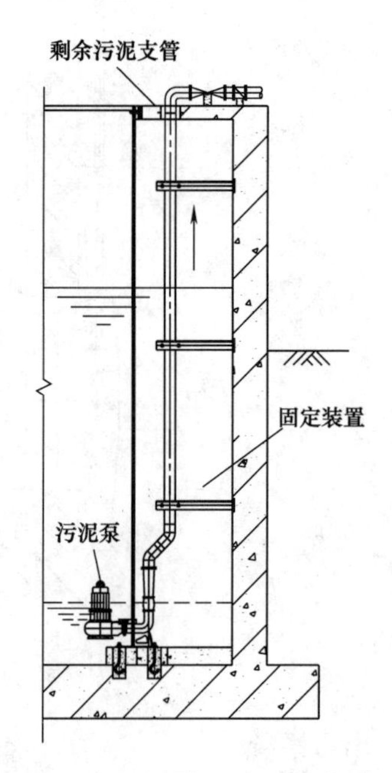

图 10-58　剩余污泥泵安装图

氧化沟运行后会产生剩余污泥首先要汇入污泥井，然后才能通过剩余污泥泵排出池外。回流污泥也需要首先汇入污泥井，再通过污泥泵提升至配水井。因此，在氧化沟的一端设置了污泥井，其结构如图 10-59 所示。

(5) 内回流控制门

为了控制进水与混合液的混合，达到较好的硝化和反硝化效果。在缺氧区和好氧区之

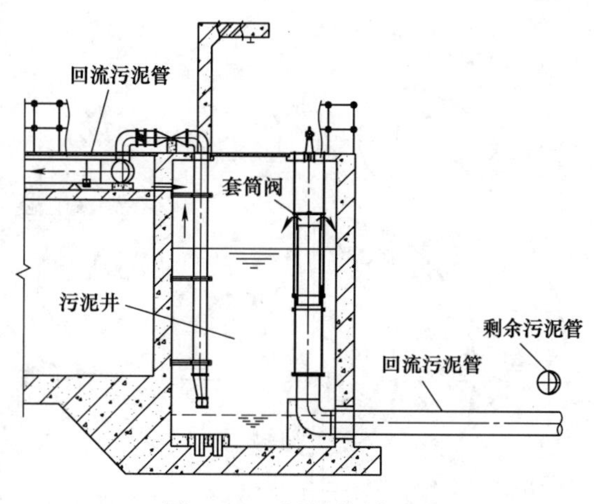

图 10-59 污泥井剖面图

间加设了回流控制阀门，通过旋转控制装置控制进水量与混合液混合比例。回流控制阀的安装如图 10-60 和图 10-61 所示。

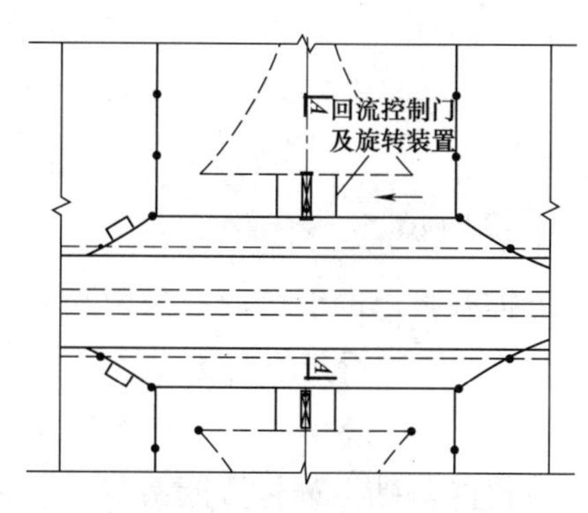

图 10-60 回流控制阀门安装图

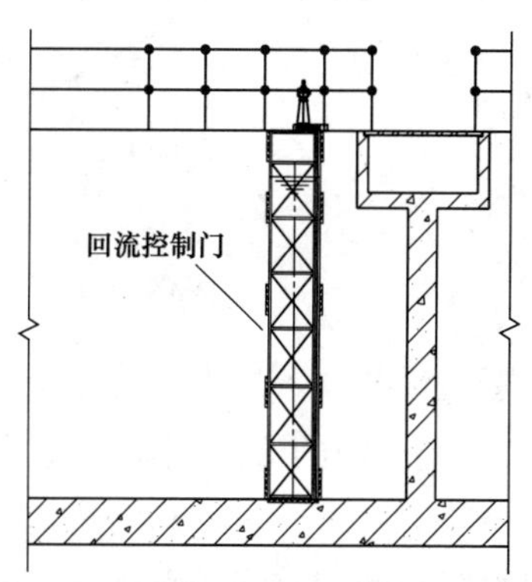

图 10-61 回流控制阀门 *A*—*A* 剖面图

10.2.6 卡鲁塞尔 3000 型氧化沟

卡鲁塞尔 3000 型氧化沟是在卡鲁塞尔 2000 型氧化沟基础上设置了生物选择区，池型采用了一种“包裹式”的设计，池子的中央被划分出多个区域并具有不同的功能。总的来看，池子由内到外的环形区域，依次排列着如下的单元：一个进水井和用于回流污泥的分配井，一个分为 4 段的选择池，一个分为 4 段的厌氧池，外围则是如同环形的卡鲁塞尔 2000 型氧化沟系统。卡鲁塞尔 3000 型氧化沟系统能有效地去除污水中的 BOD、氮和磷，如图 10-62 所示。

生物选择区是利用高有机负荷污水筛选菌种，抑制丝状菌的增长；厌氧区促进聚磷菌的释磷；外圈等同于环形的卡鲁塞尔 2000 型氧化沟，包括 3 台带导流筒的表曝机（中间一台被嵌在中间的分隔墙上）以及一个较小的预反硝化区。

相对而言，卡鲁塞尔 3000 型氧化沟系统具有其独特的优势，主要体现在以下几方面：

1）池深增加，可达 7～8m；池壁共用的同心圆式结构，可减少占地面积并降低造价，同时也提高了耐低温的能力。

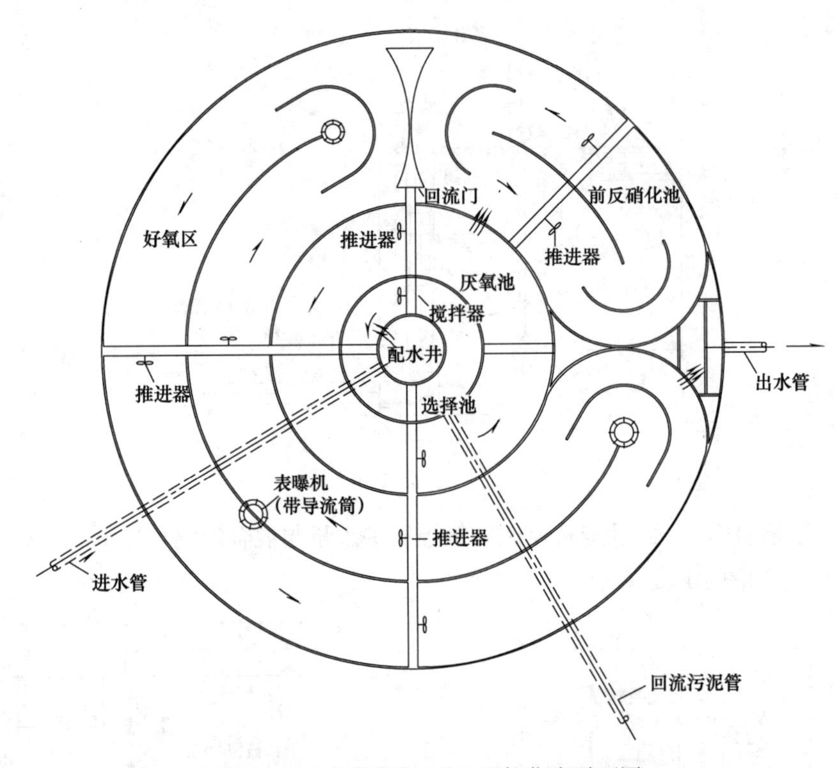

图 10-62 卡鲁塞尔 3000 型氧化沟平面图

2）曝气设备技术先进，表曝机下安置导流筒，可提升下部的混合液；采用水下推进器，解决了混合液的流速问题；此外，也有采用立式曝气机进行充氧与推动混合液循环流动。

3）曝气控制器自动化程度高，可在多组不同参数值的基础上进行智能调节，以满足较高的出水水质要求。

4）一体化设计程度高，由内至外地连续环状的工艺单元设计，使得氧化沟不需要过多的管线，便可以实现回流污泥在不同工艺单元之间的分配。

10.3 氧化沟的主要设备

10.3.1 曝气设备

氧化沟曝气设备的功能包括：①曝气充氧；②推动水流在沟内循环流动，防止活性污泥沉淀；③搅拌水流，使有机物、微生物与氧充分接触混合。

（1）表曝机

氧化沟专用表曝机首先在荷兰应用，后在美国以及新加坡等地得到进一步发展。

氧化沟专用倒伞形表曝机如图 10-63 所示，可见，倒伞形表曝机的主要特点是叶轮高度较大，上口呈敞开形，叶片为旋转双曲面曲线，其叶轮构造可对水流起到强烈的搅拌作用。水体在叶片的带动下沿叶轮径向运动，引起下部水流补充的轴向流动；同时，其上口呈敞开形可形成水流径向和轴向的强烈搅动。

倒伞形表曝机兼顾了充氧、推动和强烈搅拌的作用；除具有较高的充氧效率外，也具有较大的垂直提升与水平推动能力，可增加氧化沟水深（达到3.6～5.5m），并缩小氧化沟的占地面积；此外，强烈搅拌能加速活性污泥更新，强化生物处理的效率。

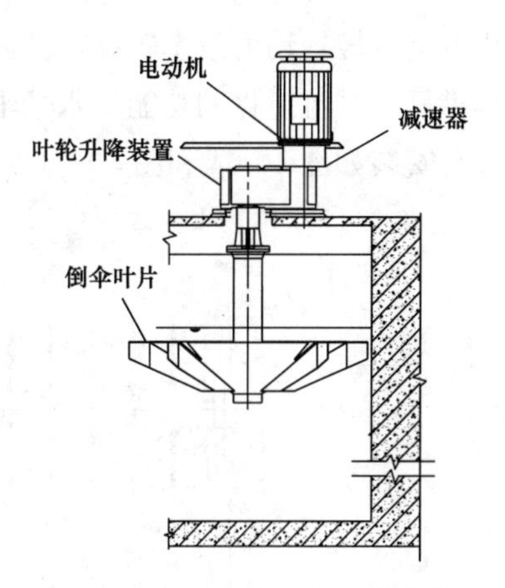

图10-63 倒伞形表曝机安装图

倒伞形表曝机对氧化沟水流的径向推动作用在于叶轮外缘较高的线速度，通常可达6～7m/s，在适当的沟深以及叶轮直径比等条件下，可使氧化沟内水流的平均速度达到0.3～0.5m/s。因此，采用倒伞形表曝机可不必另设推流设备，即能保证氧化沟的沟内流速；此外，需要注意的是调整表曝机充氧量宜采用调整其水位的办法，而不宜采用调整叶轮外缘线速度的办法。

国内生产的表曝机的叶轮叶片属于直板直线型，适用于表面曝气池，能起到曝气池充氧作用，但不能同时满足氧化沟的充氧、推动和强烈搅拌的作用。这种表曝机叶片上口封闭，以避免搅拌水体向上飞溅。

卡鲁塞尔氧化沟采用垂直轴表面曝气机，主要由倒伞形曝气叶轮、主轴、减速机、叶轮升降机构以及电动机组成。其倒伞形叶轮由竖轴和减速机的输出轴连接而作水平旋转。倒伞叶轮的径向推流能力强，完全混合区域大，且动力效率较高，不产生堵塞现象。叶轮升降装置可随意调节叶轮高度，从而调节充氧能力。减速器不仅传动平稳，噪声低，而且机械效率高，运转可靠，使用寿命达50000h以上。调速型电动机采用YR系列，恒速型采用Y系列，均为户外全封闭三相异步电动机。

(2) 转刷曝气机

转刷曝气机由驱动装置、减速器、联轴器、主轴、转刷叶片、支座以及电控系统等部分组成。转刷曝气机横跨沟渠，以池壁为支承的固定安装形式，采用钢管为转轴，在轴的外部沿轴长连接有多组钢质叶片，故称为转刷。

曝气转刷在国内外早期应用较多，其产品的轴长为4.5m和9m，转刷直径为0.8～1.5m，充氧能力约为2kgO_2/(kW·h)。调整转速和浸没深度，可改变其充氧量，以适应不同的工作条件。采用曝气转刷时，曝气沟渠的水深一般不超过2.5m，但也有达到3.0m的水深。

(3) 转刷曝气机

转刷曝气机又称为曝气转盘，属于机械曝气机中的水平轴盘式表面推流曝气机，由曝气转盘、水平轴以及两端的轴承、电动机和减速器构成。

每片圆形的曝气转刷由两个半圆形部件组成，每对半圆形部件跨穿水平轴，组成整体的圆片。每个碟片均可独立拆装，便于调节安装密度，使整机达到所需的充氧能力，每米轴长一般装碟片3～5片。碟片多采用聚苯材料注塑或玻璃钢压铸而成，其中聚苯材料碟片自重较轻，动力效率较高，国内的合资产品质量已属上乘。碟片表面布有梯形凸块，兼具供氧和推流搅拌的功能。水平轴采用厚壁无缝钢管制造，表面需作特种防腐处理。曝气转盘安装如图 10-64 和图 10-65 所示。

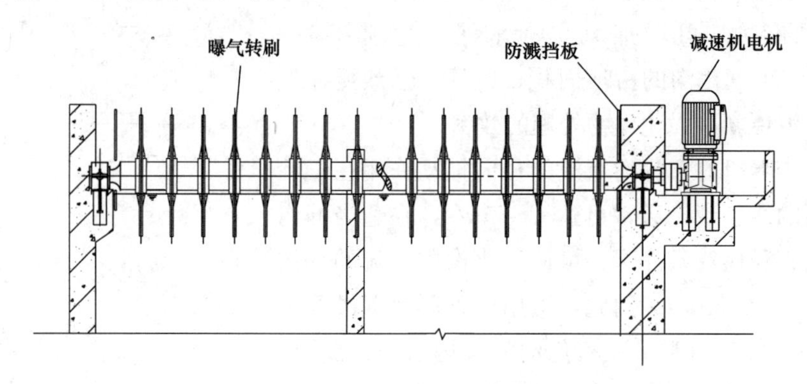

图 10-64　曝气转盘安装图

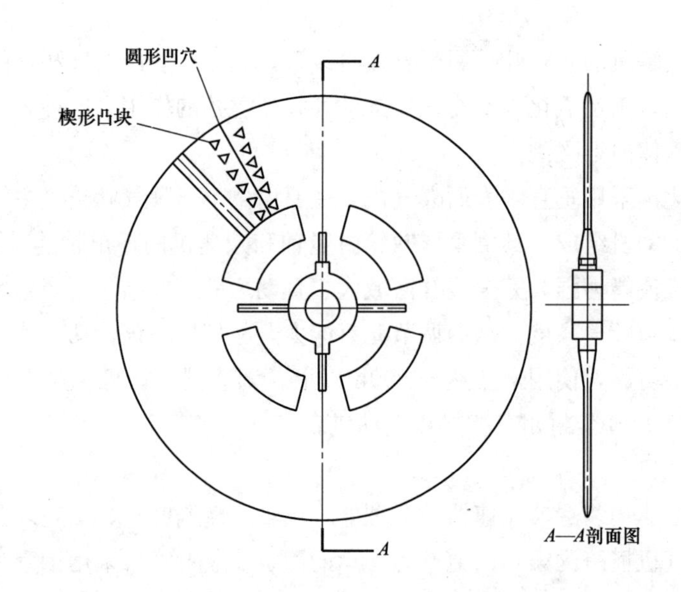

图 10-65　曝气转盘外形

氧化沟的曝气转盘需要电动机来带动，奥贝尔氧化沟常用的曝气转盘节点位置以及 3 个不同节点的电动机安装如图 10-66～图 10-75 所示。

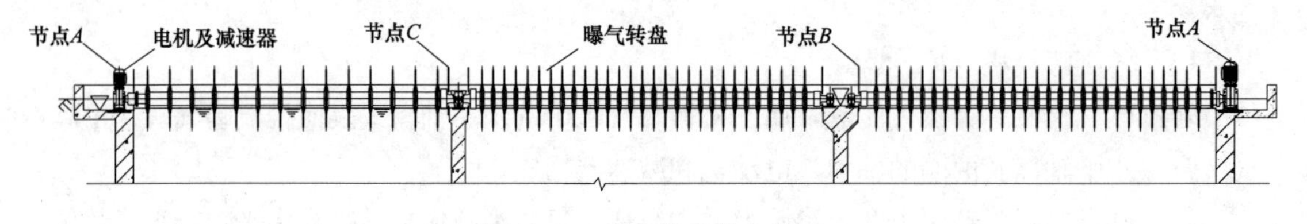

图 10-66　曝气转盘节点位置

节点 A 安装图：

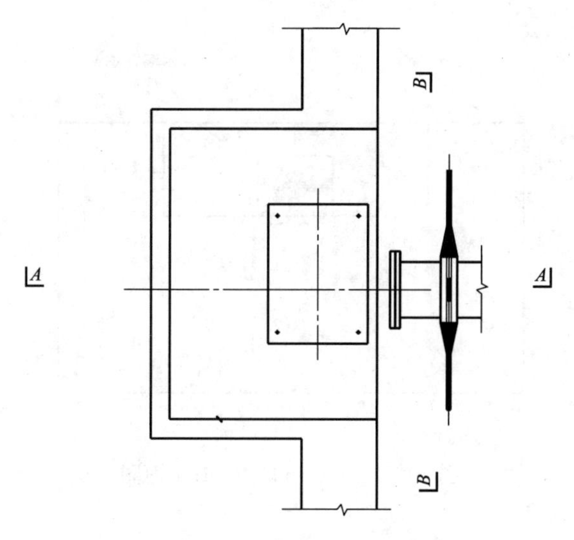

图 10-67 节点 A 平面图

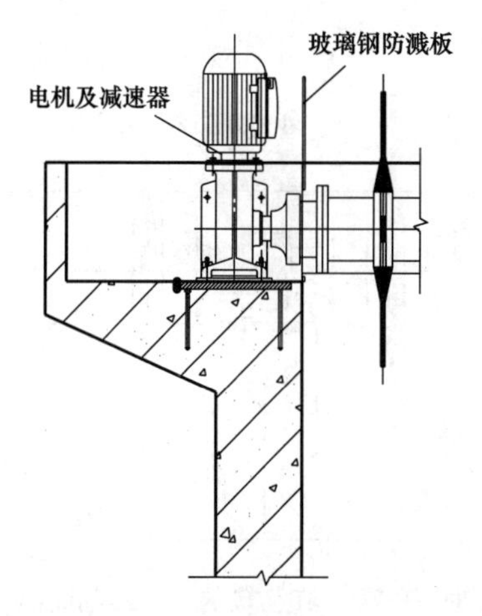

图 10-68 节点 A 的 A—A 剖面图

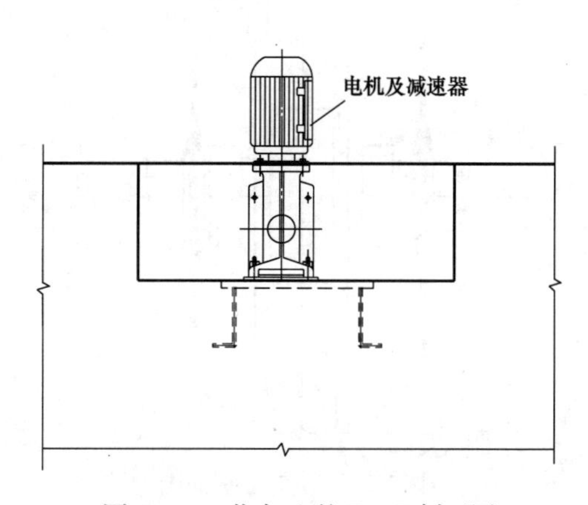

图 10-69 节点 A 的 B—B 剖面图

节点 B 安装图：

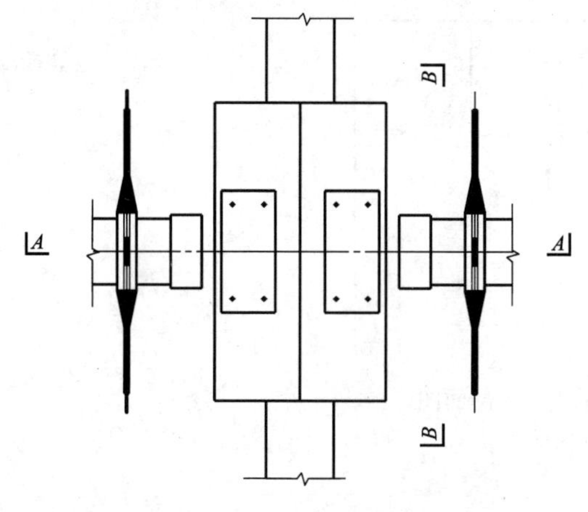

图 10-70 节点 B 平面图

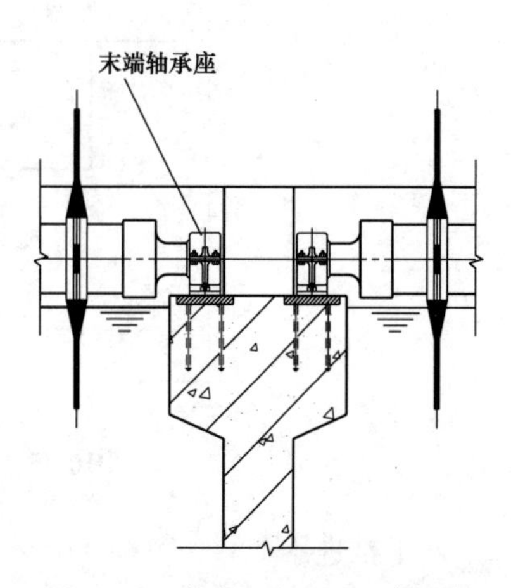

图 10-71 节点 B 的 A—A 剖面图

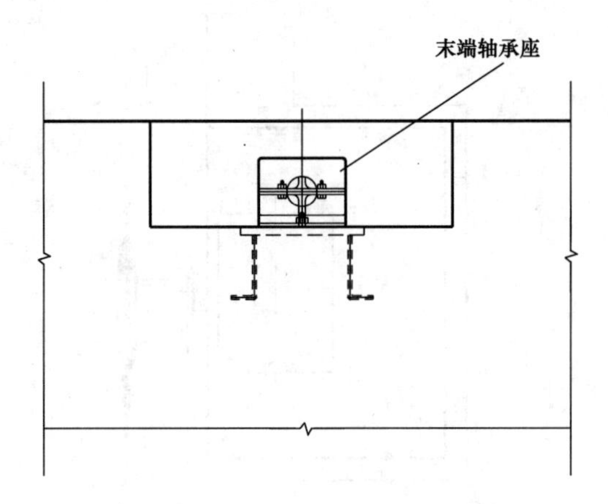

图 10-72 节点 B 的 B—B 剖面图

节点 C 安装图：

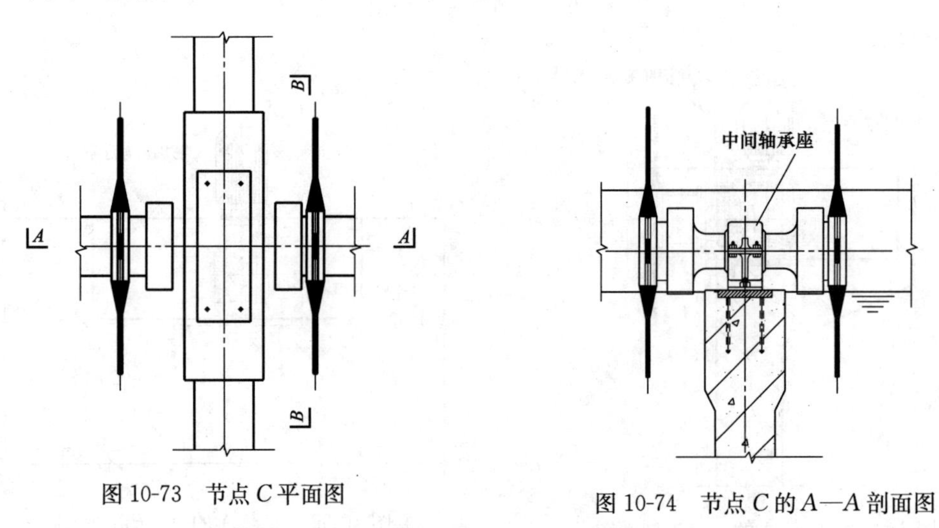

图 10-73 节点 C 平面图

图 10-74 节点 C 的 A—A 剖面图

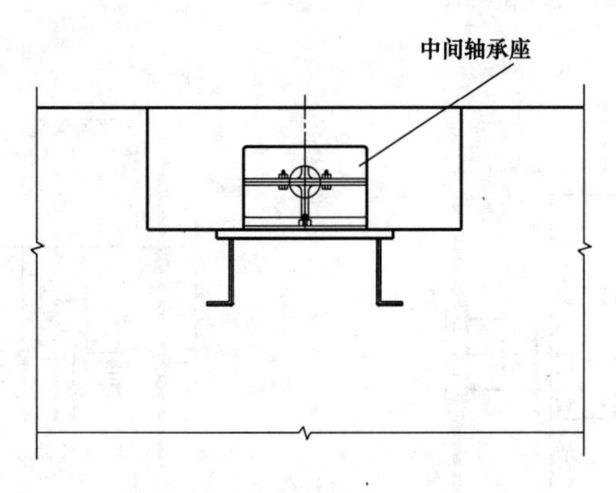

图 10-75 节点 C 的 B—B 剖面图

10.3.2 水下推进器

为保证氧化沟中混合液具有一定的水平流速，需安装一定数量的水下推进器，同时防止混合液在部分表曝机停转的情况下，产生污泥沉降、分离的现象。潜水搅拌推进器的安装如图 10-76 所示。

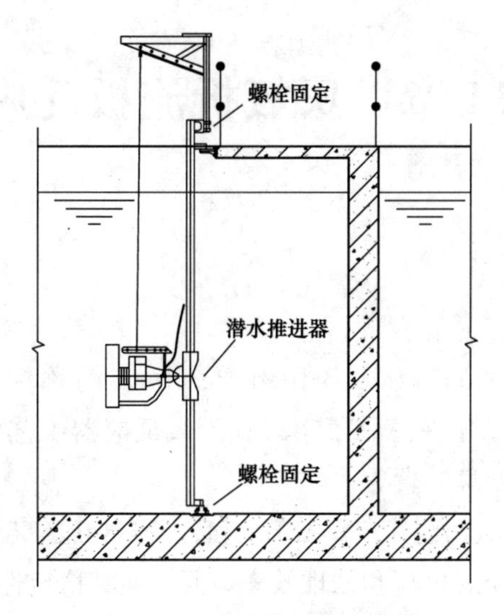

图 10-76 潜水推进器安装图

第11章　厌氧折流板反应器

11.1　概述

厌氧折流板反应器（Anaerobic Baffled Reactor，简称为ABR）是McCarty以及Bachmann等研究者于1982年在总结了第二代厌氧反应器工艺的基础上，研制和开发的一种新型高效的厌氧生物处理装置。

ABR工艺集升流式厌氧污泥床（UASB）和分段多相厌氧反应器（SMPA）技术于一体，不但提高了厌氧反应器的负荷和处理效率，而且使其稳定性以及对不良因素（如有毒物质）的适应性也大为增强，是水污染控制领域的一种高效的技术工艺。

ABR工艺的一个突出特点是设置了上下折流板，在水流方向形成依次串联的隔室，从而使微生物种群沿水流方向的不同隔室实现产酸和产甲烷相的分离，在单个反应器中实现两相或多相分段运行。研究表明，两相或多相工艺中产酸菌和产甲烷菌的活性要比单相运行时高出4倍，并可使不同的微生物种群在各自适宜的条件下繁衍，从而便于有效管理与控制，提高处理效率，有利于能源的再利用。

ABR工艺具有结构简单、运行管理方便、无需填料、对生物量具有优良的截留能力以及运行性能稳定可靠等一系列优点。同时，ABR反应器的设计与运行也应注意以下存在的问题：首先，ABR反应器深度不能太大；其次，进水如何均匀分布也是一个问题；最后，对比UASB反应器，ABR的第一格承受着远高于平均负荷的局部负荷，可能导致处理效率降低。

11.2　基本原理及工艺特点

ABR反应器中使用一系列垂直安装的折流板，引导污水在反应器内沿折流板上下流动；反应器处理过程中产生的沼气，又促使污泥在折流板所形成的各个隔室内交替进行膨胀和沉淀的上下运动；而纵观整个反应器内的水流，则相当于以较小的速度进行水平流动。在折流板的阻隔作用下，水流绕折流板流动而使其在反应器内流经的总长度增加，加之折流板阻挡及污泥沉降的共同作用，污泥被有效地截留在反应器内。

在构造上ABR反应器可以看作是多个UASB反应器的简单串联，但在工艺上ABR与UASB存在着明显的不同之处。UASB可近似作为一种全混流反应器，ABR则由于上下折流板的阻挡和分隔作用，加之产气气泡上升搅拌的共同作用，使水流在不同隔室中的流态为全混流，但在反应器的整个流程方向上则表现为推流流态（即多个全混流反应器串联等效为一个推流反应器）。从反应动力学的角度来看，这种全混流与推流相结合的流态有利于在保证反应器的容积利用率的条件下，提高反应器的处理效果及其运行的稳定性。ABR 反应器的布置如图 11-1～图 11-3 所示。

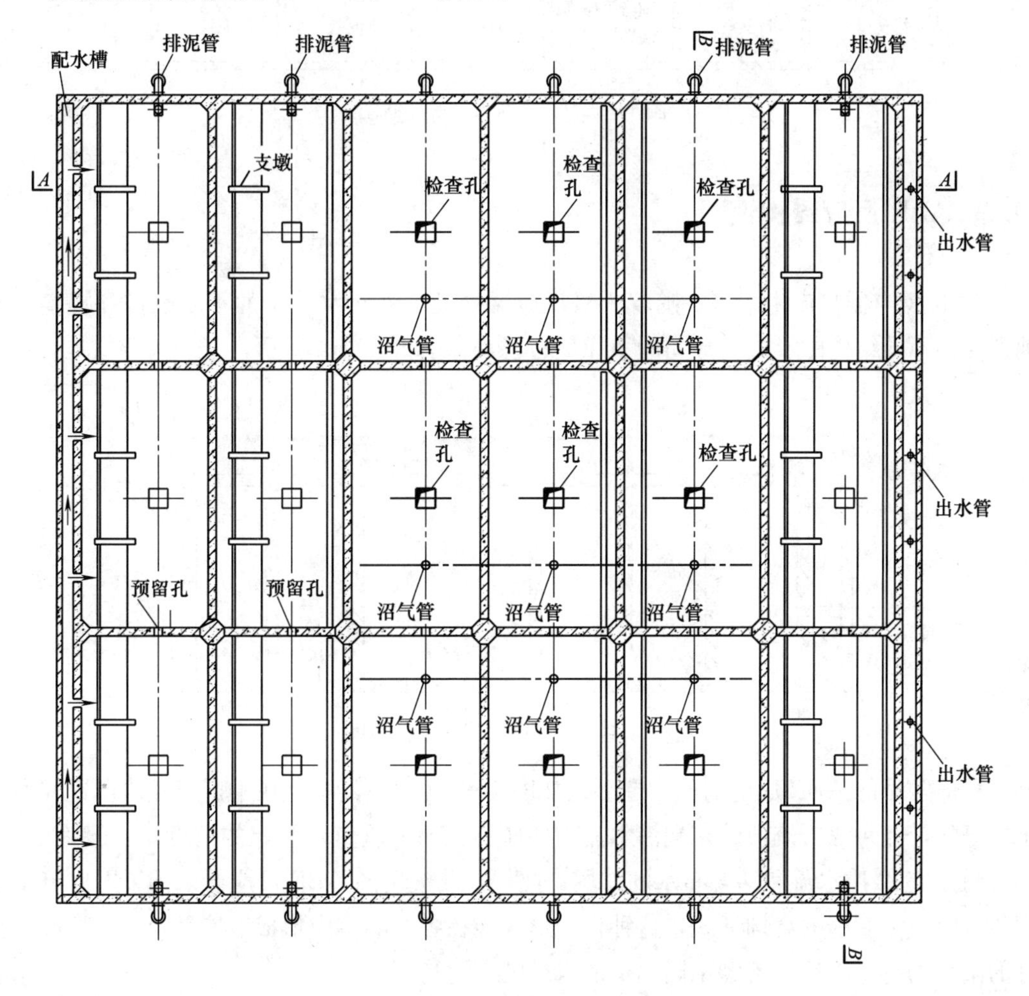

图 11-1 ABR 平面布置图

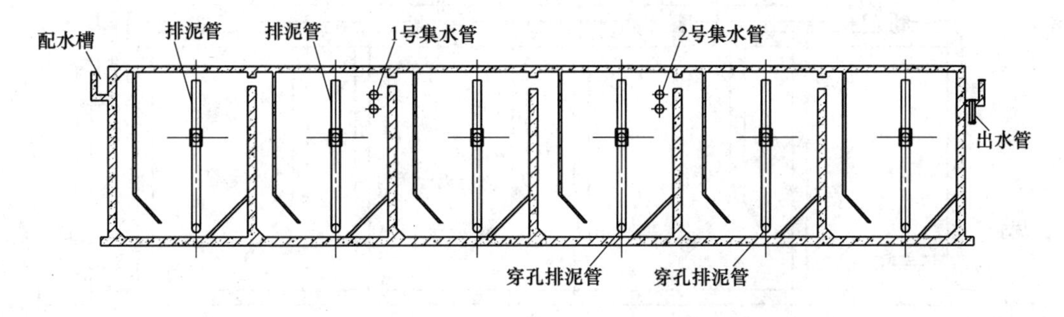

图 11-2 ABR 的 A—A 剖面图

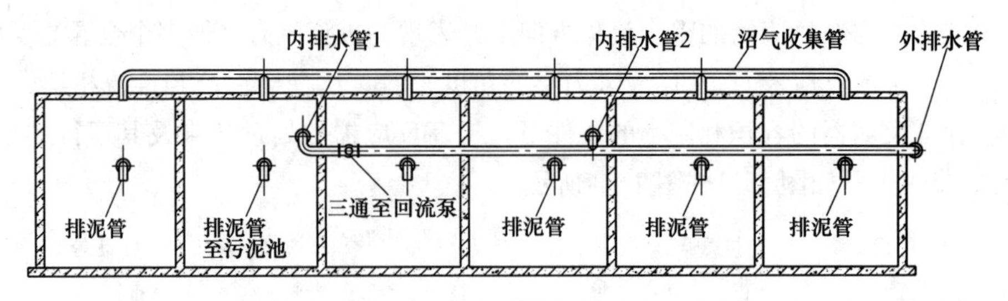

图 11-3　ABR 的 *B*—*B* 剖面图

11.3　ABR 反应器构造

ABR 反应器自产生以来，随着厌氧反应器处理工业污水技术的不断改进和提高，出现了几种不同结构的形式。最初的 ABR 反应器结构如图 11-4 所示。

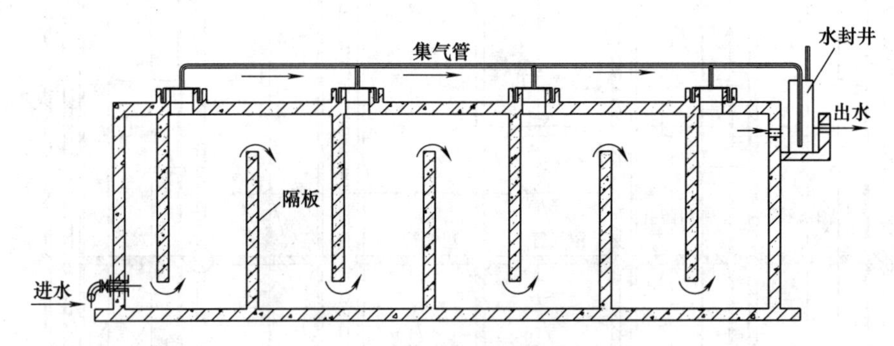

图 11-4　ABR 反应器基本构造图

目前常见的 ABR 反应器的构造形式如图 11-5 所示。其特色在于折流板的设置间距是不均等的，且每块折流板的末端沿水流方向倾斜（而非垂直）一定的角度，一般为 40°～45°，主要起缓冲水流和均匀布水的作用；此外，改进后的 ABR 反应器采用了上向流室加宽与下向流室变窄的结构形式，这种构造形式能在各个隔室中形成性能稳定、种群配合良好的微生物链，以适应流经不同隔室的水质的变化特征。

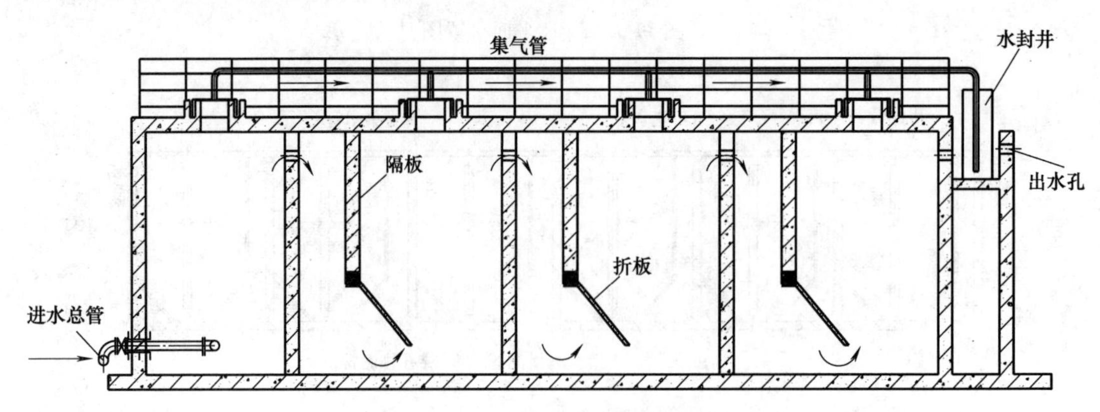

图 11-5　ABR 改进型反应器构造图

图 11-6 为另一种常见的 ABR 反应器的改进形式，反应器的第一隔室被放大，其特点是将进水中绝大部分的固体悬浮物（SS）截留在第一隔室，可保证其后续各隔室中污泥有效成分的稳定。

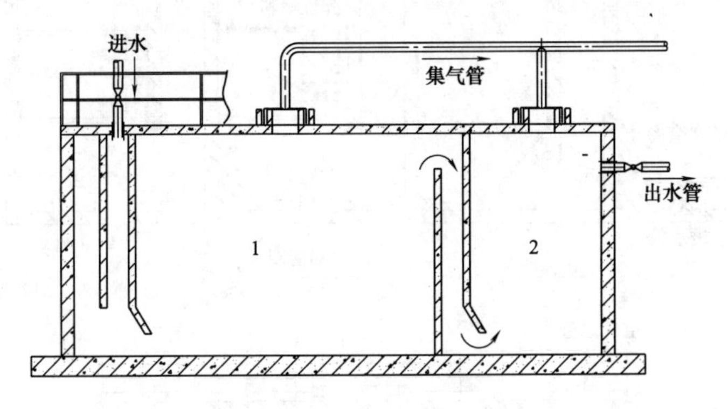

图 11-6 ABR 改进型的第一隔室构造图

为进一步强化反应器对生物量的截留能力，尤其是防止在高负荷条件下，因大量产气所产生的剧烈混合作用（如气体的顶托和污泥的翻滚）而可能导致的污泥流失，可以通过在反应器各隔室或整体安装不易堵塞的填料，从而延长污泥停留时间，防止污泥流失，具体如图 11-7 所示，其中所采用的是悬浮填料。

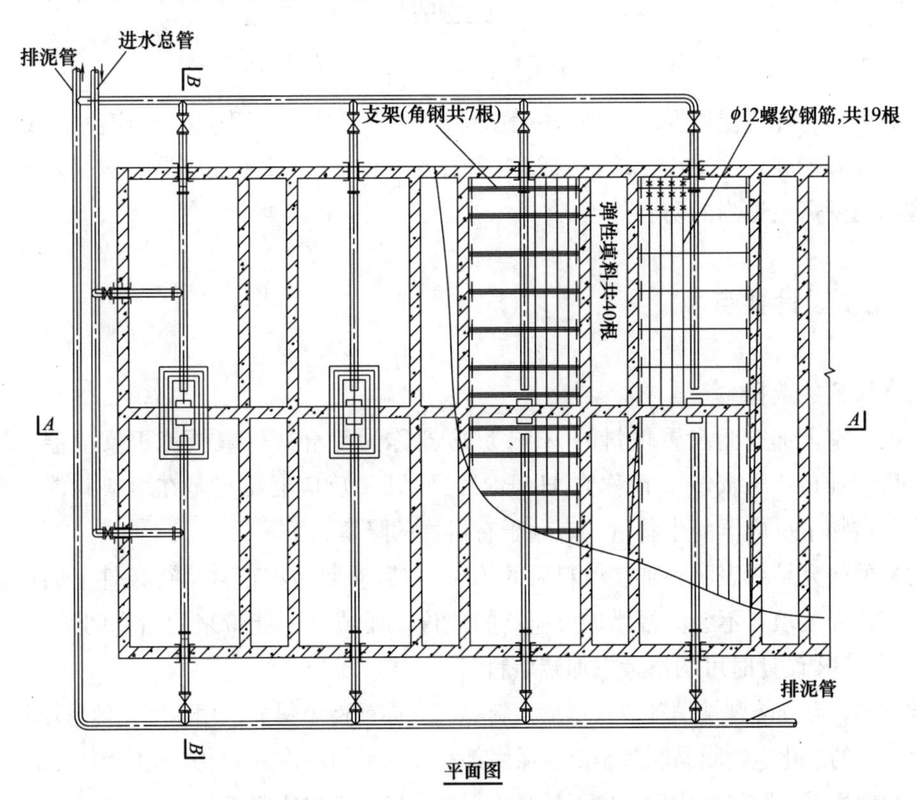

图 11-7 添加填料的 ABR 反应器结构图（一）

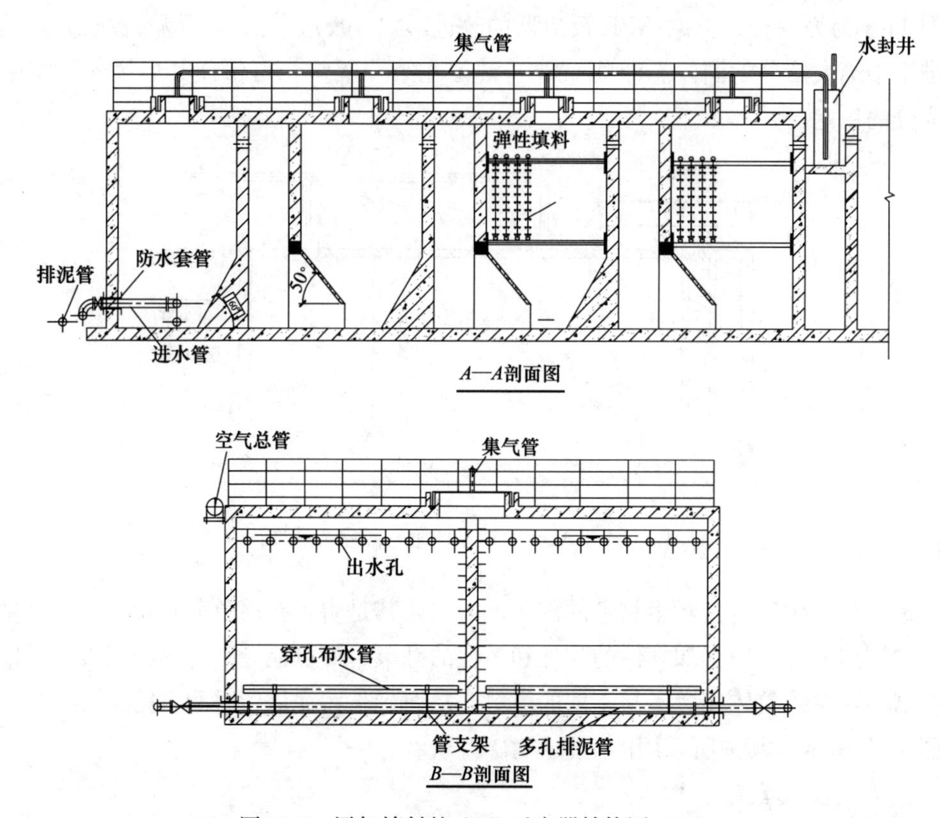

图11-7 添加填料的ABR反应器结构图（二）

厌氧处理对环境温度要求较高，一般应高于15℃，故在工程设计时应注意ABR反应器外部的保温措施，常采用半地下式结构进行隔绝保温。ABR反应器一般采用钢筋混凝土结构，内壁需做适当的防腐处理。

11.4 主要设计要点

11.4.1 填料的选择

在反应室上部空间设置填料的ABR反应器称为复合式厌氧折流板反应器（Hybrid Anaerobic Baffled Reactor，简称为HABR）。HABR反应器特点是在填料载体上会形成生物膜，增加了反应器的生物量，有利于有机物的降解。

文献的研究结果表明，加装填料后的ABR在启动期间和正常运行条件下的性能均优于加装前，加装填料不会大幅增加反应器的造价，而填料可能带来的堵塞问题并不明显。因此，在ABR设计时可酌情考虑加装填料。

常见填料有立体弹性填料以及球形填料等。立体弹性填料的占用空间比球形填料大，附着在填料上的老化生物膜易脱落至反应器底部；而球形填料内部的老化生物膜，尤其是位于球中心的生物膜，即使老化后，也不易脱落下来，导致不仅使覆盖载体的生物面积减小，而且也易影响酸化反应器的活性。相对而言，加装立体弹性填料的处理效果更为理想。

立体弹性填料可采用半软性组合填料（厌氧专性填料），多由变性聚乙烯塑料制成，具有特殊的结构性质和水力性质，既具有一定的刚性又兼具一定的柔性，无论有无流体作用都能保持一定形状，并有一定的变形能力。立体弹性填料具有较强的重新布水和布气的能力，传质效果好，对有机物去除效率高，耐腐蚀，不易堵塞，安装方便灵活，还具有节能和降低运行费用的优点。

与其他种类填料相比，半软性填料的安装方式比较灵活。每个填料都是一个独立单元，根据需要可将若干半软性填料通过中心孔以及定距管穿成串状，可采用拴挂式或框架式进行安装。所谓拴挂式，即采用上悬挂和下固定方式，拴挂在上下二层预先埋置的支撑架上，支撑架上每个支撑杆的间距由所选用的填料直径尺寸决定，每个单元填料的纵向间距，可采用不同长度的预制定距管控制，填料采用复合钢丝串成串后拴结。拴挂式高度以每段1.0～2.0m为宜。图11-7中所示为拴挂式填料安装方法，图11-7（*a*）为下层平面图，可以看出，每个隔室的隔板壁上装设有支架，半软性填料悬挂在支架上；在图11-7（*b*）中填料的下层固定在下部支架上。

11.4.2 隔室数的选择

ABR中竖置的导流板将反应器分隔成若干个串联的反应室，每个升流反应室都是一个相对独立的升流式污泥床（UASB）系统，其中污泥以颗粒形式或絮状形式存在。由于导流板的阻挡以及污泥自身的沉降特性，污泥在水平方向流速较为缓慢，从而大量污泥被截留在反应室中，避免了污泥流失现象的出现。反应器内的水力特性是局部（每个反应室）为全混流，整体（整个反应器）为推流，且反应分隔数（整个反应器的反应室总数量）越多，ABR反应器整体的流态越接近推流。

在具体设计过程中，除了应在反应器的局部构造上注意创造良好的水力条件外，还应根据所处理污水的特征与所需达到的处理程度，合理地设计反应器的分隔数。前端的反应室具有较高的有机负荷，起到“粗”处理的作用，后端反应室负荷较低，起“精”处理作用。研究表明，多级处理工艺比单级处理工艺的稳定性好，出水水质也较为稳定，但过多的隔室也会增加占地面积和投资。一般而言，在处理低浓度污水时，没有必要将反应器分隔成太多隔室，以3～4个隔室为宜；而在处理高浓度污水时，宜将分隔数控制在6～8个，以保证反应器在高负荷条件下稳定的处理能力。

总体来说，反应器每格升流室和降流室的长度比值宜为4：1，这样升流室中水流上升速度较慢，可以将大量微生物固体（污泥）截留在各升流室内。根据所处理的污水水质，隔室长度也可以随水的推流方向渐次增大，尤其应在末端隔室中增加水力停留时间，以提高出水水质。

11.4.3 上下流室宽度比的确定

ABR反应器采用上向流室（升流室）加宽和下向流室（降流室）变窄的结构形式，流室宽度的设计与选取的上升流速有关。上向流室中水流的上升流速较小，可使大量微生物固体被截留在各上向流室内，可使反应器在各个隔室（主要是升流室）中形成性能稳定和种群配合良好的微生物链，更能适应流经不同隔室不同水流水质的状况，不同的有机物被不同隔室中的不同类型微生物有效降解。上向流室与下向流室的宽度之比一般控制在(5∶1)～(3∶1) 为宜。

研究表明，单个隔室长宽高的比值会影响反应器的水力流态。上向流室应使反应器在一般水力停留时间（HRT）下处于较好的水力流态。反应器上向流室沿水流方向的长宽比宜控制在（1∶1)～(1∶2）之间，宽高比一般采用1∶3。

11.4.4 进水管的布置

ABR反应器主要有以下几种进水方式：前端第一隔室上部进水（如图11-6所示），中部进水和下部穿孔管进水，具体可根据工程需要选用。一般情况下，ABR反应器的工作方式是上部进水，在降流区向下折流，再在升流区向上流动，形成一个工作单元。在升流区，水力搅动使污泥悬浮形成污泥悬浮层，水中的底物与悬浮层中的厌氧生物菌群接触而降解。降流室水流速度较高，有利于厌氧污泥和污水的混合，强化传质效果；但流速过大易将污泥带出，故配水系统设计显得尤为重要。图11-7为常见的下部穿孔管进水形式，在第一隔室的下部设置一条ABS材质的多孔管，可均匀布水，并减少冲击负荷。

11.4.5 产气收集方式

产气收集方式分为分格集气和集中集气。分格集气可使各隔室处于各自的最佳反应条件，削弱 H_2 分压对后续隔室运行的影响，有利于产气，但其结构比集中集气稍显复杂。工程中应尽可能选用分格集气，如图11-5所示。

11.4.6 隔室挡板的结构

对于在隔室上部未设置填料的ABR反应器，隔室挡板上端建议采用锯齿形结构，以减少污泥流失，同时可增加水流湍动，促进污泥在ABR宽度方向上的混合。

隔室挡板的下端折流板的折角可选用图11-7（*b*）所示的几种结构。折流板的折角一般选取45°～60°，折板应伸入升流室长度的中间位置，以利于均匀布水，并防止沟流。至于折板距池底的高度，可通过水力计算得出一个合适的流速，以利于后续隔室的进水。

图11-8（*a*）为隔室挡板常见的结构形式，图11-8（*b*）所示的结构为改进后的形式，改进形式可减少水力死区，降低水力损失，同时增强了竖向挡板的结构强度，推荐采用。

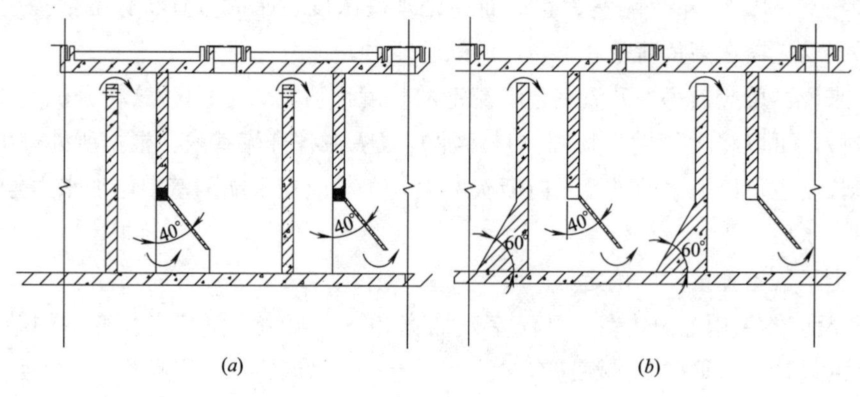

图11-8 隔室挡板改进前后对比图

（*a*）一般形式；（*b*）改进形式

11.4.7 隔室的结构

与 UASB 相比，ABR 反应器的第一隔室要承受远大于平均负荷的局部负荷，研究表明，对一个拥有 5 格反应室的 ABR 反应器，其第一格的局部负荷约为系统平均负荷的 5 倍。

对于低浓度污水，一般采用与后边几个隔室相同的尺寸即可；但对于隔室数较多或者进水浓度较高的情况，建议适当增大第一隔室的容积，以便有效地截留进水中的 SS。此外，为抑制反应器第一隔室可能出现过度酸化的现象，可在第一隔室的适当位置设置调节剂加入口，以便加入 $NaHCO_3$ 等进行碱度调节。

末端最后一个隔室，一般选用如图 11-9（*a*）所示的结构即可，如果拟处理污水的污泥沉降性能较差，可选用图 11-9（*b*）所示的结构，能够增大污泥停留时间，以减少污泥流失。

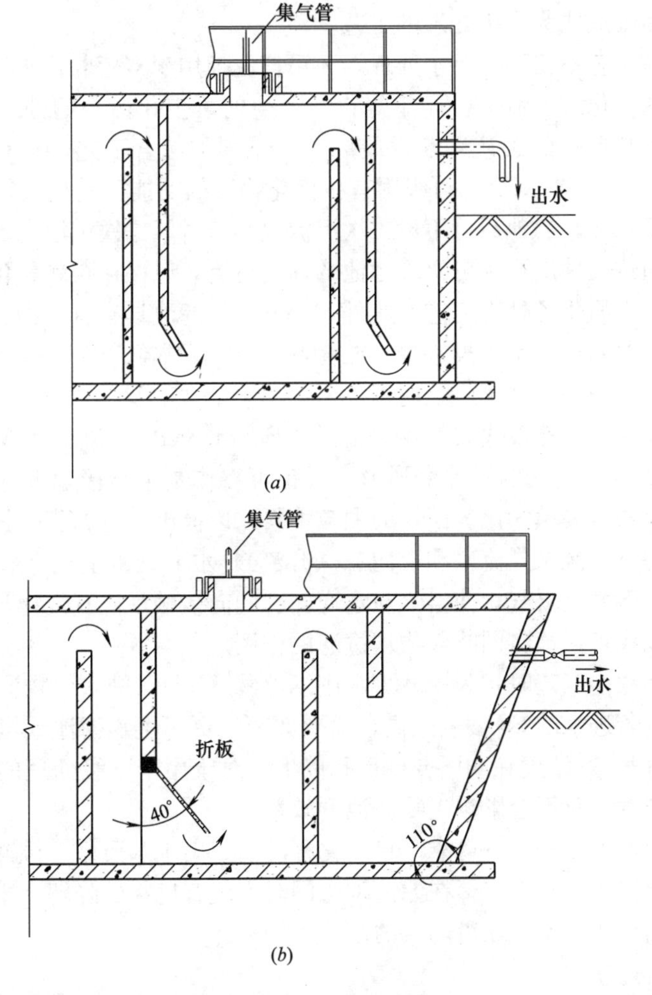

图 11-9 末端隔室的构造图

（*a*）一般形式；（*b*）改进形式

第12章　曝气生物滤池

12.1　概述

曝气生物滤池（Biological Aerated Filter，简称为BAF），是20世纪80年代末90年代初在普通生物滤池的基础上，借鉴给水滤池工艺而开发的污水处理新工艺，最初用于污水的三级处理，后发展成为二级处理的工艺。

曝气生物滤池工艺不仅用于污水处理，还可广泛地用于富营养化水体、生活杂排水以及食品加工、酿造、化工、制药、印染等行业产生的可生化污水的处理。随着研究的深入，曝气生物滤池从单一的工艺逐渐发展成为一系列的综合工艺，具有去除SS、COD、BOD以及脱氮除磷、去除AOX（可吸附有机卤化物）的功能，其最大特点是集生物氧化和截留悬浮固体于一体，滤池后可不设二次沉淀池，节省了二次沉淀池的占地和投资。曝气生物滤池工艺通过反冲洗再生可实现滤池的周期运行，以保持接触氧化的高效性，在保证处理效率的前提下简化了处理工艺。此外，曝气生物滤池具有有机物容积负荷高、水力负荷大、水力停留时间短、基建投资少、能耗低、运行成本低以及出水水质好等特点，使其工艺在各类污水处理中得到了广泛应用。

曝气生物滤池又称为淹没式曝气生物滤池（Submerged Biological Aerated Filter，简称SBAF），是普通生物滤池的一种变形形式，也可看作是生物接触氧化法的一种特殊形式；即在生物反应器内装填大比表面积的颗粒填料，以提供微生物膜生长的载体；并根据污水流向不同分为下向流（降流）和上向流（升流），水分别由上至下和由下至上流过滤料层；在滤料层下部鼓风曝气，使空气与水逆向和同向接触，使有机物与填料表面生物膜通过生化反应得以稳定，填料同时起物理过滤的作用。

采用曝气生物滤池工艺时，为了减少水中悬浮物（SS），进入生物滤池的污水要求进行充分的预处理。若进水的SS浓度过高，需要频繁地更新生物滤池或增加冲洗次数，一般要求生物滤池进水SS浓度在50～60mg/L以下。对于用于三级处理的曝气生物滤池工艺，进水悬浮物浓度一般不会影响生物滤池的效率。

曝气生物滤池作为一种运行可靠、自动化程度高、出水水质好、抗冲击负荷能力强以及节约能耗的新一代水处理工艺，在滤池中可同时实现有机物的降解、硝化和反硝化，如与其他物化方法结合亦可实现除磷的目的。

12.2　类型

曝气生物滤池（BAF）根据水流方向可分为下向流（降流）和上向流（升流）两种：

降流式 BAF（如 BIOCARBONE）纳污效率不高，运行周期短，现已被升流式 BAF 逐渐取代；升流式 BAF 有 BIOSTYR、BIOFOR 等多种形式，国内则以 BIOFOR 工艺为主。

12.2.1 降流式曝气生物滤池

BIOCARBONE 工艺是降流式 BAF 的代表性工艺，其滤料为密度比水略大的球形陶粒，结构类似于普通快滤池，经预处理的污水从滤池顶部流入，并通过填料组成的滤层，在填料表面形成有微生物栖息的生物膜。

在污水流过滤层的同时，空气从距填料底部 30cm 处引入，并通过滤料的间隙上升，与向下流动的污水逆向接触，空气中的氧传递到水中，为生物膜上的微生物提供充足的溶解氧以降解有机物。有机物被微生物氧化降解，水中 NH_3-N 被氧化成 NO_2^--N 和 NO_3^--N，此外，在生物膜内部存在厌氧和缺氧的环境，硝化的同时也存在部分反硝化使污水得以脱氮。

在工艺无脱氮要求的情况下，滤池底部的水可直接排出系统，一部分留作反冲洗之用。如果有脱氮要求，出水需进入下一级后置反硝化池，同时需外加碳源。一般情况下，BIOCARBONE 滤池中不能同时取得较为理想的硝化和反硝化脱氮效果。

随着过滤的进行，滤料表面产生的生物量越来越多，截留的 SS 也不断增加。开始阶段滤池的水头损失增加缓慢；当固体物质（SS 和生物膜）积累达到一定程度，在滤层上部形成表面堵塞层，阻止气泡的释放，从而导致水头损失迅速上升，很快达到极限水头损失；此时应进行反冲洗再生，以去除滤池内过量的生物膜及 SS，恢复处理能力。

反冲洗常采用气、水联合反冲洗。反冲洗水为经处理后的达标水，反冲水从滤池底部进入，上部流出，反冲空气来自底部单独的反冲洗进气管。反冲洗时关闭顶部进水阀，水、气交替进行反冲，最后用水漂洗。反冲洗后滤层有轻微的膨胀，在气、水对填料的流体冲刷和填料间的相互摩擦下，老化的生物膜以及被截留的 SS 与填料分离，在漂洗阶段被冲出滤池，反冲洗污水则返回至预处理部分进行泥水分离。

12.2.2 升流式曝气生物滤池

(1) BIOSTYR 工艺

BIOSTYR 工艺是法国 OTV 公司对其 BIOCARBONE 的改进，其滤料为密度略小于水的球形有机颗粒。经预处理的污水与硝化后的滤池出水按一定回流比混合后进入滤池底部。曝气装置设置在滤池滤料的中部，根据反硝化要求程度的不同将滤池分为不同容积的好氧和缺氧区间。BIOSTYR 的结构如图 12-1 所示。

在缺氧区，一方面反硝化菌利用进水中的有机物作为碳源，将滤池中的 NO_3^--N 转化为 N_2，实现反硝化脱氮；另一方面，填料表面的微生物利用进水中的溶解氧（DO）和反硝化产生的氧降解 BOD，同时，一部分 SS 被截留在滤床内，这样便减轻了好氧段的负荷。经过缺氧段处理的污水再进入好氧段，在好氧段微生物利用曝气气泡传递到水中的 DO 进一步降解 BOD，硝化菌将 NH_3-N 氧化为 NO_3^--N，滤床继续截留在缺氧段没有去除的 SS。流出滤池的水经上部滤头排出，滤池出水的出路又可分为：排出处理系统，按回流比与原水混合进行反硝化，用作反冲洗。

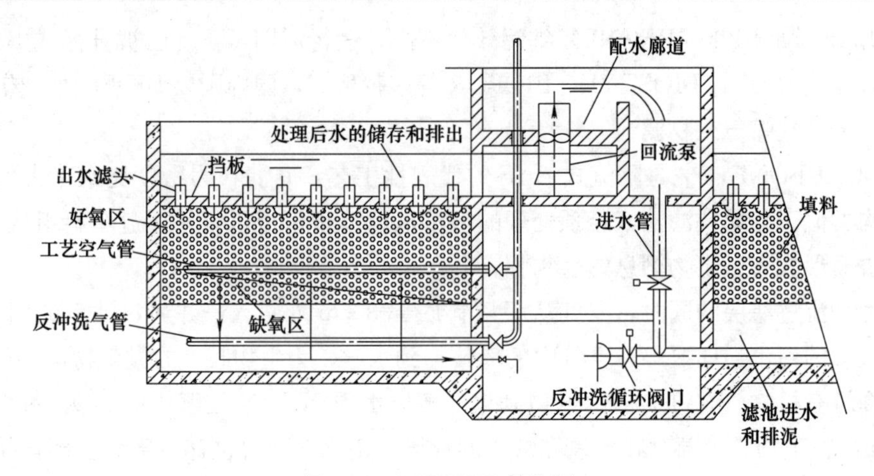

图 12-1　BIOSTYR 结构图

BIOSTYR 工艺中若着重考虑硝化和有机物的去除，可将曝气管的位置设置在滤池底部。

BIOSTYR 工艺滤池底部设置进水管和排泥管，中部是填料层，填料顶部装有挡板，防止悬浮填料的流失。BIOSTYR 工艺的特色在于出水滤头设在池子的上方，即在上部挡板处均匀安装出水滤头。挡板上部空间用作反冲洗的储水区，其高度根据反冲洗水头而定，储水区设置回流泵，可将滤池出水抽送至配水廊道，继而回流到滤池底部实现反硝化。

(2) BIOFOR 工艺

BIOFOR 工艺是由 Degremont 公司开发，底部为气、水混合室，其上依次为长柄滤头、曝气管、垫层和滤料。与 BIOSTYR 不同，BIOFOR 采用密度大于水的滤料，自然堆积，上部不需设置滤料地板，其余的结构、运行方式以及功能等方面与 BIOSTYR 大同小异。BIOFOR 工艺一般需两级或两级以上串联分别实现硝化和反硝化。BIOFOR 运行时，污水从底部进入气、水混合室，经长柄滤头配水后通过垫层进入滤料，反冲洗出水回流至初沉池，与原污水合并处理。BIOFOR 结构如图 12-2 所示。

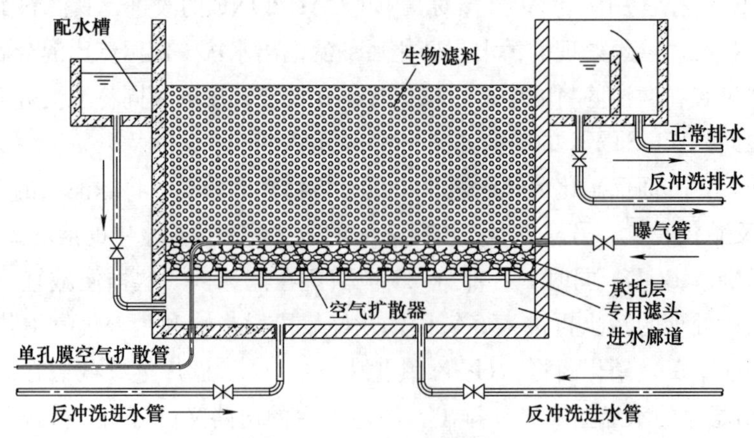

图 12-2　BIOFOR 结构图

12.3 结构

根据污水在滤池运行中过滤方向的不同，曝气生物滤池（BAF）可分为升流式和降流式滤池，但两者池型结构基本相同，其主体都是由滤池池体、滤料层、承托层、布水系统、布气系统、反冲洗系统、出水系统、管道和自控系统组成。BAF 从结构上共分为三个区域：缓冲配水区；承托层及滤料层；出水区及出水槽。待处理污水由管道流入缓冲配水区，在向上或向下流过滤料层时，经滤料上附着生长的微生物膜净化处理后，通过出水区和出水槽由管道排出。

缓冲配水区的作用是使污水均匀流过滤池截面。在待处理水进入滤池后，鼓风机通过曝气管向池内供给微生物膜代谢所需的空气（氧源），生长在滤料上的微生物膜从水中吸取可溶性有机污染物作为其代谢所需的营养物质，在代谢过程中将有机污染物降解，使污水得到净化。

BAF 经过一段时间的运行，由于滤池上增厚微生物膜的脱落，出水中会带有部分脱落的微生物，使出水水质变差，这时必须关闭进水管阀门，启动反冲洗水泵，利用储备在清水池中的处理出水对滤池进行反冲洗，反冲洗采用气、水联合反冲洗。为保证布水、布气均匀，在滤料支撑板上均匀布置有 BAF 专用的配水、配气滤头。升流式 BAF 在结构上采用气、水平行上向流形态，同时采用强制鼓风曝气技术，使气、水得到较好的分配，防止了气泡在滤料中的凝结，氧气利用率高且能耗低；同时，采用气、水平行上向流，使空气过滤作用能被更好地运用，空气能将水中的悬浮物带入滤床上部，在滤池中形成高负荷且均匀分布的滤床，延长反冲洗周期，并减少清洗时间以及清洗需水、需气量。在滤池反冲洗时，较轻的滤料有可能被水流带至出水口处，并在斜板沉淀区沉降，而回流至滤池内，以保证滤池内微生物浓度。

下面皆以升流式 BAF 为例对其进行详述，其平面和剖面的结构如图 12-3 所示。

12.3.1 滤池池体

滤池池体是容纳被处理水和围挡滤料、并承托滤料和曝气装置的场所，其平面形状有圆形、正方形和矩形 3 种，结构由钢以及钢筋混凝土等构筑。一般当处理水量较少、池体容积较小并为单座池时，多采用圆形钢结构；当处理水量和池容较大，选用的池体数量较多并考虑池体共壁时，则采用矩形或方形钢筋混凝土结构较为经济。滤池的平面尺寸以满足所要求的流态，布水、布气均匀，填料安装与维护管理方便，尽量同其他处理构筑物尺寸相匹配等为原则。池体平面如图 12-4 所示。

为了保证反冲洗效果，单池面积不宜过大（以≤100m^2 为宜），平面结构通常采用矩形，单侧配水配气，单池长宽比一般为（1.2∶1）～（1.5∶1），宽度≤8m，并应在长边方向的前端沿池全长设置配水、配气室以保证均匀地配水、配气。进水孔位于滤池底板面上，进气孔顶应与滤板底持平或稍低，孔径以合适的尺寸为宜（50～80mm）。

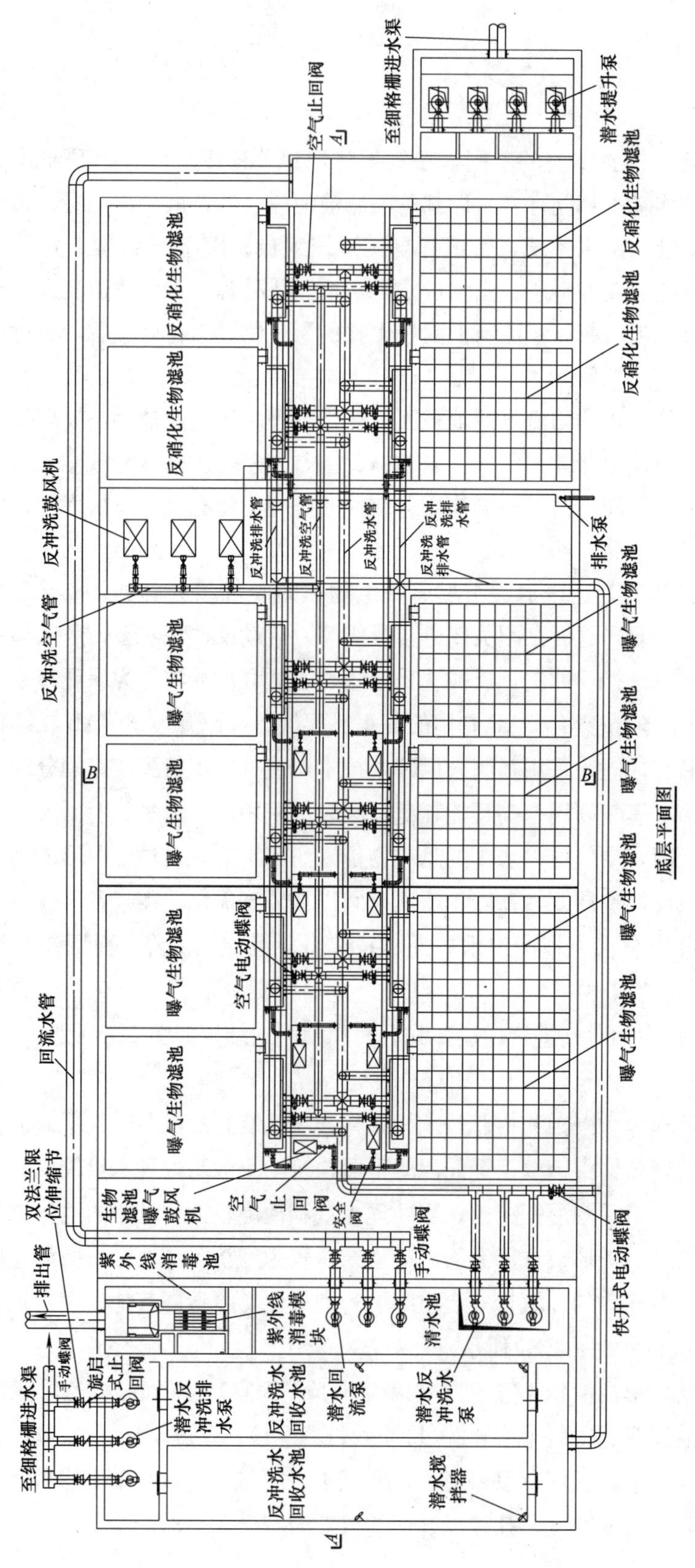

图 12-3　曝气生物滤池结构图（一）

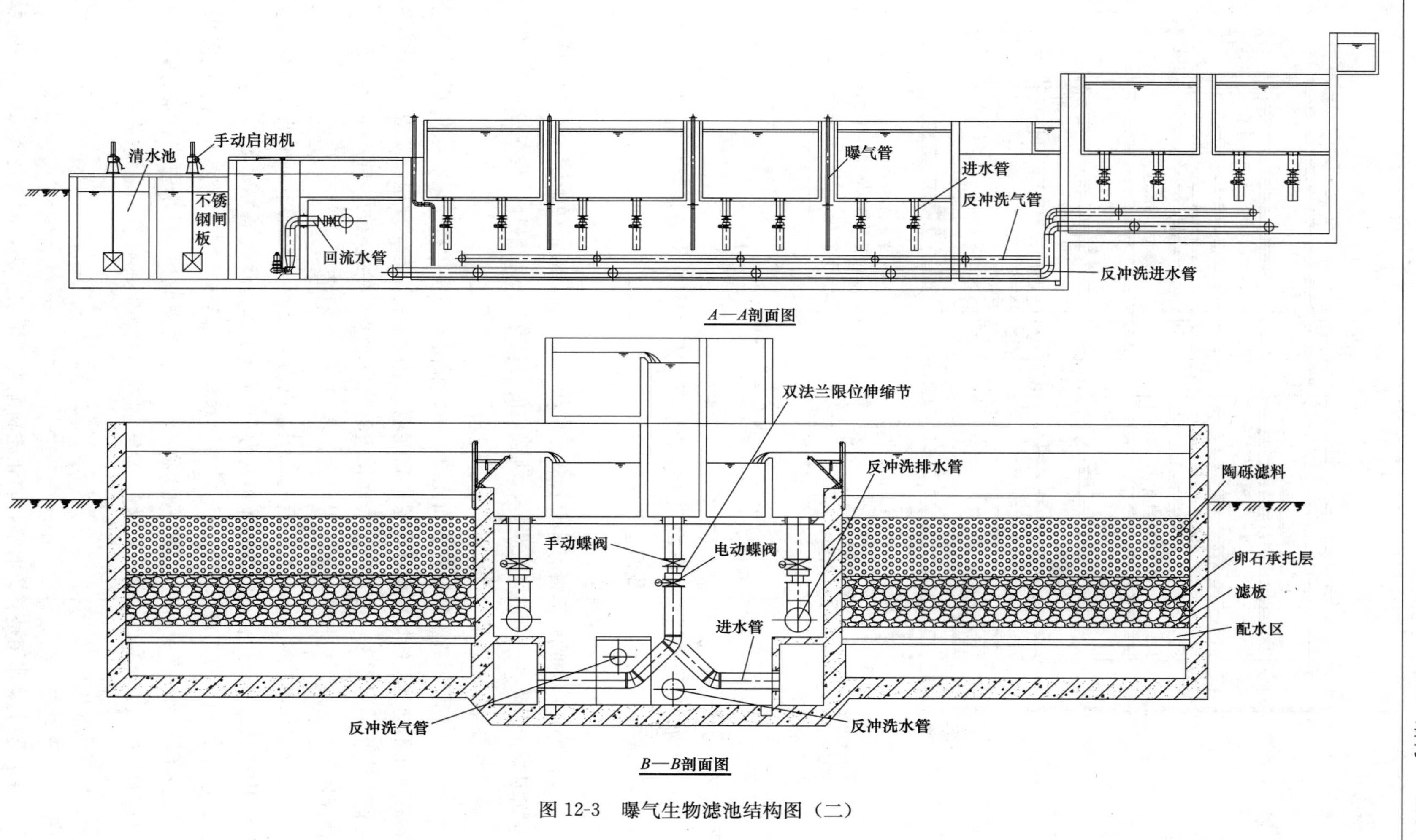

图 12-3 曝气生物滤池结构图（二）

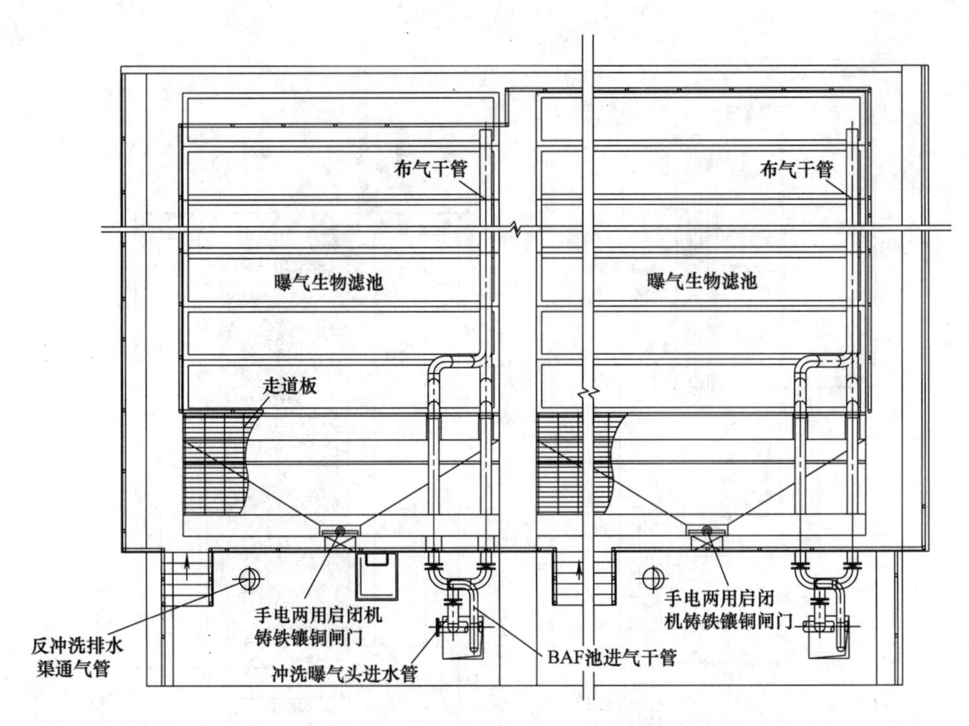

图 12-4 BAF 池平面布置图

12.3.2 滤料

从生物滤池处理污水的结构和功能的发展来看，BAF 中的填料具有双重作用，既是生物膜的载体，同时兼具截留悬浮固体的作用。因此，载体填料是 BAF 技术工艺的关键之一，直接影响其处理效果。

国内外常用的载体填料有蜂窝管状、束状、波纹状、圆形辐射状、盾状、网状、筒状等规则粒状以及各种不规则粒状等，所选用的材质除粒状滤料外，基本上为玻璃钢、聚氯乙烯、聚丙烯以及维尼纶等。

其中，玻璃钢或塑料填料表面光滑，生物膜附着力差，易老化，且在实际使用中往往容易存在不同程度的填料堵塞现象；软性填料中的水流流态不理想，易被微生物膜粘结在一起，产生结球现象，使其有效表面积大为减小，进而在结球的内部产生厌氧现象，影响处理效果。不规则粒状填料水流阻力大，易于引起滤池堵塞。

传统的载体填料大多存在一定的缺陷，成为 BAF 污水处理中应用的限制性环节。因此，因地制宜地选用合适的滤池滤料对 BAF 工艺的良好运行至关重要。

BAF 填料的选择应尽可能满足以下要求：① 质地轻，有足够的机械强度和耐久性；② 比表面积大，表面粗糙，易于微生物挂膜；③ 能阻截和容纳水中的固体杂质；④ 具有良好的化学稳定性；⑤ 颗粒性良好，易于制成不同粒径的颗粒；⑥ 水头损失小，形状系数好，易于冲洗。

12.3.3 承托层

承托层主要作用是支撑滤料，防止滤料流失与堵塞滤头，同时还能保持反冲洗稳定进行，如图 12-5 所示。

承托层粒径应为所选滤头孔径的 4 倍以上，并根据滤料直径的不同，选取合适的颗粒级配和承托层高度，滤料直接填装在承托层上，承托层下面是滤头和承托板。

承托层的填装应有适宜的级配，一般由上至下粒径逐渐增大，高度为 0.3～0.4m。承托层常用材质为卵石或磁铁矿。为保证承托层的稳定，并尽可能均匀地配水，要求其材质具有良好的机械强度和化学稳定性，且应尽量接近球形。工程中常选用鹅卵石作为承托层。

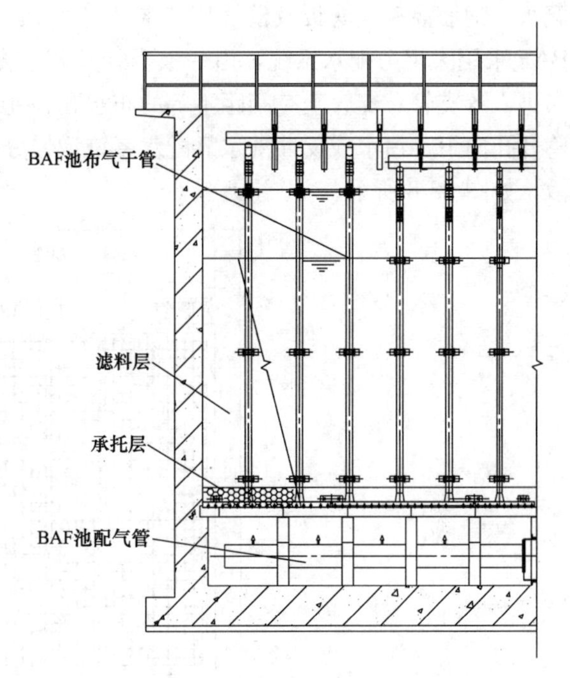

图 12-5 BAF 池滤料与承托层结构图

12.3.4 布水系统

BAF 的布水系统主要包括滤池最下部的配水室和滤板上的配水滤头。对于升流式 BAF，配水室的作用是使某一短时段内进入滤池的污水能在配水室内混合均匀，并通过配水滤头均匀流过滤料层。同时，布水系统除在滤池正常运行时布水之外，也作为定期对滤池进行反冲洗时布水之用。而对于降流式滤池，布水系统主要用作滤池的反冲洗布水和收集滤后水。

配水室由位于滤池下部的缓冲配水区和承托滤板组成，功能是在滤池正常运行和滤池反冲洗时使水在整个滤池截面上均匀分布，促使进入滤池的污水能够均匀流过滤料层，使滤料层中的生物膜与污水充分接触以确保生化反应的高效进行。

进水首先进入缓冲配水区，在此进行相当程度的混合后，依靠承托滤板的阻力作用使得水在滤板下部均匀和均质分布，并通过滤板上的滤头均匀流入滤料层。在气、水联合反冲洗时，缓冲配水区还起到均匀配气作用，气垫层也在滤板下的区域中形成。滤池滤板平面布置如图 12-6 所示。

BAF 通常采用小阻力配水系统（长柄滤头）。滤池进水虽然已经进行预处理，但其中的悬浮固体仍然较多，且粒径较大，尤其是生活污水中黏稠物质多，水中混有许多塑料薄膜碎片等，对滤头危害较大。为了避免堵塞，滤头缝隙应比给水滤头宽 2.0～2.5mm，每个滤头缝隙总面积约为 250～350mm^2；开孔比也应比给水滤池大，约为 0.011～0.015。配气孔直径为 2.0～2.5mm，位置应在滤杆丝扣之下或与滤板底面平齐，且与滤杆下端的配水条形孔的距离应保持 150～200mm 以上。但应注意的是，开孔比过大除了影响反冲洗均匀性外，还会导致配水、配气稳定性下降（对反洗系统内其他因素的微小变化较为敏感）。滤板及长柄滤头如图 12-7 所示。

除采用上述滤板和配水滤头的配水方式以外，也有小型的 BAF 采用栅形承托板和穿孔布水管（管式大阻力配水方式）的配水方式。一般而言，升流式 BAF 采用穿孔管池底配水，钢筋混凝土滤板及滤头则安装于池的顶部，以阻挡滤料流失并收集出水。降流式BAF采用大阻力配水系统，由一根干管及若干支管组成，污水或反冲洗水由干管均匀分布进入各支管。支管上有间距不等的布水孔，孔径及孔间距可由相关的公式计算得出，支管开孔向下，污水或反冲洗水靠配水系统均匀分配并经承托层的卵石进一步切割而均匀分散，如图12-8所示。

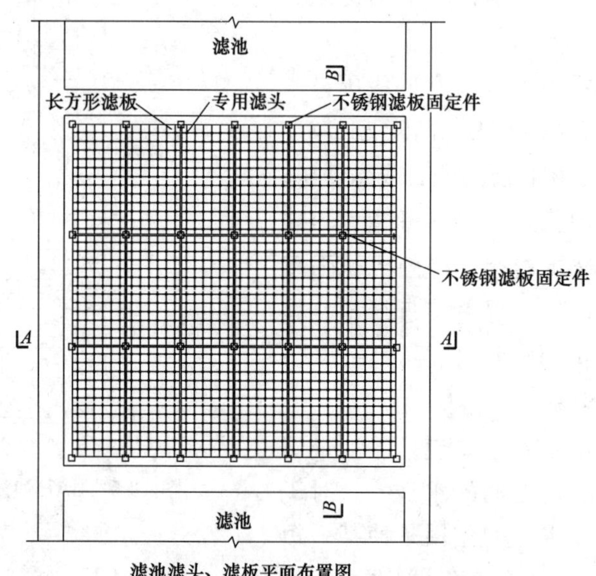

滤池滤头、滤板平面布置图

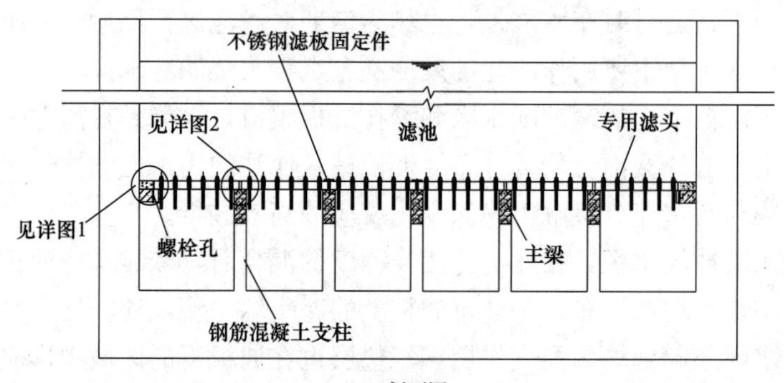

A—A剖面图

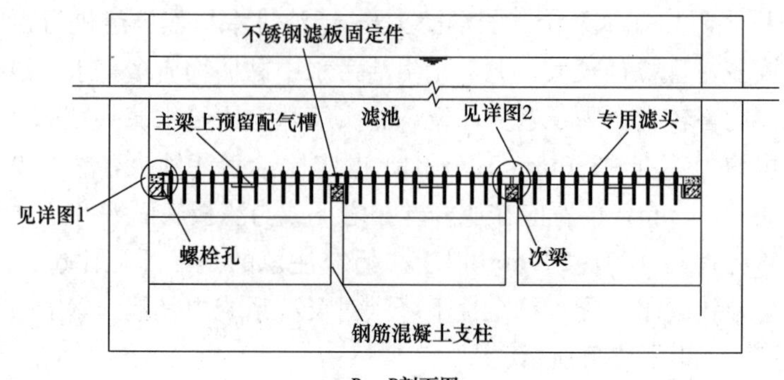

B—B剖面图

图12-6 滤池滤板平面布置图（一）

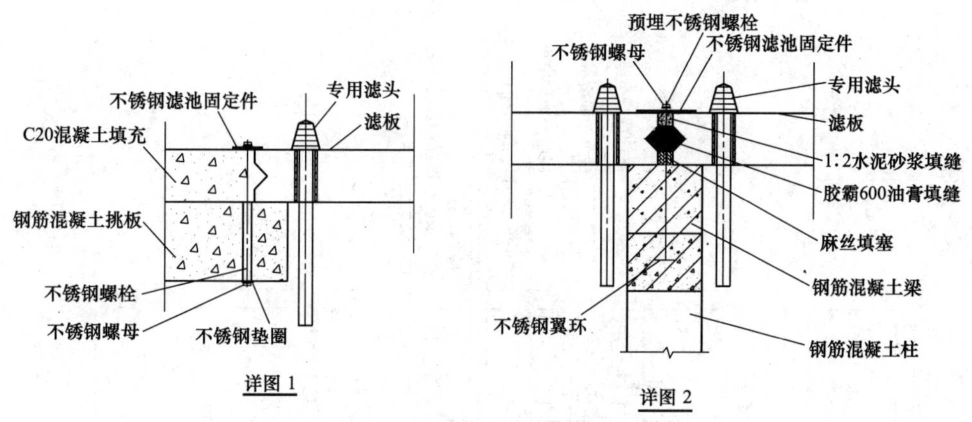

图 12-6 滤池滤板平面布置图（二）

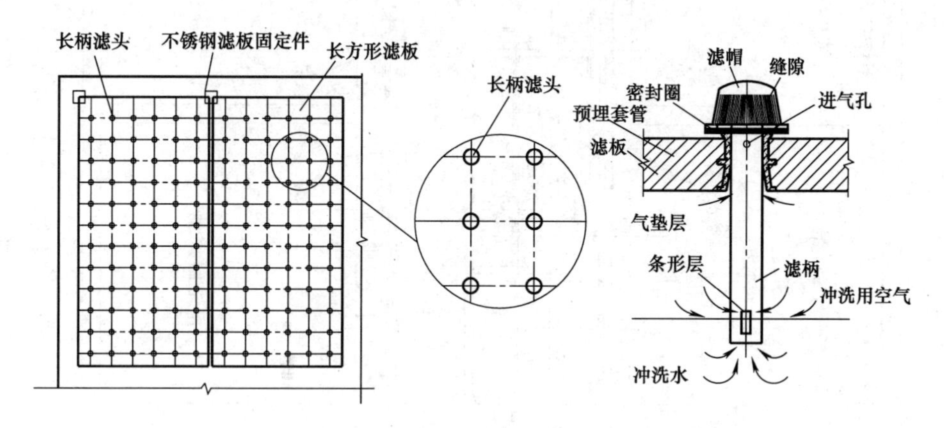

图 12-7 滤板及长柄滤头安装示意图

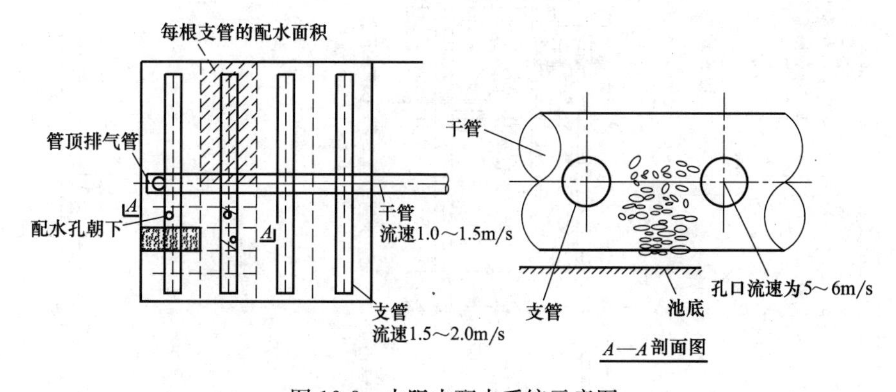

图 12-8 大阻力配水系统示意图

布水系统中的布水管道在处理污水过程中起着重要作用，进水、出水、反冲洗给水管道平面布置如图 12-9 所示。在滤池中，管道过墙须采用防水套管，如图 12-10 所示。

12.3.5 布气系统

BAF 的布气系统包括正常运行时供氧所需的曝气系统和进行气、水联合反冲洗时的供气系统两个部分。布气系统为微生物提供生长繁殖所需的溶解氧，并有搅动滤层，促进

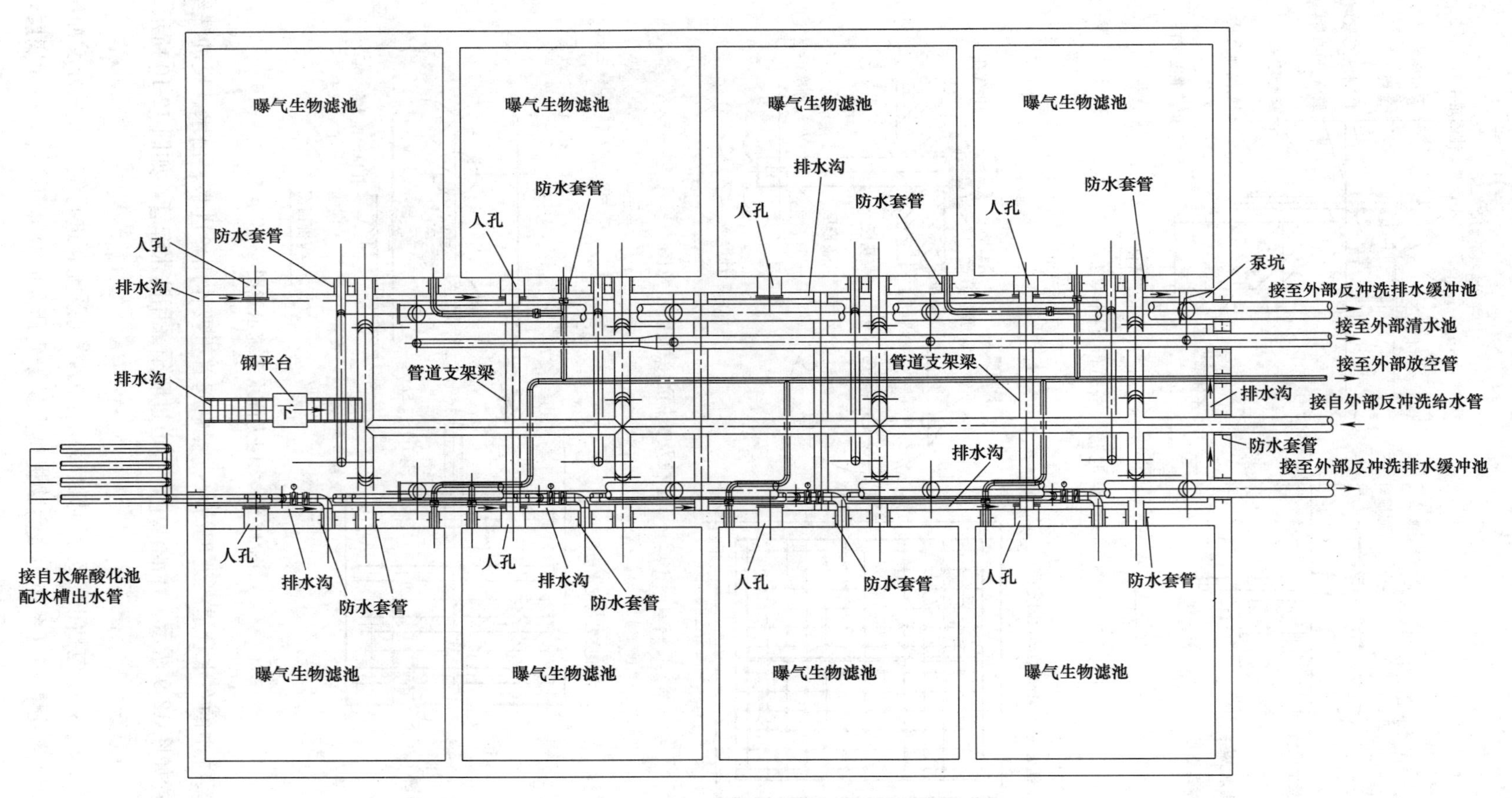

图 12-9 进水、出水、反冲洗给水管道平面布置图

老化膜脱落更新的功能。可采用安装于滤板面上的穿孔管或空气扩散器（曝气头）配气。为防止水倒流，反冲洗空气干管及曝气干管的管底应局部抬高至滤池最高水位之上500mm，如图12-11所示。

BAF一般采用鼓风曝气形式，空气扩散系统一般有穿孔管空气扩散系统和专用空气扩散器两种。最简单的曝气装置可采用穿孔管，穿孔管属大、中气泡曝气设备，氧利用率较低，仅为3%～4%，其优点是不易堵塞且造价低。

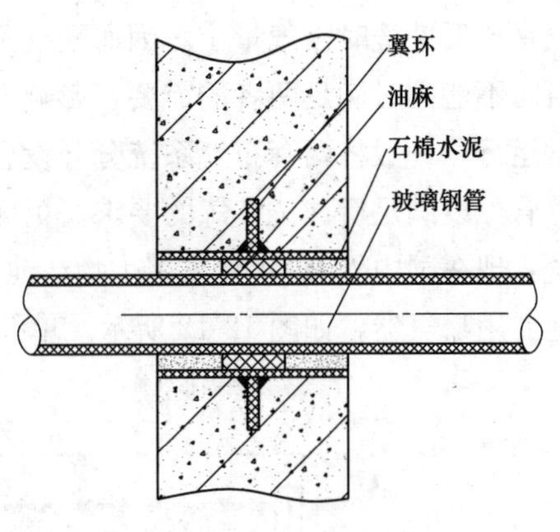

图12-10 刚性防水套管详图

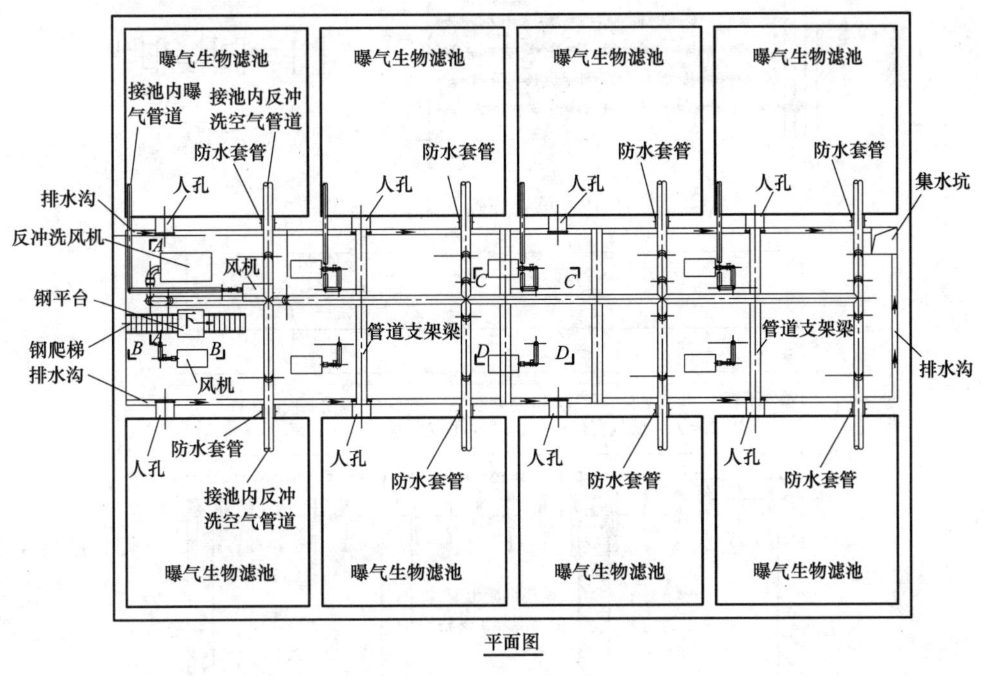

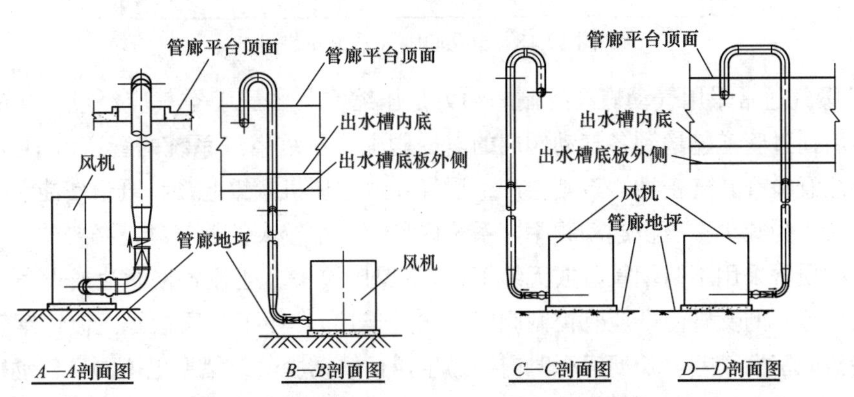

图12-11 空气管道布置图

在实际应用中有充氧曝气与反冲洗曝气共用同一套布气管的形式，但由于充氧曝气需气量比反冲洗时需气量小，因而配气不易均匀。共用同一套布气管虽然能减少投资，但运行时不能同时满足两者的需要，影响BAF系统的稳定运行。在实践中，为保证BAF的正常运行，一般将两套布气系统分开设置，单独设立一套曝气管，同时另设立一套反冲洗布气管，以满足反冲洗布气的要求。更为有效的措施还是采用专用空气扩散器的空气扩散系统，现在国内外BAF常采用生物滤池专用曝气器作为滤池的空气扩散装置，如单孔膜滤池专用曝气器，如图12-12所示，单孔膜曝气系统安装如图12-13所示。

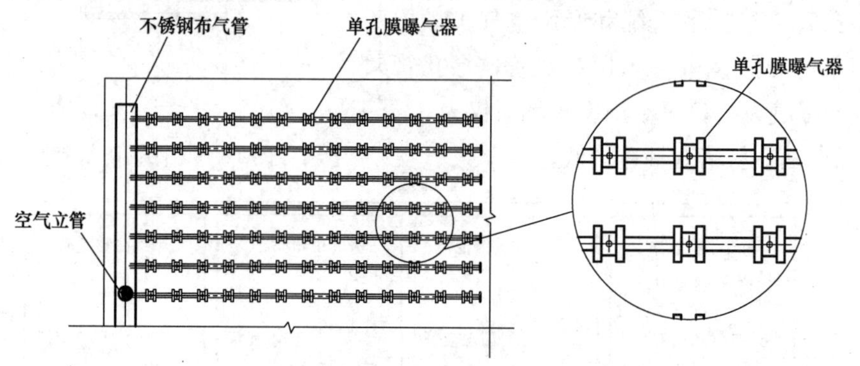

图12-12 单孔膜曝气系统示意图

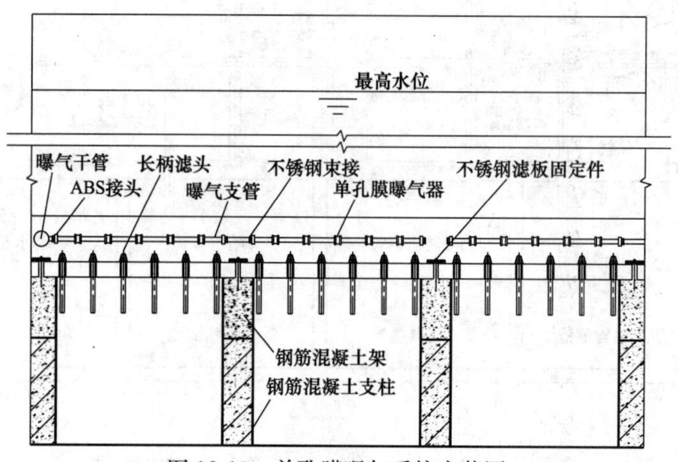

图12-13 单孔膜曝气系统安装图

BAF曝气通常采用气动蝶阀控制，动力是压缩空气。压缩空气应经过严格的过滤和干燥，然后通过管道输送到各气动阀门的电磁阀上。压缩空气系统的管道由于接头较多，施工时应注意检查其气密性。否则会产生漏气导致空压机频繁起动，既浪费能源又影响空压机的寿命。为减少空压机起动频率，系统内另配一个较大的贮气罐是必要的。

管道材质常采用不锈钢管（或无缝钢管），焊接接头。通往各格滤池或设备（反洗水泵、鼓风机等）的支管前端应有控制阀门（法兰连接），便于分段检修。镀锌钢管（丝扣连接）接头气密性较差，长期运行时内壁易生锈，铁锈脱落易堵塞电磁阀。气动蝶阀安装如图12-14所示。

12.3.6 反冲洗系统

BAF的反冲洗系统通常采用气、水联合反冲洗，其目的是去除生物滤池运行过程中

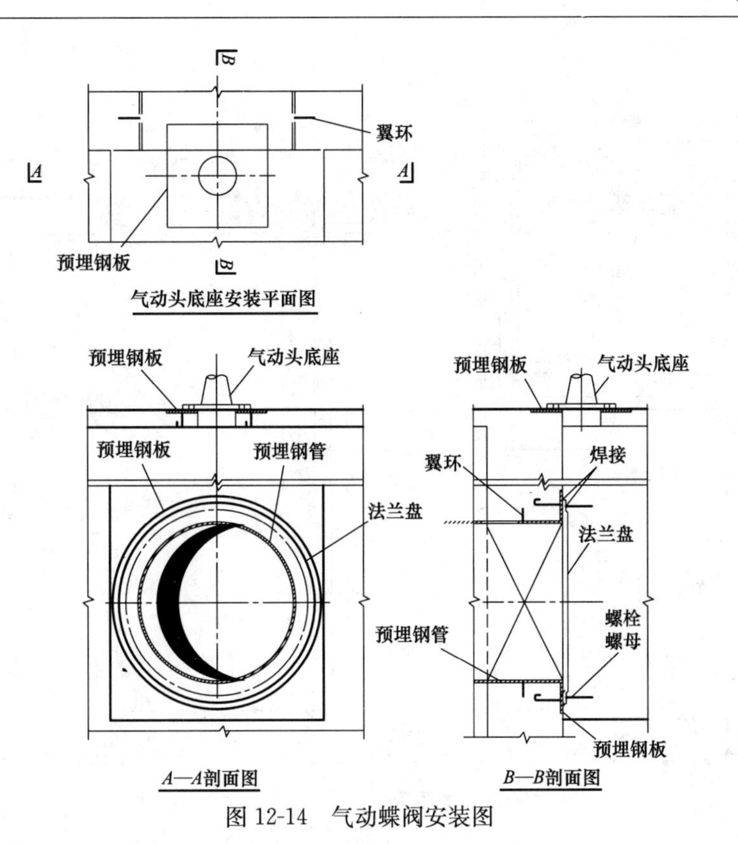

图 12-14 气动蝶阀安装图

截留的各种颗粒、胶体污染物以及老化脱落的微生物膜等。气、水联合反冲洗通过滤板及固定其上的长柄滤头实现，反冲洗步骤如下：先降低滤池内的水位并单独气洗，而后采用气、水联合反冲洗，最后再单独采用水洗。在反冲洗过程中必须掌握好冲洗强度和冲洗时间，既达到使截留物质冲洗出滤池，又要避免对滤料过分冲刷，使生长在滤料表面的微生物膜过度脱落而影响处理效果。BAF 中反冲洗管道如图 12-15 所示。

BAF 的反冲洗是通过运行时间、滤料层阻力损失、水质参数等因素来综合确定，一般由在线检测仪表将检测数据反馈给 PLC（Programmable Logic Controller，即可编程逻辑控制器），并由 PLC 系统进行自动控制和操作。

12.3.7 出水系统

BAF 出水系统常采用周边出水或单侧堰出水等方式。在大、中型污水处理工程中，为了工艺布置方便，采用单侧堰出水较多，并将出水堰口处设计为 60°斜坡，以降低出水口处的水流速度；在出水堰口处设置栅形稳流板，以将反冲洗时有可能被带至出水口处的陶砾与稳流板碰撞，导致流速降低而在此处沉降，并沿斜坡下滑回滤池中，栅形稳流板的安装如图 12-16 所示，堰板安装如图 12-17 所示。

12.3.8 管道和自控系统

在污水处理过程中，污水由 BAF 底部进水管进入池体，然后进入气水混合室，经过长柄滤头配水后通过垫层进入滤料层，同时气体由进气管引入，通过专用的空气扩散装置，与污水进行充分的混合，进行生物处理。在反冲洗过程中，储存的达标排放水从滤池

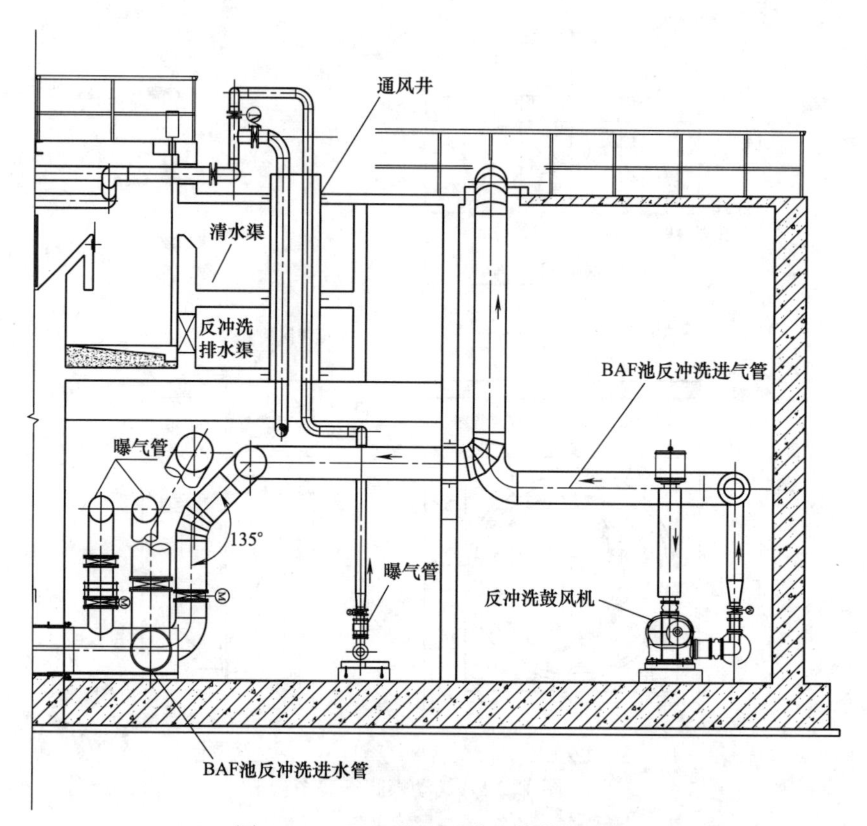

图 12-15 BAF 滤池反冲洗管道布置图

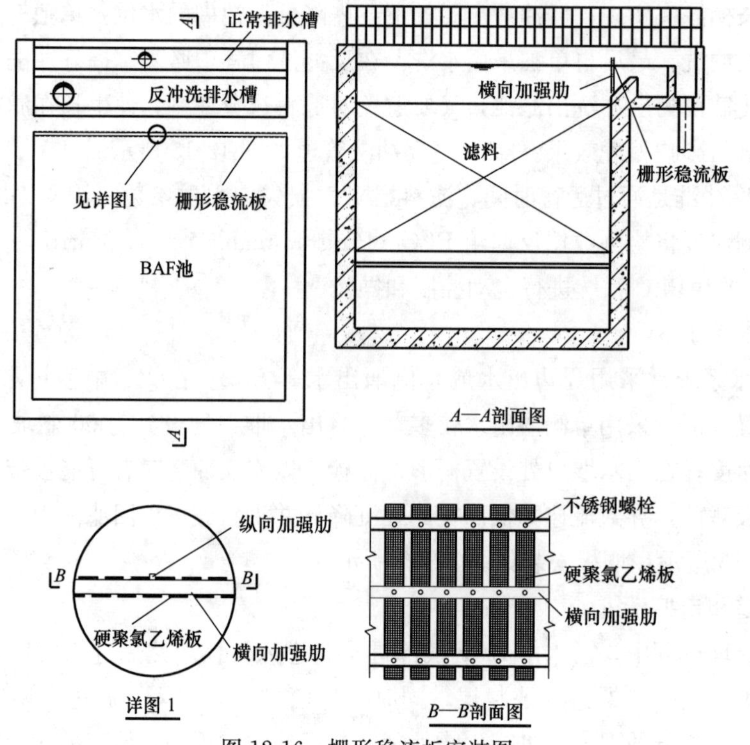

图 12-16 栅形稳流板安装图

底部进入自上部流出，反冲空气来自底部单独的反冲洗进气管，反冲洗时关闭底部进水，水、气联合进行反冲洗，最后用水漂洗。BAF 工艺管道布置平面如图 12-18 所示，BAF 管道剖面如图 12-19 所示。

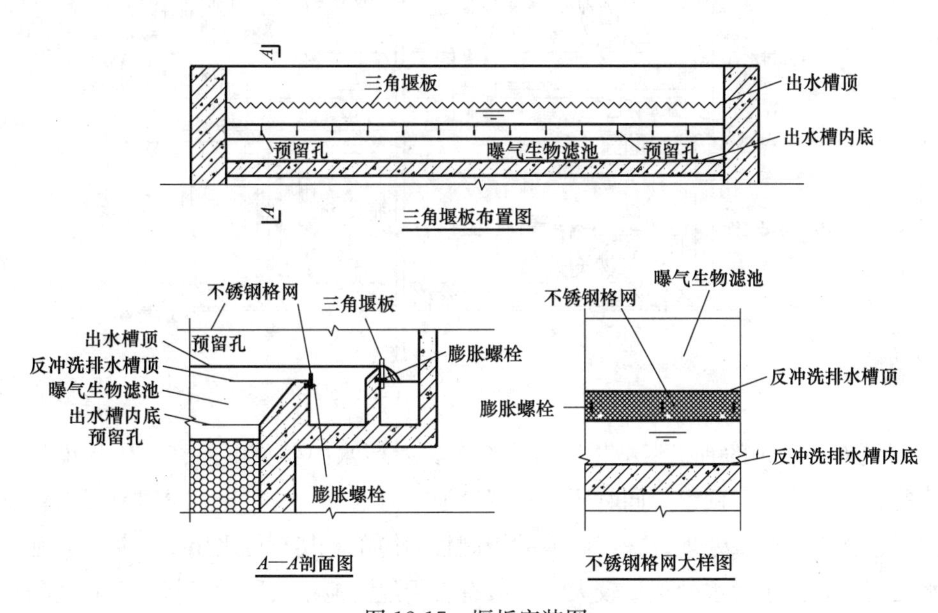

图 12-17　堰板安装图

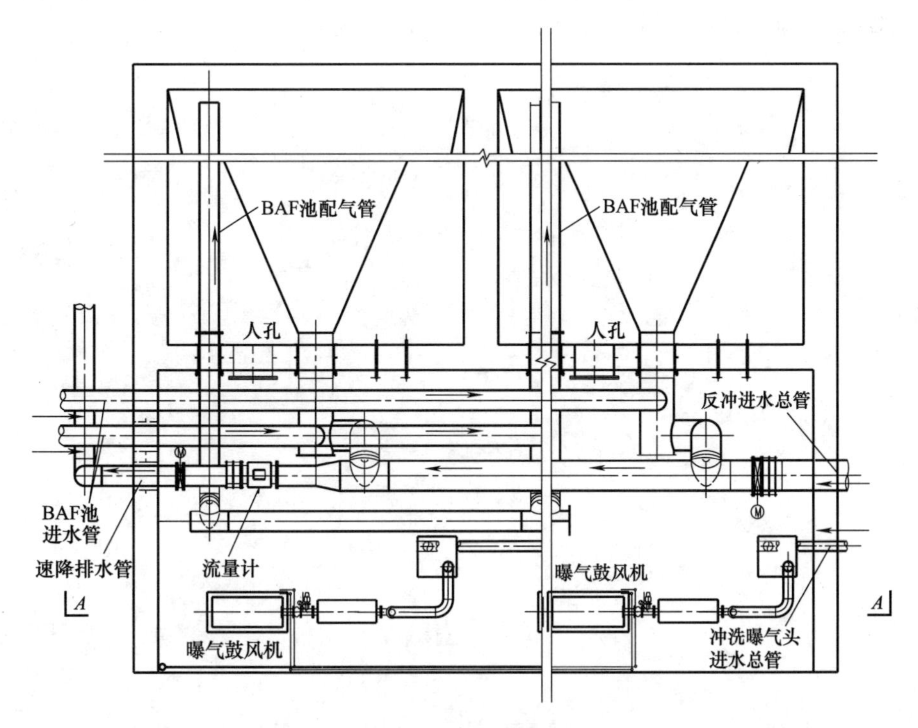

图 12-18　BAF 工艺管道改进后布置图

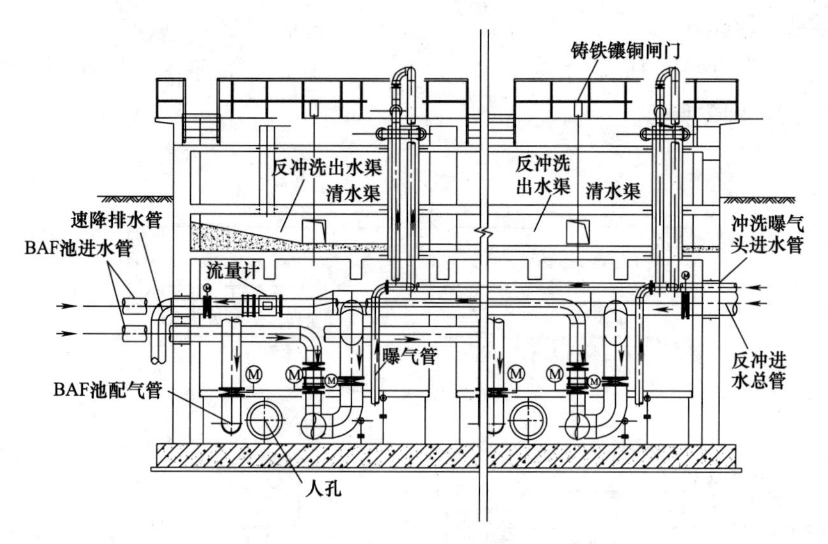

图 12-19　工艺管道布置 A—A 剖面图

BAF 既对污水中的有机污染物进行降解，又对污水中各种颗粒、胶体污染物以及老化脱落的微生物膜进行截留，同时还要实现滤池本身的反冲洗，正常处理和反冲洗交替运行。对于小型工业污水处理设施，滤池的控制较为简单，甚至可采用手动控制，而对于城镇污水处理厂，由于污水处理量较大，一般有若干组滤池模块同时运行，且在运行中还根据需要进行若干组滤池之间的切换，采用手动控制则工作量较大且难以准确控制。为提高滤池的处理能力以及保证污染物的高效去除，需设计合适的自控系统，采用 PLC 控制系统对滤池的运行进行精确的自动控制。

第13章　污水的自然生物处理

13.1　稳定塘概述

稳定塘（Stabilization Pond/Basin/Lagoon），又名氧化塘（Oxidation Pond）或生物塘（Biological Pond），是天然的或经过人工适当修整土地并设置围堤和防渗层存放污水的池塘，主要依靠自然生物净化功能使污水得以净化的一种生物处理技术，是一种利用自然净化能力对污水进行处理的构筑物的总称。

稳定塘的净化过程与自然水体的自净过程相似。污水在塘内缓慢流动，经过较长时间的贮留，通过塘中细菌等微生物的代谢活动和包括藻类等水生植物在内多种生物的共同作用，使污水中的有机污染物得到逐步降解，最终使污水得以净化。

稳定塘处理系统一般由格栅、泵房、预处理设施、塘主体和附属构筑物组成，塘主体包括各类型的稳定塘，如厌氧塘、好氧塘和兼性塘等及其组合形式。国内外稳定塘的预处理构筑物一般分为常规预处理和预处理塘两类。常规预处理构筑物包括：格栅、沉砂池、沉淀池、除油池等；预处理塘包括沉淀塘以及厌氧沉淀塘等。稳定塘的附属设备包括输水设备、充氧设备、导流设备、回流系统以及生活和生产附属设施等。在稳定塘系统中采用的单元及其组合不同，其运行效果也不尽相同，常见的稳定塘的组合形式有单塘多塘串联、多塘并联以及串并联混合组合等形式。

13.2　稳定塘的类型

根据塘中的溶解氧量和生物种群类别可分为厌氧塘、兼性塘、好氧塘和曝气塘；根据水质的处理程度可分为常规处理塘和深度处理塘。

13.2.1　厌氧塘

厌氧塘是依靠厌氧菌的代谢使水中有机污染物得以降解，即兼性厌氧产酸菌先将复杂（大分子）有机污染物水解、酸化并转化为简单（小分子）有机物，在此基础上厌氧菌（甲烷菌等）将其最终转化为 CH_4 以及 CO_2、H_2O 等无机物。鉴于厌氧塘在功能上受厌氧发酵等特性所控制，因而厌氧塘的设计和运行应以厌氧水解发酵、产酸产氢以及产甲烷等阶段的不同要求作为控制条件，以保持产酸菌与产甲烷菌等之间的动态平衡，如图13-1所示。

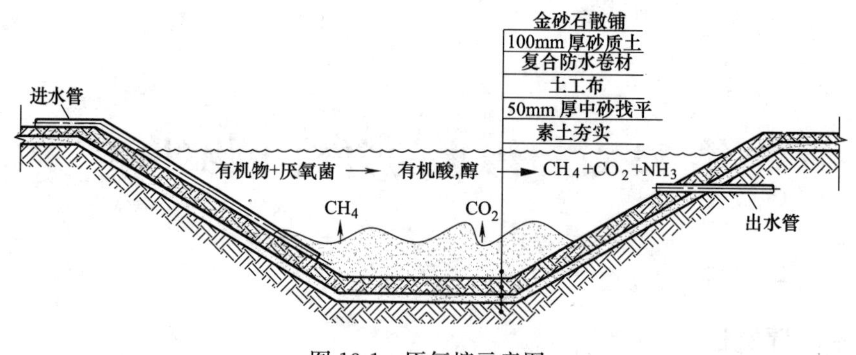

图13-1　厌氧塘示意图

厌氧塘的主要功能在于充分利用厌氧反应高效低耗的特点来去除污水中的有机负荷，改善进水的可生化降解性，以保障后续塘处理的有效运行。因此，厌氧塘的面积一般较小，但其深度较大，通常水深为3～5m，同时要进行防渗设计，以防止污染地下水。厌氧塘多用于处理水量不大的高浓度有机污水（如肉类加工以及食品加工等污水），有时也用于处理城镇生活污水。

厌氧塘前应设格栅进行预处理；在污水含砂量大或含油量高时，还应增设沉砂池或除油池等预处理设施。

由于厌氧塘对污染负荷的去除率不高，出水 BOD_5 浓度不能达到二级处理的排放水平。因此，厌氧塘很少单独用于污水处理，而是作为其他处理单元的前置预处理，其出水需要进一步通过后续的兼性塘或好氧塘处理。厌氧塘一般设置在塘系统首段，通常采用单级布置，但为了清淤方便且不影响连续运行，宜采用并联形式，并联塘数一般不少于2个。在处理高浓度有机污水时，宜采用二级厌氧塘串联运行。厌氧塘应距住宅500m以上，以减少臭气的影响；厌氧塘有浮渣层时，应设于偏僻处。

厌氧塘平面以矩形为宜，长宽比为（2∶1）～（2.5∶1），其有效深度为3～5m，条件允许情况下可达6m，其单塘面积一般不超过8000m²。厌氧塘的水力停留时间一般为1～7d，条件允许时也可通过试验确定。由于上向流（升流）有利于提高厌氧的处理效率，因此，厌氧塘的结构设计应有利于上向流的形成。一般情况下，厌氧塘的进水口应设置在距塘底0.6～1.0m处，出水口则应距水面较近的深度，在淹没深度大于0.6m且不小于冰盖层或浮渣层厚度处，应分别采用2个以上的进水口和出水口。

此外，厌氧塘还可采用加设生物膜载体填料、塘面覆盖以及在塘底设置污泥消化坑等强化措施。

13.2.2　兼性塘

兼性塘是利用好氧菌、厌氧菌和兼性菌的共同作用来去除水中有机污染物的生物塘。兼性塘中可分为3个部分：① 表层好氧区，好氧菌与藻类共生；② 底层厌氧区，区域内的有机污染物被厌氧菌分解；③ 中部为好氧区与厌氧区的过渡区（即兼性区），内有兼性菌，通过兼性菌的代谢将有机污染物降解，如图13-2所示。

兼性塘对水量和水质的冲击负荷有较强的适应能力，是所有稳定塘中应用最为广泛

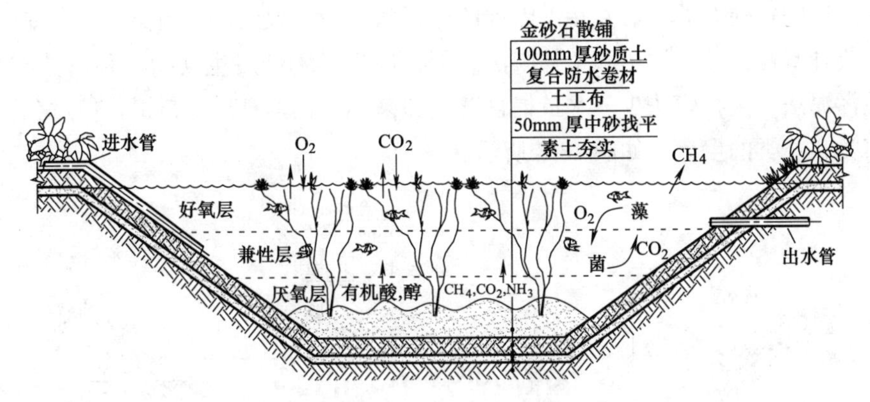

图 13-2 兼性塘示意图

的，不仅可处理城镇生活污水，而且用以处理石油化工、印染以及造纸等工业污水。

兼性塘常用于处理城市一级沉淀或二级处理出水；在工业污水处理中，多用于曝气塘或厌氧塘之后作为二级处理塘使用，有时也作为难降解有机污水的贮存塘和间歇排放塘（污水库）使用。由于兼性塘在夏季的有机负荷比冬季所允许的有机负荷要高得多，因而特别适用于在夏季处理季节性食品生产行业污水。

兼性塘中由于同时存在厌氧、兼氧和好氧 3 种反应，因而既可自成系统（即由数座兼性塘串联构成塘系统），也可与厌氧塘、好氧塘、曝气塘等其他类型的塘串联组合成多级塘系统，最终出水达到各种排放标准的目的。小型兼性塘可采用单级塘，较大的塘系统可采用三级或多级串联方式以改善出水的水质，更大的系统可采用串、并联混合方式，使几个相同的并联塘以串联的方式运行。串联系统的第一个（并联）塘通常采用较高的负荷，以不出现全塘厌氧为宜，面积一般为串联兼性塘系统总面积的 30%～60%。

兼性塘平面一般为矩形，长宽比为（3∶1）～（4∶1），有效水深 1.2～2.5m，单塘面积一般不超过 $4hm^2$，北方地区应考虑冰盖厚度（一般取 0.2～0.6m）。此外，还应考虑附加储泥层深度以及适应流量和风浪冲击的保护高度。对串联兼性塘系统中的前级塘，储泥层深度应预留 0.5m，一般这可保证储泥 5 年以上；对后级塘，储泥层深度应预留 0.2m，一般可储泥 10 年以上。保护高度一般为 0.5～1.0m。水力停留时间一般为 5～30d。

兼性塘进水口应使在塘的横断面上配水均匀，一般采用扩散管或多点进水；出水口与进水口之间的直线距离应尽可能地大些，一般在矩形塘按对角线排列布置，以减少短流。

此外，采用单级兼性塘时，塘内应设置导流墙。兼性塘内还可采用加设生物膜载体填料、种植水生植物以及机械曝气等强化措施。

13.2.3 好氧塘

好氧塘是在有氧状态下利用水中的好氧菌和藻类的共生作用降解污水中有机污染物的稳定塘。好氧塘水深较浅，一般为 0.3～0.5m，白天阳光可直接照射至塘底，塘中藻类生长旺盛，加之水面风力搅动进行大气复氧，使全塘水体处于好氧状态。

好氧塘内的生物种群包括藻类、菌类、原生动物以及水蚤等微型动物。藻类的种类和数量与好氧塘的负荷有关，可直接反映塘的运行状况与处理效果。菌类主要存在于水体的上层，主要种属与活性污泥法和生物膜法相似；原生动物和后生动物的种属数与个体数，均比活性污泥法和生物膜法少。水蚤捕食藻类和菌类，其本身也是鱼饵，但过分增殖会影响塘内菌类和藻类的生存，如图 13-3 所示。

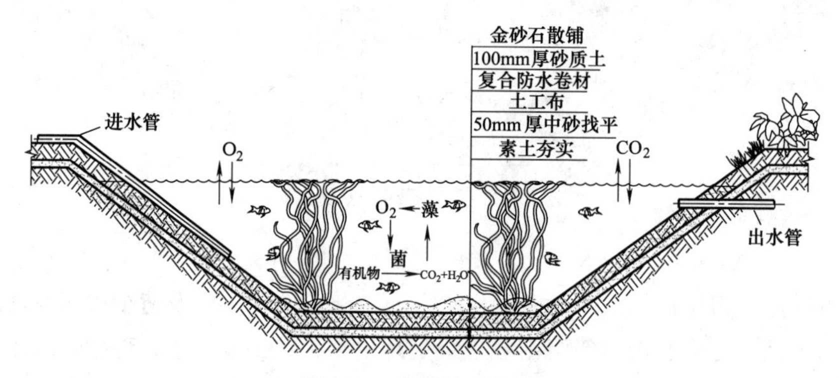

图 13-3　好氧塘示意图

好氧塘的净化功能较好，有机污染物降解速率较高，污水在塘内停留时间也较短，但其占地面积较大，对细菌等的处理效果也较差。当出水中含有大量藻类时，需进行除藻处理。

根据有机物负荷的高低，好氧塘可分为高负荷好氧塘、普通好氧塘和深度处理好氧塘 3 类。高负荷好氧塘的污水停留时间较短，塘中藻类浓度较高，水深较浅，适用于气候温暖以及阳光充足的地区，高负荷好氧塘一般设置在处理系统的前部。普通好氧塘（即一般而言的好氧塘）主要作为二级处理，有机负荷较高负荷好氧塘的低，停留时间也较长，水体较深。深度处理好氧塘常设置在处理系统的后部，或用于二级处理工艺出水的进一步处理，其有机负荷较低，水力停留时间较长，处理后出水水质也较好。

好氧塘通常与其他塘（特别是兼性塘）串联组成塘系统，在部分气温适宜的地区也可以自身串联构成塘系统，亦可采用单塘进行处理。

好氧塘平面一般为矩形，有效水深为 0.5～1.5m，长宽比为（3∶1）～(4∶1)，内边坡为（2∶1)～(3∶1)，外边坡为（4∶1)～(5∶1)，塘堤超高为 0.6～1.0m，单塘面积不超过 4 hm^2，水力停留时间为 3～30 d，作为深度处理好氧塘时，总水力停留时间应大于 15 d。好氧塘的设置一般不少于 3 座，规模较小时也不少于 2 座，串联或并联皆可。好氧塘分格不宜少于 2 格。

此外，好氧塘可采用设置充氧机械设备、种植水生植物以及养殖水产品等强化措施。

13.2.4　曝气塘

曝气塘是设有曝气充氧装置的好氧塘或兼性塘。采用曝气装置向塘内污水中充氧并搅动水体，塘内有活性污泥，污泥可回流亦可不回流。人工曝气设备多采用表面机械曝气器，也可采用鼓风曝气系统。曝气塘实质上是介于活性污泥法中延时曝气法与稳定塘之间的一种工艺。

根据曝气状况的差异，曝气塘可分为好氧曝气塘和兼性曝气塘，或称为完全曝气塘和部分曝气塘。这两种曝气塘在构造上并无明显差别，主要是曝气装置数目、安设密度和曝气强度上的差异。好氧曝气塘的曝气装置功率较大，足以使水体中全部生物污泥都处于悬浮状态，并向水体提供足够的溶解氧。兼性曝气塘的曝气装置相对小一些，仅能使部分生物污泥处于悬浮状态，另一部分污泥则沉积于塘底，进行厌氧降解，曝气则不足以提供全部污泥生化反应所需的溶解氧。好氧曝气塘和兼性曝气塘分别如图 13-4 和图 13-5 所示。

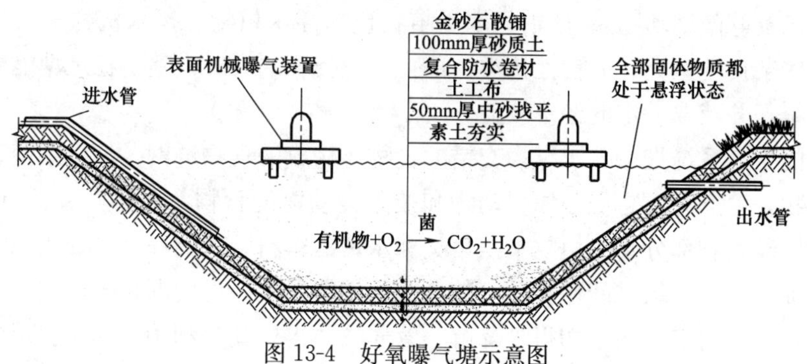

图 13-4 好氧曝气塘示意图

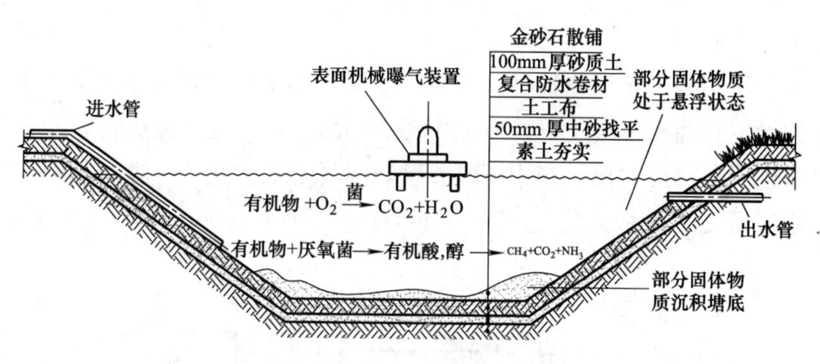

图 13-5 兼性曝气塘示意图

曝气塘所需容积和占地面积均较小，适用于土地面积有限的地区。曝气塘系统一般采用一个完全曝气塘和 2～3 个兼性曝气塘的组合系统。

曝气塘的有效水深一般为 3～5m，长宽比为（1∶1)～(4∶1)，边坡为（2∶1)～(3∶1)，单塘面积一般不大于 $4hm^2$。好氧曝气塘的水力停留时间一般为 1～3 d，兼性曝气塘一般为 1～5d；好氧曝气塘的比曝气功率一般为 5～6W/m^3，兼性曝气塘的比曝气功率为 1～2W/m^3。

曝气塘的出水 SS 浓度较高，排放前应进行沉淀，沉淀可以采用沉淀池，也可在塘中分隔出静水区用于沉淀。若曝气塘后设兼性塘，则兼性塘进一步处理其出水的同时，也起到沉淀的作用。

13.3 稳定塘构造

稳定塘系统由生物和非生物两部分组成。生物部分是在稳定塘中生长栖息的多种对污水具有净化作用的生物种群，主要包括细菌、藻类、微型动物（原生动物和后生动物）、水生植物以及水生动物等。非生物部分主要包括光照、风力、温度、有机负荷、pH 值、DO、CO_2 以及 N 和 P 等营养元素。

稳定塘中对有机物污染物起降解作用的主要是细菌，包括好氧、兼性、厌氧的异养菌和自养菌；藻类主要有绿藻和蓝绿藻等。稳定塘内也存在一些原生动物、后生动物和枝角类动物（如水蚤等微型动物）。塘中的水生植物包括浮水植物、挺水植物和沉水植物。当塘中放养一些杂食性鱼类、滤食性鱼类、草食性鱼类和水禽时，整个稳定塘能形成一个良好的生态系统，并获取一定的经济效益。

稳定塘的生态系统是由若干纵横交错的食物链构成的食物链网。其中细菌、藻类以及部分水生植物是生产者，它们是原生动物和枝角类动物的食物，而后者又被鱼类所掠食；此外，细菌、藻类和部分水生植物又是鱼类和水禽的饵料。鱼类和水禽处于稳定塘中的最高营养级，促使各营养级之间保持适宜数量关系的情况下，可使塘系统建立良好的生态平衡，最终使污水中的有机污染物得到降解，营养物质得以充分利用，同时获得鱼类以及水禽等经济产物。

13.3.1　堤坝与塘底

堤坝一般采用不易透水的建筑材料构筑，坝体结构按相应的永久性水工建筑物设计。施工有足够数量的黏性土或壤土时，应优先考虑均质土，否则应做成斜墙或心墙土堤。塘深度较大时可进行经济性对比，选用石堤或钢筋混凝土堤。此外，堤坝也可以是地下式或半地下式。稳定塘堤坝的断面形式如图 13-6 所示。

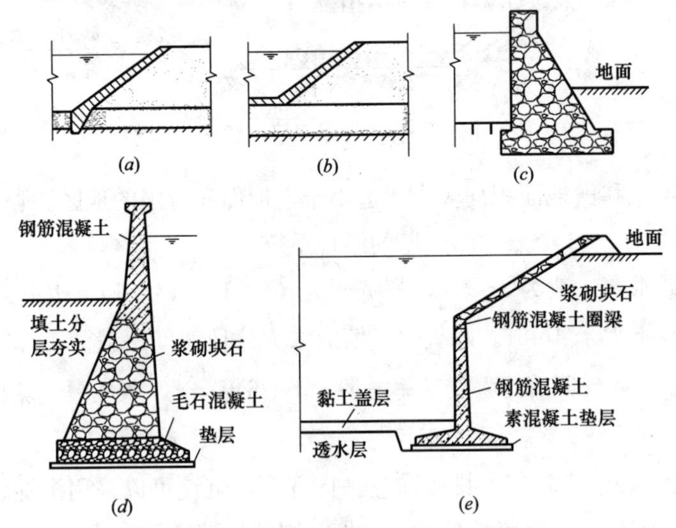

图 13-6　稳定塘的堤坝断面形式图

(a) 防渗斜墙堤坎（斜墙与齿墙相连）；(b) 防渗斜墙堤坎（斜墙与铺盖相连）；
(c) 浆砌石堤；(d) 组合式断面墙（一）；(e) 组合式断面墙（二）

土坝的顶宽一般应大于 2m，石堤和混凝土堤顶宽也不应小于 0.8m。当堤顶允许机动车辆行驶时，宽度不应小于 3.5m。土堤迎水坡应铺砌防浪材料，宜采用石料或混凝土。在设计水位变动范围内的最小铺砌高度不应小于 1.0m。土坝、堆石坝和干砌石坝的安全超高根据浪高确定，一般不小于0.5m。坝的外坡应根据土质和工程规模确定，土坝外坡坡度一般为（2∶1）～（4∶1），内坡一般为（2∶1）～（3∶1）。同时，塘堤的内侧应在适当位置（如进、出水口）设置阶梯和平台。

对于堤顶、边坡和堤脚应采取相应的防护措施，防止其受到自然或人为因素破坏。同时，塘体外侧应设排水沟，在可能发生管涌的情况下还要设置反滤层。

塘底应尽可能平整并略有坡度，坡向出口，便于清塘时排水。塘底必须达到一定的压缩和紧密程度，当最佳含水率为4%时，至少压实到90%标准葡氏密度。当塘底原土渗透系数大于0.2m/d时，应采取适当的防渗措施。

13.3.2 进水出水系统

稳定塘的进、出水口宜采用扩散式或多点进水方式，从而使塘的横断面上配水或集水均匀。进、出水口之间的直线距离应尽可能大，且进水口到出水口的水流方向应避开当地常年主导风向，最好与主导风向垂直。

稳定塘进水口一般设置在水面30cm以下，并离开塘底一定高度，以避免冲起或带出底泥。进水管末端应安装在合适的混凝土防冲堤上，防冲堤的最小尺寸为0.6m×0.6m。出水口的布置应考虑适应塘内水深的变化，在不同高度断面上设置可调节出流孔口或堰板，且出水口应设置浮渣挡板，潜孔出流，如图13-7所示。

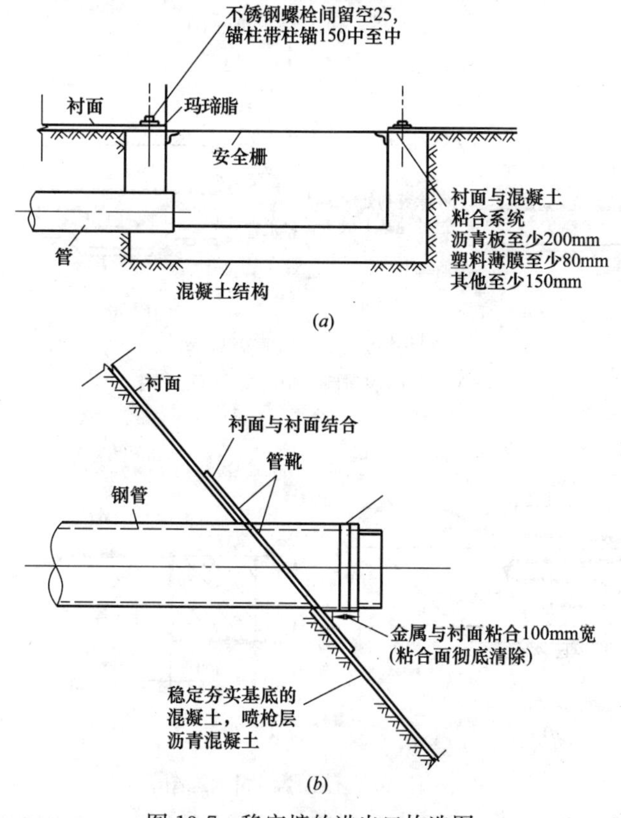

图13-7 稳定塘的进出口构造图

（*a*）进出口结构；（*b*）穿堤进出口结构

13.3.3 防渗措施

为了避免影响和污染地下水，避免水量损失以及塘内水深变化而影响自身处理能力，稳定塘应采取相应的防渗措施。其防渗包括堤坝、塘底以及穿堤管、涵闸等特殊部位。此外，渗透导致的水位降落值不得大于2.5mm/d。

堤坝防渗包括岸坡、坝体和堤基，一般可用不易透水材料做成斜墙、心墙或隔水墙。斜墙铺设在迎水岸坡上，必要时跟地基中的齿墙或与塘底的铺盖相连接。斜墙根据其变化特征，可以是刚性的、塑性的或柔性的，也可根据需要做成单层、双层或组合式的。心墙可以是黏土、钢筋混凝土或沥青混凝土等，也可采用灌浆帷幕等垂直防渗作法。但心墙或隔水墙在稳定塘中应用较少，仅在防渗漏技术要求标准高时才考虑使用。黏土斜墙、薄壁斜墙、土工膜锚固、单层沥青混凝土斜墙以及复合式斜墙的示意分别如图13-8～图13-12所示。

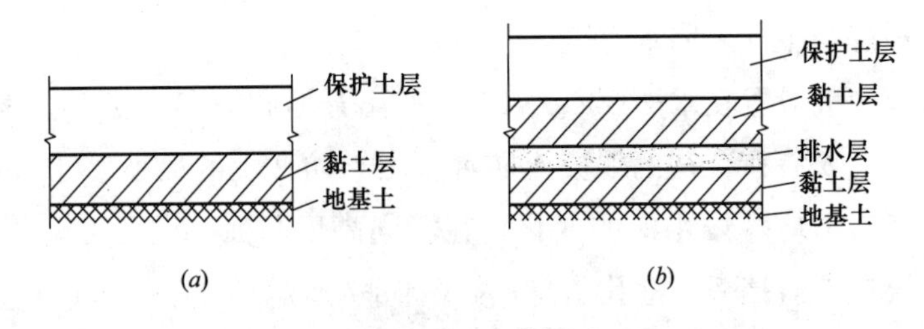

图13-8 黏土斜墙示意图

(a) 单层黏土斜墙；(b) 双层黏土斜墙

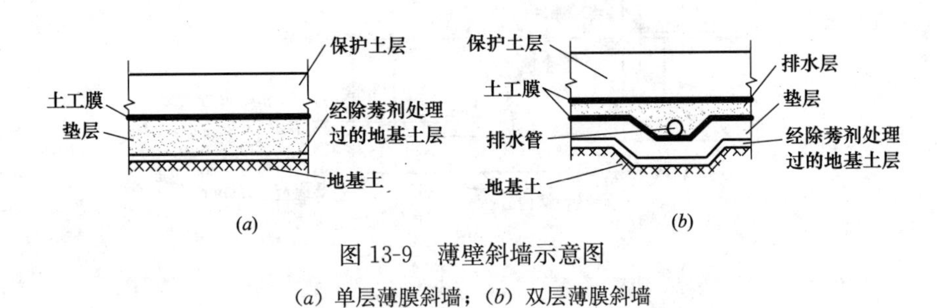

图13-9 薄壁斜墙示意图

(a) 单层薄膜斜墙；(b) 双层薄膜斜墙

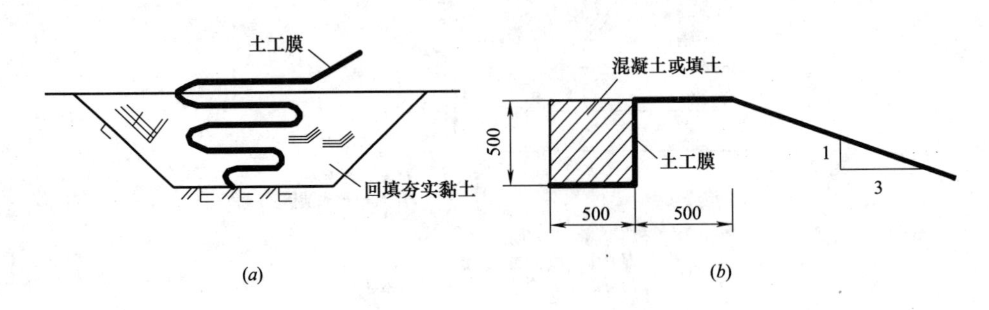

图13-10 土工膜锚固示意图

(a) 堤坝的土工膜与黏土地基锚固形式；(b) 土工膜在堤坝顶部锚固

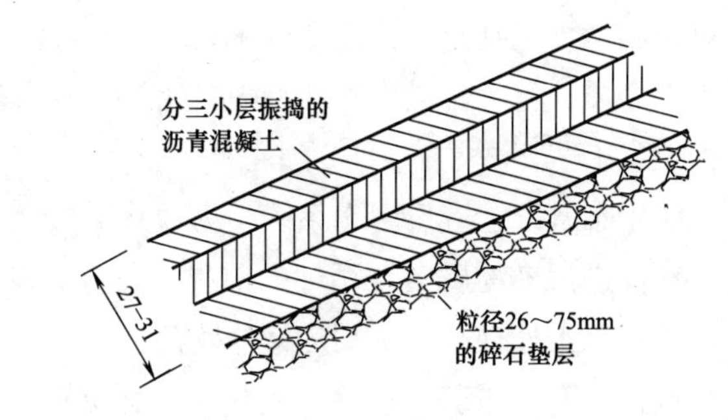

图 13-11 土工膜锚固示意图

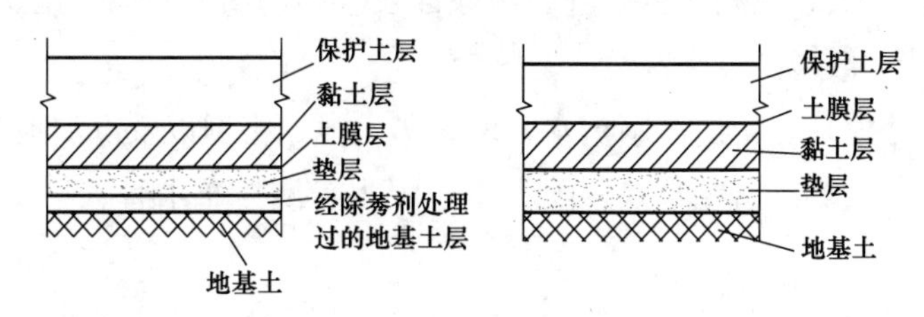

图 13-12 复合斜墙示意图

稳定塘未建在不透水地基或透水地基较浅并已经用斜墙或心墙做好坝体防渗层的情况下，均需采取防渗措施。塘底防渗一般可进行层状铺设，堤坝防渗斜墙的做法也可用作层状铺设。一般选取和防渗斜墙相同的材料，以便于与坝体连接。厚度在某些情况下可适当调整，但薄弱的部分需要加厚。此外，在缺土料地区，还可以在粉煤灰中掺入3%～6%的硅酸盐水泥和2%～3%的石灰制作成混合物，分层夯实，做成0.15～0.3m的铺盖层。

在稳定塘的一些特殊部位（如管道穿堤和闸基处）均需采取一定的防渗措施。管道穿堤应设防渗环，环突出管外0.6m，防渗环的材料可以为混凝土或钢板，穿堤管的内槽也需回填夯实，如图13-13所示。闸基可采用黏土、黏壤土、钢筋混凝土和沥青混凝土进行防渗铺盖，且比塘底防渗层要厚一些。黏土和黏壤土铺设层上应有一定厚度的砂砾石垫层和干砌块石。此外，闸基也可进行垂直板防渗或齿墙防渗。

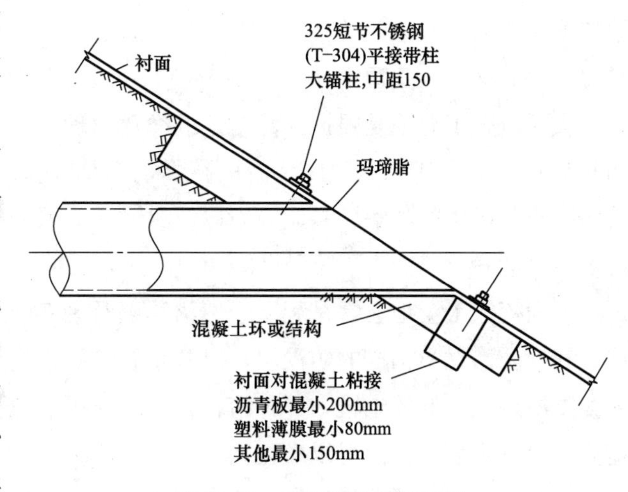

图 13-13 穿堤管防渗结构图

13.4 人工湿地概述

人工湿地（Constructed Wetland）是由人工构筑和控制运行的与沼泽地类似的过渡

性地带，将污水或污泥有控制地投配到经人工建造的湿地上，水或污泥在沿一定方向流动的过程中，利用土壤、人工介质、植物、微生物的物理、化学、生物多重协同作用，对污水或污泥进行处理的一种技术工艺。

人工湿地是一个综合的生态系统，应用生态系统中物种共生与物质循环再生原理，以及结构与功能协调原则，在促进污染物质良性循环的前提下，充分发挥资源的生产潜力，防止环境的二次污染，以获得污水处理与资源化的最佳效益。

人工湿地的作用机理包括吸附、滞留、过滤、氧化还原、沉淀、微生物降解、转化、植物遮蔽、残留物积累、蒸腾水分、养分吸收以及各类动物的共同作用。

人工湿地工艺一般包括3个部分。

1）收集和预处理系统：由污水集水管网、集水池、格栅以及沉淀池等组成；

2）配水和集水系统：由配水井、配水槽、配水管网、布水管、集水管以及集水池等组成；

3）植物池：根据出水要求可设计为一级或多级植物池，植物可选美人蕉以及芦苇等，宜就地取材。

13.5 人工湿地的类型

根据污水在湿地床中的流动方式不同，可将人工湿地系统分为两种类型：自由水面人工湿地（又称表面流人工湿地）和潜流人工湿地。潜流人工湿地又分为水平流潜流人工湿地和垂直流人工湿地两类。

13.5.1 表面流人工湿地

表面流人工湿地是根据天然湿地的净化原理，进行合理设计，有目的地选择与布设植物和基质，建造而成的人工污水净化系统。表面流人工湿地是一个完整的生态系统，利用植物吸收、微生物降解、基质吸附以及过滤等一系列物理、化学和生物作用的综合效应实现对污水的净化。

表面流人工湿地通常是利用天然沼泽以及废弃河道等洼地改造而成，其底部是由黏土层或其他防渗材料构成的防渗层，以防止有毒有害物质对地下水造成的潜在危害，防渗层上覆以渗透性良好的土壤，并种植各种挺水或沉水植物，较浅水深的污水以较为缓慢的流速流过土壤表面，从而得以净化。

表面流人工湿地的污水从系统表面流过，进水中所含的溶解性和颗粒性污染物与系统介质和植物根系接触得以降解和吸附。由于水深较浅（一般在0.1～0.6m），氧通过自由扩散补给。表面流人工湿地中常用的植物包括香蒲、芦苇、慈菇以及莎草等。其优点在于投资省、运行费用低以及操作简便等；缺点是负荷低以及去污能力有限等。表面流人工湿地的运行受自然气候条件影响较大，北方地区冬季水体表面会结冰，夏季则会滋生蚊蝇且散发臭味。目前，在我国实际工程应用中，单一的表面流人工湿地已较少采用。

表面流人工湿地系统中，污水由进口以一定的深度和速度以推流式方式缓慢流过湿地表面，部分污水蒸发或渗入湿地，出水经溢流堰或水位调节装置流出。在运行过程中，污水的上层处于好氧状态，较深的部分则处于缺氧或厌氧状态。因此，表面流人工湿地具有兼性氧化塘的某些特点，如图 13-14 所示。

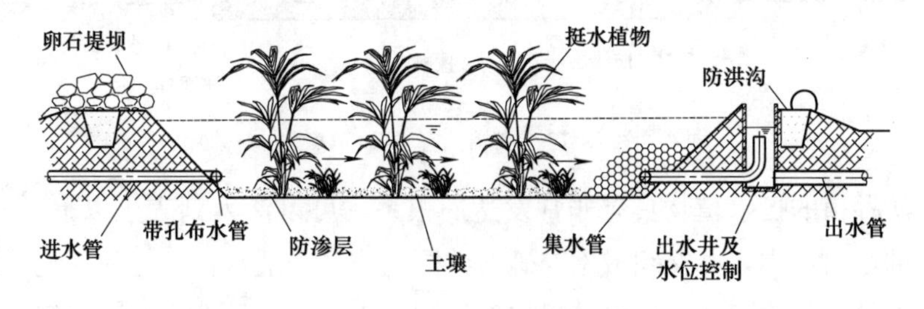

图 13-14 表面流人工湿地示意图

根据表面流人工湿地系统中占优势的大型水生植物的不同，可以将其分为挺水植物系统、浮水植物系统和沉水植物系统 3 类。对污水处理而言，通常采用挺水植物系统，其主要挺水植物为芦苇、香蒲、水葱以及美人蕉等。

在表面流人工湿地系统中，污水一般呈推流的方式流动，因而湿地的长宽比一般大于 3，且其长度一般也大于 20m。

13.5.2 水平流潜流人工湿地

潜流人工湿地系统也称为渗滤湿地系统。在潜流系统中，污水在湿地床的表面下流动，一方面可以充分利用填料表面生长的生物膜、丰富的植物根系以及表层土和填料截留等作用，提高处理效果和处理能力；另一方面由于水在地表下流动，保温性好，处理效果受气温影响较小，且卫生条件也较好，是目前国内外研究较多和应用广泛的一种湿地处理系统。潜流人工湿地的主要形式为采用各种填料的芦苇床系统，已成功地运用于城市污水、食品加工污水、造纸污水、化工污水以及垃圾填埋场渗滤液等的处理。

水平流潜流人工湿地系统通常由上下两层组成，上层为复合土，下层为具有良好空隙和水流易于通过由填料介质组成的根系层（区）。所采用的填料一般为砾石、炉渣、沸石或砂等。上层复合土中种植各种挺水性植物，植物生长成熟后，其发达的根系将深入至填料层区而形成根系层或根系区。在填料床底部铺设防渗层或防渗膜，以防止向地下渗漏污染地下水。

在水平流潜流人工湿地系统中，污水在湿地床的内部流动，不仅可充分利用填料表面生长的膜、丰富的植物根系以及表层土和填料截留等的作用，以获得更高的处理效率；同时，由于水流在地表下流动，故保温性较好，处理效率受气温影响较小，且卫生条件也较好。但其投资要高于表面流人工湿地系统。

在水平流潜流人工湿地系统的运行过程中，污水经过配水系统（由卵石及配水管组成）在湿地的一端均匀地进入填料床植物的根区，在填料层中沿水平方向缓慢流动，出口处设置集水装置和水位调节装置，如图 13-15 所示。

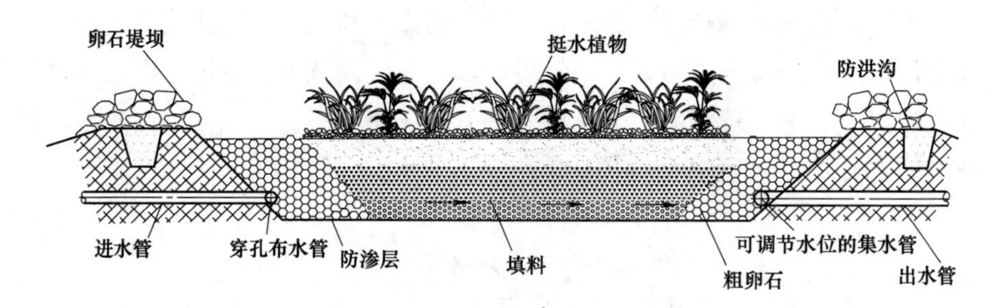

图 13-15 潜流人工湿地示意图

湿地中所种植的挺水植物具有非常发达的根系，可以深入到表土以下 0.6～0.7m 的砾石等组成的填料层中，并交织成网与砾石共同构成一个透水性良好的系统。同时，这些植物根系具有较强的输氧能力，可使得根系周围的水环境保持较高的溶解氧浓度，供给生长在砾石等填料表面的好氧微生物的生长、繁殖以及有机污染物的降解所需。经过净化后的出水由湿地末端的集水区中铺设的集水管收集后排出处理系统。由于这种工艺利用了植物根系的输氧及对污染物的生物降解、吸附、吸收以及截留等多种作用，也将其称之为污水处理的根区系统或根区处理床。水平流潜流人工湿地的平面长宽比一般小于 3。一般情况下，水平流潜流湿地的出水水质优于传统的二级生物处理。

13.5.3 垂直流人工湿地

垂直流人工湿地综合了表面流湿地系统与潜流湿地系统的特性，水流通过布水系统由上至下通过填料床，然后被铺设在底部的管道收集系统收集而排出处理系统。如图 13-16 所示。

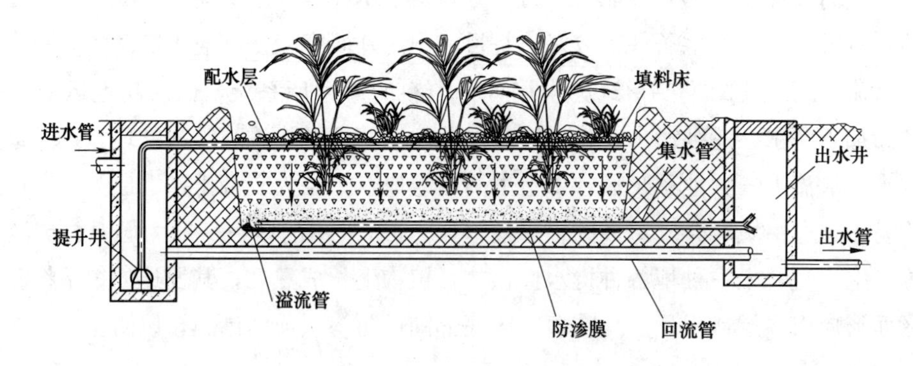

图 13-16 垂直流人工湿地示意图

垂直流人工湿地系统运行过程中，通常由湿地表面均匀布水，借助于填料床较大的垂直渗透作用，水流以垂直向下流动的方式通过填料层。与水平流潜流湿地系统相比，垂直流人工湿地系统的主要作用在于提高了氧向污水与基质的转移效率。其表层多为渗透性能良好的砂层，污水进入砂石填料床后，淹没整个表面，然后逐步渗透至底部，由底部收集管收集排放。垂直流人工湿地系统由于基建要求较高，且较易滋生蚊蝇，目前已较少应用。

13.6 人工湿地构造

人工湿地综合利用自然生态系统中的物理、化学和生物多重协同作用，对污水进行处理与净化。这种湿地系统是在一定长宽比和地面坡度的洼地中，由表层土壤和一定种类与级配填料（如砾石等）的混合结构填料床所组成。水可在填料床的缝隙中流动，或在床体的表面流动，并在床体的表面种植具有处理性能好、成活率高、抗水性强、生长周期长以及具有景观和经济价值的挺水性植物，由此形成一个独特的动植物生态环境，以实现对污水的有效处理。

在工程实践中，湿地系统常多级串联或者并联运行，亦或附加一些必要的预处理和后处理设施，而构成一套完整的处理系统。

人工湿地床的深度可根据具体的地形、水质、湿地所种植植物的类型及其根系的生长深度来确定，原则上应保证大部分水能在植物根系中流动。

13.6.1 进水系统

湿地床的进水系统应保证配水的均匀性。采用穿孔管和三角堰等配水装置的进水管应比湿地床面高出0.5m，以防因床表面淤泥和杂草的积累而影响配水；同时，应定期清理沉淀物和杂草等，以保持系统配水的均匀性。

人工湿地系统有多种进水布置方式，其中常用的有推流式、回流推流式、阶梯进水式和综合式4种。其中回流式可对进水中的BOD_5和SS进行稀释，增加进水中的溶解氧浓度，并减少处理出水中可能出现臭味等问题；出水回流同时还可以促进填料床中的硝化和反硝化脱氮作用；阶梯进水式可避免填料床前部的堵塞问题，有利于促进床后部的硝化脱氮作用；综合式则是一方面设置了出水回流，另一方面还将进水分布到填料床的中部，以减轻填料床前端的负荷。

对于小规模的人工湿地，常用的进水装置多为穿孔PVC管，其长度与人工湿地宽度一致，均匀穿孔以利于在整个断面上的均匀布水。穿孔管配水孔口的大小间距与处理规模、水质情况以及水力停留时间等有关，一般最大孔间距可取为湿地宽度的10%。而对处理规模较大的湿地，一般采用多级布水的方式进行配水，必要时可沿湿地长度方向增设纵向隔板，以减少短路并强化水力传导以及配水的均匀性。表面流人工湿地的进水结构如图13-17所示。

13.6.2 出水系统

人工湿地出水系统采用沟排、管排以及井排等方式，合理的设计应考虑受纳水体的特点、湿地系统的布置以及场地的原有条件等因素。

人工湿地系统的出水装置亦要注意均匀集水，一般采用均匀穿孔管的形式在湿地床的整个断面进行集水。出水装置的另一个功能是控制湿地床的水位，因而要求设置可调出水水位的控制装置（包括出水井以及可上下调节的柔性出水管），以便根据湿地床中植物的

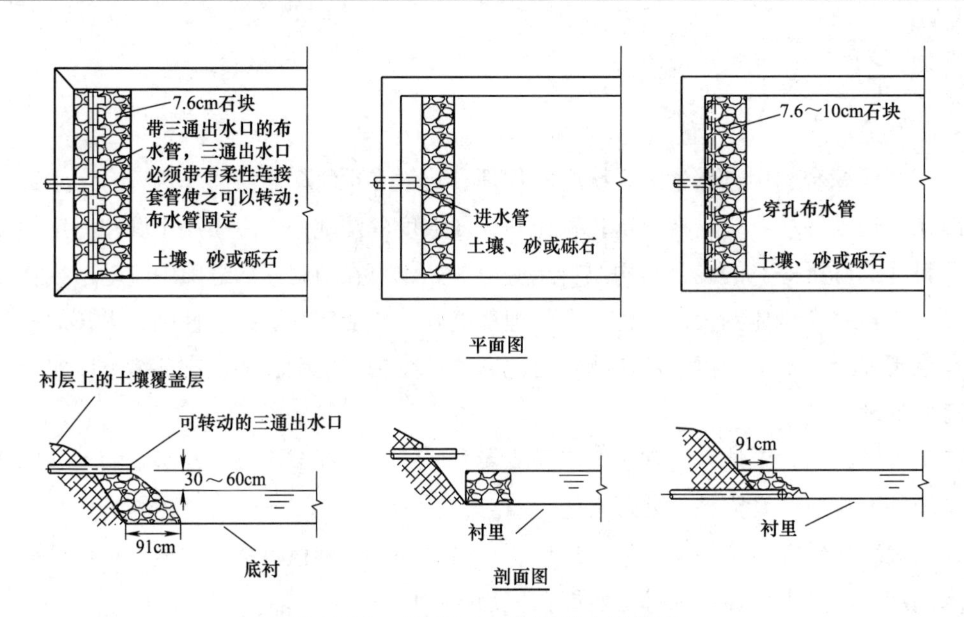

图 13-17　表面流人工湿地进水结构图

生长状况与人工湿地的运行方式及时调整和控制其水位。水位调节装置可以是调节堰或水闸并排的阻水圆木以及可调节弯头等。如图 13-18 所示。

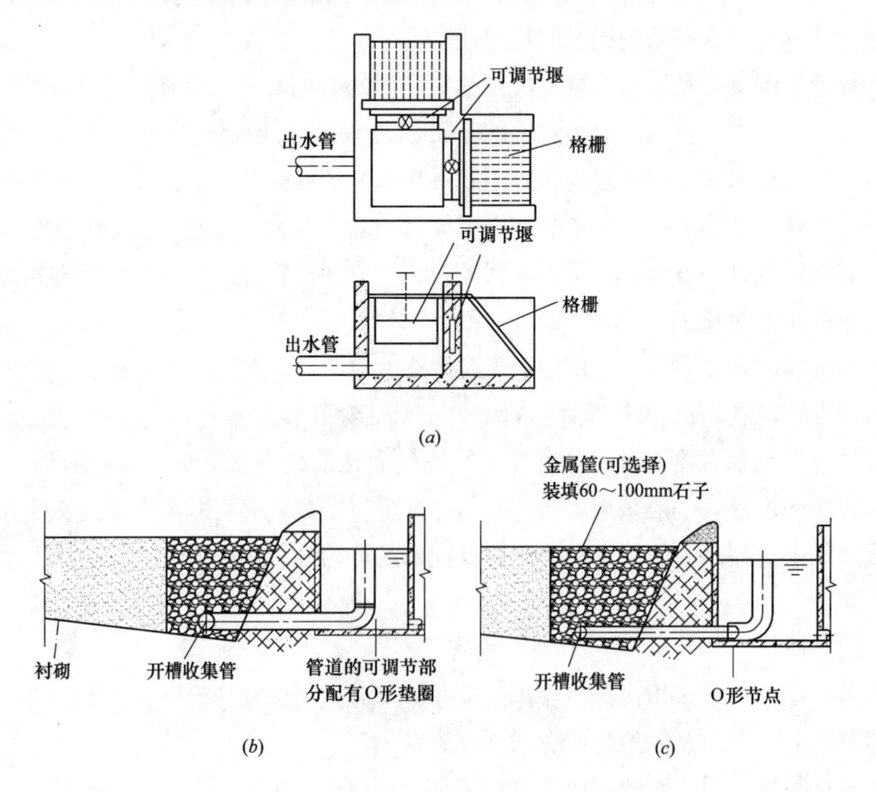

图 13-18　人工湿地出口装置图

(*a*) 可调节堰；(*b*) 90°弯头；(*c*) 水位调节部分

13.6.3 基质层的构成

湿地填料床的填料一般分为3层，即表层土层、中层砾石和下层豆石。所使用的填料有矿渣、粉煤灰、蛭石、沸石、砾石以及砂粒等。在填料的选择过程中，不仅要关注填料对污染物的转化和去除，同时还应考虑具有较大比表面积、孔隙率、良好的稳定性以及结构强度等。

湿地床表层土壤可就近采用当地的表层土，在铺设表层土时，要将地标土壤与粒径为5～10mm的石灰石掺和，铺设厚度为0.15～0.25m。表层以下采用0.5～5.0cm的砾石或花岗岩碎石铺设，厚度一般为0.2～0.3m，有时也采用粒径为5～10mm或12～25mm的石灰石填料，下层采用粒径在3.0～6.0cm的豆石或卵石铺设，其铺设厚度一般为0.2～0.3m。

由于表层土壤在浸水后会产生一定的沉降作用，因而填料上层的高度宜高于设计值的10%～15%。填料本身对生物处理的影响不大，但同时可有效地提高对水中磷和重金属离子的去除率。

13.6.4 水生植物

选择湿地系统的植物，应根据植物的耐污性、生长特性、根系发达程度以及经济价值和美观要求等因数来综合确定，同时也要考虑到因地制宜的原则。

目前，常用于湿地的植物有芦苇、席草、大米草以及美人蕉等多种植物，最为常用的是芦苇。芦苇的根系发达，生长至深入地下0.6～0.7m，可提供较大的比表面积，具有良好的输氧能力。

采用芦苇作为湿地植物时，应注意选取当地的芦苇栽种，以保证其对当地气候环境的适应性。芦苇的栽种方法可采用播种，亦可以采取移栽插种的方法。移栽插种法比较经济快捷，具体方法是先将有芽孢的芦苇根剪成长10cm左右，然后埋入4cm深的土中，同时使其上端露出地面。插种的最佳时期是秋季，早春也较为适宜。种植密度一般为1～3株/m^2。

在碎石床湿地中，应首先考虑植物的分栽，而不宜插栽，由于碎石填料床中缺乏营养成分，且湿地面积大，难以准确控制水位，因而难以保证植物在插植初期无根系的情况下获得足够的营养，从而影响其成活率。

13.6.5 隔板和防渗层

隔板装置一般设置于湿地水流垂直方向或平行方向上，用于减少系统短路，促进污水混合并改善混凝沉降效果。隔板的使用与否取决于长宽比、单元配置以及处理目标等，一般情况下并不推荐使用隔板。

防渗是湿地系统所要考虑的重要内容，为了防止湿地系统因渗漏而造成对地下水的污染，一般要求在工程施工时尽量保持原土层，在原土层上采取防渗措施。原土层达不到防渗要求之时，则需要用黏土、膨润土以及沥青等铺设防渗层。

当材料的渗透率低于6～10cm/s时，则应考虑防渗层。国外大多采用厚度为0.5～1.0mm的高密度聚乙烯树脂薄膜或者聚氯乙烯塑料作为防渗材料，为了防止床体填料尖角对薄膜损坏，施工时宜先在塑料薄膜上铺一层细砂。防渗的方法和材料的选择多样，具体可参考稳定塘的防渗措施。

参考文献

［1］ 杨卫国．钟式旋流沉砂池和砂水分离器连接设计的改进［J］．安徽建筑工业学院学报（自然科学版），2003，11（4）：69-71.

［2］ 徐文刚，胡春萍．旋流沉砂池的排砂系统设计［J］．中国给水排水，2002，18（1）：74-75.

［3］ 张自杰，林荣忱，金汝霖等．排水工程（第四版）（下册）［M］．北京：中国建筑工业出版社，2000.

［4］ 杭世珺，张大群．净水厂、污水处理厂工艺与设备手册［M］．北京：化学工业出版社，2011.

［5］ 张晓健，黄霞．水与废水物化处理的原理与工艺［M］．北京：清华大学出版社，2011.

［6］ 游映玖．新型城市污水处理构筑物图集［M］．北京：中国建筑工业出版社，2007.

［7］ 张玉先，邓慧萍，张硕等．现代给水处理构筑物与工艺系统设计计算［M］．北京：化学工业出版社，2010.

［8］ 唐受印等．水处理工程师手册［M］．北京：化学工业出版社，2000.

［9］ 范瑾初，金兆丰．水质工程［M］．北京：中国建筑工业出版社，2009.

［10］ 李圭白，张自杰．水质工程学［M］．北京：中国建筑工业出版社，2009.

［11］ 杨开明，杨小林，谷晋川等．折板絮凝池的发展及研究展望［J］．西华大学学报，2006，25（4），50-52.

［12］ 李焱．穿孔旋流反应斜管沉淀池工作原理及改进［J］．山西科技，2008，03.

［13］ 严煦世，范瑾初．给水工程（第四版）［M］．北京：中国建筑工业出版社，1999.

［14］ 许保玖．给水处理理论［M］．北京：中国建筑工业出版社，2000.

［15］ 刘玲花等．农村安全供水技术手册［M］．北京：化学工业出版社，2005.

［16］ 上海市建设和交通委员会．室外排水设计规范（GB 50014—2006）［S］．北京：中国计划出版社，2006.

［17］ 上海市建设和交通委员会．室外给水设计规范（GB 50013—2006）［S］．北京：中国计划出版社，2006.

［18］ 上海市政工程设计研究院．给水排水设计手册．第3册．城镇给水［M］．北京：中国建筑工业出版社，2003.

［19］ 北京市市政工程设计研究总院．给水排水设计手册．第5册．城镇排水［M］．北京：中国建筑工业出版社，2004.

［20］ 北京市市政工程设计研究总院．给水排水设计手册．第6册．工业排水［M］．北京：中国建筑工业出版社，2002.

［21］ 宁业凯．机械加速澄清池的改造［J］．广西电力技术，1995，3：49-51.

［22］ 段洪祥，唐亮．水力循环澄清池的技术改进初探［J］．山东水利，2004（2）.

［23］ 李瑛霞．水力循环澄清池的改进及应用［J］．合肥工业大学学报，1995，18（2）：138-141.

［24］ 万绳煌．水力循环澄清池改成网格反应加斜管两种新布置［J］．华东给水排水，1993，4：56-58.

［25］ 张海斌，童胜．浅谈V型滤池的工艺设计［J］．工业安全与环保，2009，35（1）：24-26.

［26］ 来关根等．废水处理过程及设备［M］．杭州：浙江科学技术出版社，1986.

［27］ 许保玖等．给水处理理论与设计［M］．北京：中国 建筑工业出版社，1992.

［28］ 丁亚兰．国外给水工程设计实例［M］．北京：化学工业出版社，1999.

［29］ 钟淳昌．净水厂设计［M］．北京：中国建筑工业出版社，1986.

［30］ 天津市市政工程局．市政工程设计与施工实例应用手册［M］．北京：中国建筑工业出版社，2000.

［31］ 钟淳昌等．无阀滤池设计技术［M］．北京：中国建筑工业出版社，1989.

［32］ 张景序等．V型滤池工艺设计中的几个问题探讨［J］．城镇供水，2006，（6）：15-16.

［33］ 李瑞成等．双阀滤池的技术改造设计［J］．给水排水，2008，34（7）：26-28.

［34］ 李兴旺等．水处理工程技术［M］．北京：中国水利水电出版社，2007.

［35］ 杨淑兰等．无阀滤池的设计［J］．氯碱工业，2002，（3）：13-15.

[36] 全国爱国卫生运动委员会办公室. 中国农村给水工程规划设计手册 [M]. 北京：化学工业出版社，1998.

[37] 沈耀良，王宝贞. 废水生物处理新技术—理论与应用（第二版）[M]. 北京：中国环境科学出版社，2006.

[38] 罗凡，董滨，何群彪. 紫外消声系统的应用及其研究进展 [J]. 环境保护科学，2011，37 (5)：16-18.

[39] 饶才鑫. UV消声法在水处理工艺中的应用前景 [J]. 环境科学研究，1998，11 (2)：63-64.

[40] 周献东. 浅谈给水处理消声技术 [J]. 西南给排水，2005，27 (3)：20-22.

[41] 严敏，高乃云. 紫外线消声在给水处理中的应用 [J]. 给水排水，2004，30 (9)：8-12.

[42] 杨松林. 水处理工程CAD技术应用及实例 [M]. 北京：化学工业出版社，2002.

[43] 刘红. 水处理工程设计 [M]. 北京：中国环境科学出版社，2003.

[44] 尹士君等. 水处理构筑物设计与计算 [M]. 北京：化学工业出版社，2004.

[45] 张萍，石富礼. UASB处理工艺 [J]. 甘肃环境研究与监测，2009，16 (4)：408-411.

[46] 胡纪萃. UASB反应器三相分离器的设计方法 [J]. 中国沼气，1992，10 (3)：5-9.

[47] 陈凤丽. UASB反应器的结构设计及运行 [J]. 河北化工，2011，34 (4)：75-78.

[48] 沈耀良. SBR脱氮除磷工艺分析与优化设计 [J]. 污染防治技术，2004，14 (4)：1-3 (6).

[49] 杨云龙，陈启斌. SBR工艺的现状与发展 [J]. 工业用水与废水，2002，33 (2)：1-3.

[50] 杨殿海，顾国维. 改进型MSBR工艺特点与运行效果 [J]. 中国给水排水，2004，20 (1)：62-65.

[51] 沈耀良，王宝贞. 循环活性污泥系统（CASS）处理城市污水 [J]. 给水排水，1999，25 (11)：5-8.

[52] 羊寿生. 一体化活性污泥法UNITANK工艺及其应用 [J]. 给水排水，1998，24 (11)：16-19.

[53] 高守有，彭永臻，孔祥智等. 几种滗水器形式及运行机理 [J]. 给水排水，2003，29 (9)：61-64.

[54] 上海市环境保护局. 废水生化处理 [M]. 上海：同济大学出版社，1999.

[55] 宫宇周，徐建宇. 氧化沟工艺的发展及特点 [J]. 广西轻工业，2009，4：106-108.

[56] 朱静平，柴立民. 氧化沟工艺技术的发展 [J]. 治理技术，2009，4：57-60.

[57] 马建勇，杨凤林，张兴文等. 低浓度废水厌氧处理的研究进展 [J]. 环境污染治理技术与设备，2002，3 (8)：63-66.

[58] 沈耀良，赵丹. 厌氧折流板反应器的水动力学及污泥特性 [J]. 环境工程，2001，19 (2)：12- 15.

[59] 周明，施永生，吕其军. 厌氧折流板反应器的技术探讨 [J]. 有色金属设计，2006，33 (1)：59-64.

[60] 王建龙，韩英健，钱易. 厌氧折流板反应器（ABR）的研究进展 [J]. 应用与环境生物学报，2000，6 (5)：490-498.

[61] 何仕均，黄永恒，王建龙. 折流式厌氧反应器的启动性能 [J]. 清华大学学报：自然科学版，2006，46 (6)：865-867.

[62] 黄永恒，王建龙，文湘华等. 折流式厌氧反应器的工艺特性及其应用 [J]. 中国给水排水，1999，15 (7)：18-20.

[63] Grobicki A，Stucky D C. Performance of the anaerobic baffled reactor under steady-state and shock loading conditions [J]. Biot and Bioeng，1991，37：344-355.

[64] Holt C J，Matthew R G S，Terzis E. A comparative study using the anaerobic baffled reactor to treat a phenolic wastewater：proceedings of the 8th International Conference on Anaerobic Digestion [C]. Sendi，Japan，1997，(2)：40-47.

[65] 张振东等. Biolak污水处理构筑物的结构设计 [J]. 特种结构，2006. 23 (1)：33-36.

[66] 中国市政工程华北设计研究总院. 曝气生物滤池工程技术规程 [S]. CECS265：2009.

[67] 中华人民共和国国家环境保护标准-污水过滤处理工程技术规范 [S]. HJ 2008—2010.

[68] 舒昕等. 常见曝气生物滤池性能分析 [J]. 给水排水，2008，34 (8)：45-48.

[69] 张诗华等. 曝气生物滤池（BAF）及其设计 [J].、市政技术，2007，25 (4)：270-272.

[70] 邱秋图等. 曝气生物滤池的特点及运行效果 [J]. 能源与环境，2012，(5)：86-87.

[71] 郑俊等. 曝气生物滤池污水处理新技术及工程实例 [M]. 北京：化学工业出版社，2002.
[72] 北京市环境科学研究院. 废（污）水处理工程技术论文集 [C]. 北京：中国环境科学出版社，1988.
[73] 凌霄. 基于PLC的粗放式控制系统在曝气生物滤池的应用 [J]. 工业安全与环保，2008，34（12）：23-24.
[74] 张薇等. 曝气生物滤池（BAF）发展与现状 [J]. 北京石油化工学院学报，2005，13（3）：24-30.
[75] 郑俊等. 曝气生物滤池工艺的理论与工程应用 [M]. 北京：化学工业出版社，2005.
[76] 张林军等. 曝气生物滤池在国内的研究现状及应用前景 [M]. 南通职业大学学报，2005，19（2）：22-25.
[77] 刘汉湖，白向玉，夏宁. 城市废水人工湿地处理技术 [M]. 徐州：中国矿业大学出版社，2006 .
[78] 李文奇，曾平，孙亚东. 人工湿地处理污水技术 [M]. 北京：中国水利水电出版社，2009 .
[79] 高拯民，李宪法. 城市污水土地处理利用设计手册 [M]. 中国标准出版社，1991 .
[80] 汪俊三. 植物碎石床人工湿地污水处理技术的工程案例 [M]. 北京：中国环境科学出版社，2009 .
[81] 王世和. 人工湿地污水处理理论与技术 [M]. 北京：科学出版社，2007 .
[82] 李亚峰，夏怡，曹文平等. 小城镇污水处理设计及工程实例 [M]. 北京：化学工业出版社，2011 .
[83] 张统，王守中. 村镇污水处理适用技术 [M]. 北京：化学工业出版社，2011.
[84] 中国环境保护部科技标准司. 人工湿地污水处理工程技术规范（HJ 2005—2010）[S]. 北京：中国环境科学出版社，2011.
[85] 孙铁珩，李宪法. 污水处理自然生态处理与资源化利用技术 [M]. 北京：化学工业出版社，2006 .
[86] 杨文进，张选墀译. 废水稳定塘的设计和运行 [M]. 北京：中国建筑工业出版社，1986.
[87] 李献文主编. 城市污水稳定塘设计手册 [M]. 北京：中国建筑工业出版社，1990.
[88] 哈尔滨建筑工程学院. 污水稳定塘设计规范（GJJ/T 54—93）[S]. 北京：中国计划出版社，1994 .
[89] 国家环境保护局科技标准司. 城市污水稳定塘处理技术指南 [S]. 北京：中国环境科学出版社，1997 .

[113] 王建龙，韩英健，钱易. 厌氧折流板反应器（ABR）的研究进展［J］. 应用与环境生物学报，2000，6（5）：490-498.

[114] 何仕均，黄永恒，王建龙. 折流式厌氧反应器的启动性能［J］. 清华大学学报：自然科学版，2006，46（6）：865-867.

[115] 黄永恒，王建龙，文湘华等. 折流式厌氧反应器的工艺特性及其应用［J］. 中国给水排水，1999，15（7）：18-20.

[116] Grobicki A，Stucky D C. Performance of the anaerobic baffled reactor under steady-state and shock loading conditions [J]. Biot and Bioeng，1991，37：344-355.

[117] Holt C J，Matthew R G S，Terzis E. A comparative study using the anaerobic baffled reactor to treat a phenolic wastewater：proceedings of the 8th International Conference on Anaerobic Digestion [C]. Sendi，Japan，1997，(2)：40-47.

[118] 张振东等. Biolak 污水处理构筑物的结构设计［J］. 特种结构，2006. 23（1）：33-36.

[119] 中国市政工程华北设计研究总院. 曝气生物滤池工程技术规程［S］. CECS265：2009.

[120] 中华人民共和国国家环境保护标准-污水过滤处理工程技术规范［S］. HJ 2008—2010.

[121] 舒昕等. 常见曝气生物滤池性能分析［J］. 给水排水，2008，34（8）：45-48.

[122] 张诗华等. 曝气生物滤池（BAF）及其设计［J］. 市政技术，2007，25（4）：270-272.

[123] 邱秋图等. 曝气生物滤池的特点及运行效果［J］. 能源与环境，2012，(5)：86-87.

[124] 郑俊等. 曝气生物滤池污水处理新技术及工程实例［M］. 北京：化学工业出版社，2002.

[125] 杨松林. 水处理工程 CAD 技术应用及实例［M］. 北京：化学工业出版社，2002.

[126] 刘红. 水处理工程设计［M］. 北京：中国环境科学出版社，2003.

[127] 尹士君等. 水处理构筑物设计与计算［M］. 北京：化学工业出版社，2004.

[128] 北京市环境科学研究院. 废（污）水处理工程技术论文集［C］. 北京：中国环境科学出版社，1988.

[129] 凌霄. 基于 PLC 的粗放式控制系统在曝气生物滤池的应用［J］. 工业安全与环保，2008，34（12）：23-24.

[130] 张薇等. 曝气生物滤池（BAF）发展与现状［J］. 北京石油化工学院学报，2005，13（3）：24-30.

[131] 郑俊等. 曝气生物滤池工艺的理论与工程应用［M］. 北京：化学工业出版社，2005.

[132] 张林军等. 曝气生物滤池在国内的研究现状及应用前景［M］. 南通职业大学学报，2005，19（2）：22-25.

[133] 唐受印等. 水处理工程师手册［M］. 北京：化学工业出版社，2000.

[134] 范瑾初，金兆丰. 水质工程［M］. 北京：中国建筑工业出版社，2009.

[135] 沈耀良，王宝贞. 废水生物处理新技术——理论与应用（第二版）［M］. 北京：中国环境科学出版社，2006.

[136] 李圭白，张自杰. 水质工程学［M］. 北京：中国建筑工业出版社，2009.

[137] 上海市政工程设计研究总院. 给水排水设计手册（城镇给水第二版）［M］. 北京：中国建筑工业出版社，2004.

[138] 上海市政工程设计研究总院. 给水排水设计手册（城镇排水第二版）［M］. 北京：中国建筑工业出版社，2004.

[139] 游映玖. 新型城市污水处理构筑物图集［M］. 北京：中国建筑工业出版社，2007.

[140] 刘汉湖，白向玉，夏宁. 城市废水人工湿地处理技术［M］. 徐州：中国矿业大学出版社，2006 .

[141] 李文奇，曾平，孙亚东. 人工湿地处理污水技术［M］. 北京：中国水利水电出版社，2009 .

[142] 高拯民，李宪法. 城市污水土地处理利用设计手册［M］. 中国标准出版社，1991 .

[143] 汪俊三. 植物碎石床人工湿地污水处理技术的工程案例［M］. 北京：中国环境科学出版社，2009 .

[144] 王世和. 人工湿地污水处理理论与技术［M］. 北京：科学出版社，2007 .

[145] 李亚峰，夏怡，曹文平等. 小城镇污水处理设计及工程实例［M］. 北京：化学工业出版社，2011 .

[146] 张统，王守中. 村镇污水处理适用技术［M］. 北京：化学工业出版社，2011.

[147] 中国环境保护部科技标准司. 人工湿地污水处理工程技术规范（HJ 2005—2010）[S]. 北京：中国环境科学出版社，2011.
[148] 孙铁珩，李宪法. 污水处理自然生态处理与资源化利用技术 [M]. 北京：化学工业出版社，2006 .
[149] 杨文进，张选墀译. 废水稳定塘的设计和运行 [M]. 北京：中国建筑工业出版社，1986.
[150] 李献文主编. 城市污水稳定塘设计手册 [M]. 北京：中国建筑工业出版社，1990.
[151] 哈尔滨建筑工程学院. 污水稳定塘设计规范（GJJ/T 54—93）[S]. 北京：中国计划出版社，1994 .
[152] 国家环境保护局科技标准司. 城市污水稳定塘处理技术指南 [S]. 北京：中国环境科学出版社，1997 .